J.-B.-J. DELAMBRE.

GRANDEUR ET FIGURE DE LA TERRE.

OUVRAGE AUGMENTÉ DE NOTES, DE CARTES,
ET PUBLIÉ PAR LES SOINS

DE

G. BIGOURDAN,

MEMBRE DE L'INSTITUT.

PARIS,

GAUTHIER-VILLARS, IMPRIMEUR-LIBRAIRE

DE L'OBSERVATOIRE DE PARIS ET DU BUREAU DES LONGITUDES,

Quai des Grands-Augustins, 55.

1912

GRANDEUR ET FIGURE

DE LA TERRE.

31412   PARIS. — IMPRIMERIE GAUTHIER-VILLARS,

Quai des Grands-Augustins, 55.

J.-B.-J. DELAMBRE.

GRANDEUR ET FIGURE
DE LA TERRE.

OUVRAGE AUGMENTÉ DE NOTES, DE CARTES,
ET PUBLIÉ PAR LES SOINS

DE

G. BIGOURDAN,

MEMBRE DE L'INSTITUT.

PARIS,

GAUTHIER-VILLARS, IMPRIMEUR-LIBRAIRE
DE L'OBSERVATOIRE DE PARIS ET DU BUREAU DES LONGITUDES,
Quai des Grands-Augustins, 55.

1912

INTRODUCTION.

A sa mort, Delambre (¹) laissait deux Ouvrages inédits : l'*Histoire de l'Astronomie au* XVIIIᵉ *siècle*, publiée par L. Mathieu en 1827, et l'*Histoire de la mesure de la Terre*, que nous publions aujourd'hui sous le titre adopté par l'auteur : *Grandeur et figure de la Terre*.

Le manuscrit de ce dernier Ouvrage est contenu dans une chemise portant cette indication écrite par L. Mathieu : « Figure de la Terre. Manuscrit sur lequel M. Delambre paraît avoir fait sa copie définitive ». Ses dimensions sont de 0ᵐ,25 × 0ᵐ,20 ; il se compose de 63 feuillets doubles, c'est-à-dire de chacun 4 pages, détachés les uns des autres, écrits recto et verso, et numérotés de 1 à 63. En outre, 4 autres feuillets, simples ou doubles, ont été ajoutés après coup : le premier, de 1 page seulement, n'a pas

---

(¹) Jean-Baptiste-Joseph DELAMBRE, né à Amiens le 19 septembre 1749, était l'aîné de six enfants dont la famille vivait d'un petit commerce de draperie. Dès sa jeunesse, il se fit remarquer par son application à l'étude. Destiné à l'Eglise par sa famille, il s'adonna exclusivement aux lettres et fut connu assez longtemps sous le nom d'abbé de l'Ambre. Son compatriote Wailly, le grammairien, lui ayant obtenu une bourse au Collège du Plessis, Delambre vint à Paris, où il fortifia encore ses connaissances littéraires. Sans ressources à la sortie du collège, il accepte peu après une place de précepteur à Compiègne, où il étudie les Mathématiques pour les enseigner à son élève ; là un habile médecin de la ville lui conseilla de s'adonner à l'Astronomie. Un an plus tard, en 1771, Delambre devient, à Paris, précepteur du fils de Geoffroy d'Assy, receveur général des finances. D'abord, il se perfectionne surtout dans les langues anciennes, au point d'être bientôt considéré comme un de nos plus habiles hellénistes, et il continue l'étude des Mathématiques. Vers 1780, ayant terminé son préceptorat, il se trouva tout à fait maître de son temps, jouissant d'ailleurs d'une existence indépendante que lui avaient assurée la générosité et l'amitié de M. et Mᵐᵉ d'Assy. Il étudia l'Astronomie

été imprimé ici; il contient des Notes extraites du manuscrit de Le Monnier, cité p. 39, 47, 48, 59, 60, et paraît avoir servi à rédiger la fin du feuillet 10 et le feuillet 10*bis* (second des feuillets supplémentaires), c'est-à-dire ce qui est donné plus loin, p. 59-63.

Le troisième (18*bis*) contient la Note originale donnée p. 108-112; enfin le quatrième, intercalé dans le feuillet 23, contient la lettre de Bouguer et les notes ajoutées par Delambre (p. 142-145).

Le style du manuscrit est assez souvent négligé : parfois j'ai cru devoir le modifier par l'addition de certains mots que l'on a généralement placés entre [ ] ou entre ( ). On a aussi ajouté la ponctuation, ordinairement absente, et rectifié diverses citations en remontant aux sources. L'orthographe est parfois incertaine; j'ai adopté celle de l'époque ou celle de la *Base du Système métrique*. Enfin les exigences typographiques ont souvent obligé de modifier la disposition de certains tableaux.... Mais tous ces

---

dans les Ouvrages de Lalande qu'il commenta, puis il suivit, au Collège de France, les cours de cet astronome, dont il fit la connaissance le 10 décembre 1782. A partir de cette époque il ne cessa de s'occuper d'Astronomie. En 1788, M. et Mme d'Assy lui firent construire, dans leur maison de la rue de Paradis, un observatoire (*voir* p. 192) qui existe encore, et où Delambre fit de nombreuses observations. Reçu à l'Académie des Sciences le 15 février 1792, il fut amené à prendre part à la mesure de la méridienne (*voir* p. 204-205). Il avait déjà publié, en 1789, des *Tables de Jupiter et de Saturne*, in-4°, et la même année 1792 il donna, dans la troisième édition de l'*Astronomie* de Lalande, des *Tables du Soleil, de Jupiter, de Saturne, d'Uranus et des satellites de Jupiter*.

Nous ne pouvons donner ici la liste de ses *Mémoires, Extraits, Notices, Éloges*, etc., insérés en grand nombre dans la *Connaissance des Temps* de 1788 à 1822 et dans diverses collections académiques; citons seulement ses Ouvrages séparés :

Méthodes analytiques pour la détermination d'un arc de méridien; Paris, an VII, 1 vol. in-4. — *Tables trigonométriques décimales*, calculées par Borda, revues, augmentées et publiées par Delambre; Paris 1801, 1 vol. in-4. — *Tables du Soleil*, publiées par le Bureau des Longitudes (Ces Tables, qu'il avait communiquées à De Zach, furent publiées par celui-ci sous son propre nom en 1804. Ce fut l'origine d'une inimitié dont on voit des traces aux pages 165... et 192 du présent Volume). — *Base du Système métrique décimal;* Paris, 3 vol., 1806, 1807, 1810 (*voir* p. 199... de ce Volume). Lorsqu'il présenta cet Ouvrage à Napoléon, l'Empereur lui dit : « Les conquêtes passent, et ces opérations restent »;

changements ont été faits avec grande réserve, de manière à bien conserver à l'œuvre son caractère propre.

Les notes que nous avons ajoutées au bas des pages sont distinguées par la signature G. B., sauf celles qui ont été tirées de l'exemplaire de la *Base du Système métrique* annoté par Delambre (*voir* p. 225...). Enfin, nous avons ajouté des Cartes, qui manquent totalement dans le manuscrit.

Delambre paraît avoir eu l'intention de diviser cet Ouvrage en *Livres*, mais il ne réalisa pas ce projet, et il en résulte un défaut de clarté. Nous avons tâché de remédier à cet inconvénient par l'addition de deux Tables détaillées, l'une méthodique et l'autre alphabétique.

Dans cet Ouvrage, pour la composition duquel Delambre avait une compétence spéciale, l'auteur a suivi la même marche que

---

compliment de prix qui paraît avoir touché profondément Delambre, car il l'a couché en épigraphe manuscrite sur son exemplaire de l'Ouvrage (*voir* p. 225). — *Rapport historique sur les progrès des Sciences mathématiques depuis 1789...* Paris, 1810, in-4 et in-8. — *Abrégé d'Astronomie;* Paris, 1813, in-8. — *Astronomie théorique et pratique;* Paris, 1814, 3 vol., in-4. — *Tables écliptiques des satellites de Jupiter;* Paris, 1817, 1 vol. in-4.

Enfin, âgé de 63 ans, il entreprit l'histoire de l'Astronomie depuis les temps les plus reculés et composa successivement les Volumes suivants :

Histoire de l'Astronomie ancienne; Paris, 1817, 2 vol. in-4. — *Histoire de l'Astronomie au Moyen-Age;* Paris, 1819, 1 vol. in-4. — *Histoire de l'Astronomie moderne;* Paris, 1821, 2 vol. in-4. — *Histoire de l'Astronomie au* XVIIIe *siècle;* Paris, 1827, 1 vol. in-4 (publié par L. Mathieu). — *Histoire de la mesure de la Terre,* Ouvrage que nous publions actuellement et auquel il travailla jusque vers la fin de ses jours (*voir* p. 192). Delambre mourut le 19 août 1822.

Le buste de Delambre, en marbre blanc, se trouve à l'Observatoire de Paris; il a été reproduit en gravure comme frontispice de l'*Histoire de l'Astronomie au* XVIIIe *siècle.* Il existe aussi divers autres portraits de Delambre.

Pour sa biographie, on peut consulter les sources suivantes : *Éloge,* par Fourier (t. IV des *Mémoires de l'Académie des Sciences*); *Notice nécrologique,* par Ch. Dupin (*Revue encyclopédique* de décembre 1822); *Notice,* par L. Mathieu, dans la *Biographie universelle* de Michaud, t. 62, Supplément, 1837, p. 249-297. — L'Académie d'Amiens mit son éloge au concours : le prix fut remporté par Neuveglise et le discours de Vulfran Warmé, imprimé à Amiens en 1824, obtint l'accessit et une médaille d'or.

dans ses précédents Ouvrages historiques : les Livres et Mémoires relatifs au sujet traité sont tous passés en revue, autant que possible dans l'ordre chronologique, et analysés d'une manière serrée, très profitable au lecteur, mais qui parfois pourrait faire attribuer à l'auteur une sévérité exagérée, si tous ceux qui l'ont approché ne nous le peignaient comme essentiellement bon.

En terminant, il nous reste à remercier M. H. Poincaré qui a bien voulu réserver à une grande partie de ce Traité l'hospitalité du *Bulletin astronomique*, sans cette circonstance l'Ouvrage n'aurait peut-être pas vu le jour.

G. Bigourdan.

GRANDEUR ET FIGURE

DE LA TERRE.

Nous avons discuté les essais informes d'*Eratosthène* (¹) et de *Posidonius* (²), les assertions gratuites de *Ptolémée* (³), les prétendues mesures des *Arabes* (⁴) et de *Fernel* (⁵), et les moyens inexacts proposés par *Riccioli* (⁶); nous avons analysé la mesure beaucoup mieux entendue et cependant si peu exacte de *Snellius* (⁷); enfin nous avons donné l'extrait du Livre de *Picard* (⁸), où l'on trouve pour la première fois des déterminations qui approchaient déjà beaucoup de la vérité, et qu'il a été possible d'amener à une précision plus grande encore; car on a pu les corriger des effets de l'aberration et de la nutation que l'on ignorait alors, et y appliquer les réfractions négligées par l'auteur, qui les croyait insensibles à d'aussi petites distances du zénith. Nous n'avons pu nous procurer aucun renseignement direct sur le degré de *Blaew* (⁹), qui, au témoignage de Picard, ne différait pas du sien de 60 pieds du Rhin, et qu'il jugea, en conséquence, fort supérieur à celui de Snellius. Picard a négligé de nous dire si la différence de 10 toises environ était en plus ou en moins. Dans le premier cas, le degré de Blaew différerait très peu du degré de La Caille et du nôtre, ce qui, au reste, ne pourrait passer que pour un hasard heureux.

(¹) Voir *Histoire de l'Astronomie ancienne*, t. I, p. 89, 219 (G. B.).
(²) Voir *Histoire de l'Astronomie ancienne*, t. I, p. 219, 255, 256 (G. B.).
(³) Voir *Histoire de l'Astronomie ancienne*, t. I, p. 521, 523 (G. B.).
(⁴) Voir *Histoire de l'Astronomie au moyen âge*, p. 2, 188 (G. B.).
(⁵) Voir *Histoire de l'Astronomie au moyen âge*, p. 383 (G. B.).
(⁶) Voir *Histoire de l'Astronomie moderne*, t. II, p. 277 (G. B.).
(⁷) Voir *Histoire de l'Astronomie moderne*, t. II, p. 92 (G. B.).
(⁸) Voir *Histoire de l'Astronomie moderne*, t. II, p. 598 (G. B.).
(⁹) Voir *Histoire de l'Astronomie moderne*, t. II, p. 613, 614 (G. B.).

D.

En 1694, on vit paraître à Londres les OEuvres de *Richard Norwood* en trois Parties : la première est une trigonométrie, la seconde est la pratique du marin (the seaman's practice), la troisième traite de la fortification. C'est dans la seconde que se trouve la mesure de son degré. La dédicace est de 1636. Ce Livre est peu connu, et jusqu'ici nous avons été dans l'impossibilité de nous le procurer. Nous savions que Newton le mentionne en passant, et uniquement parce que l'auteur était Anglais; pour les calculs de la force qui retient la Lune dans son orbite, il a préféré le degré de Picard. En effet, Lalande nous dit que celui de Norwood était de 367200 pieds anglais, qu'il évalue à 57424 toises. Ce degré serait donc trop fort de près de 400 toises. Newton ne pouvait balancer. L'arc de Norwood était plus grand que celui de Snellius. Norwood en avait déterminé l'amplitude avec des instruments qui devaient lui donner et lui donnèrent en effet plus de précision. Mais l'instrument de Picard était au moins double de celui de Norwood; il avait des lunettes au lieu de pinnules. L'erreur de Picard ne pouvait être que de quelques secondes, celle de Norwood pouvait être d'une minute, peut-être de deux; il pouvait donc aisément se tromper de 1000 ou 1500 toises. Il ne s'est pas trompé de 400, et cependant il n'avait formé aucun triangle; il paraît qu'il avait mesuré à la perche toute l'étendue de son arc terrestre, en tâchant d'évaluer, au moyen du graphomètre, les détours et les autres inégalités de la route. La mesure de Norwood avait donc une exactitude qu'il n'avait pu se flatter d'atteindre. Elle est un nouvel exemple des heureux effets du hasard, mais on lui doit la justice qu'il avait donné à son travail tous les soins que permettaient les moyens dont il pouvait disposer. Voyez ci-après l'article de Maupertuis ou du degré du Cercle polaire.

J'ai trouvé depuis la Trigonométrie de Norwood, Londres 1667. Il n'y est fait aucune mention de son degré. Sa Trigonométrie n'offre rien de remarquable.

De la Grandeur et de la Figure de la Terre, par J. Cassini
(Suite des *Mémoires de l'Académie royale des Sciences,* année 1718).

Première Partie. — *Prolongation de la Méridienne vers le sud.*

Jusque-là le degré de Picard était le seul qui méritât quelque confiance.

Mais, dit Cassini, quoique dans ce travail on ait apporté toute la précision possible, l'Académie Royale des Sciences jugea que l'on pourroit connoître encore avec plus d'exactitude la grandeur des degrés, en mesurant avec le même soin et avec de semblables instrumens une distance beaucoup plus grande..... Car l'erreur qui peut se glisser dans les observations de la hauteur des Étoiles, faites aux deux extrémités, se distribuant également dans tous les degrés, plus l'intervalle est grand, moins elle est sensible pour chaque degré.

Ceci suppose encore que la Terre est exactement sphérique; mais comme dans toute hypothèse d'aplatissement les différences secondes des degrés sont insensibles, il en résultait encore que, si l'on ne pouvait se flatter de conclure de ces observations la figure de la Terre et sa grandeur bien précise, on aurait du moins une valeur très approchée du degré moyen de France; on pouvait espérer quelque lumière sur le choix à faire entre la sphéricité qu'on avait si longtemps supposée, et l'ellipticité qui résultait des recherches théoriques de Newton et d'Huyghens (¹). On se proposa donc de continuer l'arc de Picard, d'un côté jusqu'à Dunkerque et, de l'autre, jusqu'aux Pyrénées; et ce grand travail devait être le fondement d'une carte beaucoup plus exacte de la France.

Cassini reçut de Colbert l'ordre de décrire la méridienne de l'Observatoire du côté du midi, pendant que La Hire irait, du côté du nord, continuer les triangles de Picard. Cassini partit accompagné de Sédileau, Chazelles, Pernin et Varin, qui s'étaient exercés longtemps à l'Observatoire. On commença par déterminer

---

(¹) Delambre écrit toujours *Hugens* (G. B.).

avec de grands instruments les azimuts des objets du côté du midi, et ainsi de proche en proche on traça la direction de la Méridienne jusqu'à l'extrémité méridionale du Berry. Colbert étant mort, Louvois, qui parut prendre un intérêt moins vif à cette opération, rappela Cassini. L'ingénieur Loire resta seul chargé de pousser les reconnaissances jusqu'aux frontières. Quelques erreurs d'observation le firent arriver à Béziers, qui dévie de la méridienne de 36000 toises, en sorte qu'on ne tira aucun parti de cette reconnaissance qu'on ne jugea point suffisante. Cependant de Saint-Pons, qui dans notre opération est la station la plus voisine de Béziers, on revient par deux beaux triangles à Carcassonne et Bugarach, stations communes aux trois mesures qui se sont succédé de cet arc.

En 1700, le travail fut repris par D. Cassini et son fils Jacques, par Maraldi, Couplet et Chazelles. Ils se rendirent d'abord à Bourges, où les opérations avaient été interrompues en 1683. A 2358 toises de l'église de Bourges, vers l'occident, on dressa un pilier à l'endroit où l'on crut que le parallèle coupait la Méridienne. Nous n'avons, depuis, trouvé que 620 toises entre Bourges et la Méridienne de l'Observatoire. Quand on ne rencontrait pas d'objets remarquables qu'on pût observer les uns des autres, on élevait des arbres ou d'autres signaux assez grands pour être vus de fort loin. On éleva une pyramide sur le Canigou ; nous y avons vu une croix dont le pied, observé par Méchain, est peut-être un reste de l'ancienne pyramide.

On forma de cette manière, depuis l'Observatoire jusque dans le Roussillon, 24 triangles principaux liés ensemble, desquels on a déduit la longueur de cette partie de la Méridienne, sans parler de quelques triangles secondaires destinés à donner la situation des lieux remarquables à l'est et à l'ouest de la Méridienne. On se détourna pour chercher dans la plaine un terrain propre à la mesure d'une grande base. On choisit la plage de la mer, et la base, qui s'étendait de l'étang de Leucate à l'étang de Saint-Nazary, se trouva de 7246 toises. On éleva aux deux extrémités deux grands arbres, parce que la courbure de la Terre ne permettait pas d'apercevoir des signaux moins élevés. Mais, quoique ces arbres eussent quarante pieds de hauteur, on fut encore obligé, pour les apercevoir, d'élever l'instrument de sept à huit pieds au-dessus du sol. Cette base, calculée de plusieurs manières, *fut trouvée la même que par la mesure actuelle*. Nous verrons pourtant par la suite qu'*on y trouva d'abord trois toises de différence;* mais après avoir fait les *corrections nécessaires* aux angles observés, tant à cause des erreurs de l'instrument que pour la réduction au niveau de la mer, on a vu que *la base calculée étoit à très peu près de la même grandeur que celle qui avoit été mesurée sur le terrain :* on n'en dit pas davantage. On se défie toujours un peu de ces corrections faites après coup, dont on ne donne ni les quantités, ni les éléments, et par lesquelles il eût fallu commencer, si ces éléments n'étaient pas inconnus.

On avait soin d'observer le lever et le coucher du Soleil pour déterminer les azimuts des signaux et la vraie direction de la Méridienne. On ne dit pas si le Soleil se levait ou se couchait exactement à l'horizon astronomique, ce qui est presque impossible, ou si l'on prenait en même temps la hauteur apparente de cet astre, ce qui était facile et indispensable. De distance en distance on observait la hauteur méridienne du Soleil, avec un quart de cercle de trois pieds, pour avoir les latitudes de ces divers points : cela pouvait suffire pour la carte de France, mais ne devait nullement entrer dans l'évaluation de la Méridienne. A Collioure, on se servit d'un secteur de dix pieds de rayon avec lequel on observa les distances des étoiles au zénith. A Paris, avec le même instrument, on observa les mêmes étoiles, pour avoir l'amplitude de l'arc méridional : il eût encore mieux valu rendre les observations simultanées en les faisant dans les deux lieux avec des secteurs égaux et également vérifiés.

Nous tirons tous ces détails du livre *De la Grandeur et de la Figure de la Terre*. Newton et Huyghens faisaient la Terre aplatie vers les pôles. D'autres la supposaient plus longue d'un pôle à l'autre. Ces derniers avaient fondé leur hypothèse sur diverses dimensions de la Terre obtenues à différentes époques, en des lieux différents, et qu'on ne pouvait concilier ensemble qu'en supposant quelque inégalité dans la longueur des degrés d'un même méridien, car on ne doutait pas, du moins, qu'ils ne dussent être tous semblables entre eux. C'était en partie pour décider cette question qu'on avait prolongé la Méridienne de Paris vers le sud et vers le nord.

Pour réduire les côtés des triangles au niveau de la mer, on
détermina, soit trigonométriquement, soit au moyen du baromètre,
la hauteur des montagnes et des signaux au-dessus de ce niveau.
Quand, d'une station, on apercevait la mer, on profitait de la circonstance pour mesurer l'abaissement de son horizon. On fit en
différents lieux des observations des satellites (de Jupiter) pour en
déduire la différence des méridiens et la comparer à celle qui résultait des triangles : on était donc encore persuadé que ces
éclipses pouvaient être assez exactement déterminées pour servir
de vérification aux mesures trigonométriques; cette prétention
n'a plus aujourd'hui aucun partisan.

Ce plan était en général fort bien conçu; il nous reste à savoir
comment il a été exécuté.

Après une histoire succincte des mesures anciennes, J. Cassini
remarque qu'en prenant un milieu entre les mesures d'Eratosthène
et de Posidonius on aurait un degré de 600 stades; la minute
serait de dix stades, qui, suivant Vitruve et Pline, feraient un mille
et un quart de l'ancienne mesure romaine. Le mille moderne de
l'Italie serait de 10 stades, et, si l'on donne à la lieue moyenne
trois milles anciens, on aura dans un degré 25 lieues, et 9000 dans
toute la circonférence. Ces nombres ronds, faciles à retenir, ont
été fréquemment cités, sans avoir de fondements bien réels; il
restait à déterminer de combien de toises serait cette lieue de 25
au degré.

Il avoue que son père, en n'ayant aucun égard à la réfraction, avait trouvé la distance de Bologne à Ferrare beaucoup plus
petite que celle qui avait été déterminée par Riccioli. On ne
voit pas bien pourquoi, en recommençant l'ouvrage d'un autre,
D. Cassini s'était permis d'y mettre moins de soin et d'exactitude.

Les géographes français faisaient passer la Méridienne de Paris,
les uns par Valence, qui en est éloigné de 2°33′10″ à l'est; d'autres
par Montpellier, qui en est à 1°32′30″; d'autres par Mirepoix, qui
est 27′42″ à l'ouest.

Pour faire cesser ces discordances scandaleuses, il fallait une
description soignée qui pût rectifier la carte de France. On commença par la vérification du pilier placé à Montmartre par Picard.
On dirigea sur ce pilier une lunette parallactique, et, l'élevant

ensuite à la hauteur de la Chèvre à son passage inférieur, on observa ce passage à 10ʰ47′20″,25; par les hauteurs correspondantes on trouva pour ce passage 10ʰ47′20″,00.

La différence était de 0″,25 ou 0⁰0′3″45‴ dont le pilier déviait vers l'orient. Par les observations de jours suivants on trouva qu'il déviait précisément de la même quantité, mais vers l'occident. Les hauteurs correspondantes ne sont pas sûres à un quart de seconde; on n'avait rien de mieux à faire que de conclure que la déviation était sensiblement nulle. Mais les dernières observations étaient encore un peu moins sûres : c'était le lever et le coucher solstitial du Soleil.

En 1701 on trouva par la Chèvre que la déviation du pilier était de 1″ à l'orient; mais la Chèvre, au passage inférieur, est encore élevée de 3⁰; pouvait-on s'assurer que la lunette parallactique tournât exactement dans un vertical? S'est-on jamais permis de donner trois degrés de mouvement en déclinaison à une lunette parallactique pour observer un passage ou une différence d'ascension droite? On n'oserait pas le faire avec les équatoriaux modernes. On trouva

Déviation de la tour de Montlhéry vers l'occident, de...........................	11.57.50
La Caille trouva depuis directement........	11.58.31
Il la conclut de...........................	11.58.25
Et par la comparaison avec Montmartre.....	11.58.28
Différence...........................	+38

La Caille avait trouvé, par un milieu entre seize observations, que le pilier déclinait de 12″ à l'orient : je n'ai trouvé rien à changer à ce résultat.

Pour les angles horizontaux, on se servit de deux quarts de cercle dont l'un, de 39 pouces de rayon, avait le limbe divisé de 10′ en 10′; les transversales donnaient les minutes. Le second était proprement un secteur de 50⁰ et de 36 pouces de rayon, armé de trois lunettes : deux étaient fixes et se coupaient à angles droits; la troisième était mobile et faisait toujours avec les deux lunettes fixes deux angles dont la somme était constamment de 90⁰. On avait ainsi le moyen d'observer tous les angles qui ne passaient

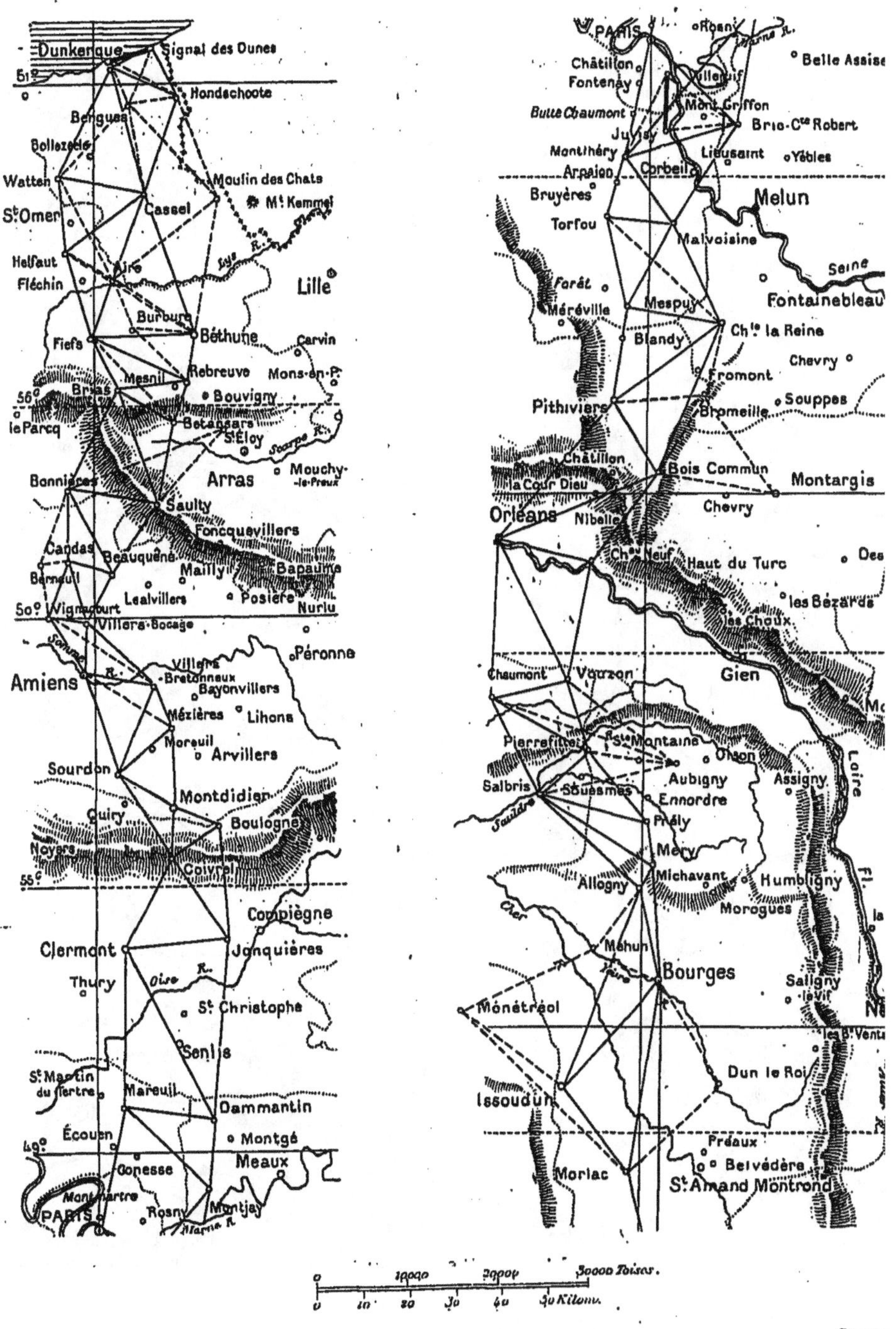

Dunkerque
Signal des Dunes
Hondschoote
Bergues
Bollezeele
Watten
Moulin des Chats
St Omer
Cassel
Mt Kemmel
Helfaut
Aire
Lys R.
Fléchin
Lille
Burbure
Fiefs
Béthune
Carvin
Mesnil
Rebreuve
Mons-en-P.
Brias
Bouvigny
le Parcq
Bétonsars
St Eloy
Scarpe R.
Bonnières
Arras
Mouchy-le-Preux
Saulty
Foncquevillers
Candas
Beauquène
Mailly
Bapaume
Barneuil
Lealvillers
Posière
Nurlu
Wignacourt
Villers-Bocage
Somme R.
Péronne
Villers-Bretonneux
Bayonvillers
Amiens
Mézières
Lihons
Moreuil
Arvillers
Sourdon
Montdidier
Cuiry
Boulogne
Noyers
Coivrel
Compiègne
Clermont
Jonquières
Thury
Oise R.
St Christophe
Senlis
St Martin du Tertre
Mareuil
Dammantin
Écouen
Montgé
Conesse
Meaux
Montmartre
Rosny
Montjay
PARIS
Marne R.

PARIS
Rosny
Châtillon
Belle Assise
Fontenay
Villejuif
Mont Griffon
Butte Chaumont
Juisy
Brie-Cte Robert
Montlhéry
Lieusaint
Yébles
Arpajon
Corbeil
Bruyères
Melun
Torfou
Malvoisine
Seine
Forêt
Fontainebleau
Méréville
Mespuy
Blandy
Chle la Reine
Pithiviers
Fromont
Chevry
Bromeille
Souppes
Châtillon
Bois Commun
la Cour Dieu
Montargis
Orléans
Nibelle
Chevry
Chau Neuf
Haut du Turc
Des
les Bézards
les Choux
Chaumont
Vouzon
Gien
Mo
Pierrefitte
Ste Montaine
Ohon
Salbris
Souesmes
Aubigny
Assigny
Sauldre R.
Ennordre
Loire
Prély
Mery
Allogny
Michavant
Humbligny
Morogues
Cher
Mehun
Bourges
Saligny le Vif
Monétréol
Dun le Roi
les Bs Vents
Issoudun
Préaux
Morlac
Belvédère
St Amand Montrond

o   10000   20000   30000 Toises.
0   10   20   30   40   50 Kilom.

Carte
(Les lignes en ponctué sont relati

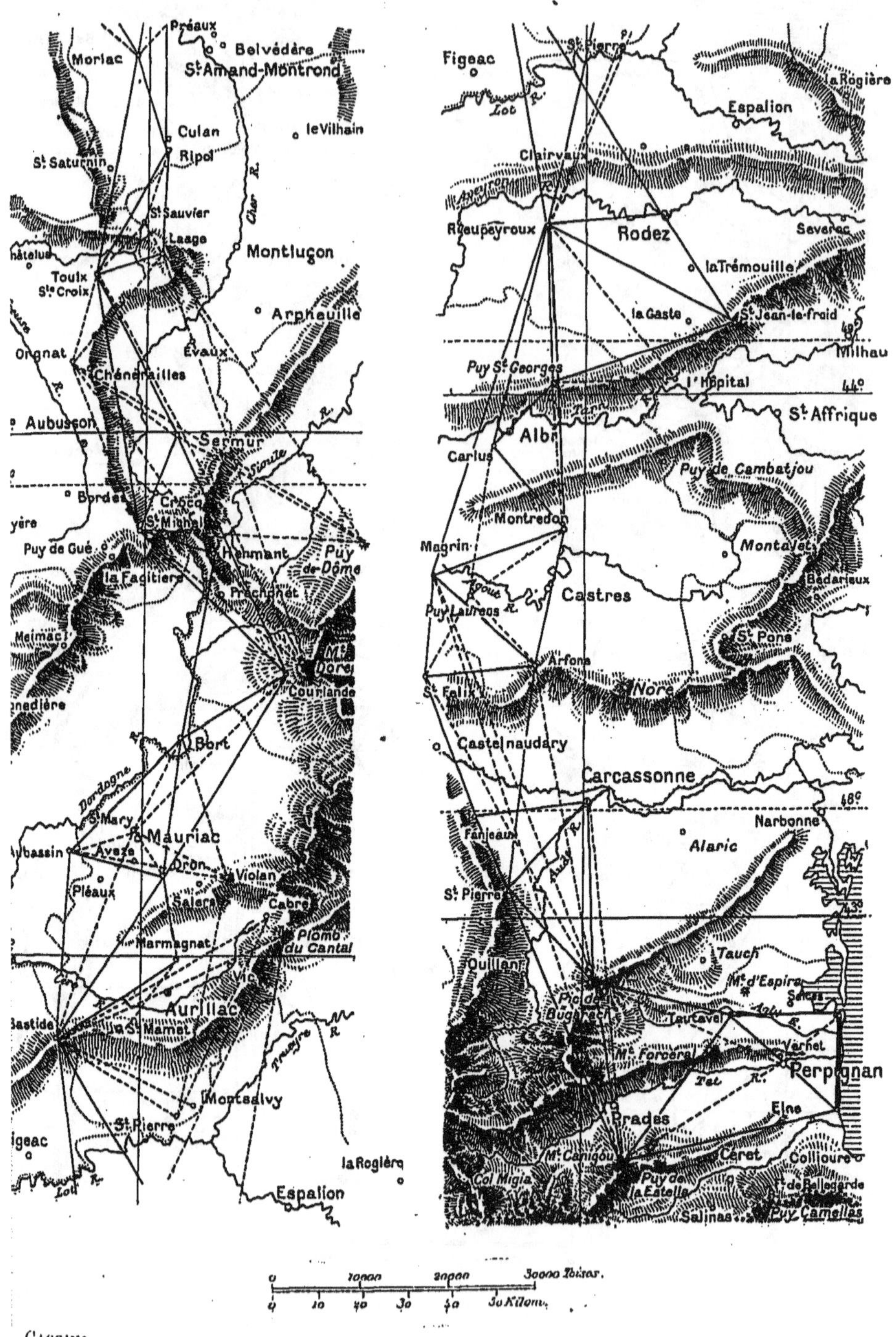

. CASSINI.
laires, à des triangles de vérification.)

pas 90°, soit par eux-mêmes, soit par leurs compléments [*voir*
t. IV (¹), p. 713, l'article du *Micromégas*].

Cassini commence ses calculs par les deux premiers triangles de
Picard et par la base de 5663 toises; dans le second, dont on a
mesuré de nouveau les angles, on a retrouvé tous ceux de Picard,
ce qui paraîtra peu surprenant, si l'on considère que les trois
angles n'étaient exprimés qu'en dizaines de secondes. En recommençant les calculs, pour arriver à des côtés que j'ai mesurés
depuis, je n'ai pu trouver de triangle identique, dans les trois opérations, que Chapelle-la-Reine, Pithiviers et Boiscommun.

	Cassini.	Delambre.	Diff.
Angle à Pithiviers.........	95.55.35″,0	91.55. 5″,5	+29,5
Angle à Boiscommun.......	56. 5.35,0	56. 6. 1,5	—26,5
			3,0

Cassini a conclu l'angle à Chapelle-la-Reine et ne s'y est trompé
que de 3″; mais cet exemple prouve qu'il avait tort de se permettre
l'omission du troisième angle. Ici, par hasard, l'erreur est peu de
chose et l'angle conclu est de 31°58′50″; il s'est trompé de 26″ sur
l'angle à Boiscommun, qui est au dénominateur pour le calcul des
deux côtés inconnus. Le côté connu est la distance de la Chapelle
à Pithiviers; il la suppose de 14414ᵀ,5; en recommençant les calculs j'ai trouvé 14414ᵀ,79; par ma base et mes triangles je trouve
entre les deux sommets 14402ᵀ,6; l'excès de Cassini est de 12ᵀ,19,
ce qui s'accorde fort bien avec une idée de La Caille, qui a prouvé
que de la base de Picard, ainsi que de tous les côtés qu'on en
déduit, il faut environ retrancher un millième.

Puisque, de la Chapelle, Cassini a observé Pithiviers, et non
Boiscommun, il est à croire qu'il n'a pas pu voir ce dernier clocher, vu depuis par La Caille; celui-ci s'était sans doute élevé bien
au-dessus de l'étage des cloches, et dans la pyramide carrée qui
termine le clocher de la Chapelle. Celui de Boiscommun a été
longtemps invisible pour moi comme pour Cassini; mais, ayant
eu la patience d'attendre plusieurs jours dans ce clocher (de la
Chapelle), au commencement de janvier, depuis le lever du Soleil

---

(¹) Voir *Histoire de l'Astronomie moderne*, t. I, p. 713 (G. B.).

jusqu'au coucher, j'ai pu voir Boiscommun dans le crépuscule, à trois jours différents, et répéter 64 fois cet angle. Voici quelques autres comparaisons :

	Cassini.	Delambre.	Diff.	
	T	T	T	
Chapelle-Bromeille........	7904,7	7898,0	+ 6,7 ou	$\frac{1}{1000}$ environ
Pithiviers-Bromeille........	9212,1	9200,7	+11,4	$\frac{1}{1000}$ et plus
Chapelle-Boiscommun......	17358,6	17342,0	+16,6	$\frac{1}{1000}$ presque
Pithiviers-Boiscommun.....	9198,8	9190,4	+ 8,4	$\frac{1}{1000}$ presque
Boiscommun-Châteauneuf...	11780,7	11759,2	+21,5	
Orléans-Châteauneuf.......	12070,7	12053,9	+16,8	$\frac{1}{1000}$ et plus
Châteauneuf-Vouzon.......	13899	13881	+18	
Orléans-Vouzon...........	15661	15641	+20	
Orléans-Chaumont........	16628,4	16606,9	+21,5	
Vouzon-Chaumont........	6260,2	6250,8	+ 9,4	

Et pour les angles :

Triangle.	Angle.	Cassini.	Delambre.	Diff.
Orléans-	à Orléans.	58.27.25	58.27.25	o
Châteauneuf-	à Châteauneuf.	73.48. o	73.48.14	—14
Vouzon.	à Vouzon.	47.44.35	47.44.21	+14
Orléans-	à Orléans.	22. 7.55	22. 7.35	+20
Vouzon-	à Vouzon.	87.38.30	87.38.40	—10
Chaumont.	à Chaumont.	70.13.35	70.13.45	—10

De Boiscommun, Cassini a pu voir Orléans, dont la flèche s'élève de 120 pieds au-dessus du faîte de l'église, et qui me fut cachée par les arbres de la forêt, peut-être parce qu'on venait d'abattre une grande croix qui s'élevait encore au-dessus de la boule qui est en haut de la flèche. Mais d'Orléans, où il ne pouvait s'élever bien haut dans cette flèche, il ne vit pas plus que moi Boiscommun, qui n'a qu'une petite lanterne contenant la cloche de l'horloge.

Cassini détermina les parties de la Méridienne en abaissant des perpendiculaires et en négligeant partout la convergence des méridiens; on sent bien que nous attachons peu d'importance à cette remarque.

Plus loin les objets de comparaison nous manquent.

Dans le triangle entre Salbris, Prély et Méry, on voit conclure un angle de 20°26'20" qui donnera un côté presque parallèle à la

Méridienne; dans le suivant on en conclut un de 12°5′20″; dans celui qui vient après on conclut un angle de 15°22′15″; dans celui qui nous conduit à Bourges on voit un angle de 14°7′30″, et un autre de 34°12′10″; à la vérité rien n'est conclu; mais qu'attendre d'un pareil triangle après ceux qui le précèdent? Enfin nous arrivons au triangle entre la tour de Bourges, le clocher de Morlac et la tour de l'horloge de Dun : j'ai observé à ces trois stations; à Morlac et à Dun il ne peut y avoir aucun doute, à moins que l'église de Morlac n'ait changé de place; à Bourges tout le doute ne serait au plus que du demi-diamètre de la tour ou de la distance du pélican au cercle de la tour, c'est-à-dire de 3^T,4, ainsi que je l'ai trouvé par une mesure effective et très facile.

Ici les erreurs sont singulières :

	Cassini.	Delambre.
Bourges	40°.18′. 0″	40°.27′.26″
Morlac	45. 2. 5	37.44.18
Dun	94.39.55 (conclu)	101.48.16 (observé)

	Cassini. ^{T}	Delambre. ^{T}	Diff. ^{T}
Bourges-Morlac	21075,1	21014,5	+ 60,6
Bourges-Dun	14957	13140	+1817
Morlac-Dun	13720	13931	— 211

Au reste ce triangle ne sert à Cassini que pour déterminer la position de Dun. Il est vrai que la distance de 21014^T,5 de Bourges à Morlac, sur laquelle nous différons de 60^T,6, est très peu inclinée au méridien, sur lequel se portera l'erreur presque entière de ce côté.

Les objets de comparaison vont devenir extrêmement rares : Dans le triangle entre Bourges, Morlac et l'arbre de Ripol, on trouve un angle de 10°13′30″ et un autre de 21°46′30″;

Dans les suivants, presque toujours un angle conclu;

De Laage à Sermur, Cassini trouve de 20608 à 20609^T : je n'ai que 20567^T, et ma distance devrait être plus grande de 9 toises environ; c'est encore un côté presque parallèle à la méridienne; l'excès est de 42^T.

De la chapelle de Rieupeiroux à la tour de Rodez, il compte 14235^T et moi 14190^T : l'erreur est + 45^T, car il est bien sûr que les deux clochers sont à la même place.

De Carcassonne à Bugarach il donne 20096^T,5 ; Méchain n'a trouvé que 20053^T ; excès 43^T,5. Voilà trois erreurs presque égales ; on voit que l'excès va toujours croissant, et qu'il est plus que double du millième qu'il devait avoir d'après la base de Picard ; il n'est donc pas étonnant que les degrés du midi fussent plus grands que le degré de Picard.

On ne peut donc s'empêcher de reconnaître que cette partie de la mesure a été faite avec une extrême négligence, surtout depuis Bourges jusqu'aux Pyrénées. On le voit à la mauvaise condition des triangles et au grand nombre d'angles conclus sans aucune nécessité, comme il a été démontré par les deux opérations subsé-quentes. On ne parle ni des erreurs de l'instrument, ni de la réduction au centre de la station ; les réductions à l'horizon sont calculées d'une manière pénible par la trigonométrie rectiligne ; les réductions au niveau de la mer sont rapportées d'une manière vague qui a donné 34^T à retrancher du degré moyen entre Paris et Collioure, et ce degré excède de 37 toises le degré de Picard.

Cette différence n'est pas si considérable, qu'on ne puisse l'attribuer aux erreurs qui se sont pû glisser en partie dans nos observations, en partie dans celles de Picard....

Il paraît que les erreurs, qui pouvaient tout aussi bien faire des degrés trop petits, les ont, dans le fait, donnés trop grands ; et il a fallu des erreurs plus fortes, puisque réellement les degrés vont en diminuant du nord au sud, et qu'à force de négligence on est parvenu à changer cette diminution, qui n'est que de 10^T environ pour un degré, en une augmentation apparente de 37^T, ce qui ne peut venir que de la mauvaise condition des triangles. Voilà pour les mesures géodésiques.

Nous ne nous arrêterons pas beaucoup sur les azimuts : on en voit deux déterminations à la tour de Sermur ; les erreurs y sont de — 10″ et + 45″, par un milieu : + 17″ ; il faut se souvenir qu'à Montlhéry l'erreur était de 38″, ce qui au reste importe assez peu. A Rodez on trouve — 15″ et + 33″, milieu : + 9″. A Per-pignan : + 75″, — 30″, + 100″, — 36″, milieu : + 27″ : tout cela est peu dangereux.

Pour les hauteurs des montagnes, comme on ne tenait aucun

compte de la réfraction terrestre, on a dû les trouver toutes trop fortes, mais il n'en résultera rien encore pour la valeur du degré.

Passons aux observations d'amplitude :

Pour faire ces observations..., nous avions eu soin de porter avec nous un Limbe de cuivre de 26 degrés et de 10 pieds de rayon, divisé très exactement en degrés et *minutes*.

Étant à Perpignan, nous fîmes garnir ce limbe de diverses règles de fer....

Ces règles formaient un triangle isoscèle traversé vers le tiers de sa hauteur par une barre horizontale, sur laquelle devait se trouver le centre de gravité, par lequel l'instrument était soutenu sur un pied pareil à celui des quarts de cercle mobiles.

Nous déterminâmes avec beaucoup de soin le centre de l'instrument et nous y plaçâmes un cheveu qui tenoit un plomb suspendu, pour marquer sur la division les degrés et _les *minutes* de la hauteur. Nous plaçâmes à l'extrémité du Limbe une lunette de *trois pieds* de longueur....

C'est une chose assez étrange que de réserver pour la dernière une opération aussi délicate que celle de déterminer le centre d'un arc de 26°. Était-il si difficile de trouver une lunette de dix pieds telle que celle de Picard? La lunette de trois pieds était attachée d'une part à l'extrémité du limbe et de l'autre au prolongement de la barre horizontale qui sert de soutien au secteur; elle n'était donc point comme celle de Picard posée tout à la fois sur la platine du centre et sur le bout du limbe; rien n'en garantissait le parallélisme avec le plan général du secteur; on pourrait même demander si le triangle trois fois plus haut était un plan bien parfait. L'instrument de Picard montrait les tiers de minute, ou les secondes de 20 en 20; les simples secondes étaient donc, dans le nouveau secteur, trois fois plus difficiles à estimer, et comme la lunette n'était que le tiers, la difficulté déjà triple pouvait être triplée une seconde fois et devenir neuf fois plus grande.

Après avoir réitéré ces observations pendant plusieurs jours, l'on tournoit l'instrument de sorte que l'extrémité du Limbe qui étoit vers le midi, fût vers le nord....

C'était une pratique dont Picard avait donné le précepte et le premier exemple. Ce n'était pas tout que de le suivre; il eût été bon de nous dire à quel point du limbe battait le fil, quand la lunette était dirigée au zénith : c'est ce que nous ignorons. On trouva ainsi à Collioure, en tenant compte de la réfraction, les distances zénithales suivantes :

La Chèvre.	Épaule du Cocher.	1re patte de la Gr. Ourse.	La Lyre.	Suiv. de la patte.
3°7'11" N	2°20'42" N	1°51'52" N	4°0'30" S	0°27'57" N

On nous tait les·écarts des observations, dont on ne donne ici que les moyennes ; ces observations sont de·mars 1701.

A Paris *on fit monter le même instrument.* On l'avait donc démonté, ce qui n'était pas sans danger. On attendit le mois de mars et, tenant compte de la réfraction, et de 5"½ pour le mouvement annuel en déclinaison, on trouve, dans le mois de mars 1702 (pour la distance zénithale de la Chèvre), 3°11'46" S ; — amplitude : 6°18'57". On ne dit plus rien des autres étoiles, quoique la Lyre fût celle à laquelle on accordait plus de confiance.

Ces dernières observations donnaient une distance zénithale plus forte d'une minute environ que celle que l'on avait trouvée avec des quarts de cercle de grandeur ordinaire ; on sentit la nécessité de la vérifier.

C'est ce que l'on fit l'année suivante avec un autre secteur, et l'on trouva encore la même amplitude à 3" près ; cette différence pouvait être un effet de la nutation, alors totalement inconnue, et dont la période n'est point annuelle comme celle de l'inégalité remarquée par Picard. On ne dit rien de ce qu'avaient donné les autres étoiles ; on ne dit pas même si elles ont été observées à Paris ; on nous apprend seulement que les différences entre les observations ne passaient pas 5". On ne fait aucune réflexion sur cette différence d'une minute entre les quarts de cercle ordinaires et les deux secteurs. On sait bien qu'un quart de cercle mobile peut donner des erreurs de 10" ou 15" ; mais une minute, et plusieurs quarts de cercle ! cela méritait la peine d'être examiné. Que deviennent les observations de latitude faites en divers points de la Méridienne et de la France, avec des instruments tout semblables et peut-être les mêmes ?

D'après cette amplitude, et en supposant la Terre sphérique, on trouva la circonférence de 20554920^T, — la lieue de 25 au degré, de 2284^T, — la lieue marine de 2855^T, — le diamètre de 6542840^T ;

— le degré moyen était donc de 57097^T, l'arc d'une minute, son sinus et sa tangente sont de 2909; doublez le rayon, il fera 5818

$$1 : 6000 \quad \text{ou} \quad 5818 : 6000 :: 32 : 33;$$

on peut donc établir un pied trigonométrique, qui sera au pied géométrique ou italique moderne :: 33 : 32. Ces mesures de pieds géométriques sont comme moyennes entre divers pieds de différentes nations; on peut donc les prendre pour mesures universelles et invariables. L'idée était fort bonne, mais il eût fallu lui donner de meilleurs fondements.

On rend compte ensuite des observations astronomiques faites en divers points de la méridienne.

Voici leur comparaison aux nôtres :

	Latitudes suivant Cassini			Latitudes suivant Delambre et Méchain.	Différences.
	par ⊙.	par ✷.	par ⊙ et ✷.		
Vouzon........	47.39.17	»	»	47.38.53	+24
Bourges........	»	»	47.4.14	47. 5. 4	—50
Rodez.........	44.20.39	44.21. 8	»	44.21. 8	—29 et 0
Carcassonne...	43.12.15	43.13.36	»	43.12.54	—39 et +42
Perpignan.....	42.41. 7	42.42.10	»	42.41.58	—51 et +12

On voit qu'en effet les quarts de cercle ont pu donner 1′ de plus ou de moins que les secteurs. Il faudra distribuer les erreurs entre les instruments, les tables du Soleil et les catalogues d'étoiles.

Seconde Partie. — *Prolongation de la Méridienne vers le nord.*

On venait de trouver au midi un degré plus fort de 37 toises que celui de Picard; on devait regarder comme une chose probable et peut-être désirable que l'arc de la partie nord en donnât un plus petit.

Il étoit d'ailleurs avantageux, tant pour le progrès de la Géographie, que pour résoudre les questions qui s'étoient élevées dans le siècle précédent sur la figure de la Terre, de pouvoir s'assurer si les degrés d'un même Méridien sont égaux dans toute sa circonférence, ou s'ils ont quelque inégalité sensible.... Il est vrai que les observations de M. Picard,... comparées à celles que nous avions faites vers le Midi, sembloient prouver que les degrés des Méridiens diminuoient en s'approchant du Pôle..... cette différence pouvoit être causée por une erreur de deux ou trois secondes dans l'observation des Astres......

Nous pouvons ajouter : et sans doute par les erreurs beaucoup plus considérables des opérations, soit géodésiques, soit astronomiques, de la partie méridionale.

La Hire avait commencé cette partie de la prolongation et l'avait conduite jusqu'à Béthune. J. Cassini jugea qu'il fallait la recommencer avec de plus grands instruments; il crut même à propos de faire quelques changements dans la distribution des triangles de Picard. Il commença par Montlhéri, Brie et Montjay; ce triangle offre un angle de 32°32′ et un autre de 33°40′, ce qui n'est pas très heureux.

Le second triangle a pour sommets Montlhéri, Montjay et Marcuil; nous y voyons encore un angle de 30″. Cassini paraît chercher ces angles qu'on évite ordinairement autant qu'il est possible.

III (¹)	Montjay, Dammartin et Marcuil — plus petit angle..	39.51
IV	Marcuil, Dammartin et Clermont — plus petit angle.	27.14
V	Clermont, Dammartin et Jonquières — plus petit angle.	33.14
VI	Clermont, Jonquières et Coivrel — angle conclu de..	61
VII	Jonquières, Coivrel et un arbre — angle conclu de..	88
VIII	Coivrel, l'arbre et Montdidier — angle conclu de....	58
IX	Coivrel, Montdidier et Sourdon — angle conclu de..	47

Picard s'était excusé d'avoir conclu divers angles, il alléguait la saison avancée et le désir de terminer avant l'hiver; il semble qu'il était indispensable de refaire certains triangles, qui devaient avoir tant d'influence sur les suivants.

Voici pour les nouveaux triangles :

X	Montdidier, Sourdon, Mézières — bien conditionné..	
XI	Sourdon, Mézières, Villers-Bret^x — angle conclu de..	27
XII	Sourdon, Villers-Bret^x, Amiens — angle conclu de...	60
XIII	Amiens, Vill.-Bret^x, Villers-Bocage — plus petit angle.	34.33
XIV	Amiens, Villers-Bocage, Vignacour — plus petit angle.	36.47
»	Vignacour, Villers-Bocage, Beauquêne — angle conclu.	32

(¹) Nous ajoutons ces numéros, en chiffres romains : ce sont ceux par lesquels J. Cassini désigne ses triangles. (G. B.)

XVI	Vignacour, Beauquêne, Candas — plus petit angle...	36.20
XVII	Candas, Beauquêne, Bonnières — angle conclu de...	103
XVIII	Bonnières, Beauquêne, Sauty — plus petit angle....	51.57
XIX	Bonnières, Sauty, Bryas — plus petit angle.........	52.52
XX	Bryas, Sauty, Bétansars — plus petit angle.........	31. 2
XXI	Bryas, Bétansars, Rebreuve — plus petit angle......	31.36
XXII	Bryas, Rebreuve, Fiefs — angle conclu de..........	48
XXIII	Fiefs, Rebreuve, Béthune — angle conclu de........	29
XXIV	Fiefs, Béthune, Cassel — angle conclu de..........	62
XXV	Fiefs, Helfaut, Cassel — petits angles de.. 34°3′ et	36.11
XXVI	Helfaut, Cassel, Watten — plus petit angle.........	43.38
XXVII	Cassel, Watten, Dunkerque — plus petit angle......	42. 6
XXVIII	Cassel, Dunkerque, Hondschote — plus petit angle..	35.22
XXIX	Dunkerque, Hondschote, Dunes — plus petit angle..	42.17
XXX	Hondschote, Dunes, Revers — plus petit angle......	37.27.30

On s'est encore permis trop souvent de conclure des angles, mais en général les triangles sont moins mal conditionnés, et l'on s'est procuré des vérifications. Enfin on mesura une base de 4000 toises, dont le calcul s'accorda, à une toise près, avec la mesure actuelle. On se procura un secteur semblable à celui de Picard, et dont le rayon était de $9^{pi}6^{po}7^{li}\frac{1}{4}$; le limbe, de 12°, donnait les tiers des minutes; la lunette était parallèle au rayon du milieu de l'arc, pour avoir la facilité du retournement. Cette lunette était encore de 3 pieds de longueur, et placée comme celle qui avait servi à Collioure, à la réserve que la traverse qui la soutenait à 3 pieds du limbe n'était pas posée sur deux barres dirigées du centre aux deux extrémités de l'arc; une barre unique allait du centre au milieu de l'arc et portait le fil à plomb. On nous dit que la lunette était parallèle à ce fil; avant de la placer on avait dirigé exactement au niveau de la mer les fils qui se croisent à angles droits au foyer commun des deux verres; faut-il entendre qu'on avait retourné la lunette sur la face opposée, comme on le pratique pour les lunettes d'épreuve? cela paraît nécessaire, car sans cela qu'aurait produit la comparaison avec l'horizon de la mer, sinon qu'un des fils aurait été parallèle au limbe et l'autre perpendiculaire, ce qui n'aurait pas prouvé le parallélisme de l'axe optique avec les côtés opposés du tube? cela méritait d'être expliqué plus clairement :

..... après l'avoir appliquée sur l'instrument, nous les vérifiâmes (les fils)

encore plusieurs fois, en la dirigeant à un objet placé horizontalement, le
Limbe étant dans une situation verticale.

Il faut supposer encore que dans cette position on dirigeait le
limbe, le centre et la barre du milieu tout entière à un objet
horizontal, et que l'on s'assurait à plusieurs reprises que l'objet
était à la croisée des fils; alors en effet l'axe optique était parallèle au fil à plomb.

Nous croirons donc que l'instrument était suffisamment vérifié,
du moins à la manière un peu grossière qui depuis a été proposée
par Bouguer. Il reste à savoir quel était le support de l'instrument, et si le plan n'était pas sujet à fléchir et à se déformer
pendant l'observation. La figure ne représentant pas le support,
on doit croire qu'il était tout pareil à celui du secteur de Collioure.

Nous dirigeâmes aussi le Limbe de l'instrument sur le plan du Méridien,
le plus exactement qu'il étoit possible, ce qui est une précaution très
nécessaire dans ces sortes d'observations;... nous observâmes par des
hauteurs correspondantes le tems du passage par le Méridien de quelques
Etoiles dans les Constellations du Dragon et du Cygne, qui étoient peu
éloignées du Zénith, et nous déterminâmes leur passage par le Méridien
pour les jours suivans, afin d'observer dans cet instant, *s'il étoit possible,*
leurs distances au Zénith; ce qui nous fut très utile dans la suite pour
découvrir la cause de quelques apparences singulières dans la hauteur
des Astres, avant et après leur passage par le Méridien, qui n'avoient
point, à ce que je crois, été remarquées jusqu'à présent et qu'il ne sera
pas hors de propos de rapporter ici.

Fig. 3.

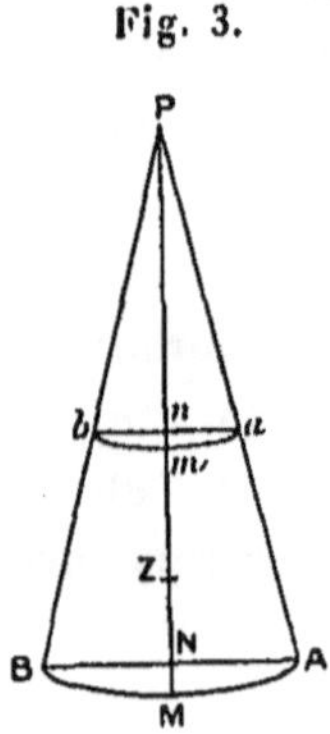

Soient PZ le méridien, P le pôle, Z le zénith, AMB ou *amb* le parallèle d'une étoile. Le fil équatorial de la lunette ne couvrira ni le parallèle AMB, ni le parallèle amb de l'étoile; il couvrira l'arc de grand cercle ANB ou anb, perpendiculaire au méridien; l'étoile A ne suivra donc pas le fil ANB, mais l'arc de parallèle; elle descendra à M au-dessous de N et s'écartera du zénith, puisque ZN $<$ ZM; au contraire, l'étoile a passera en m au-dessous du fil n et plus près du zénith Z, puisque Zn $>$ Zm.

Les triangles rectangles ANP, anP, donnent (en désignant par D et d les déclinaisons répondant aux points A et a) :

$$\tang PN = \cos APN \tang PA = \cos P \cot D,$$
$$\tang P n = \cos a P n \tang P a = \cos P \cot d,$$
$$\tang PM - \tang PN = \tang PA - \tang PN = \cot D - \cos P \cot D$$
$$= \cot D (1 - \cos P) = 2 \sin^2 \tfrac{1}{2} P \cot D.$$

$$\sin NM = 2 \sin^2 \tfrac{1}{2} P \cot D \cos PA \cos PN = 2 \sin^2 \tfrac{1}{2} P \cot D \cos^2 PA$$
$$= 2 \sin^2 \tfrac{1}{2} P \cot D \sin^2 D = 2 \sin^2 \tfrac{1}{2} P \sin D \cos D = \sin^2 \tfrac{1}{2} P \sin 2 D.$$

De même

$$\sin nm = \sin(P m - P n) = \sin^2 \tfrac{1}{2} P \sin 2 d = 1'',964 \sin 2 d,$$

Si l'on suppose
$$APM = 0°15'.$$

Pour $d = 45°$
$$\sin nm = 1'',964.$$

Ainsi l'étoile A comparée au fil paraîtra s'éloigner du zénith si l'étoile a s'en approche. Reste à savoir si NM sera une quantité sensible; nm le sera davantage parce que aPm sera un arc d'un plus grand nombre de degrés.

C'est une chose aujourd'hui bien connue, et pour laquelle on recommande d'observer la distance zénithale au méridien même, sans quoi l'observation a besoin d'une correction. (*Voir* mon *Astronomie,* t. 1, p. 420.)

1° Si l'étoile est dans l'équateur $\sin 2 D = 0$, $nm = 0$, l'étoile suivra le fil puisque le parallèle est un grand cercle.

2° Si D $<$ H, l'étoile passera au sud du zénith et paraîtra descendre de A en M en approchant du méridien.

3° Si D est négatif, $\sin 2 D$ sera négatif, nm changera de signe et l'étoile s'élèvera au lieu de s'abaisser.

4° Si D $>$ H ou si A devient a, l'étoile paraîtra s'élever.

· 5° Si D $>$ 90°, c'est-à-dire si l'étoile passe au-dessous du pôle, sin 2 D ou sin 2 (90° + n) = sin (180° + 2 n) sera négatif et l'étoile baissera en approchant du méridien : ou bien, remettant $tang$ P a au lieu de cot D, P a sera négative, ce qui fera le même effet que D supposé $>$ 90°.

Ces cinq règles sont celles que Cassini démontre *synthétiquement ;* elles sont toutes renfermées dans la formule qui donne sin nm. De ses remarques Cassini conclut, avec beaucoup de justesse, l'absolue nécessité de placer exactement l'instrument dans le plan du méridien et d'observer la hauteur des étoiles à l'instant du passage par le méridien. Il faut donc que le limbe, le centre et la lunette soient exactement dans ce plan ; alors le passage au fil s'accordera avec le passage conclu des hauteurs correspondantes, et la distance au zénith sera exactement mesurée : il est à croire qu'il a rempli toutes ces conditions.

Les observations commencèrent le 15 juillet 1718. L'instrument était tourné successivement à l'est et à l'ouest, et on les continuait jusqu'à ce qu'on en eût plusieurs qui donnassent précisément la même distance. Les résultats sont :

	Distances zénithales.		Amplitude,	Lat. de Dunkerque.	
	Dunkerque.	Paris.	correct. faites.	1.	2.
β Dragon......	1.29.41″ N	3.42.12,5 N	2.12.27	51.2.41	51.2.47
γ Dragon......	0.30.30 N	2.42.43,5 N	2.12. 9,5	51.2.23,5	51.2.29,5
ϰ Cygne........	1.50. 2,5 N	4. 2.28,5 N	2.12.22	51.2.36	51.2.42
ι Cygne........	0. 6.36,5 N	2.19.10 N	2.12.31	51.2.45	51.2.51
σ Cygne........	1.26.22 S	0.45.36 N	2.11.54	51.2. 8	51.2.14
Queue du Cygne.	6.45.45 S	4.33. 5 S	2.12.35	51.2.49	51.2.55

Les latitudes (1) de Dunkerque sont déduites des amplitudes et de la latitude de Paris, supposée 48° 50′ 14″ ; les latitudes (2) sont corrigées de 6″ pour la réduction à la tour de Dunkerque et à la face méridionale de l'Observatoire.

Entre les deux dernières amplitudes on trouve une différence de 41″, qui paraît bien forte. Le milieu entre toutes serait 2″ 12′ 19″,7, ou, en rejetant les deux dernières, 2″ 12′ 22″,4. On s'en est tenu à γ du Dragon dont on a été plus content, à Paris comme à Dunkerque.

Cassini conclut pour la latitude de Dunkerque, 51° 2′ 25″, 5, parce qu'il donne 4″ de moins à la hauteur du pôle à Paris. Par γ Dragon et σ Cygne j'ai trouvé 51°2′9″,2 et 51° 2′ 9″.

La Caille a trouvé la même différence des parallèles que moi, je suppose la même latitude que lui; nous sommes donc d'accord sur la latitude de Dunkerque. Si au lieu de me servir des réfractions de Bradley je me servais de nos nouvelles réfractions, la latitude de Dunkerque diminuerait encore; par suite, le résultat de σ du Cygne, rejeté comme plusieurs autres, était réellement le moins inexact. Avec un arc céleste trop grand de 20″, il trouve le dégré 56960ᵀ trop petit; avec un arc céleste moins grand, il aurait trouvé 57053ᵀ encore trop petit; le reste de l'erreur tient à l'arc terrestre, qui était trop petit. L'erreur la plus importante est celle de l'arc céleste.

De ces mesures si peu certaines, l'auteur conclut que le méridien doit être une ellipse allongée vers les pôles. Pour décrire cette ellipse, il a recours à la propriété des normales qui coupent en deux également l'angle formé en un point quelconque de la courbe entre les droites menées de ce point aux deux foyers. Cette normale fera sur le grand axe un angle égal au complément de la latitude observée (dans l'ellipse aplatie cet angle serait la latitude même). De là il tire une construction simple et élégante.

Soient (*fig.* 4) BC le grand axe, E et F les deux foyers.

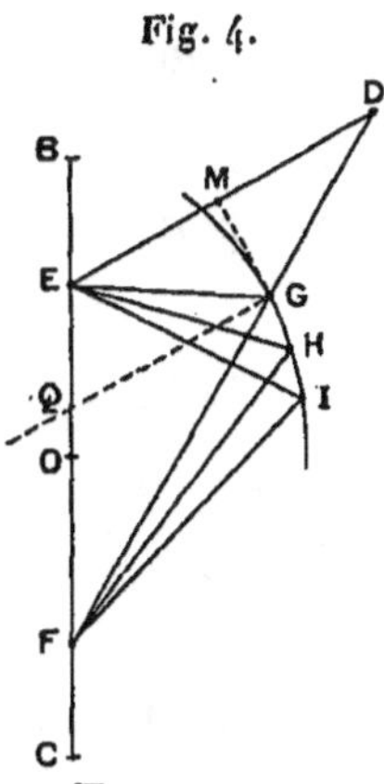

Fig. 4.

Par le foyer E menez la droite indéfinie ED en sorte que BED soit égal au complément de la latitude donnée L; coupez cette ligne en D, du foyer F, avec une ouverture de compas FD = BC;

sur le milieu de ED élevez la perpendiculaire MG : G sera un point de l'ellipse.

En effet,

$$BC = FD = FG + GD = FG + GE;$$

G appartient donc à l'ellipse.

Menez GQ qui coupe en deux (parties égales) EGF :

$$EGF = 2\,EGQ = GED + GDE = 2\,EDG,$$

d'où

$$EGQ = EDG;$$

donc GQ est parallèle à DE, et BED = BQG = compl. de la latitude L.

D'ailleurs la perpendiculaire GM abaissée du sommet sur la base du triangle isoscèle DGF coupe cette base en deux parties égales.

En faisant croître BED de degré en degré depuis $1°$ jusqu'à $90°$, le quart de l'ellipse sera divisé de degré en degré de latitude. Vous aurez

$$FD = BC : EF :: \sin BED : \sin EDF = \frac{2e\cos L}{2} = e\cos L.$$

$$BEG = BED + DEG = BED + EDG$$
$$= (90 - L) + EDG = 90 - L + \arcsin(e\cos L).$$

Vous aurez aussi

$$EGF = 2\,DEG; \qquad GFE = BED - EDG = 90° - L - EDG.$$

Dans les triangles GEH, HEI, ... formés par les droites EG, EH, EI, ... aux différents points de la courbe et considérés comme rectilignes, vous aurez

$$\overline{GH}^2 = \overline{EG}^2 + \overline{EH}^2 - 2\,EG \times EH \cos GEH,$$
$$\overline{HI}^2 = \overline{EH}^2 + \overline{EI}^2 - 2\,EH \times EI \cos HEI,$$
$$\overline{HI}^2 - \overline{GH}^2 = \overline{EI}^2 - \overline{EG}^2 - 2\,EH(EI\cos HEI - EG\cos GEH).$$

Or

$$EI > EG, \quad EI > EH$$

par la construction.

On aura les angles HEG = HED — GED, ...; cos HEI et cos GEH différeront très peu; le second membre sera positif et HI > GH; les degrés augmenteront du pôle B à l'équateur.

Tout cela peut se transporter à l'ellipse aplatie en mettant $\sin L'$ au lieu de $\cos L$.

Cassini, d'après ses mesures, trouve que l'ellipse de la Terre a pour excentricité 6; 144, le demi-grand axe étant pris pour unité; qu'à la hauteur du pôle de $48°\frac{1}{3}$ le degré est de 57005^T, et que dans toute l'étendue de la France l'augmentation est de 31^T à chaque degré, à mesure qu'on s'approche de l'équateur. Il donne, d'après ces principes, une table des degrés pour toutes les latitudes.

Mais en supposant tous les degrés égaux, le degré moyen sera de 57061^T, ce qui ne diffère guère que d'une toise du degré de Picard. Or si nous en ôtons $\frac{1}{1000}$ pour réduire ce degré moyen à notre toise actuelle, il restera 57004^T, ce qui s'approchera beaucoup de notre degré moyen sur l'ellipse aplatie. Il trouve le demi-diamètre de la sphère 3269297^T et la lieue (de 25 au degré) de 2282^T.

Il détermine la correction du niveau en calculant l'excès de la sécante sur le rayon; il donne les raisons du choix qu'il a fait entre les triangles de Picard et, en le blâmant d'avoir conclu quelques angles, il fait, sans y songer, une critique assez sévère de ses triangles du midi, et même de quelques-uns d'entre ceux du nord.

Il remarque que, par le choix qu'il a fait des triangles de Picard, le degré d'Amiens est devenu plus petit. C'est peut-être cette vue qui a déterminé son choix, et ce résultat prouve que Picard avait mieux réfléchi, ou qu'il avait été plus heureux. Selon Cassini, le degré d'Amiens sera de 57030^T.

Il fait sur la mesure de Snellius les réflexions dont nous avons rendu compte à l'article Snellius (¹).

Voilà tout ce qu'on trouve de remarquable dans cette fameuse mesure, qui a donné lieu à tant de controverses. Généralement elle produisit un grand effet, fut peu critiquée et rendit très problématiques les démonstrations de Newton et d'Huyghens. Il nous semble que, si un pareil ouvrage avait été présenté à l'Académie par un savant étranger à ce corps, les commissaires, dans leur impartialité bienveillante, auraient pu applaudir à la grandeur et l'importance du travail, louer l'auteur de ce qu'il avait singuliè-

---

(¹) Voir DELAMBRE, *Hist. de l'Astr. moderne*, t. II, p. 92. (G. B.)

rement rectifié la géographie de la France, en donnant les fondements d'une carte supérieure de beaucoup à celles qu'on avait alors. Ils auraient pu ajouter que le degré moyen entre les 8 ½ qui avaient été mesurés devait donner une valeur probable du degré de la Terre sphérique, que l'ouvrage avait été justement intitulé *Grandeur de la Terre,* et ils auraient encore mieux rencontré qu'ils n'auraient pu le croire, puisque cette grandeur du degré moyen, réduite à notre toise actuelle, est à fort peu près celle qui résulte de notre opération; mais en remerciant l'auteur, ils lui auraient conseillé d'effacer de son titre le mot *Figure;* parce qu'il était évident que les petites différences remarquées entre les degrés du nord et du midi ne passaient pas les erreurs possibles et probables de l'observation. En avouant que la mesure avait été faite avec tous les soins que pouvait alors demander la Géographie, ils auraient ajouté que cette mesure était trop imparfaite pour en conclure la figure de la Terre; que dans cette autre vue il eût été indispensable de ne jamais conclure un angle sans une nécessité absolue, et sans se procurer des vérifications capables de prévenir le doute; de n'admettre aucun angle trop aigu, surtout s'il devait se trouver au dénominateur de la fraction qui sert à déterminer les côtés inconnus; que, pour les observations de l'amplitude, il eût été mieux d'avoir un secteur tout construit, bien centré, bien vérifié avant le départ et qu'on eût vérifié ensuite à chaque station, en observant successivement à l'est et à l'ouest, pour connaître l'erreur de collimation et juger, par la constance de l'erreur, que le voyage n'avait probablement fait aucun tort à l'instrument, et qu'il ne l'avait pas déformé. Voilà ce qu'on aurait pu dire avec justice.

On fit en effet quelques-unes des questions que nous venons d'indiquer; mais, malgré les réclamations de quelques géomètres, l'hypothèse de l'allongement parut se soutenir avec quelque avantage, ce qui n'empêche pas que, pour lever les doutes, on ne résolut d'observer les degrés de l'Équateur et du Cercle polaire.

Au retour de Maupertuis et de ses compagnons, qui proclamaient le triomphe de Newton et celui de l'aplatissement, la querelle recommença. Mairan prétendit qu'il était possible de tout concilier; que la Terre pouvait avoir été plus allongée, que la rotation, en la renflant à l'équateur, pouvait avoir diminué l'allongement sans l'anéantir; ce qui pourtant ne montrait pas bien clairement comment, dans les tubes de Newton et d'Huyghens, l'équilibre était possible si le tube équatorial né gagnait pas, par sa longueur sur le tube polaire, ce que la force centrifuge lui faisait perdre en vertu de la rotation. Mais Mairan niait la fluidité primitive de la Terre.

Ce fut alors qu'on vit paraître, sous le titre d'*Examen désintéressé*, un ouvrage dans lequel, en feignant de tenir la balance égale entre les deux hypothèses, en rapportant avec une égale impartialité ce qu'on pouvait dire en faveur de l'une ou l'autre, en donnant les plus grands éloges aux partisans des deux opinions contraires, aux observateurs qui trouvaient un allongement et aux géomètres qui démontraient un aplatissement, on déclarait ne prendre aucun parti dans une question si embarrassante. Les partisans de Cassini crurent ou firent semblant de croire sincères les éloges donnés aux observateurs; d'autres n'y voyaient qu'une ironie amère, un persiflage continuel, et il est bien difficile de ne pas partager cette dernière opinion, surtout quand on sait que l'ouvrage était de Maupertuis. Il avait trop d'esprit pour y mettre son nom, mais Lalande a mis sur son exemplaire, qui est maintenant en ma possession, que personne ne doutait que cette critique ne fût de Maupertuis, et que le directeur de l'Académie française, en répondant au discours de réception de Maupertuis, lui donne expressément cet ouvrage. Enfin, ce qui est plus fort, on voit dans un écrit de Bouguer, approuvé par Cassini de Thury, comme censeur royal, que l'*Examen désintéressé* est donné à Maupertuis.

Mairan disait dans le *Journal Helvétique* (sept. 1740) que cet ouvrage avait un succès très brillant, et qu'il était tel, par la modération et la politesse avec laquelle il est écrit pour les deux partis, qu'il n'est point de galant homme qui ne puisse l'avouer. Il paraît que Mairan prenait à la lettre tous les éloges donnés aux astronomes, à moins qu'on ne pense qu'entrant dans les idées de l'auteur, il s'amusait à continuer la plaisanterie. On avait attribué l'*Examen* à Fontenelle, et Mairan ajoute : enfin on m'en a aussi fait honneur. On lit, dans l'avertissement, qu'il est bien singulier qu'après avoir attribué ce livre aux gens dont les sentiments sont le plus opposés à ceux de Maupertuis, on soit venu à l'attribuer à

Maupertuis lui-même; on ajoute : tout cela ferait croire que l'énigme n'est pas facile à deviner; *pour moi il m'a toujours paru qu'on ne pouvait s'y méprendre.* C'est aussi notre avis.

Quoi qu'il en soit, *fas est et ab hoste doceri*, et en écartant le persiflage et l'ironie, on peut tirer de ce pamphlet des renseignements utiles et curieux. Ainsi, sans exposer ici les raisons que l'auteur apporte successivement pour prouver que l'ouvrage est d'un admirateur dè Cassini, et ensuite pour faire croire qu'il est d'un homme du parti opposé, nous passerons à l'examen de l'ouvrage même.

Il commence par un exposé tout à fait désintéressé de l'état de la question et des différentes manières qu'on a imaginées pour la décider; il parle des opérations faites au Cercle polaire, qui paraissent démontrer l'aplatissement; on pense bien qu'il ne négligera rien pour inspirer toute confiance en cette mesure.

On dit ensuite que D. et J. Cassini avaient fait en 1701 la mesure entre Paris et Bourges, qui indiquait un allongement; qu'en 1713, par de nouvelles observations on retrouva encore au midi de Paris le degré plus grand que vers le nord; qu'en 1718, ayant poussé la prolongation jusqu'à Dunkerque, on avait encore trouvé la Terre allongée. En 1733, Cassini ayant mesuré l'arc entre Paris et Saint-Malo, trouva le degré plus petit que si la Terre était sphérique, d'où résultait encore l'allongement. Enfin, en 1734, Cassini, ayant prolongé le même parallèle jusqu'à l'est, avait encore trouvé la Terre allongée. On ajoute qu'il a fait toutes ces opérations avec toute l'habileté qu'on lui connaît. Quand ce serait un art médiocre qui les aurait conduites, la multiplicité des témoignages rendrait *suffisant* un témoignage qui serait faible s'il était seul. Le mot *suffisant* est de trop; on pouvait dire au plus *très-vraisemblable;* l'événement a deux fois démontré *l'insuffisance.*

Si chacune de ces opérations entre les mains d'un habile homme avait été susceptible de quelque défaut capable dejeter dans l'erreur, pourrait-on croire que le hazard eût ainsi dirigé toutes ces erreurs vers la même conclusion? c'est assurément ce qu'on ne pourra guère se persuader.

Ici l'on peut soupçonner quelque malignité; la chose est véritablement invraisemblable, mais il faut songer que dans les recherches délicates, entreprises avec des moyens insuffisants, quand

on a d'avance un parti arrêté sur une question, dans le choix
d'observations dont aucune n'est sûre, l'homme le plus droit est
insensiblement conduit à adopter tout ce qui favorise son opinion,
à rejeter tout ce qui paraît contraire, à trouver des raisons spé-
cieuses pour autoriser une correction qui explique une anomalie,
enfin à recommencer l'épreuve jusqu'à ce qu'il trouve ce qu'il a
désiré; et il lui est presque impossible de tenir la balance bien
égale.

On ajoute : ce n'est point par deux degrés mesurés séparément qu'on a trouvé la Terre allongée; c'est par des sommes de
plusieurs degrés. Mais en 1800, nous avions aussi des sommes
plus considérables de degrés mieux mesurés; il est vrai que dans
toutes leurs combinaisons ces degrés nous ont donné un aplatissement, mais à chaque comparaison nous trouvions un aplatissement
différent. Il est donc aisé de convenir que les $8\frac{1}{2}$ degrés de Cassini ont pu lui donner des allongements différents. En discutant
les limites des erreurs, on nous dit que plusieurs astronomes sou-
tiennent qu'avec des secteurs de 10 pieds on doit observer à 2″
près la distance d'un astre au zénith; pour montrer de *l'impar-
tiabilité,* on suppose qu'il soit possible de se tromper de 4″ sur
l'amplitude d'un arc et de 6″ à 8″ avec un quart de cercle de
3 pieds. En quadruplant les erreurs sur l'arc de Paris à Collioure,
on aurait 16″ sur 6″18′, ce qui donnerait $41^{T}\frac{1}{2}$ par degré.

L'arc de Picard, augmenté de 41^{T}, serait de $57\,101^{T}$; Cassini a
trouvé $57\,097$; il aurait donc commis une erreur de 16″ sur cet arc;
mais comme il serait juste de donner la moitié de l'erreur à Picard,
il en restait toujours 8 à Cassini (nous en avons trouvé 20 sur
l'arc du Nord). Ce serait encore beaucoup et l'on en pourrait
rejeter une partie sur les erreurs géodésiques.

L'examinateur prétendu désintéressé fait son calcul autrement :
il en conclut 35″ d'erreur à Collioure et il se récrie, parce qu'une
pareille erreur ne peut être attribuée à Cassini; il a raison en ce
point, mais son calcul paraît de mauvaise foi.

	^{T}		^{T}
Cassini dit (p. 148) que l'arc terrestre est de	360.614 et le degré de		57.097
L'examinateur dit......................	360.940	»	57.292
Différences................	+326	»	+195

Il est vrai que Cassini avait d'abord donné ces deux nombres;
il avait pu le faire par erreur et d'après des aperçus grossiers.
En 1738 ce n'était plus sur ces premières idées, mais sur le livre
imprimé en 1720 qu'il convenait de le juger. Il fallait au moins
distinguer les époques. Le critique dira que c'est ce qu'il a fait à
l'article suivant, où il nous dit que par une seconde opération
en 1718 il avait trouvé un allongement moindre. Mais il passe si
légèrement qu'on n'est pas bien sûr de l'entendre. Dans les Mémoires de 1713, que cite encore le critique, Cassini ne fait le
degré que de $57\,100^{\mathrm{T}}$ l'un portant l'autre : on ne voit pas là d'opération nouvelle.

L'observation au secteur, à Paris, fut de 1702 et 1703. Le quart
de cercle avait donné une minute de moins à l'amplitude, ce qui
n'aurait pas fait 160^{T} sur le degré; et puisque l'on avait jugé le
secteur nécessaire à Collioure, c'eût été une inconséquence bien
grande que de se contenter à Paris d'un quart de cercle de 3^{pi}. On
a pu faire avec le quart de cercle des observations à Paris dans le
même temps où on les faisait à Collioure avec le secteur, mais
c'était uniquement pour obtenir un premier aperçu, dans lequel
on ne supposait guère la possibilité d'une erreur d'une minute. On
devait être empressé d'entrevoir au moins la conséquence d'une
opération si longue et si pénible; on a tiré à la hâte quelques conséquences inconsidérées, mais on les a sensiblement rectifiées
quand l'épreuve a paru complète.

Le Mémoire de 1713 est refondu dans le livre de 1718; il roule
principalement sur la manière de décrire et de calculer l'ellipse
allongée. On croyait donc dès lors à un allongement. Après un
extrait d'abord assez impartial du livre qui fait suite aux *Mémoires*
de 1718, l'examinateur dit que si la Terre était aplatie comme
MM. du Nord le prétendent, l'arc terrestre de 360614^{T} serait
de $6°\,20'\,1''$; plus fort de $64''$ que ne le fait Cassini. Croira-t-on qu'il
ait pu se tromper de $64''$ avec un instrument qui n'admet pas
d'erreur au-dessus de $4''$?

Il cite ensuite le Mémoire de 1701, qui est de D. Cassini. Ce
Mémoire commence par une histoire sommaire des opinions et des
tentatives des anciens; il rappelle l'idée qu'avait eue l'auteur de
donner au degré la valeur de 57222^{T} et à la minute la valeur
de 10 stades; il rappelle le degré de Snellius, évalué par Picard

à 55021^T de Paris, le degré de Riccioli et de Grimaldi de 64363^T de Paris. Sur tous ces degrés il accorde hautement la préférence à celui de Picard 57060^T. J'assistai, nous dit-il, à plusieurs de ces observations géographiques, *que nous concertâmes ensemble.* [Voyez t. IV, p. LXIII et LXIV (¹).] Il n'ose pas dire à l'Académie ce qu'il avait écrit à Bologne que *Picard avait opéré sous sa direction.* On a vu, par les degrés du midi et les corrections faites au degré du nord, ce que Picard aurait pu gagner à se laisser conduire.

Il insiste sur la vérification que les opérations géodésiques trouvent dans les éclipses des satellites; on voit quelle idée il avait de la précision relative des deux genres d'opérations. C'est à la page 182 qu'on trouve en effet ce degré de 57222^T donné *en attendant,* d'après des observations faites à Paris avec des quarts de cercle ordinaires, qui faisaient l'arc de 6° 18′.

Il en conclut que *plus on s'éloigne de l'équinoxial, plus les dimensions de la Terre diminuent; le degré pris de l'Observatoire vers le midi est de 57126^T, pris vers le nord il n'est que de 57055, ce qui semble favorable aux hypothèses que nous venons de rapporter,* c'est-à-dire sans doute celles de Newton et d'Huyghens, qui font la Terre aplatie; mais il avait aussi parlé de celle d'Eisenschmidt qui la faisait allongée. A laquelle de ces hypothèses crut-il les mesures favorables? Il ajoutait :

Par cette progression, on trouvera la grandeur des autres degrés jusqu'à ce qu'elle continue uniformément;... l'augmentation de 1 pouce et $\frac{11}{25}$ en chaque minute monte à 72^T d'un degré à l'autre.

Cette augmentation, dit-il, offre une conformité singulière avec la théorie de la Lune.

Sans doute Maupertuis a dû trouver ces raisonnements bien étranges; il a pu sourire de la prétention d'appuyer sur une mauvaise hypothèse lunaire une hypothèse également insoutenable sur la figure de la Terre; mais était-ce bien par le persiflage qu'il convenait de combattre ce radotage astronomique : une pareille erreur n'était pas dangereuse, on pouvait se dispenser de la relever.

(¹) Par « Tome IV » Delambre entend le Tome I de son *Histoire de l'Astronomie moderne.* C'est, en effet, le quatrième volume de son grand Ouvrage sur l'*Histoire de l'Astronomie.* (G. B.)

Nous venons de remarquer l'ambiguïté de ces mots *des hypo-thèses modernes*. Cassini s'était d'abord expliqué plus clairement et le commentaire donné par Fontenelle ne laissait aucun doute :

En supposant que cette diminution de la valeur terrestre du degré con-tinue toujours de l'équateur au pôle, on voit que la Terre est un globe aplati vers les pôles (*Hist. de l'Acad. de 1701*, p. 96).

Cassini avait dit :

Ce qui semble favorable aux hypothèses modernes.

Lalande, en copiant les mots, ajoute en parenthèse : Huyghens et Newton. Dans l'*Histoire,* édition de 1743, on a substitué :

Mais en supposant, comme il est fort vraisemblable, que cette diminution de la valeur terrestre d'un degré continue toujours de l'Équateur vers le Pôle, et en conservant d'ailleurs les hypothèses communes, on voit qu'un Méridien est une Ellipse, l'équateur demeurant toujours circulaire, et que la figure de la Terre est un Sphéroïde.

Lalande dit encore que Maupertuis avait relevé ces différences. (*Lettre d'un Horloger de Londres à un Astronome de Pékin.*)

En 1719 on vit paraître à Leyde une dissertation de Jacques Roubaix *Sur la variation du thermomètre, la forme du globe terrestre,* etc. L'auteur attaquait la conclusion d'aplatissement tirée par D. Cassini et Fontenelle. Lalande, en parlant de cette disser-tation, dit que l'erreur était déjà réformée. A la vérité, elle ne le fut, dans les Mémoires de 1701, que lors de la réimpression en 1743; le livre *De la Grandeur et de la Figure de la Terre* n'a paru qu'en 1720, un an après celui de Roubaix; on n'y parle d'ellipse allongée que vers la fin; mais dans les Mémoires de 1713 (au moins dans l'édition que j'ai sous les yeux) on donnait la mé-thode pour calculer l'ellipse allongée.

Quoi qu'il en soit, il est constaté que de mesures exécutées avec trop de négligence on avait tiré une conséquence inexacte. Une erreur de raisonnement se corrige avec facilité, le mal n'est pas bien important ni surtout bien durable; il n'en est pas de même d'une mauvaise opération : on a rarement les moyens de la recom-mencer. Il paraît que la fausse conséquence était de D. Cassini; il se hâta de prononcer en faveur de Newton, comme dans la question du mouvement de la lumière il s'était hâté de prononcer pour Descartes, d'après quelques observations insignifiantes et qu'il n'aurait pu continuer sans être conduit à la découverte qui a immortalisé Roemer.

Le critique passe à l'examen des degrés de longitude : les opérations sont exposées dans les Mémoires de 1733 et 1734.

J. Cassini partit le 1ᵉʳ juin 1733 accompagné de ses deux fils, de Maraldi, de l'abbé de la Grive et de Chevalier. Il raconte les obstacles qui le forcèrent de s'écarter de la direction du parallèle, il décrit les signaux qu'il fut forcé d'employer : les uns étaient de grands arbres, d'autres des pyramides de pierre sèche, d'autres enfin des buttes de terre. A ces signaux souvent on attachait des drapeaux blancs qu'on distinguait facilement quand le soleil les éclairait; on arriva ainsi à Granville.

L'arc (de 1ᵒ) de parallèle compris entre son méridien et celui de Paris devait être de 38350ᵀ : il fut trouvé plus grand de 69ᵀ; la hauteur du pôle fut trouvée de 48°50′5″, celle, à 4″ près, qu'on avait déterminée directement. Pour vérifier les 44 triangles, on mesura une base de 3731ᵀ3ᵖᵒ7ˡⁱ qui s'accorda avec les calculs de deux suites de triangles à 6ᵖⁱ près pour l'une et à 2ᵖⁱ pour l'autre. L'arc du parallèle était ainsi de 380ᵀ plus petit que dans l'hypothèse de la sphéricité; d'où il résulte encore que la Terre est allongée vers les pôles. Quand on supposerait une erreur de 150ᵀ sur l'arc terrestre, il n'en résulterait qu'une seconde d'erreur sur la différence de longitude, quantité dont on n'a pas la prétention de répondre : on l'a déterminée par les satellites. Quand on supposerait une erreur de 30″ dans les observations, le degré serait encore de 37363ᵀ, plus petit de 344ᵀ que dans l'hypothèse sphérique; ainsi la Terre serait encore allongée. Mais on affirme hardiment que l'erreur est bien moindre.

... la grandeur des degrés de longitude est donc plus petite de la 36ᵉ partie que celle qui résulte de l'hypothèse sphérique.... C'est ce qu'on pourra décider encore avec plus d'exactitude lorsque l'on aura mesuré toute l'étendue de la France depuis l'Orient jusqu'à l'Occident qui comprend plus de 12°....

Ce second travail se trouve dans les *Mémoires* de 1734. On alla de Paris à Strasbourg par une suite de 29 triangles, qui furent vérifiés par une base de $3341^T 4^{pi}$. Elle fut trouvée plus petite de 4 pieds que par le calcul. La distance de Paris à Strasbourg en ligne directe est de 205120^T; sur la perpendiculaire elle n'est que de 204990^T. De Strasbourg à Granville la distance sera de 353450^T; on en conclut de même un allongement. Pour la différence des méridiens, on se servit des observations d'Eisenschmidt qui la faisaient de $22'20''$ et qu'on réduisit à $22'10''$ par d'autres observations et pour ne pas profiter de tout l'avantage que donnaient les premiers. Le degré de longitude fut donc de 37066^T, plus petit de 680^T que par le calcul sphérique : on aurait encore trouvé 300 toises de plus en se bornant aux observations d'Eisenschmidt.

Tels sont les résultats des deux mémoires, où l'on ne trouve aucun détail qui puisse nous éclairer sur la bonne condition des triangles, ni des autres opérations.

L'examinateur, après avoir rapporté ces faits, se demande s'il est possible que Cassini se soit trompé *dans cinq ouvrages faits avec autant d'exactitude et que les erreurs aient été toujours à faire la Terre allongée.* Il fait valoir ensuite l'accord des bases.

On peut avouer en effet que c'est un hasard bien rare et bien malencontreux que celui qui avait fait paraître trop grand de beaucoup l'arc méridional, qui avait diminué le degré de Picard et la prolongation jusqu'à Dunkerque, qui donnait encore un allongement plus considérable par deux arcs de parallèle, soit séparés, soit réunis. L'ellipse allongée avait une excentricité de

$$0,144 = \sin 8° 17'.$$

Les partisans de l'allongement étaient Fontenelle, Bragelogne, Chevalier, l'abbé de Molières et Danville, sans parler des Cassini. Ceux qui défendaient l'aplatissement étaient Newton, Huyghens, Gregory et Hermann. Au nombre des premiers il range encore Childrey, Burnet, Eisenschmidt et Mairan : c'est l'anglais Childrey qui le premier avait mis cette idée en avant. Newton et Huyghens étaient ensuite partis de l'expérience du français Richer pour en conclure l'aplatissement : ce n'est donc point ici un *dogme de nation,* dit l'examinateur. Il accorde à Newton que sa démonstration est bonne dans les hypothèses : d'une attraction en raison inverse du carré des distances, du mouvement de révolution de la Terre, de l'homogénéité de la matière qui compose la Terre, enfin de la fluidité primitive de cette matière, *suppositions toutes si gratuites et, selon toute apparence, si éloignées de la nature, qu'on ne peut regarder ce qu'a fait Newton sur la figure de la Terre que comme la solution d'un beau problème de Géométrie.* On connaît assez les sentiments de Maupertuis pour être bien sûr que ces concessions qu'il fait à ses adversaires sont simulées, dans le but unique de bien persuader le lecteur de *son désintéressement.*

Gregory n'a guère fait que commenter Newton. Hermann, en supposant que toutes les parties pèseraient vers le centre en raison directe de leur distance, avant que la force centrifuge y eût rien changé, trouve encore la Terre un ellipsoïde aplati. Après quelques mots, en passant, sur Bouguer et Mairan, l'auteur nous apprend que Childrey, considérant qu'il tombe tous les hivers une quantité immense de neige vers les pôles, dont il ne fond qu'une partie chaque été, en conclut que la Terre doit s'être allongée vers les pôles. Burnet, dans sa *Théorie sacrée de la Terre,* explique à son aise la figure primitive de la Terre, le déluge et la forme actuelle de la surface. Ces hypothèses gratuites, qu'il appuie d'autorités de tout genre, ne sont pas de notre sujet. Eisenschmidt, recueillant les degrés dont on croyait avoir la mesure, forma le tableau suivant :

Auteurs.	Latitude.	Grandeurs en milles romains.
Ératosthène	27	100
Riccioli	44 $\frac{1}{2}$	80
Picard	49	74
Fernel	49 $\frac{1}{2}$	73 $\frac{1}{2}$
Snellius	52	71 $\frac{1}{8}$

Il vit que les degrés allaient en diminuant de l'équateur au pôle; il en conclut que la Terre était allongée. Au lieu des 31[T] de diminution, d'un degré au suivant, que veut établir Cassini, Eisenschmidt, en supposait 760. Examinant ensuite la théorie de Newton, il lui reproche d'avoir supposé que tous les corps tendent vers le centre de la Terre, ce qui n'a lieu que pour ceux qui sont au pôle ou à l'équateur; dès que la Terre n'est pas sphérique, il prétend que si, au lieu dés lignes qui concourent au centre de la Terre, on prend les vraies lignes de direction des graves, c'est-à-dire les perpendiculaires à la surface, jusqu'à la rencontre de l'axe, tout ce que dit Newton pour la Terre aplatie se pourra dire également de la Terre allongée. L'examinateur se serait dispensé de ces détails s'il ne les avait crus nécessaires pour l'intelligence du système de Mairan. Ce physicien géomètre prouve d'abord que la pesanteur varie moins de l'équateur au pôle sur le sphéroïde aplati que sur le sphéroïde allongé, et que plus le sphéroïde est allongé, plus les différences du pendule doivent être sensibles, et plus il faudra raccourcir le pendule à l'équateur, pour entretenir l'égale durée des oscillations. Il avoue que la rotation doit avoir fait renfler la zone équatoriale, mais si elle était d'abord d'un moindre diamètre, l'inégalité a pu diminuer sans être anéantie, et la Terre sera seulement un peu moins allongée que dans l'origine. Enfin Mairan démontre que si la pesanteur suit la proportion réciproque des carrés des distances au point central, les pendules isochrones iront en diminuant du pôle vers l'équateur sur le sphéroïde oblong, et qu'au contraire ils devraient aller en augmentant si le sphéroïde était aplati. *Cette proposition ne laisse presque plus douter que la Terre ne soit allongée vers les pôles :* c'est par cette phrase que finit l'*Examen désintéressé.*

Desaguliers, dans les *Transactions philosophiques,* nᵒˢ 386, 387 et 388, avait cherché à réfuter le mémoire de Mairan. L'examen de ces trois dissertations est donné sous le nom d'un *ami,* pour compléter la notice de tout ce qui a paru sur la question de la figure de la Terre.

Desaguliers avait reproché à Cassini sa lunette de 3 pieds sur un secteur de 10; l'ami le disculpe par l'embarras que causent les grandes lunettes et l'inutilité de rendre l'observation du pointé plus précise que la lecture de la division sur le limbe. Toutes les objections faites à Desaguliers ont l'air de chicanes, qui sont faites uniquement pour la forme, dans l'intention apparente de disculper Cassini et Mairan, ou dans l'intention plus réelle de donner un nouveau poids à des raisonnements qu'on réfute avec de si faibles moyens.

Nous avons ci-dessus jugé sans partialité le livre *De la Grandeur et de la Figure de la Terre*. La diatribe de Maupertuis n'a rien changé à notre opinion; l'opération de 1740 et celle que nous avons faite à la fin du siècle, ont pleinement confirmé les faits qu'on ne pouvait alors que soupçonner; mais l'insuffisance de l'opération était dès lors bien facile à démontrer, et c'est à cela que Maupertuis aurait dû se borner; un petit nombre de pages aurait suffi pour les astronomes et pour les géomètres. Maupertuis, pour intéresser les gens du monde, prit un ton qui nous paraît peu convenable dans une discussion de ce genre.

L'opération du Cercle polaire devait porter un coup mortel à l'opinion de la Terre allongée, et c'était une raison de plus pour que l'un des auteurs de cette mesure ménageât des adversaires vaincus.

Examinons cette opération célèbre et tâchons d'en apprécier l'exactitude, sur laquelle on a, depuis, conçu quelques doutes.

La Figure de la Terre, *déterminée par les observations de MM. de Maupertuis, Clairaut, Camus, Le Monnier, de l'Académie des Sciences, de M. l'abbé Outhier, correspondant, accompagnés de M. Celsius, professeur d'astronomie à Upsal,.....* par M. DE MAUPERTUIS. Paris, Imprimerie Royale, MCCXXXVIII.

Dans sa préface, Maupertuis annonce qu'il donne toutes les observations telles qu'elles se sont trouvées sur les registres des observateurs, sans y faire aucune des corrections qu'ont faites ceux qui ont donné de pareils ouvrages, où l'on voit les triangles corrigés, la somme des trois angles réduite à 180°, et les moyennes entre les observations célestes, sans qu'on y rencontre aucune des observations réelles.

On ne pourrait plus guère se dispenser de ces révélations dont Maupertuis donne ici le premier exemple. Sur l'observation de Norwood, il nous apprend qu'elle fut terminée en 1635. Les hauteurs du Soleil au solstice d'été furent prises à Londres et à York avec un sextant de cinq pieds de rayon (on se souviendra que ce sextant n'avait que des pinnules au lieu de lunettes); l'amplitude fut trouvée de 2°28′. Norwood mesura la distance des deux villes, observant les angles de détour, les hauteurs des collines et les

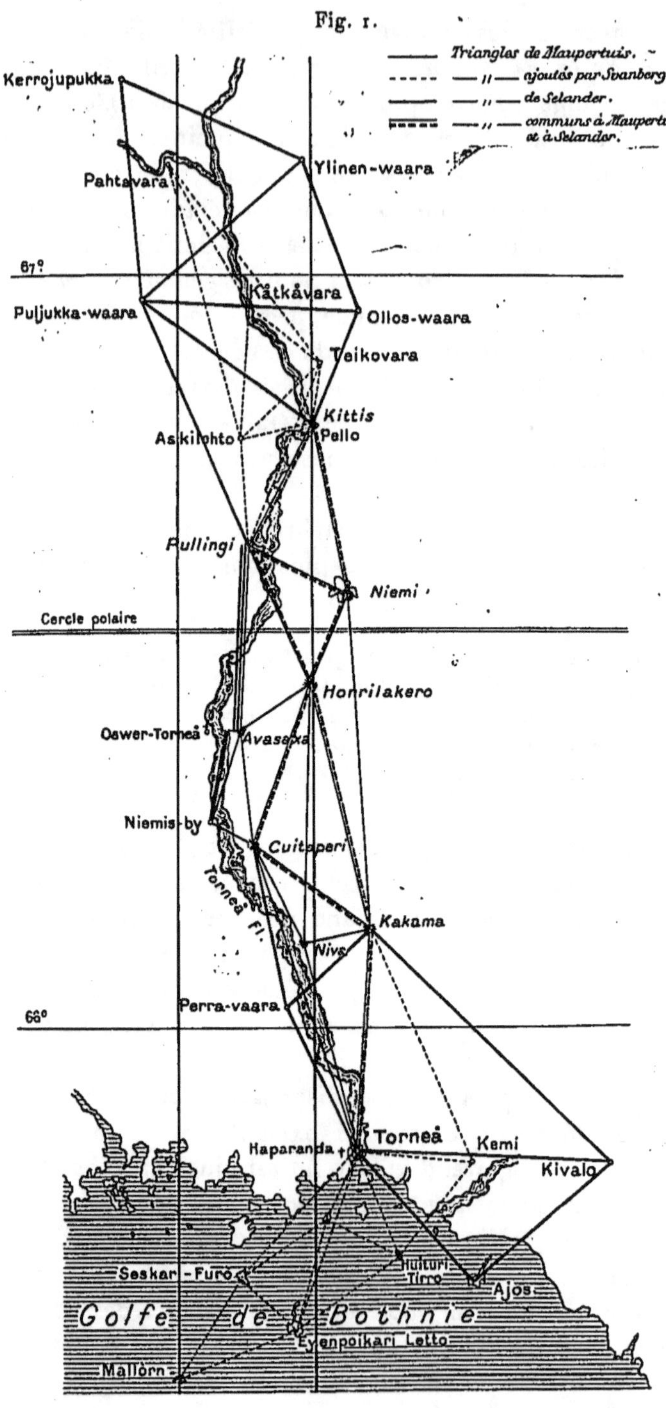

Fig. 1.
Triangles de Maupertuis.
" ajoutés par Svanberg.
" de Selander.
" communs à Maupertuis et à Selander.
Kerrojupukka
Ylinen-waara
Pahtavara
67°
Kåtkåvara
Puljukka-waara
Ollos-waara
Teikovara
Kittis
Pello
Askilohto
Pullingi
Niemi
Cercle polaire
Horrilakero
Oewer-Torneå
Avasaxa
Niemis-by
Cuitaperi
Kakama
Nivs
66°
Perra-vaara
Torneå Fl.
Torneå
Kemi
Haparanda
Kivalo
Seskar-Furö
Huituri
Tirro
Ajos
Golfe de Bothnie
Eyenpoikari Letto
Mallörn

descentes, en réduisant tout à l'arc du méridien; il trouva 9149 chaînes pour la longueur de son arc, duquel il conclut le degré de 3709 chaînes 5 pieds ou 367196 pieds anglais qui font 57300 de nos toises suivant Newton, et 57442 suivant Bailly.

Ce résultat beaucoup trop fort nous dispense de rechercher un ouvrage, le meilleur de tous en son temps, mais qui ne peut plus entrer en comparaison avec ce qu'on a depuis exécuté, dans le même pays et dans le reste de l'Europe.

Maupertuis se demande *pourquoi la Terre serait parfaitement sphérique?* A cette question, maintenant résolue, nous substituons cette question parfaitement analogue : *Pourquoi la Terre serait-elle un ellipsoïde parfait?* La réponse sera plus difficile si l'on ne convient pas de s'en rapporter à la simple probabilité.

On ne crut pas les observations faites en France suffisantes pour assurer à la Terre la figure du sphéroïde allongé qu'elles lui donnaient. Voilà uniquement ce qu'il fallait dire, sauf à donner à cette proposition tous les développements dont elle était alors susceptible.

Le roi ordonna qu'on mesurât les degrés du méridien vers l'Équateur et vers le Cercle polaire, et c'était, sans aucun doute, ce que l'on pouvait proposer de plus décisif.

Ici l'auteur se livre à quelques exagérations, qu'il est assez inutile de discuter, sur l'importance de la figure de la Terre pour la Navigation. Newton avait été de meilleure foi; il avait dit que les navigateurs pouvaient négliger l'ellipticité de la Terre, et généralement ils la négligent sans le moindre inconvénient. Il a tout à fait raison quand il dit que cette connaissance est d'une grande utilité pour la parallaxe de la Lune, et en ce point les navigateurs eux-mêmes y ont égard.

La hauteur du pôle à Torneå, de 65°50′50″, fut déterminée par un grand nombre d'observations de l'étoile polaire. Pour les réfractions on s'est servi du Soleil, qui était tout à la fois au méridien et à l'horizon, et de Vénus qui a été deux mois consécutifs sans se coucher. Une éclipse de Lune, et plusieurs occultations d'étoiles, ont fait croire qu'on pouvait avec assez de sûreté prendre $1^h 23'$ pour la différence des méridiens entre Paris et Torneå : ces observations sont dues principalement à Le Monnier et Celsius.

On a le manuscrit de Le Monnier.

Les signaux étaient des cônes creux, bâtis de plusieurs grands arbres, qui, dépouillés de leur écorce, étaient si blancs qu'on les pouvait facilement observer de dix et douze lieues; leur centre était toujours facile à retrouver en cas d'accident, par des marques que l'on gravait sur les rochers, et par des piquets enfoncés en terre et recouverts de grosses pierres. Partout, excepté dans le clocher de Torneâ, on observait au centre du signal; le quart de cercle avait 2 pieds de rayon, il était garni d'un micromètre. Les tours d'horizon donnèrent toujours 360° à très peu près. Voici respectivement les erreurs positives et les erreurs négatives sur la somme des trois angles :

$$
\begin{array}{rr}
 & + \quad 2,9 \\
 & 29,4 \\
 & 27,1 \\
- \quad 6,7 & 18,3 \\
- 18,1 & 18,9 \\
- 15,8 & 21,3 \\
\hline
- 40,6 & +117,9 \\
+117,9 & \\
\hline
\end{array}
$$

Somme .... +158,5
Différence............. + 77,3

Ce qui donne : 8″,6 d'erreur sur 180° ou 4″,3 pour l'arc de 90°, — 17″,6 pour l'erreur moyenne des triangles, — 5″,9 pour l'erreur moyenne de chaque angle observé.

On ne fait aucune mention de l'excès sphérique, qui réduirait à 15″ environ l'erreur moyenne des triangles et à 5″ environ celle de chaque angle.

Le second triangle offre un angle de $22°40'\frac{1}{2}$ duquel il ne peut résulter aucun inconvénient; les angles les plus petits sont de 24°43′ et de 27°12′, mais dans un triangle superflu; ensuite le plus petit est de 30°57′. Partout les trois angles ont été observés.

La longueur totale de la méridienne est de... 51944,76^T
Et par une autre combinaison 51940,39
____
Moyenne.................. 54942,57
Et par des réductions aux lieux de l'observa-
tion céleste et de température 55023,47

On ne voit aucune objection à faire à ce résultat. Pour le vérifier on a tenté d'autres combinaisons de triangles, qui contiennent des angles de plus en plus obliques; on a obtenu les quantités suivantes, dont nous réunirons les quatre premières seulement aux deux précédentes :

		T		T
Ci-dessus...	{	54944,76		54925,00
		54940,39		54915,50
		54941,00		54912,00
		54936,00		54906,50
		54942,50		54910,00
		54943,50		54891,00
Milieu......		**54941,36**		

Il nous semble qu'on ne doit faire aucune attention aux six dernières, qui probablement n'ont été essayées que pour montrer les limites des erreurs, même les moins probables.

On a encore imaginé une vérification unique en son genre, et qui ne pouvait guère se pratiquer que sur un réseau de triangles de peu d'étendue :

Les triangles observés forment un heptagone dont les angles, en les supposant plans, devraient faire une somme de

$$(14 - 4)\,90° = 900°.$$

La somme observée se trouve plus forte de 1′37″. Sans prendre la peine de calculer l'excès sphérique, ce qui ne serait pas difficile, on peut, vu la petitesse de surface des triangles observés, estimer à 64″ l'erreur des 16 angles qui par leur réunion forment les angles de l'heptagone, ce qui donnera 4″ pour l'erreur en plus de l'arc de 90°.

Les azimuts observés s'accordent à 31″,5 ou 34″,5 pour les plus grands écarts. On regretterait d'avoir si peu de détails sur les azimuts, si pour un arc aussi petit une erreur d'une demi-minute sur la direction de la méridienne pouvait être de quelque importance. Au reste les observations azimutales sont dans le manuscrit de Lemonnier.

Observations au secteur.

Une grosse lunette de cuivre forme le rayon d'un limbe qui n'est que de 5°30′, divisé de 7′30″ en 7′30″. Ces divisions sont

marquées par des points sur deux arcs concentriques d'un rayon
un peu différent. Au foyer de la lunette sont deux fils d'argent qui
se coupent à angles droits, fixés de la manière la plus solide et
qui se tiennent toujours tendus par le moyen de deux ressorts.
Cette lunette, le centre d'où pend le fil à plomb et le limbe, ne
forment qu'une seule pièce, suspendue sur deux tourillons cylin-
driques, à l'extrémité supérieure de la lunette, et qui, reposant sur
deux coussinets, lui permettront d'osciller comme un pendule.
Un de ces tourillons se termine par un cylindre très délié, ou
plutôt par deux cônes opposés au sommet. Ce sommet est le
centre de l'instrument et sur ce sommet le fil à plomb est reçu
comme dans la gorge d'une poulie.

La lunette, par son poids, se maintiendrait dans une situation
verticale; pour la diriger à l'étoile qui passe à une certaine distance du zénith, un micromètre, attaché à un second limbe qui
est immobile, fait mouvoir une pointe d'acier, qui vient s'appuyer
sur un endroit de la lunette où est un petit miroir d'acier. Par ce
mécanisme, la lunette étant poussée vers le nord, par exemple,
un poids léger, attaché à une ficelle qui passe sur une poulie, la
tire vers le midi. Le micromètre a deux cadrans qui marquent l'un
les tours entiers de la vis et l'autre les fractions de l'un de ces
tours.

Les académiciens avaient vérifié l'arc du secteur, de $5°30'$, par
une base mesurée sur la glace du fleuve : perpendiculairement à
cette base ils avaient placé deux mires à la distance de $36^T 3^{pi} 6^{po} 6^l \frac{2}{3}$,
tangente calculée de $5° \frac{1}{2}$ pour un rayon de 380^T. Cinq observateurs
trouvèrent, par un milieu, que l'arc du secteur était trop court
de $7'',3$. Ils firent, par des moyens tout semblables, une table des
erreurs de toutes les divisions, et ils l'ont publiée en regard avec
une table pareille que le célèbre artiste Graham leur avait envoyée
avec l'instrument. Ils eurent égard à ces erreurs dans leurs observations d'étoiles; ils négligèrent la réfraction, comme trop incertaine et trop petite aussi près du zénith, et par la comparaison de
l'arc céleste $57'28'',67$ avec l'arc terrestre $55023^T,47$ ils conclurent un degré de $57437^T,9$, plus long de $377^T,9$ que celui de
Picard. Ils trouvèrent même 512^T en corrigeant le degré de Picard
pour l'aberration, la précession et la réfraction, et conclurent que
la Terre est un sphéroïde aplati vers les pôles.

Dans le Chapitre suivant, Maupertuis reproduit la formule qu'il avait donnée pour trouver l'aplatissement D par deux degrés mesurés E et F, et les sinus S et s des deux latitudes :

$$D = \frac{E - F}{3(E S^2 - F s^2)}.$$

Il prouve, par des observations de l'étoile polaire et d'Arcturus, faites au Cercle polaire et à Paris, que les réfractions sont à peu de chose près les mêmes à Paris et à Torneå. Les deux hauteurs méridiennes de la polaire, à deux époques différentes, lui donnent, pour la hauteur du pôle, 65°50′50″ et 50″,75, ce qui s'accorde fort bien ; mais ces mêmes observations donnent pour les distances polaires de l'étoile 2°5′56″ et 42″,2 avec une différence de 13″,8 qu'ils attribuent à la précession et à l'aberration.

Ainsi, par un milieu,

Latitude de Torneå	65.50.50,375
Amplitude de l'arc........	57.28,67.
Latitude de Kittis.................	66.48.19,045

Il obtient les réfractions suivantes :

	Hauteurs.	Réfraction.
Par le Soleil..............,	2.46	15.44
	2.31	18.26
	1.57	20. 3
	2. 9,5	20. 3
	1.25	24.11,5
Par Vénus *inoccidue*.......	3.35	13.56
	3.38	14.11

Déclinaison de l'aiguille aimantée... 5°.5′ du nord à l'ouest

Pour observer l'étoile au méridien, on commençait par placer sous le fil la division du limbe qui amenait la lunette à la plus grande proximité de l'étoile ; on écrivait sur le registre le point de départ, puis on tournait le micromètre jusqu'à ce que l'étoile fût exactement coupée par le fil : on écrivait le nombre de tours qui l'y avait amenée, après quoi on ramenait sous le fil le point de départ et l'on comptait le nombre de tours de ce mouvement rétrograde. Un observateur comptait à la pendule, un autre avait l'œil sur le fil à plomb, et le troisième, qui regardait dans la lunette, tournait la vis du micromètre, dont il ne pouvait voir les cadrans ; ce troisième observateur changeait tous les jours, et c'est lui qui se trouve en nom dans les observations suivantes. D'après un manuscrit de Lemonnier, qui-m'a été confié par Lagrange, son gendre, le zénith du secteur répondait à 3°0′18″ du limbe : nous reviendrons sur cette remarque importante.

44 parties du cadran font une révolution entière.

A Kittis. — δ Dragon. — Point de départ : 2°37′30″.

1736.		Avant. R p	Après. R p	Milieu. R p	Pendant. R p	Diff. R p
Sept. 30.	Celsius.....	19.29,3	19.30,1	19.29,7	18. 1,6	1.28,1
Oct. 2.	Maupertuis.	23.10,0	»	»	21.29,8	1.24,2
4.	Lemonnier.	24.10,7	24.12,5	24.11,6	22.30,9	1.24,7
5.	Celsius.....	24.13,3	24.15,3	24.14,3	22.31,4	1.26,9
6.	Lemonnier.	24. 9,8	24. 9,8	24. 9,8	22.28,2	1.25,6
7.	Maupertuis.	25. 6,0	»	»	23.21,8	1.28,2
8.	Maupertuis.	18. 1	17.43	18. 0	16.16,7	1.27,3
10.	Maupertuis.	17.33,0	17.33,1	17.33,05	16. 8,3	1.24,75

Ces premières observations ont été faites sans éclairer les fils.

A Torneå. — δ Dragon. — Point de départ : 1°37′30″.

1736.		Avant. R p	Après. R p	Milieu. R p	Pendant. R p	Diff. R p
Nov. 1.	Celsius.....	17.39,5	17.40,5	17.40,0	19.36,3	1.40,3
2.	Maupertuis.	18.13,1	18.12,0	18.12,55	20. 8,8	1.40,25
3.	Maupertuis.	18.37,0	18.35,0	18.36,0	20.33,3	1.41,3
4.	Lemonnier.	18.32,2	18.31,1	18.31,6	20.28,4	1.40,8
5.	Camus.....	12.24,4	12.24,0	12.24,2	14.20,5	1.40,3 (¹)
27.	Celsius.....	24.25,5	24.22,0	24.23,75	21.23,6	1.43,9
Déc. 3.	Maupertuis.	22. 3,7	22. 2,8	22. 3,25	24. 2,6	1.43,35
4.	Lemonnier.	22. 3,2	22. 3,5	22. 3,35	24. 1,8	1.42,45

(¹) Après le 5 novembre, on résolut de démonter l'instrument pour le faire voyager, afin de s'assurer que le transport ne le dérangeait pas. Pour se préparer à cette vérification, on fit les trois dernières observations des 27 novembre, 3 et 4 décembre.

Résumé.

	Kittis.		Torneå (I).	Torneå (II).
	R p		R p	R p
	1.28,1	inédite	1.40,3	1.43,9
	1.24,2	inédite	1.40,25	1.43,35
	1.24,7		1.41,3	1.42,45
	1.26,9		1.40,8	
	1.25,6		1.40,3	
	1.28,2	inédite		
	1.27,3			
	1.24,75			
Milieu........	1.26,22		1.40,59	Milieu........ 1.43,23
Imprimé......	1.25,8		1.40,6	Ci-devant..... 1.40,6
Différence....	0,42		0,0	Différence.... 2,6

En calculant le mouvement de l'étoile en déclinaison apparente,
pour les vingt-cinq jours qui s'étaient écoulés depuis l'observation
du 5 novembre jusqu'à celle qui tient le milieu entre les nouvelles,
on trouva que tout était suffisamment d'accord. On démonta l'instrument, on le fit voyager, puis on le remit en place, et l'on fit des
observations qui ne sont pas rapportées : seulement le manuscrit
de Lemonnier nous apprend que, après le petit voyage, Celsius
trouva $1^R 42^p,6$ pour la différence qui, immédiatement avant le
voyage, était $1^R 42^p,5$. On en conclut que ce voyage n'avait produit aucun dérangement, et que l'instrument n'avait pas souffert
davantage en venant de Kittis à Torneå. Cette conséquence n'est
pas suffisamment démontrée.

Calcul de l'amplitude.

		R p	R p
A Kittis.................	2.37.30″	−1.28,5 ou	−1.26,22
A Torneå	1.37.30	+1.40,6	+1.40,59
	1. 0. 0	−3.22,1	−3.22,81

Or

$$15' \text{ ou } 900'' = 20^R 23^p,5 = 880 + 23,5 = 903^p,5,$$

donc

$$1°0'0'' - 2'33'',8 = 57'26'',2 \text{ ou } 57'25'',8.$$

Maupertuis dit.......................	57.26,2
Erreur de l'instrument	0,65
Amplitude...........................	57.25,55

Nous ne pouvons omettre une vérification de l'arc terrestre que Maupertuis donne page 111 ; il suppose qu'il y eût 20'' d'erreur à chacun des premiers angles de chaque triangle et 40'' au troisième, et que ces erreurs eussent conspiré toutes pour diminuer l'arc; il trouve qu'il n'en serait résulté qu'une diminution de 54^{T}, ce qui supposerait *la combinaison la plus étrange de maladresse et de malheur*. On croira donc sans peine que l'erreur de l'arc terrestre n'a pu être que de 5 toises au plus.

Il paraît cependant que nos académiciens eurent quelques doutes, au moins sur la partie astronomique, puisque, après l'hiver, ils choisirent une seconde étoile (α Dragon), qu'ils observèrent d'abord à Torneå puis à Kittis.

	1737.	Avant. R p	Après. R p	Milieu. R p	Pendant. R p	Diff. R p
Torneå, mars (3°15'0'')	17.	19.32,7	19.34,0	19.33,35	16.42	2.35,35
	18.	22.21,6	22.21,9	22.21,75	19.30,4	2.35,35
	19.	21.21,0	21.21,3	21.21,15	18.32,1	2.33,05
	Milieu.............................					2.34,52

	1737.	Avant. R p	Après. R p	Milieu. R p	Pendant. R p	Diff. R p
Kittis, avril (4"15'0'')	4...	21.12,0	21.12,0	21.12,0	14.43	6.13
	5...	21.12,5	21.12,2	21.12,35	15. 0	6.12,35
	6...	21.19,5	21.19,7	21.19,6	15. 7,2	6.12,4
	Milieu.............................					6.12,58

	R p
3.15. 0''	—2.34,52
4.15. 0	—6.12,58
1. 0. 0	—3.22,06

ou

	— 3.33,5
	57.26,5
Correction	— 0,65
Amplitude..........................	57.25,85
Ci-dessus	57.25,55

Ces deux déterminations s'accordent jusqu'ici parfaitement, malgré les transports de l'instrument. Pour la précession, l'aberration et la nutation, d'après une note communiquée par Bradley ils ajoutent

<pre>
1″,38 au premier arc qui devient ....   57.26″,93
4″,57 au second arc qui devient .....   57.30,42   3″,49 de diff.
                                        ─────────
       Milieu 57.28,67
</pre>

On peut donc croire encore que l'arc céleste est passablement déterminé, et le degré du Nord suffisamment exact pour être comparé aux degrés de France et du Pérou et décider la question de la figure de la Terre.

Expériences du pendule.

A Pello ; hauteur du pôle 66°48′. L'instrument était une espèce de pendule invariable, construit par Graham, et composé d'une lentille pesante, qui tient à une verge plate de cuivre ; la verge est terminée en haut par un double couteau d'acier, portant sur des tablettes planes d'acier ; le poids qui fait mouvoir l'instrument est de 11 livres $14\frac{1}{2}$ onces et ne se remonte qu'au bout d'un mois.

<pre>
Ce pendule accélérait de ....   53″,5
A Paris, il retardait de   5,6
                                            ───────
De Paris à Pello, accélération   59,1
</pre>

plus grande de 6″,8 que suivant la Table de Newton, et qui suppose la Terre plus aplatie qu'il ne l'a faite.

Pendule simple à Pello : 441^{li},17 ; à Paris selon Mairan : 440^{li},57. L'aplatissement de la Terre, prouvé par cette mesure, n'a été contesté par personne ; la différence entre le degré de Paris et celui de Torneå était trop forte pour qu'on pût l'attribuer aux erreurs des observations ; mais cet aplatissement était plus fort de beaucoup que ceux de Newton et d'Huyghens ; ainsi en adoptant l'ellipticité du méridien, on pouvait encore douter de la quantité réelle de l'aplatissement. Pour voir le degré de confiance que peut mériter cette mesure, il est bon d'examiner aussi un ouvrage qui en est la suite, c'est le :

Degré du Méridien entre Paris et Amiens, par *les mêmes académiciens.*

Il ne s'agissait de vérifier que l'amplitude, car pour l'arc terrestre on s'en rapportait à Picard. On changea les termes de Malvoisine et de Sourdon, qu'on remplaça par les cathédrales de Paris et d'Amiens. On trouva que ce degré était de 57183^T, ou de 123^T de plus que ne disait Picard. Cette détermination était plus erronée de beaucoup que celle de Picard même, et La Caille la réduisit à 57094^T. Le livre commence par une description du secteur de Graham, qu'on voit aujourd'hui à l'Observatoire de Paris. Nous avons dit que la lunette est suspendue sur deux tourillons, autour desquels elle peut osciller comme un pendule; l'un de ces tourillons est terminé par un double cône d'acier trempé; la base de ces cônes est de trois quarts de ligne, la partie qui fait le sommet commun des deux cônes a été amincie autant qu'il a été possible; on n'en donne pas la mesure. Ce double cône s'est cassé, j'ai eu entre les mains un des fragments et j'estime que le sommet n'avait pas un quart de ligne; et voilà sans doute pourquoi il s'est cassé; j'ignore à quelle époque, mais le secteur était alors chez Lemonnier. Nous voyons, dans le livre de Maupertuis et dans celui de Outhier, que le secteur avait été envoyé directement de Londres à Torneå; ainsi le zéro à $3°0'18''$ que nous trouvons dans le manuscrit de Lemonnier doit avoir été fourni par Graham, avec la Table des erreurs de la division, car on ne prit la peine de la chercher, ni à Kittis, ni à Torneå. Mais arrivés à Paris, leur premier soin fut de chercher le point de départ, ou du zénith, par le retournement (sur η de la grande Ourse) : c'était, à la vérité, un peu tard, et voilà le premier reproche que nous ayons à faire aux académiciens.

On trouva :

<table>
<tr><td>1738.
Juin</td><td>2.</td><td>Le limbe étant vers l'occident........</td><td></td><td>4.45.53,4</td></tr>
<tr><td></td><td>4.</td><td>Après le retournement...........</td><td>1.14.42,6</td><td rowspan="4">1.14.41,9</td></tr>
<tr><td></td><td>10.</td><td>»   ....</td><td>1.14.40,9</td></tr>
<tr><td></td><td>14.</td><td>»   ....</td><td>1.14.42,5</td></tr>
<tr><td></td><td>18.</td><td>»   ....</td><td>1.14.41,5</td></tr>
<tr><td></td><td></td><td>Somme.................</td><td></td><td>6. 0.35,3</td></tr>
<tr><td></td><td></td><td>Zénith....................</td><td></td><td>3. 0.17,65</td></tr>
<tr><td></td><td></td><td>Et après la correction des mouve-
ments....................</td><td></td><td>3. 0.18,4</td></tr>
</table>

On trouva de même, plus tard (sur α Persée) :

<table>
<tr><td>Nov. 8, 11.</td><td>Par un milieu.................</td><td>2.58.24,75</td></tr>
<tr><td>12, 16.</td><td>»   ....</td><td>3. 2.12,2</td></tr>
<tr><td></td><td>Somme.................</td><td>6. 0.36,95</td></tr>
<tr><td></td><td>Zénith....................</td><td>3. 0.18,47</td></tr>
<tr><td></td><td>Et après la correction...........</td><td>3. 0.18,0</td></tr>
<tr><td></td><td>Soit, en définitive.............</td><td>3. 0.18,2</td></tr>
</table>

Ce qui s'accorde à $0'',2$ avec le manuscrit. Quel dommage qu'on ait négligé de nous dire l'auteur de cette détermination : si elle venait de Londres, elle prouverait que les voyages n'avaient rien changé à l'état de l'instrument; mais si Lemonnier l'a depuis portée sur son manuscrit, elle ne signifie absolument rien pour la mesure du Nord.

Voici les autres vérifications :

A AMIENS.

	Limbo à l'Occident.		Limbo à l'Orient.	Zénith. Sans corrections.	Après corrections.
			γ *Dragon.*		
1730. Aout 19....	1.21.43,2	1739. Aout 25....	4.38.56,8		
22....	1.21.41,7	26....	4.38.55,8		
23....	1.21.40,9	27....	4.38.54,2	3. 0.18,75	3. 0.14,4
24....	1.21.41,7	28....	4.38.55,8		
		29....	4.38.55,4		
	1.21.41,9		4.38.55,6		

α Persée.

1739.			1739.				
Aout 22....	3.59.43,1		Aout 26....	2. 0.55,5		3. 0.17,95	3. 0.17,5
23....	3.59.40,5		27....	2. 0.54,9			
25....	3.59.38,5						
	3.59.40,7			2. 0.55,2			

β Dragon.

Aout 20....	0.23. 9,6		Aout 25....	5.37.25,6		3. 0.18,41	3. 0.18,2
21....	0.23.12,3		26....	5.37.26,3			
23....	0.23.12,6		28....	5.37.24,9			
24....	0.23.10,4						
	0.23.11,23			5.37.25,6			

DE RETOUR A PARIS.

γ Dragon.

Sept. 13....	5.40.12,4		Aout 6....	0.20.31,4		3. 0.20,1	3. 0.19,1
14....	5.40. 8,4		Sept. 22....	0.20.28,8			
19....	5.40. 8,0						
21....	5.40.12,1						
	5.40.10,23			0.20.30,1			

α Persée.

Sept. 12....	3. 2.11,9		Sept. 23....	2.58.26,1		3. 0.18,75	3. 0.19,3
14....	3. 2.10,2						
18....	3. 2.10,8						
20....	3. 2.12,4						
	3. 2.11,4			2.58.26,1			

Ce dernier voyage paraîtrait avoir changé le zénith de 1″; mais cette variation est dans les limites des erreurs et ne prouve rien. Heureusement je vois un autre motif de sécurité. Picard, dans la construction de ses lunettes, donnait à l'observateur la liberté et les moyens de changer la direction de l'axe optique, pour que l'on pût toujours le soumettre à une épreuve rigoureuse et le rectifier quand il en aurait besoin. Graham avait placé ses verres dans une position absolument invariable. Quelle pouvait être la raison d'une disposition si opposée à celle qui avait longtemps prévalu? c'est que l'axe optique était en même temps le rayon du limbe. En imaginant cette construction nouvelle, il s'impose la nécessité de rendre son axe optique parallèle au plan qui, se confondant avec le plan du limbe, serait perpendiculaire à l'axe de rotation; cet axe étant irrévocablement fixé, il fallait que de son côté l'axe optique fût irrévocablement fixé dans une position parallèle au plan dont nous venons de parler.

Graham ne pouvait ignorer cette nécessité. Il a donc été dans l'obligation de satisfaire à cette condition, il a dû faire tout pour y parvenir; mais en avait-il les moyens? Or l'artiste est le même qui avait construit le secteur avec lequel Bradley a découvert l'aberration et la nutation : le nouveau secteur était construit sur le modèle du secteur de Bradley. Avant ce secteur, qui existe encore à Greenwich, Molyneux en avait fait construire un beaucoup plus grand pour commencer ces recherches qu'il a engagé Bradley à continuer, lorsque le service de son pays, en sa qualité d'amiral, l'eut forcé de renoncer aux sciences. Molyneux, dans sa *Dioptrique*, page 231 et suivantes, avait expliqué dans le plus grand détail et par neuf figures toutes les vérifications d'un axe optique et celles de son foyer; il avait insisté particulièrement sur les moyens de rendre l'axe optique parallèle au plan du limbe. Son livre, publié dès 1690, réimprimé en 1709, pouvait-il être ignoré de Bradley, pouvait-il être ignoré de Graham? Ainsi Graham connaissait nécessairement tous les moyens d'établir ce parallélisme, dont la construction qu'il avait imaginée lui imposait l'obligation indispensable. Il avait donné à son instrument toute la fixité que nécessiterait cette construction. L'instrument, emballé avec précaution, envoyé par mer de Londres à Torneå, n'avait pas dû s'altérer dans la traversée; il avait été de Torneå à Kittis et était revenu de Kittis à Torneå par le fleuve, ou porté par des hommes lorsqu'on avait à passer des cataractes; il était revenu par mer de Torneå en France; on ne voit pas que le voyage par terre de Paris à Amiens et d'Amiens à Paris lui ait causé de dérangement sensible, car 1″ ne prouverait rien, quand elle serait constatée. Nous pouvons donc nous rassurer sur l'état de l'instrument. La Table des erreurs, tant de l'arc entier que de ses différentes divisions, a été trouvée la même sensiblement à Londres et à Torneå; il en résulte que l'instrument était, après les opérations du Cercle polaire, tel qu'il était sorti des mains de son auteur; ainsi nulle objection jusqu'ici contre les observations célestes du Cercle polaire. Écoutons, maintenant, Maupertuis.

Après tant d'Expériences, *auxquelles on peut joindre celles que nous avons faites en Lapponie,* on voit que notre Secteur n'est pas sujet aux dérangements, comme les autres Instruments dont on s'est servi jusqu'ici pour prendre la hauteur des Astres.

Il faut croire que *par les expériences faites en Lapponie* il entend le déplacement, le voyage par terre qu'on lui fit faire après le 5 novembre (1736), et les vérifications des divisions par la méthode des tangentes. On s'est excusé de n'avoir pas retourné l'instrument, sur ce que *l'opération en est incommode.* Si on l'eût retourné, ne fût-ce qu'une fois, on n'aurait pas manqué de le dire. Il faut donc que le zénith 3″0′18″, marqué dans le manuscrit de Lemonnier, y ait été inscrit après le retour, ou indiqué par l'artiste lui-même.

Ou plutôt on voit que les mêmes dérangements sur cet instrument ne causeroient pas dans les Observations les mêmes erreurs qu'ils causeroient dans les autres..... Il ne peut arriver de dérangement que par quelque *flexion* de la Lunette. Si cette Flexion se fait dans le plan du limbe, quand on la supposeroit telle qu'elle ne pourroit échapper à la simple vûë, et qu'elle transposeroit le centre à un pouce du lieu où il étoit auparavant : si l'on se donne la peine de calculer ce que causeroit un tel dérangement dans l'Observation, on verra que sur un degré, l'erreur ne seroit que d'environ $\frac{1}{2}$ seconde..... Mais lorsque la Flexion se fait dans le Plan perpendiculaire au limbe, elle ne change point la ligne du Zénit......

Ce passage méritait plus de développement, je ne suis pas assez sûr de ce que veut dire l'auteur pour m'exposer à recommencer son calcul.

Maupertuis fait en passant quelques observations critiques sur les changements faits par Cassini au degré de Picard. Le changement qu'il y avait à faire était d'observer les angles que Picard s'était excusé d'avoir conclus : c'est précisément celui dont on s'était dispensé. Au mois de septembre 1738 on commença à se servir d'une nouvelle vis : 15′0″ répondaient à $19\frac{1}{8}$ révolutions; on divisa le cadran en 47 parties dont chacune valait une seconde. Voici les observations.

α Persée.

Point de départ : 2°0'0". Champ éclairé par le jour.

	Avant.	Après.	Milieu.	Pendant.	Diff.
1739.	R p	R p	R p	R p	R p
Amiens, août 26.	12.36,5	12.37,5	12.37,0	13.45,5	1. 8,5
27.	16.39,0	16.38,0	16.38,5	17.46,5	1. 8,0
					1. 8,25

Point de départ : 3°0'0". En éclairant le champ.

	Avant.	Après.	Milieu.	Pendant.	Diff.
Paris, sept. 13...	14.10,0	14. 9,0	14. 9,5	17. 0,5	2.38,0
14...	8.34,1	8:33,8	8.33,95	11.23,2	2.36,25
18...	19.16,7	19.17,5	19.17,1	22. 7,0	2.36,9
20...	16.17,0	16.18,0	16.17,5	19. 9,0	2.38,5
					2.37,4

γ Dragon.

Point de départ : 4°45'0". En éclairant le champ.

	Avant.	Après.	Milieu.	Pendant.	Diff.
Amiens, août 25...	22.14,3	22.14,6	22.14,45	14.27,0	7.34,45
26...	13.14,5	13.15,0	13.14,75	5.26,3	7.35,45
27...	16.46,4	16.47,0	16.46,7	9. 9,6	7.37,1
28...	15.46,0	16. 1,0	16. 0,0	8.11,5	7.35,5
29...	18. 1,5	18. 3,25	18. 2,38	10.13,5	7.35,8
					7.35,68

Point de départ : 5°45'0". En éclairant le champ.

	Avant.	Après.	Milieu.	Pendant.	Diff.
1739.	R p	R p	R p	R p	R p
Paris(1), sept. 13...	17.28,8	17.27,8	17.28,3	11.22,5	6. 5,8
14...	11.21,0	11.20,2	11.20,6	5.10,8	6. 9,8
19...	21.10,5	21.10,25	21.10,38	15. 0,13	6.10,25
21...	15.23,7	15.23,5	15.23,6	9.17,5	6. 6,1
					6. 7,99

(1) Rue Louis-le-Grand.

Résumé.

α Persée.

	°. ′. ″	+^{R}. ^{p}	
Amiens..............................	2. 0. 0	+1. 8,25	
Paris...	3. 0. 0	+2.37,4	
	1. 0. 0	+1.29,15	1. 1.16,15
Correction (pour la division du secteur).		—	0,69
			1. 1.15,46
Après correction de précession et d'aber- ration (amplitude conclue).........			1. 1.11,71

γ Dragon.

	°. ′. ″		
Amiens...........................	4.45. 0	—7.35,68	
Paris..........	5.45. 0	—6. 7,99	
	1. 0. 0	+1.27,69	1. 1.14,69
Correction (pour la division du secteur).		—	0,69
			1. 1.14,00
Après correction de précession et d'aber- ration (amplitude conclue).........			1. 1.12,38

On néglige encore la réfraction comme douteuse.

L'arc terrestre est de 59 530^T, 5. Par les réductions des tours des deux cathédrales aux lieux des observations, il devient 58 327^T pour l'arc 1°1′12″, d'où l'on conclut le degré d'Amiens de 57 183^T, c'est-à-dire de 110^T plus fort que celui de La Caille et le nôtre : c'est peut-être la première cause de la haine de Lemonnier pour La Caille. Remarquons d'avance qu'en 1802 on a cru voir que le degré de Maupertuis était trop fort de 200^T. Le secteur de Graham avait-il quelque défaut que nous n'avons pu deviner?

De ces deux degrés on conclut le rapport des axes $\frac{177}{178}$.

La lunette du secteur était de 8^{pi}11^{po} = 107^{po} = 1284 lignes, le cône que le fil embrassait n'avait guère que $\frac{1}{4}$ de ligne; supposons $\frac{1}{2}$ ligne ou $\frac{1}{2568}$ = sin 80″. Supposons qu'en tournant la lunette de 1°, pour la conduire à l'étoile, le fil, par son adhérence dans la gorge de poulie, ait entraîné le poids qui le tendait; il ne l'aura au plus dérangé que de 80″ sin 1° = 1″,5 : l'erreur disparaîtra parmi les écarts ordinaires des observations.

C'est peut-être cette adhérence du fil au cylindre qui empêchait qu'après l'observation le fil revînt bien exactement au point de départ, ou que le micromètre, dans sa marche rétrograde, fît exactement le même nombre de tours pour revenir à ce point. Jamais la différence n'a passé 3″,5 et, par un milieu entre 36 comparaisons de ce genre, elle n'est pas tout à fait d'une seconde. Ce calcul est donc loin d'expliquer l'erreur de 10″ à 11″ que soupçonne M. Svanberg dans l'arc céleste de Maupertuis.

Les Ouvrages de Maupertuis et Lemonnier ne nous fournissent pas d'autres renseignements; voyons si l'abbé Outhier nous en apprendra davantage : il fit paraître en 1744 une relation de son voyage sous le titre de

Journal d'un voyage au Nord en 1736 et 1737, vol. in-4° de 238 pages.

On y voit que c'est de Maurepas qui procura tous les secours nécessaires. En effet, Lalande racontait que Maupertuis, homme d'esprit, membre de l'Académie des Sciences et, de plus, chanteur agréable et jouant passablement de la guitare, était à tous ces titres bien reçu chez le ministre. L'Académie, voulant envoyer des astronomes au Nord, chargea Maupertuis de cette négociation. Le ministre déclara qu'il souscrirait volontiers si Maupertuis voulait se charger de cette mission. Celui-ci cherchait à s'en excuser en prétextant que si on le chargeait de mesurer sa chambre il y serait peut-être assez embarrassé. Il accepta cependant et tira tout le parti qu'il put de son expédition, soit pour l'avantage de la Science, soit pour sa propre renommée. On sait qu'il se fit peindre aplatissant le globe, et que Voltaire, alors son ami, lui disait :

> Ton sort est de fixer la Figure du Monde,
> De lui plaire et de l'éclairer.

Il obtint d'emmener avec lui pour secrétaire Sommereux, et pour dessinateur d'Herbelot, dont le fils, ingénieur en chef de Seine-et-Marne, a dirigé les constructions de nos signaux de la base de Melun et les précautions prises pour assurer les deux termes de cette base.

Avant de partir on fit chez Camus beaucoup d'expériences du pendule. Celsius joignit les académiciens à Dunkerque.

On voit, page 27, que le signal de Kittis fut placé au plus haut de la montagne; le plan de Outhier marque un chemin tracé qui mène de Saukola, dernière maison de Pello, au haut de la montagne, et ce chemin passe entre les deux observatoires, à fort peu de distance du plus petit; on voit, page 93, que le secteur venait d'arriver d'Angleterre à Torneå le 23 août. Le 21 septembre on prenait à Kittis des hauteurs correspondantes pour régler la pendule, tracer la méridienne et y placer le secteur; que cette méridienne était marquée par un fil tendu dans le grand observatoire pour vérifier la position du secteur dans le plan du méridien; que la journée du 29 fut employée tout entière à de nouvelles vérifications. Le manuscrit de Lemonnier prouve la vérité de toutes ces assertions.

A la pointe du dernier signal on avait placé un petit instrument (des passages) pour avoir la direction de la méridienne par rapport aux triangles : à midi on dirigeait la lunette au Soleil, puis, la ramenant à l'horizon, on marquait un point de cette méridienne. On prit ensuite les angles entre cette mire et les signaux de Pullingi et de Niémi; on réitéra l'observation à des jours différents et on la vérifia par les étoiles.

Outhier faisait dans cet observatoire les observations du pendule, auxquelles Maupertuis assistait de temps à autre.

Le 7 octobre on causa un mouvement au secteur pendant l'observation, ce qui la rendit suspecte : on voit en effet ci-dessus qu'on n'observa pas à quel point était revenu le micromètre; c'est une des observations que Maupertuis n'avait pas imprimées, et que nous avons prises dans le manuscrit de Lemonnier.

Les différentes observations du pendule avaient été faites avec tous les soins imaginables, et cependant elles ne donnaient pas les mêmes résultats. Deux de ces pendules étaient des barres de fer bien polies, l'une cylindrique faite au tour, l'autre à quatre faces disposées en losange; trois autres étaient faites avec une boule de laiton remplie de plomb, arrêtée fixement à une verge d'acier, au bout de laquelle était la suspension sur deux couteaux.

Maupertuis désira que du moins l'une des deux boules, au lieu d'être suspendue sur deux couteaux, fut seulement suspendue par un simple anneau ou plutôt une simple chappe fixée au haut de la verge. Outhier la fit le lendemain ; le mouvement fut plus uniforme, en la retournant d'un côté à l'autre, qu'il ne l'avait été sur les deux couteaux. A un autre de ces pendules simples on ôta la boule pour y substituer une lentille, afin de voir si, la résistance de l'air étant diminuée, il y aurait quelque différence dans les mouvements du pendule ; on n'en trouva aucune.

Le 22 octobre on se résolut à démonter le secteur ; on l'embarqua avec tous les instrumens dans cinq bateaux. La cataracte Matka était si forte et si impétueuse qu'on déchargea les bateaux ; les matelots en transportèrent la charge par terre et traînèrent leurs bateaux le long du rivage, pendant l'espace de 100 à 150^T.

Torneå est une ville de 70 maisons en bois dans la presqu'île de Swentzar. L'église est aussi en bois et un peu éloignée des maisons. Outhier en donne les plans, ainsi que celui d'une chambre. Il y a une autre église en pierre, dans l'isle de Biörcköhn (île des bouleaux).

On creusa la terre pour donner au secteur une assiette solide de grandes et larges pierres. On fit percer le toit que l'on recouvrit de manière à l'ouvrir commodément au moyen d'une bascule ingénieuse.

Lemonnier et Celsius avaient déjà marqué la direction de la méridienne ; elle fut vérifiée de nouveau. Pour les azimuts, on établit un petit observatoire sur la rive du fleuve ; on posa une mire pour diriger la lunette du petit instrument anglais.

Quoique, dit-il, page 131, les Observations faites avec le Secteur à Torneå et à Pello s'accordassent toutes à deux ou trois secondes près, et qu'on n'eût aucun lieu de soupçonner qu'il fût arrivé quelque dérangement à l'Instrument, dans le transport de Pello à Torneå, d'autant plus que ce transport avoit été fait en Bateau, M. de Maupertuis, toujours aussi scrupuleux,... ne pensoit qu'aux moyens de vérifier les Opérations faites avec le Secteur. Nous parlâmes beaucoup de le retourner ; mais nous n'avions pas eu le tems de le retourner à Pello. Il fut résolu qu'au lieu de retourner l'Instrument, ce qui étoit fort difficile, et nous auroit pris beaucoup de tems, au premier beau tems on feroit quelques Observations sur l'Étoile δ du Dragon ; qu'ensuite on transporteroit le Secteur à Mattila, distant de Torneå d'un quart de lieue ; et que cet Instrument étant rapporté et remis en place dans l'Observatoire, on s'assuroit par quelques autres Observations de la même Étoile, s'il n'auroit souffert aucune altération.

Il semble que le retournement n'aurait pas été plus pénible, et nous saurions quel était en 1736, à Torneå, le lieu du zénith sur le limbe.

Le 27 novembre on prépara tout pour observer au secteur (*voyez* ci-dessus p. 43).

Le 1ᵉʳ décembre on fit une observation qui ne se trouve pas.

Le 3 décembre on en fit une seconde qu'Outhier ne rapporte pas.

Le 4 nous en avons donné ci-dessus une dont il ne parle pas.

Ces deux observations sont dans le manuscrit de Lemonnier.

Le 6 on fit voyager la lunette dans sa boîte; le même jour on la remit en place et l'on fit une observation le même soir. On en fit une seconde le 8; nous n'avons ni l'une ni l'autre. Outhier dit qu'*elles donnèrent la même hauteur de l'étoile, ce qui nous montra que le secteur n'avait aucunement souffert.*

Le 17 décembre on commença à planter des piquets pour la direction de la base. On avait apporté de Paris une toise de fer, bien ajustée sur celle du Châtelet, avec un étalon aussi de fer, dans lequel la toise entrait bien exactement. On avait ajusté l'une et l'autre à Paris, les thermomètres étant à $+ 14°$. Le 19 on conserva les thermomètres à cette hauteur dans une chambre, au moyen d'un bon feu; on fit 5 toises de sapin, armées à leurs extrémités d'un clou arrondi, que l'on diminua avec la lime, jusqu'à ce que chacune d'elles entrât bien exactement dans l'étalon de la toise : on poussa la précision jusqu'à l'épaisseur d'une feuille de papier (environ $\frac{1}{10}$ de ligne). On fit ensuite une espèce de grand étalon, en plantant dans la chambre un gros clou et un autre dans le vestibule à une distance un peu moindre que 5 toises, et l'on ôta avec la lime, jusqu'à ce que les 5 toises bout à bout se touchant bien exactement, fussent comprises entre les deux gros clous, plantés dans les murs de bois de la maison. On vérifia la longueur des 5 toises de bois et ensuite la distance de 5 toises d'un gros clou à l'autre.

Les perches étaient cotées, afin qu'on les portât toujours dans le même ordre. Le premier jour le thermomètre marquait $- 18°$ et l'on mesura 700 toises. Lemonnier buvant de l'eau-de-vie, sa langue se colla à la tasse d'argent, de façon que la peau y demeura. Le 23 et le 25, le temps fut plus doux, le Soleil à midi parut à l'horizon, tout entier élevé de ¼ de degré. Le 26 il fit plus froid ; on était déjà à deux lieues de l'endroit où l'on passait la nuit ; on montait dans les traîneaux le soir, tout en sueur de la fatigue du mesurage, et l'on restait sans action exposé à un froid violent, qui pénétrait malgré les fourrures dont on était couvert ; aucun cependant ne fut considérablement incommodé. Maupertuis en fut quitte pour quelques doigts du pied gelés, et Outhier pour une douleur à la main gauche qu'il ressentit pendant plusieurs semaines. Ce fut alors, le 27 décembre 1736, et pendant que l'on continuait à planter des piquets, que Maupertuis et Outhier firent une excursion à la montagne d'Avasaxa pour prendre la hauteur angulaire d'un signal au-dessus de l'horizon : on avait oublié de faire cette observation dont on pouvait se passer sans beaucoup d'inconvénients. Un Suédois qui conduisait la caravane gouvernait si bien son traîneau, avec un petit bâton qu'il avait à la main, qu'il gardait parfaitement l'équilibre. Maupertuis et Outhier chaviraient continuellement. Maupertuis se froissa même un bras. Il fit, au retour, quelques expériences sur les toises pour voir si elles avaient quelques variations : il n'en trouva pas de sensible ; il aurait plutôt soupçonné un allongement dans celles qui étaient restées exposées au froid.

Le 6 janvier le thermomètre était à — 31° et le 8 à — 33°. Le soir le thermomètre de mercure était à — 37° ; celui d'esprit-de-vin n'était qu'à — 29° ; il était gelé le lendemain matin et avait remonté à la température des caves de l'Observatoire. Maupertuis le porte en cet état dans sa chambre : dès qu'il dégèle il le voit descendre, puis remonter à la température de la chambre. Le temps s'adoucit et le soir le thermomètre de mercure n'était plus qu'à — 25°.

En mars on résolut d'observer α du Dragon, à Torneå d'abord et ensuite à Kittis. Le 6 avril le crépuscule du soir n'avait fini qu'à 11ʰ et celui du matin avait commencé à une heure.

Le 3 juin on fit les préparatifs pour le retour en France qui eut lieu par terre. Maupertuis voulut d'abord revenir sur le vaisseau qui devait porter les instruments de Torneå à Stockholm. Pour éviter de couler bas on fit échouer à la côte le vaisseau qui faisait eau de toutes parts : ce fut dans cette circonstance que la toise du nord fut rouillée. Maupertuis reprit la route de terre.

Le Volume finit par le journal des observations, conforme à celui de Maupertuis, et par les calculs de toute l'opération.

On trouve page 217 une figure de la base et des repères laissés pour en retrouver les extrémités. Il est à regretter que cette carte n'ait pas été connue de M. Svanberg quand il a mesuré son degré du cercle polaire; on en doit dire autant de la carte de Kittis, de son signal, de ses deux observatoires et des environs; enfin de la carte des triangles, page 96, où l'on voit la base côtoyer une île, en traverser une seconde et puis une troisième. Tous ces renseignements eussent été précieux pour donner à la nouvelle base la même direction et les mêmes termes qu'à l'ancienne, et enfin pour faire connaître le terme boréal de l'ancienne opération et vérifier l'arc céleste de 57′27″.

Ce terme boréal était à la fenêtre du petit observatoire de Kittis, à l'endroit où l'on avait placé la petite lunette méridienne qui servit à connaître les azimuts de Pullingi et de Niemi.

Après avoir rédigé cet article en entier, nous avons examiné avec la plus grande attention le manuscrit de Lemonnier d'un bout à l'autre, et voici tout ce que nous y avons trouvé de remarquable :

La lunette de l'instrument des passages n'avait que 20 pouces, parce que l'instrument était destiné à voyager.

Par des hauteurs de diverses étoiles, observées au quart de cercle de 3 pieds, il trouve les valeurs suivantes de la latitude :

Torneâ (Capella)................ 69.51. 5″	}	69.51. 5,3
» » 1		
» » 10		
Pello »		68.53.41,0
D'où je conclus une amplitude de....		57.24,3
Torneâ (Lyra)................ 62.42.54	}	62.42.55,75
» » 42.57,5		
Pello »		61.45.20
D'où je conclus une amplitude de....		57.35,75
Et plus loin par d'autres étoiles................		57.32,0
Amplitude concluc................		57.32,01·
Amplitude adoptée................		57.28,67
Différence................		3,34

Mais où ces hauteurs ont-elles été prises?

L'observatoire de Kittis était de..... .... 730 ^{T} au nord de Pello
La maison de Lemonnier, près de Torneâ, était de. 3oo au nord de Torneâ
$\overline{}$
43o soit 25" environ

Il faut donc croire que les hauteurs ont été prises aux lieux à peu près où était le secteur, car on en tirerait une amplitude plus différente.

Voici trois observations qui n'ont pas été imprimées :

		Avant.	Après.	Pendant.	Diff.
1736.		R p	R p	R p	R p
Nov. 27.	Celsius........	24.25,5	24.22,0	?	1.43,9
Déc. 3.	Maupertuis....	22. 3,7	22. 2,8	24. 2,6	1.43,4
4.		22. 3,2	22. 3,9	24. 1,8	1.42,5

Le manuscrit nous dit ensuite qu'on mit la lunette dans sa boîte pour voir si en la faisant un peu voyager elle ne se trouverait pas dérangée lorsqu'elle serait remise en place; mais que depuis cette épreuve Celsius avait trouvé $1^{\text{R}}42^{\text{p}},6$. Après cette expérience on se résolut à partir pour Kittis, afin d'y d'observer α du Dragon. Si l'on n'a pas imprimé ces trois observations, qui n'avaient été faites que comme préparatoires au petit voyage, c'est qu'on a voulu se dispenser de calculer les mouvements de l'étoile depuis le 5 novembre, où l'on avait terminé les observations qu'on avait jugées suffisantes, jusqu'au jour où l'on s'est préparé à l'expérience du voyage. Mais il paraîtrait qu'on a seulement déplacé la lunette, que le secteur fixe est resté en place. On pourrait donc soupçonner l'épreuve d'être incomplète; et qu'est-ce d'ailleurs qu'un voyage d'une demi-lieue en tout? Il semble que du 5 novembre au 4 ou 5 décembre on avait plus de temps qu'il n'en fallait pour retourner le secteur et déterminer le zénith de l'instrument sur le limbe, opération qu'on aurait répétée à Kittis; l'épreuve eût été bien plus satisfaisante et bien plus instructive. Il nous reste à examiner la question du zénith $3°o'18'',o$ que marque le manuscrit.

Torneå. Point de départ : 3°15′0 .

		Avant.	Après.	Pendant.	Diff.
1737.		R p	R p	R p	R p
Mars 17.	Celsius aidé par Le-monnier.........	19.32,7 — 19.34,0		16.42,0	2.35,35
18.	Lemonnier aidé par Celsius..........	22.21,6	22.21,9	19.30,4	2.35,35
19.	Maupertuis aidé par Celsius..........	21.21,00	21.21,30	18.32,10	2.33,05

On trouve le calcul suivant intercalé entre les observations du 18 et du 19, d'une autre plume et d'une autre encre sensiblement plus noire :

2 Revol......................	1.27″,6
35ᵖ,35	35,35
Otez cet arc.................	2. 2,95
De	3.15. 0
Il reste.....................	3.12.57,05
Zénith.......................	3. 0.18
Distance zénithale	0.12.39,05
Hauteur	89.47.20,95

et pour conclusion :

Déclinaison de α du Dragon..............	65.38.22
Distance polaire......................	24.21.38
Flamsteedt...........................	24.21.41

Or, il est bon de se rappeler qu'au retour en France on avait trouvé pour le zénith sur le limbe :

A Amiens (milieu).....................	3. 0.18,03
Et qu'ensuite, à Paris, on avait trouvé....	3. 0.19,1
	3. 0.19,3
Milieu	3. 0.19,2

Plus loin, après les trois observations rapportées par Mauper-tuis, p. 114 (édition de 1738, Imprimerie Royale) et dont la dernière donne $6^R 12^P,4$, on trouve ce calcul, tout semblable au précédent, écrit de même d'une autre plume et d'une encre plus noire que le reste de la page, mais de même teinte que celle du calcul précédent :

6 Revol......................	4.22,83
12ᵖ,4o..................	12,40
Otez la somme...	4.35,23
De......................	4.15
	4.10.24,77
Si le zénith est à....	3. o.18
Il restera.....................	1.10. 6,77
Et pour la correction de l'arc....	1.10. 6,00 tout juste
Donc hauteur méridienne	88.49.54,o
Équateur.....................	23.11.4o ou mieux 37
Déclinaison boréale	65.38.14 ou 17″
Et après les corrections d'usage..	65.38.17 ou 21″
Et pour l'année 1750............	65.35.34,5
Et pour l'année 1740............	65.37.29
Mouvement pour 10 ans........	1.54,5

Qu'avait-on besoin au Cercle polaire de la distance polaire pour 1750 et pour 1740? Il est donc très probable que ce calcul a été fait en France, lorsque Lemonnier a voulu avoir la déclinaison de l'étoile pour son catalogue ou pour d'autres usages.

Ces mots *si le zénith est à* 3°o′18″ donnent à croire que le zénith trouvé à Amiens pourrait très bien n'être pas ce qu'il était au cercle polaire. Mais en supposant ce calcul fait à Torneå, ces mots signifieraient tout simplement, *si le zénith est à* 3″o′18″ *comme Graham nous l'a donné,* avec la table de correction pour les divisions de l'instrument. Il n'y a donc de certitude d'aucun côté; tout ce qui résulte de cet examen, c'est que rien ne prouve au moins que les académiciens sçussent alors le lieu du zénith sur leur limbe. Ils n'ont pu le déterminer eux-mêmes, ni à Kittis, ni à Torneå, puisqu'ils n'ont pas retourné l'instrument. Négligence impardonnable. D'Amiens à Paris le zénith du limbe paraît avoir changé de 1″,2 ce qui peut, à la vérité, passer pour l'erreur des observations, puisque dans celles d'Amiens, qui sont plus nombreuses, on trouve un écart de o″,9.

Le premier voyage de Kittis à Torneâ pourrait aussi n'avoir changé le zénith que de 1″; le second voyage aussi de Kittis à Torneâ pourrait l'avoir également changé de 1″ mais en sens contraire; il aurait pu en résulter 2″ de différence entre l'amplitude tirée de δ et l'amplitude tirée de α : nous avons trouvé ci-dessus 3″,49 de différence entre les deux étoiles; elle peut être la somme ou la différence des erreurs occasionnées par les deux déplacements.

Le voyage d'Amiens à Paris est un peu plus long que celui de Kittis à Torneâ, mais le chemin est plus facile.

Si le premier a causé un dérangement de 1″,2, le second peut en avoir produit un de 3″,5. En prenant le milieu entre les deux amplitudes on peut croire que l'incertitude de l'arc ne passe pas 1″,75. Rien n'explique donc l'erreur de 10″ à 11″ que soupçonne M. Svanberg. Cette différence de 11″ peut provenir de ce que M. Svanberg a déplacé les deux extrémités de l'arc des Français; alors il a pu, sans qu'il y eût de la faute de personne, trouver cette anomalie énorme, mais qui n'est pas aussi forte que celle qu'on a trouvée entre Rimini et Venise et Rimini et San Salvador. Pour conclusion dernière nous regretterons que M. Svanberg, en allongeant l'arc, ce qui était fort bon en soi, n'ait pas observé la latitude à Kittis et à Torneâ. Mais il pouvait n'en pas soupçonner la nécessité absolue; au lieu que les académiciens en 1736 devaient bien sentir la nécessité du retournement en Suède, comme ils l'ont sentie en France : c'est, comme nous l'avons déjà dit, l'unique reproche que nous ferons à leur opération.

La méridienne de l'Observatoire royal de Paris vérifiée dans toute l'étendue du royaume par de nouvelles observations, pour en déduire la vraye grandeur....., par M. Cassini de Thury..... (suite des *Mémoires de l'Académie Royale des Sciences*, année MDCCXL). Paris, MDCCXLIV.

Le degré du Nord avait irrévocablement décidé la question de la figure de la Terre. Les partisans les plus prononcés de l'allongement étaient réduits au silence. Il restait à rétablir jusqu'à un certain point l'honneur des premiers observateurs, en faisant valoir les difficultés et la délicatesse de l'entreprise, à confesser, en les excusant, les défauts de l'ancienne opération, défauts que Maupertuis avait attaqués avec l'arme du ridicule et qu'il aurait pu si aisément mettre dans un plus grand jour, en insistant sur la mauvaise condition des triangles, sur les angles nombreux qu'on s'était permis de conclure, sur l'insuffisance des satellites de Jupiter pour les arcs de longitude et la différence des méridiens. Mais ce moyen n'aurait pas disculpé les astronomes, à beaucoup près; il ne restait qu'une voie, plus honorable à la fois et plus sûre : celle de recommencer l'opération, de s'y montrer plus attentif et plus sévère. C'est le projet que conçut J. Cassini; mais il était trop vieux pour l'exécuter lui-même; il eut le bon esprit de s'en remettre à un astronome beaucoup plus soigneux et beaucoup plus jeune, il le confia à La Caille, et dans l'Europe entière il n'aurait pu faire un meilleur choix. Pour la forme il y adjoignit son fils, Cassini de Thury, déjà membre de l'Académie des Sciences; mais Cassini de Thury eut aussi le bon esprit de s'en mêler fort peu, de s'occuper principalement de la Carte de France et de la description des frontières. Nous dirons la part qu'il eut réellement à l'entreprise; dans le fait, elle fut en entier exécutée, calculée et rédigée par La Caille. Bory m'assurait en 1792, quand je partais pour une nouvelle vérification de cette méridienne, que le manuscrit de l'ancienne avait été porté par l'auteur à Cassini de Thury, qui n'y prit d'autre part que de l'adopter en mettant son nom au frontispice, pour que le volume pût paraître comme suite aux *Mémoires de l'Académie,* et sans doute aussi pour se conformer à l'usage qui réservait à l'académicien, et même à l'ancien des académiciens qui composaient une commission, le droit exclusif de rendre compte au public du travail commun. Ainsi Maupertuis avait seul écrit sur la mesure du Nord. Outhier en parla, mais en ayant l'air de faire le Journal d'un voyage dont cette mesure n'avait été que l'occasion, et auquel elle n'avait fourni que la moitié des récits. Ce que je crus alors, sur le témoignage d'un savant tout à fait désintéressé, m'a depuis été démontré par les cahiers originaux, tous de la main de La Caille, dans lesquels il paraît toujours seul, pour ne disparaître qu'à la fin, au milieu de la mesure de la base de Perpignan, qu'on peut croire achevée par Cassini, ou par quelque autre remplaçant. On peut encore excepter le degré de longitude, préparé en entier par La Caille, mais qui, pour la dernière détermination, celle de la différence des méridiens par les signaux de poudre enflammée, exigeait absolument le concours de deux observateurs capables de régler leurs pendules et d'obtenir le temps vrai par de bonnes hauteurs correspondantes.

Une vignette représente cette observation : on y voit, sur une église, un signal de poudre enflammée, sur lequel deux observateurs, placés sur des montagnes éloignées, dirigent leur lunette au même instant.

Le *Discours préliminaire*, écrit tout entier au nom de Cassini de Thury, rappelle sommairement tout ce que nous avons analysé ci-dessus; et qui paraissait favoriser l'hypothèse de l'allongement. On y oppose l'expérience de Richer à Cayenne et les conséquences que Newton et Huyghens en avaient déduites pour donner à la Terre une figure aplatie; on a soin de remarquer que le tout dépendait d'une différence de 31^T, de sorte qu'en mesurant sous l'équateur une pareille quantité de degrés qu'en France, on pourrait parvenir à déterminer la figure de la Terre avec une précision sans comparaison plus grande qu'on ne l'avait fait jusqu'alors. Maupertuis avait déjà dévoilé ce que cet argument avait de captieux : 31^T d'allongement pour chaque degré faisaient pour la distance de Dunkerque à Collioure 248 toises d'allongement; ajoutez environ 80 toises de diminution qu'on aurait dû trouver, et vous aurez une erreur de 328 toises qui passe les bornes des erreurs excusables. Mais le langage tenu dans le discours était d'obligation, quand on faisait parler le fils et le petit-fils des premiers auteurs.

Ce fut par toutes ces considérations que M. Godin forma en 1735 le projet d'aller mesurer les degrés sur l'Équateur ..... M. de Maurepas ..... procura bientôt à cet Académicien, de même qu'à MM. Bouguer et de la Condamine, qui se joignirent à lui, les ordres du Roi et les secours nécessaires pour l'exécution de ce projet.

Peu de tems après, M. de Maupertuis proposa à l'Académie d'aller le plus au Nord qu'il seroit possible, mesurer un degré du Méridien, de même qu'on devoit le faire sous l'Équateur. Il partit l'année suivante avec MM. Clairaut, Camus, le Monnier et l'Abbé Outhier pour exécuter cet ouvrage. Pour moi (Cassini de Thury) je continuai en France, avec M. Maraldi, les mêmes opérations qui avoient été commencées en 1733, lesquelles, suivant le plan que mon pere (J. Cassini) s'étoit formé, devoient me conduire à la *description de diverses Méridiennes*, et principalement à la vérification de celle de Paris, qui étoit le fondement de tout notre Ouvrage.....

Cette vérification de la ligne Méridienne de l'Observatoire étoit devenue d'autant plus intéressante, que comme pour déterminer la figure de la Terre, on s'étoit proposé de comparer le degré du Méridien observé vers le Nord, ou vers le Midi, avec ceux qui avoient été observés en France, il étoit de la dernière importance d'avoir la grandeur de ces degrés avec toute la précision possible.

C'était avouer que ces degrés avaient été mesurés avec trop de négligence, et la chose était si manifeste qu'il y avait bien peu de mérite à en convenir.

Les Académiciens qui avoient été vers le Nord, quoique partis les derniers, revinrent les premiers, et nous apprirent que le degré vers le Cercle polaire, étoit plus grand que ceux qu'on avoit mesurés en France, et par conséquent que la Terre étoit aplatie vers les Poles, et même beaucoup plus que M. Newton ne l'avoit supposé.

Cette mesure qui avoit l'avantage d'avoir été faite sous un parallèle, où la grandeur du degré du Méridien devoit être fort différente de celui qui est en France, paroissoit avoir été exécutée avec tant de soin et avec des Instrumens si exacts, que, quoique la détermination qui en résultoit, fût seule contraire à ce que l'on avoit trouvé par les Observations faites en France, elle sembloit devoir leur être préférée, d'autant plus que dans les opérations de la Méridienne, on n'avoit point eu égard à l'aberration des Étoiles fixes, dont les loix n'étoient pas encore connues; ce qui a influé sur la grandeur des arcs célestes.

On ne peut s'exécuter de meilleure grâce, en gardant toutes les convenances. A la vérité, l'excuse de l'aberration n'est qu'un subterfuge, et si les observations en eussent valu la peine, on était à temps pour y avoir égard; n'avait-on pas les observations et leurs dates? La Caille, quelques années plus tard, n'a-t-il pas recommencé tous ses calculs d'amplitude pour avoir égard à la nutation qu'il ignorait quand il fit ses premiers calculs? mais le langage qu'il prête à Cassini de Thury était tout naturel et nous n'avons aucune envie de chicaner.

Mon pere (J. Cassini), qui avoit eu la plus grande part aux Observations de la Méridienne, avoit aussi reconnu, en traçant la perpendiculaire, combien les nouveaux Instrumens, ... étoient supérieurs à ceux qu'il avoit employés dans la Méridienne.

Cette raison pouvait être très juste; nous ne croyons pourtant pas que le progrès fût bien marqué dans les instrumens qui avaient servi à la perpendiculaire en 1733 et 1734. Ici l'on rejette sur la grandeur du rayon la nécessité de conclure plusieurs angles, comme si la grandeur de ce rayon avait aussi forcé de choisir des triangles si obliques et si mal conditionnés, dans un pays de montagnes où l'on avait si peu de clochers et tant de pics où l'on pouvait porter ces quarts de cercle d'un rayon si incommode pour la plupart des clochers.

Il convenoit donc d'avoir des Quarts-de-Cercle d'un moindre rayon et dont la précision égalât celle des plus grands, ce que l'on se procura par l'application du micromètre aux lunetes de ces Instrumens, *dont on doit l'idée à M. le Chevalier de Louville......*

Les micromètres avaient été imaginés par Auzout et Picard en France, et plus anciennement par Gascoigne en Angleterre, dont la découverte était restée inconnue si longtemps; il est assez singulier qu'on n'eût pas encore eu l'idée de les appliquer aux quarts de cercle, ni aux secteurs.

Cette application du Micromètre paroissoit encore plus nécessaire aux Instrumens destinés pour les observations astronomiques......

Nous avons vu que le secteur de Graham avait cet avantage.

Dans cette vûe, on fit construire en 1738 un Secteur de six pieds de rayon, qui comprenoit plus de 50 degrés, afin de pouvoir observer un grand nombre d'Étoiles à diverses distances du Zenith...... On pouvoit le transporter (ce Secteur) dans tout le Royaume, dans une caisse portée sur des brancards par des mulets, afin qu'il ne pût souffrir aucune altération. On avoit aussi fait construire un Quart-de-Cercle de deux pieds de rayon, garni de deux Micromètres.....

On vérifia le Secteur en le tournant à l'est et à l'ouest et rarement on trouva des différences de deux ou trois secondes. C'est aussi la limite des erreurs que nous avons remarquées dans le secteur de Graham, qui était d'un rayon de 10 pieds. On détermina le point qui répondait au zénith; on vit que ce point

..... dans cinq stations différentes, après un transport de près de 5oo lieues, n'a pas varié de plus de six à sept secondes.....

dont une partie peut même être rejetée sur les observations et ne produit aucun effet sensible dans les observations d'une même station. On vérifia le quart de cercle par des tours d'horizon qui montraient une erreur de 8″ à 10″ sur l'arc de 90°. Nous verrons plus loin que cette erreur était moindre qu'on ne croyait. On s'imposa la règle de ne conclure aucun angle, celle de n'en admettre aucun au-dessous de 29° à 3o″, de choisir les objets les plus proches de la direction de la méridienne, enfin de mesurer le plus grand nombre de bases qu'il serait possible : cette dernière attention, qui paraissait si raisonnable, n'eut pas toujours l'issue heureuse qu'on s'en promettait.

L'Académie ayant approuvé ce projet, je partis pour l'exécuter avec M. l'Abbé de la Caille au mois de Mai de l'année 1739. Nous avions pour nous aider MM. Saunac et le Gros, exercés depuis long-tems à ces sortes d'Observations.

Les registres originaux retrouvés en 1810, que Lalande avait possédés longtemps sans m'en rien dire, et qu'il avait depuis déposés à l'Observatoire, sont tout entiers de la main de La Caille. On voit qu'il partit le 3o avril 1739; partout il parle en son nom; les observations sont rangées par ordre de date, on y voit les angles exprimés en degrés, dizaines de minutes et parties du micromètre, au lieu des minutes et des secondes que l'on voit dans l'imprimé; on y voit toutes les dates, l'itinéraire de l'auteur, l'arrivée, le séjour, le départ, le nombre de lieues d'une station à l'autre, et le nombre total de ces routes qui est de 136o lieues, enfin une multitude de détails qu'on ne transporte pas dans une copie et qui effectivement ne se retrouvent plus dans d'autres registres, écrits de même en entier par La Caille, ainsi que tous les calculs de détail; ces derniers registres sont évidemment postérieurs.

Le registre qui contient l'arc méridional commence par les observations au clocher de Brie qui, bien qu'à la même place, n'avait pas la forme du clocher actuel; c'était une lanterne ouverte de tous les côtés. Ce volume se termine par la mesure du degré de longitude en février 1740, et par quelques observations nouvelles, faites en juillet de la même année, autour de la base de Juvisy. L'autre volume commence par les opérations de la même base, et le 10 août suivant La Caille observait les étoiles à Dunkerque. Après ces éclaircissements historiques, reprenons le Discours préliminaire.

Nous suivîmes les premiers triangles de la Méridienne jusqu'à Orléans.

Il faut en excepter le clocher de la Courdieu, au milieu de la forêt, choisi pour couper en deux les triangles entre Pithiviers, Boiscommun, Orléans, et éviter de conclure un angle. J'ai retrouvé le clocher, qu'on allait abattre; mais il était masqué par les arbres de la forêt; on n'y voyait aucun des objets voisins, et il n'était presque plus visible d'aucun; je ne pus en faire usage.

De-là nous en formâmes une nouvelle suite..... jusqu'à Bourges.

Cette suite est beaucoup mieux conçue que l'ancienne : par Montargis, les signaux du Turc et d'Oison, on rendit inutiles la Courdieu, Orléans, Chaumont et Pierrefitte, que l'on conserva cependant à l'exception de Pierrefitte; cette ancienne suite donnait des triangles trop obliques; la nouvelle fut bien plus difficile à former; trois fois La Caille parcourut tout l'intervalle entre Orléans et Bourges, pour trouver à remplir les conditions qu'il s'était imposées; elle devint depuis réellement impossible, et je fus obligé d'en former une nouvelle, moins avantageuse que celle de La Caille, et dont cependant je fus obligé de me contenter dans les circonstances fâcheuses et dans le dénûment absolu où je me trouvais. Les observations de Bourges comparées à celles de Paris donnèrent pour différence de latitude $1^{\circ}45'12''$, plus petite qu'elle ne devait être en supposant de 57060^T le degré de Picard : nous la faisons aujourd'hui de $1^{\circ}45'10''$. Les nouvelles mesures géodésiques fondées sur la base de Picard ne s'accordaient point avec la nouvelle base que La Caille venait de mesurer aux environs de Bourges. Il résultait pourtant de ces mesures que le degré de Paris à Bourges était considérablement plus grand que celui de Paris à Amiens, ce qui paraissait confirmer les observations de France, et la diminution en allant vers le pôle. Ces observations, continuées jusqu'à Rodez, donnaient un degré plus petit que celui de Paris à

Bourges. On ne pouvait concilier les observations qu'en supposant une erreur considérable dans les opérations de Picard ou une irrégularité dans la figure de la Terre. La base de Rodez s'accordait mieux avec celle de Bourges; la mesure de Picard devenait douteuse de plus en plus. Pour éclaircir le doute, on mesura le degré de longitude, en substituant la poudre enflammée à l'observation si douteuse des satellites. La différence des méridiens donna le degré plus grand que dans l'hypothèse sphérique et confirmait l'aplatissement. Cassini de Thury revint à Paris, La Caille resta en Languedoc pour y mesurer une base de 9353^T. La base de Perpignan confirmait les soupçons sur la base de Picard. Pendant le rigoureux hiver de 1740, La Caille forma une suite de très beaux triangles dans les montagnes d'Auvergne. Le résultat de tant de travaux ne pouvait s'accorder avec la base de Picard qu'en y supposant une erreur de 5 à 6 toises. Dès 1733 et 1738 on avait eu d'autres raisons de supposer à cette base une erreur de $\frac{1}{1000}$.

Il restait à mesurer l'arc du nord; on remit ce travail à l'automne, parce que La Caille, qui venait d'être nommé professeur de Mathématiques au collège Mazarin, ne pouvait s'absenter pendant l'été. Cassini et Maraldi allèrent faire des triangles en Lorraine, preuve que la méridienne était donnée tout entière à La Caille.

J. Cassini et La Caille firent une nouvelle mesure de la base de Juvisy; on y trouva la preuve qu'il fallait diminuer de 6^T la base de Picard.

La Caille observa de nouveau l'azimut de Montmartre et ne trouva que 6″ à ajouter à ce qu'avait donné Picard. Il mesura celui de Montlhéry qu'il trouva de 11″58′28″, plus fort de 38″ que celui de J. Cassini.

La Caille partit pour Dunkerque : la seconde vignette de la *Méridienne vérifiée* le représente couché sur un banc et observant l'étoile; un autre, qui n'a pas le costume d'abbé, examine le fil à plomb. La Caille mesura une base, il établit deux nouvelles chaînes de triangles jusqu'à Amiens et mesura une dernière base; il fit des améliorations sensibles à la chaîne de Picard, et l'opération fut conduite à la fin en deux ans, grâce à l'activité de l'infatigable observateur.

Pour la base de Juvisy, opération fondamentale, J. Cassini fit construire quatre règles de 15 pieds chacune; il vérifia sur l'étalon du Châtelet plusieurs toises dont on s'était déjà servi, et les trouva parfaitement justes. Il détermina sur le pavé de la grande salle de l'Observatoire un espace de 10^T en vérifiant cet espace avec une règle de 4 pieds qui portait le nom de Picard : on trouva cette règle trop longue de $\frac{1}{4}$ de ligne; $4^{pi} = 576^{li}$; $\frac{1}{1000} = 0^{li},576$; la toise de Picard n'était donc pas trop courte d'un millième; mais qui sait ce qui avait pu arriver à cette règle de 4 pieds et l'usage qu'on en avait fait à l'Observatoire depuis la mort de Picard. Lalande assurait qu'elle ne méritait plus aucune confiance, et rien d'ailleurs n'atteste que Picard l'eût vérifiée ou l'eût employée à aucune opération délicate.

Les valeurs successives obtenues par la base furent

$$5728^T 3^{pi} 0^p 6^{li} - 4^{pi} 4^p 9^{li} - 3^{pi} 8^p 40^{li} - 4^{pi} 9^p 10^{li} - 4^{pi} 4^p 0^{li}.$$

D'après l'état du thermomètre aux différentes époques, on trouva qu'il fallait ajouter environ 2 pieds à la valeur moyenne qu'on fit de $5729^T 0^{pi} 0^{po} 0^{li}$ en nombre rond. Par une addition de $18^T 5^{pi} 8^{po}$ en changeant un des termes, on la fit de 5748^T. Pour les inégalités du terrain, et la réduction au niveau de la mer, par comparaison avec mes bases de Melun et de Perpignan, j'estime qu'il faudrait en retrancher environ $0^T,55$, ce qui donnera définitivement $5747^T,45$.

Une sixième mesure fut faite en 1756 par La Caille, mais les termes étaient changés et son calcul, que j'ai vérifié, lui donna $5715^T 5^{pi} 11^{po} 3^{li}$.

Les différentes parties de la première base, comparées à un manuscrit nouvellement retrouvé de Picard, prouvèrent qu'il fallait diminuer la base ancienne de $\frac{1}{1000}$ pour la faire cadrer avec la toise de 1740. On détermina, d'après la nouvelle base, la distance de Brie à Montlhéry de $13108^T,33$; Picard la faisait de $13121^T,60$, plus forte de $13^T,28$, c'est-à-dire de $\frac{1}{1000}$; tout ramenait à cette même conclusion, qui s'explique tout naturellement : l'une et l'autre toise avaient été vérifiées sur l'étalon du Châtelet; or l'usage continuel de cet étalon doit l'user à la longue; le frottement des toises qu'on y fait entrer journellement augmente progressivement l'intervalle entre les deux talons; en soixante-dix ans l'augmentation avait pu être de $0^{li},864$. Ce calcul, comme on voit, n'est qu'hypothétique, mais il suffit qu'il y ait de la vraisemblance et nulle impossibilité; dans tous les cas il fallait s'en tenir à la nouvelle toise, à la toise moderne qui, de manière ou d'autre, était la seule légale et qui avait servi aux observations du Nord et du Pérou, sauf à la conserver mieux qu'on n'avait fait pour l'ancienne. Picard avait annoncé que sa toise serait déposée à l'Observatoire royal, qu'on bâtissait encore; on ne sait ce qui en est ni comment cette toise a été perdue; le fait est qu'il a été impossible de la retrouver.

Lemonnier, qui venait de donner au degré d'Amiens la valeur si fort exagérée de 57183^T, aurait dû ce semble adopter une correction de 57^T, qui aurait d'autant diminué son degré et l'eût réduit à 57126^T. Au contraire, il s'éleva hautement contre cette correction, il sollicita une nouvelle mesure et l'entreprit lui-même.

Le 16 juin 1756 il lut à l'Académie un mémoire qu'il fit paraître en 1757 sous le titre de *Premières observations, faites par ordre du Roi pour connaître la distance terrestre de Paris à Amiens.*

Clairaut, Camus et Lemonnier furent chargés de vérifier la base de Picard : Lemonnier fit toutes les diligences nécessaires pour désigner d'une manière constante, non seulement les termes d'une nouvelle base, mais aussi les trois premiers triangles de Picard; il avait fait au terme austral une pyramide assez élevée pour être vue de Villejuive. Si l'on trouve cette distance la même que celle qui a été déterminée autrefois par Picard, l'on aura une preuve complète que la toise du Châtelet n'a été altérée ni par le temps, ni par la rouille. Il annonce qu'il se servira des toises employées au Cercle polaire et à l'Équateur : sur cette toise il a dressé trois vergues venues du Hâvre et de 42 pieds chacune; il invite tous les membres de l'Académie à se trouver à la mesure qu'il va commencer. Le nombre des commissaires fut augmenté jusqu'à huit et l'on se partagea en deux bandes.

La toise du Pérou parut plus longue que celle du Nord de $\frac{1}{20}$ ou $\frac{1}{30}$ de ligne.

La toise du Nord entrait dans son étalon, mais non pas assez librement.

La toise de Mairan est plus courte que l'étalon de $\frac{1}{15}$ de ligne. Camus a révélé qu'il avait fait mettre au feu l'étalon du Nord; qu'il devait être en effet un peu trop court, et depuis qu'on y a touché (après le naufrage dans le golfe de Bothnie), on a résolu de la réformer. Voyez sur ces différentes toises le Tome III de la *Base du système métrique*. On a usé les faces de l'étalon, en sorte que la toise du Nord y entrait librement, sans laisser de vide, et cela par le milieu des faces; elle ne descendait pas plus avant.

Ayant fait rougir l'étalon par le milieu, il a paru allongé d'un pouce; deux heures après il était refroidi; on étalonna les règles qui devaient servir à mesurer la base et on les porta à bras à Ville-juive; elles y passèrent les nuits à l'air dans un jardin.

La base fut trouvée par Lemonnier de $5715^{\mathrm{T}}4^{\mathrm{pi}}9^{\mathrm{po}}6^{\mathrm{li}}$

Par une seconde mesure il trouva..,........... 5.10.4
La Caille avait trouvé 5.11.3

ainsi Lemonnier, bien malgré lui, finissait toujours par se rapprocher de La Caille.

En mars 1757, Bouguer, Camus, Cassini de Thury et Pingré, qui composaient l'une des deux commissions, firent leur rapport. Ils font l'histoire des mesures précédentes, du degré que Lemonnier faisait de 57183^{T} (qu'il faudrait réduire à 57167^{T} pour tenir compte de la réfraction qu'il avait négligée), et qui suivant La Caille n'est que de 57074^{T}, comme nous l'avons trouvé depuis. Il faut donc que Picard ou La Caille aient mal mesuré la distance de Ville-juive à Juvisy, ou qu'ils aient formé d'une manière trop imparfaite quelques-uns de leurs triangles : il se trouve une différence de 13^{T} entre les deux opérations, pour la distance de Montlhéry à Brie.

L'Académie a donc voulu... afin de terminer la chose une fois pour toujours, que huit commissaires fussent chargés personnellement de la vérification.

L'autre commission était composée de Godin, Clairaut, Lemonnier et La Caille.

Les perches de Bouguer et sa compagnie étaient de 30 pieds; la toise du Pérou parut plus longue que celle du Nord d'un vingtième de ligne à peu près. On proposa de prendre pour toise véritable la moyenne entre les deux : il en résulterait une correction de $\pm 1^T,5$ pour les degrés du Nord et du Pérou.

La base parut de $5716^T 5^{pi} 10^{po} 2^{li}$, plus grande d'une toise que ci-dessus.

On remarque qu'elle suppose la toise prise à 11° ou 12° de Réaumur et que pour une température plus élevée la base serait plus courte.

Quand deux commissions dans une même semaine diffèrent d'une toise dans la mesure de la même base, étonnez-vous que la base de Dunkerque diffère de cette même quantité.

On trouva ensuite $5748^T 0^{pi} 7^{po} 6^{li}$ pour la longueur que La Caille fait de $5748^T 0^{pi} 0^{po}$; les angles des triangles furent mesurés avec un quart de cercle de 2 pieds, garni d'un micromètre dont on ne fit aucun usage : on préféra les transversales en les corrigeant de leurs erreurs.

Dans les trois triangles les erreurs sur la somme étaient $-13''$, $+20''$, $-15''$; la distance de Brie à Montlhéry 13108^T et quelques pouces : La Caille avait trouvé $13108^T,32$. *Ainsi l'on voit que l'erreur est toute du côté de Picard.* La Caille était plus juste, il n'accusait personne d'erreur, il supposait que la toise n'était plus la même.

Mais il reste près de 60^T entre le degré réduit de Lemonnier et celui de La Caille. On les attribue à quelques triangles, dans lesquels Picard, pressé par la saison, n'avait pas mis tout le soin désirable. On donne hautement la préférence aux triangles de La Caille.

Le procès paraissait jugé. Lemonnier chercha, dans la séance suivante, à embrouiller de nouveau la question : son quart de cercle donnait, pour le tour de l'horizon, $360^o 3' 37'',5$ ou $40''$; après les corrections du parallélisme, l'erreur était réduite à $67''$ ou $70''$, soit environ $17''$ pour les 90°.

	T
Par des corrections un peu arbitraires son triangle lui donna.	13.111,75
La Caille trouve	13.108,32
Bouguer et Pingré trouvent.	13.108 + quelques pouces
Par une autre base et d'autres triangles j'ai trouvé.	13.107,5

Lemonnier n'a donc plus que 3^T,43 de plus que La Caille; son degré, déjà réduit à 57167^T pour la réfraction, ne sera plus que de 57110^T par la diminution d'un millième. L'erreur ne sera plus que de 36^T que l'on peut partager entre l'arc céleste et quelques triangles défectueux.

Au lieu d'adopter les triangles de La Caille, Lemonnier conçut le projet bizarre de mesurer, comme Norwood, l'arc terrestre tout entier à la toise. On dit qu'il conduisit sa mesure jusqu'à Clermont, c'est-à-dire qu'il resta à moitié chemin : heureusement il perdit courage et il cessa de parler des degrés de France.

Nous avons, dans la *Base du système métrique,* examiné dans le plus grand détail toute l'opération de La Caille, en la comparant à la nôtre; il nous suffira de rapporter ici les résultats principaux de ces comparaisons :

Pour connaître son arc de 90°, La Caille mesura 14 tours d'horizon : la somme totale des erreurs était — 389″; milieu 28″ presque, ce qui ferait 7″ pour l'arc de 90°; c'est aussi ce que suppose l'auteur dans tous les calculs où il a besoin d'avoir l'angle vrai avec toute la précision possible. Dans 129 triangles, la somme des erreurs, sans distinction de signe, est 1698″; l'erreur moyenne ne serait que 13″ environ : c'est la même qu'au cercle polaire. En prenant la différence des erreurs positives aux négatives, on aura 497″,5 pour 129 triangles; milieu : — 3″,86 ou 4″; c'est à peu près — 2″ sur les 90°; mais les trois angles d'un triangle sphérique surpassent les 180° d'une quantité que l'on peut estimer 2″, l'un portant l'autre; ce serait donc 6″ sur les 180° ou 3″ sur l'arc de 90°; elle est de 7″ par les tours d'horizon; mais les tours d'horizon n'ont point d'excès sphérique, ils ne valent que 360°; ils exigent un plus grand nombre d'opérations que les triangles. Au lieu de prendre le milieu qui serait $\frac{10''}{2}$ entre les deux résultats, on pourrait supposer 7″ comme La Caille. La plus forte erreur négative est — 45″; elle se réduit d'abord à 38″ quand on a égard à l'erreur de l'instrument, puis à 40″ en ajoutant l'excès sphérique.

La plus forte erreur positive est + 39″, qui deviendra successivement 46″ et 44″, mais il est juste de remarquer que ces erreurs excessives sont extrêmement rares, et qu'elles doivent venir ou des phases des signaux, ou d'une incertitude sur les réductions, ou de quelques circonstances atmosphériques, comme celles qui, même avec le cercle répétiteur, ont fait paraître quelquefois un angle plus grand de 14″ que la veille, ainsi qu'il est arrivé à Méchain auprès de Carcassonne. Or, avant nous aucun observateur ne s'était imposé la loi d'observer un même angle deux ou trois jours de suite; on se contentait le plus souvent d'une seule observation : il faut pourtant excepter Liesganig.

Dans un triangle quelconque ABC, l'erreur du côté BC sera

$$d\mathrm{BC} = \mathrm{BC}(d\mathrm{A}\cot \mathrm{A} - d\mathrm{C}\cot \mathrm{C}) = \mathrm{BC}\,\frac{\sin(\mathrm{A}\mp\mathrm{C})}{\sin\mathrm{A}\sin\mathrm{C}} = \frac{0^{\mathrm{T}},485\sin(\mathrm{A}\mp\mathrm{C})}{\sin\mathrm{A}\sin\mathrm{C}},$$

en supposant $\mathrm{BC} = 10\,000^{\mathrm{T}}$ et $d\mathrm{A} = d\mathrm{C} = 10''$. Supposez

$$d\mathrm{C} = -\,d\mathrm{A} \quad\text{et}\quad \mathrm{C} = 45°,$$

alors $d\mathrm{BC} = 0^{\mathrm{T}},97$; l'erreur d'un côté peut donc aller à 1^{T} et plus si les angles au dénominateur sont petits.

La Caille ne parle nulle part de l'excès sphérique; mais on sait à présent que l'erreur du triangle calculé comme rectiligne est insensible; alors on le supposait, sans preuve bien sûre.

Nous avons vu que pour réduire au niveau de la mer la base de Juvisy et tous les côtés qui s'en déduisent, il fallait retrancher environ $\frac{1}{10000}$.

Cette réduction faite, on trouve :

	La Caille.	Delambre.	Excès.
	T	T	T
Malvoisine-Bric	12374,8	12374,2	+0,6
Malvoisine-Chapelle-la-Reine	12652,0	12650,6	+1,4
Chapelle-Pithiviers	14403,6	14402,1	+1,5
Chapelle-Boiscommun	17344,8	17341,8	+3,0
Pithiviers-Boicommun	9190,8	9190,1	+0,7
Bric-Montlhéry	13107,0	13107,5	—0,5

Par 18 comparaisons de ce genre, des côtés calculés sur la base de Villers-Bretonneux, j'ai trouvé, par un milieu, un excès de $0^{\mathrm{T}},32$ pour des côtés de $10\,000^{\mathrm{T}}$.

La base de Dunkerque a paru trop courte de 1^{T}, mais peut-on s'étonner de cette différence après une suite de triangles quand on en trouve d'aussi fortes dès les premiers? J'ai trouvé au contraire que la base de Méry paraissait être en excès d'une toise; nous avons vu une différence aussi grande entre les deux commissions chargées de vérifier la base de Juvisy.

Je trouve environ 2^T en excès par les distances de Bourges à Dun et de Bourges à Morlac; on changeait de règles à chaque base, et l'on peut croire moins bien étalonnées celles qu'on a construites en voyage.

Il m'a paru que la base de Perpignan pouvait être trop longue de deux ou trois toises; mais on n'est pas parfaitement sûr de l'identité des triangles. Au reste, cette base n'a point été mesurée en entier par La Caille, et nous n'avons aucune connaissance des mesures prises en son absence; elles ne se trouvent pas dans son registre.

La base de Rodez est la plus courte et la moins sûre, à cause des inégalités du terrain; elle ne s'accorde ni avec celle de Bourges, ni avec celle de Perpignan, qui toutes deux probablement avaient le défaut d'être trop longues. Elle a forcé La Caille d'ajouter $21^T,75$ à l'arc entre Perpignan et Rodez; elle a fait ajouter $59^T,7$ à l'arc entre Bourges et Rodez; elle a rendu trop grand le degré du parallèle de 45° duquel on avait conclu le mètre provisoire qui s'est trouvé trop grand, ainsi que j'en avais dès lors la certitude; mais j'étais absent de Paris.

Voici quelques comparaisons :

	Distances suivant la Méridienne.			Distances à la Méridienne.		
	Mérid. vérif.	Syst. métr.	Excès.	Mérid. vérif.	Syst. métr. Delambre.	Excès.
	T	T	T	T	T	T
Amiens-Observatoire	60.390,35	60.382,00	+ 8,35	E 1270,74	1247,6	+ 23,14
Villers-Bret.-Dunkerque.	66.619,81	66.617,31	+ 2,5	O 5244,0	5196,0	+ 48,0
Observatoire-Dunkerque.	125.515,25	125.505,7	+ 9,55	O 1420,41	1493,0	— 72,59
Observatoire-Bourges	100.067,31	100.046,7	+ 20,61	O 2430,59	2363,3	+ 67,29
Bourges-Rodez..........	155.865,6	155.767	+ 98,6	O 7165,35	7119,7	+ 45,65
Rodez-Perpignan........	94.229,25	94.206,9	+ 22,35	O 13422,08	13988,7	— 566,62
Dunkerque-Perpignan ...	475.093,36	475.527,36	+166,00	»	»	»

Cela donnera pour chaque degré $+20^T,7$; mais en retranchant ce qu'on avait eu tort d'ajouter, pour la malheureuse base de Rodez, 10^T environ par degré; ou bien 5^T environ si l'on retranche partout $\frac{1}{10000}$ pour la réduction au niveau de la mer.

L'accord ne sera pas moins satisfaisant dans les arcs célestes.

Par cinq étoiles entre Dunkerque et Paris.. 2.11.52,2 écart autour de
                                                       la moy..: 3″,4

Mais par les trois étoiles préférées.......... 2.11.50,6
        Réduction à la tour...............   5,3
                                                ――――――――
                                                2.11.55,9
    J'ai trouvé.....................   2.11.55,2
                                                ――――――――
            Excès...................   + 0,7

Paris et Bourges, trois étoiles 1.45.11,1
        Par une interpolation je trouve.... 1.45. 9.9
                                                ――――――――
            Excès...................   + 1,2

Paris et Rodez, cinq étoiles, réduction faite. 4.29. 9
        Par une interpolation je trouve.... 4.29. 6
                                                ――――――――
            Excès...................   + 3

Paris et Perpignan, cinq étoiles, réduction
faite............................ 6. 8.14,5
        Méchain 6. 8.15,3
                                                ――――――――
            Excès...................   — 0,8

    Arc total : La Caille............. 8.20.10,4
    Delambre et Méchain............. 8.20.11,3
                                                ――――――――
            Excès....................   — 0,9

accord surprenant entre deux opérations faites à près de 60 ans
de distance et par des moyens si différents.

Quant aux azimuts, nous nous bornerons à dire qu'ils avaient
été observés avec toute la précision nécessaire, et n'offrent que les
écarts qui étaient presque inévitables avec les moyens employés.
Ajoutons que la publication a été faite avec la fidélité la plus
scrupuleuse, sans rien pallier, sans rien taire, que partout l'auteur
donne les élémens des diverses réductions, avec les règles qui
servent à les calculer, et qui n'avaient encore été données par
aucun autre ; ces règles, expliquées par 11 figures, selon les diverses
situations du quart de cercle par rapport au centre de station,
sont exactes et complètes, mais un peu obscures, quand on n'est
pas assez familiarisé avec les expressions employées par l'auteur ;

au reste, j'ai donné des formules générales pour faciliter ces calculs (*Base du Syst. métr.*, t. I, p. 125). Disons en terminant qu'aucune opération jusqu'ici n'a fourni autant de détails et de renseignemens, et qu'aucune n'a été examinée plus sévèrement, ni plus complètement justifiée.

Nous avons vu toutes les tentatives de Lemonnier pour infirmer les preuves données par La Caille de l'exactitude du degré d'Amiens, et pour soutenir son degré de 57183^T; il paraît que l'opinion de Lemonnier avait fait quelque impression sur l'esprit d'Euler qui, dans un mémoire *Sur la Trigonométrie sphéroïdique* (*Acad. de Berlin*, t. IX), avait hasardé le soupçon que Cassini et La Caille avaient pu se tromper de 125 toises sur ce degré.

Quelque disgracieux qu'il soit pour moi en particulier (dit à ce sujet La Caille dans les *Mém.* de 1755, p. 53-54) de voir traiter de la sorte un ouvrage *auquel j'ai eu tant de part,* je ne puis accuser M. Euler d'avoir eu en vue de nous chagriner.

Euler trouvait tout simplement que le degré de Lemonnier s'accordait mieux que celui de La Caille avec l'ellipse qu'il avait imaginée pour concilier les diverses mesures.

Il n'est, ni le seul, ni le premier, qui ait écrit que notre mesure est incertaine.... Mais puisque j'ai été trompé dans l'espérance que j'avois que ces jugemens ne pouvoient faire tort qu'à ceux qui les auroient portés,... je me crois obligé d'en appeler à ceux qui ne prennent un parti qu'après un mûr examen, fait sans préjugé et sans autre intérêt que celui de la vérité; et en attendant je vais donner ici quelques éclaircissemens, qui feront voir sur quoi peuvent être fondées ces décisions, que M. Euler a trouvées dans quelques Écrits qui ne sont pas avoués de l'Académie Royale des Sciences.

Ici La Caille rapporte sommairement tout ce qui s'était passé à l'Académie, et les vains efforts de Lemonnier pour prouver que la toise de Picard était égale à celles du Nord et du Pérou.

Sur quoi donc pourra tomber l'erreur grossière de 125 toises sur 57000, qu'on nous taxe d'avoir faite? Qu'on fasse telle hypothèse qu'on voudra d'erreurs commissibles dans les observations, pourra-t-on jamais parvenir à faire voir comment trois suites, très différentes, composées d'une douzaine de triangles, dont plusieurs approchent d'être équilatéraux, dont tous les angles ont été observés directement avec un quart de cercle de deux pieds de rayon, armé d'un micromètre à chaque lunette, parmi lesquels à peine trouve-t-on trois ou quatre angles obtus, où tous excèdent 30°, où la somme des trois angles n'a jamais été plus grande que 180° d'une $\frac{1}{2}$ minute ni plus petite que $\frac{3}{4}$ de minute; comment, dis-je, ces trois suites, parties d'une base de 5748^T, et terminées par une autre de 5242^T, toutes deux mesurées actuellement, ont pu donner chacune un accord parfait entre ces deux bases, chacune une même position d'Amiens à l'égard du méridien et du parallèle de Paris, et cependant renfermer une telle combinaison d'erreurs, que cette position d'Amiens soit à plus de 125^T de la véritable, sans qu'il eût été possible de nous apercevoir de quelque chose qui se démentît dans nos opérations?

Après d'autres raisonnements également justes, mais aujourd'hui bien superflus, il termine ainsi :

Sans faire tort aux autres mesures, je suis convaincu, et par l'expérience que j'ai acquise dans cette sorte de travail, et par les peines et les précautions que nous avons prises dans le temps, qu'il n'y a pas de distance terrestre plus exactement déterminée que celle de Paris à Amiens; qu'il ne doit pas y avoir dix toises d'erreur; et je me crois bien fondé d'avancer que ceux qui ont écrit d'une manière si vague, que la longueur du degré mesuré en France est incertaine, *l'ont fait sans examen, sans raison et par conséquent contre toutes les règles de la méthode et de la justice.*

Avant d'imprimer cette réclamation, La Caille avait eu le temps de se calmer; mais dans le premier moment de son indignation il avait écrit d'une manière plus vive, et il finissait par dire qu'il consentait à être regardé *comme le plus inepte des astronomes* si on pouvait lui prouver une erreur de 15^T dans ce degré. Que pensait-il donc de cet adversaire inconsidéré qui avait commis sur ce même degré une erreur de 109^T ou tout au moins de 52^T, quand on eût constaté la différence entre la toise de Picard et celle de La Caille?

Ici, en affirmant qu'il a eu la plus grande part à cette mesure, il laisse croire encore que Cassini de Thury a pu y prendre une part quelconque. Il parlait en son nom seul quand il consentait à être regardé comme le plus *inepte des astronomes.*

Il parle encore en nom collectif dans les *Mémoires* de 1758 quand il veut appliquer aux distances zénithales observées la théorie de la nutation qu'ils ne connaissaient qu'imparfaitement en 1744; ils savaient seulement que l'inégalité ne passait pas 17″, et que la période était de 19 ans. Ils pouvaient négliger ce mouvement qui ne pouvait être bien considérable, dans l'intervalle de

16 mois pendant lequel ils avaient fait leurs observations d'étoiles dans les différentes villes du Royaume.

D'après ces nouvelles corrections, il donne (*Mém.*, 1758, p. 241) la table suivante des degrés sous différents parallèles :

Lat.	Degré.		Lat.	Degré.
49.56'	57086^T		46.51'	57056^T
49.23	57074 $\frac{1}{2}$		46.35	57048
49. 3	57083 $\frac{1}{2}$		45.45	57045
47.58	57079		45.43	57034
47.41	57057 $\frac{1}{2}$		44.53	57037 $\frac{1}{2}$
			43.31	57048 $\frac{1}{2}$

Les inégalités de ces Degrés suivent une progression un peu moins régulière que celle qui se trouve entre ceux de la Table qui est dans le Livre cité (*La Méridienne vérifiée*); cependant la différence n'est pas considérable, elle n'est sensible que dans les déterminations fondées sur les observations faites à Bourges, et comparées à celles de Paris et de Dunkerque;......

Si on admet la conjecture des Jésuites Italiens (Maire et Boscovich) qui pensent qu'à Perpignan, le voisinage des Pyrénées a pu faire dévier le fil à plomb de notre instrument vers le sud,..... il faudra abandonner toutes les déterminations des Degrés qui seront fondées sur les observations célestes faites à Perpignan, et dans ce cas la Table précédente se réduira à celle-ci :

Lat.	Degré.		Lat.	Degré.
49.56'	57086^T		47.58'	57071^T
49.23	57074 $\frac{1}{2}$		47.41	57058
49. 3	57083 $\frac{1}{2}$ un peu moins		46.35	57048
			45.43	57034

dans laquelle la diminution des Degrés est beaucoup mieux suivie et donne 12^T par degré : dans l'hypothèse de Newton, cette diminution ne va pas à 13 toises.

Nous serions bien heureux, aujourd'hui même, si les observations n'indiquaient que des irrégularités de cet ordre dans la figure de la Terre. D'après ces nouveaux calculs, il détermine le degré du 45ᵉ parallèle et le fixe à 57029 toises. Ce degré est trop fort pour les raisons que nous avons ci-dessus indiquées : nous en verrons plus loin la preuve.

Pour achever ici ce que La Caille a fait pour la grandeur et la figure de la Terre, il nous reste à parler de son degré du Cap de Bonne-Espérance.

Il avait emporté les instruments dont il s'était servi en France.

Erreur de collimation de son sextant ([1]).

1751.	ε Sagittaire	3′.17″,4
1752.	α Colombe	15,1
	β Colombe	16,9
	ξ Éridan	15,6
	δ Colombe	15,4
	ι Centaure	16,9
	ι Centaure (6 mois après)	16,9
	g Centaure	15,8
	k Centaure	17,1
	ε Sagittaire	14,9
	ε Scorpion	14,3
1753.	α Colombe	15,6
	β Colombe	19,9
	Milieu	**3.16**

Par la méthode des tangentes il chercha les erreurs de son *secteur* de 6^pi :

Erreur.

De 7.30 à 15. 0	—1,75
De 15. 0 à 22.30	—1,5
De 22.30 à 30. 0	—1,5

Par de semblables expériences il ne put trouver aucune erreur sensible au *sextant,* et il croit que les précédentes peuvent tenir en grande partie aux incertitudes des observations.

Par d'autres moyens et des observations en très grand nombre, il a trouvé les corrections suivantes :

Secteur.

Correction.

9.40, 10.0 et 12.0	—3,3
40.10	—4,0
39.40	—4,7
18.20	+5,4

Sextant.

18.40	—3,3
34.50	+5,0

([1]) *Mém. de l'Acad.,* 1751, p. 404.

(G. B.)

Obliquité vraie de l'écliptique, corrigée de la nutation :

En 1752............................ 23.28.21,2
A l'Ile de France, en 1753............ 23.28.16
Au commencement de 1753, *milieu*... 23.28.18,6

Ayant remarqué, dit-il (¹),..... qu'il étoit fort aisé de mesurer plus de 60000 toises du méridièn, je ne balançai pas de l'entreprendre aussi-tôt que j'eus achevé les observations des Etoiles, qui faisoient le but principal de mon voyage. Cette mesure devenoit intéressante, soit pour voir si l'hémisphère austral de la Terre est semblable à l'hémisphère boréal, soit pour faire exactement le calcul des observations des parallaxes de la Lune.... Nous partîmes du Cap le 9 Septembre, et nous allâmes au lieu que je destinois à être le terme boréal de ma mesure. C'est une habitation nommée *Klipfonteyn*, située au pied d'une montagne qui aboutit à une autre fort longue et fort escarpée, qui s'appelle le *Piquetberg*. Je plaçai dans la grange de cette habitation le secteur de six pieds de rayon. Ayant mis le plan de cet instrument parallèle à un fil tendu dans le méridien, j'observai pendant six nuits d'un ciel clair et serein les distances de seize étoiles au zénit : huit de ces étoiles passoient au nord du zénit, et huit au sud. Les 16, 18 et 19 Septembre, la face du secteur étoit tournée à l'orient, et les 22, 23, 24, elle était tournée au couchant......

Différences de latitude entre Klipfonteyn et le Cap.

	Au Nord.		Au Sud.
λ Sagittaire........	1.13.15,5	α Sagittaire........	1.13.15,2
φ Sagittaire........	1.13.15,4	α Indi.............	1.13.14,4
π Sagittaire........	1.13.16,4	γ Gruis.............	1.13.18,2
β Capricorne......	1.13.14,8	α Gruis...........	1.13.17,1
δ Capricorne......	1.13.14,5	β Gruis...........	1.13.16,4
Phomalhaut........	1.13.18,6	α Phœnicis........	1.13.16,1
β Ceti............	1.13.14,3	β Phœnicis........	1.13.17,3
Syrius...........	1.13.16,2	δ Phœnicis........	1.13.17,7

Milieu entre les 16 : 1°13'16",1 ; ajoutez 1",2 pour l'effet de la réfraction et il reste 1°13'17"⅓ pour l'arc céleste entre le Cap et Klipfonteyn.

La partie géodésique consiste en deux grands triangles principaux et en deux autres moindres, formés sur une base pour connaître les dimensions des deux premiers triangles.

(¹) *Mém. de l'Acad.*, 1751, p.-425.   (G. B.)

	Triangles de la base.		Triangles principaux.
Signal occid......	99.25.37,5	Capocberg.........	73.55. 4
Signal orient......	46.57.43	Riebeck...........	76. 4.53
Capocberg........	33.36.18,5	Klipfonteyn........	29.59.55
	179.59.39		179.59.52
Signal occid.......	96. 3.20	Capocberg.........	98.19. 3
Capocberg........	51.16.39	Riebeck...........	48. 8.56
Riebeck..........	32.39.46	Observatoire.......	33.31.42
	179.59.45		179.59.41

On se souviendra que le quart du cercle donne 7″ de moins pour 180°, ce qui diminue sensiblement l'erreur sur les quatre sommes.

Pour la mesure de la base, il avait quatre perches de 18 pieds de longueur, ferrées par les bouts et peintes de deux couches à à l'huile. Il avait apporté de Paris une toise conforme à celles du Nord et du Pérou; il fit faire au Cap une autre toise de bois fort et bien sec, terminée par deux plaques de cuivre : celle-ci a toujours été renfermée dans une caisse de bois, pour n'être pas exposée au soleil. Le temps fut couvert pendant les trois premiers jours de la mesure; un fort vent de sud-est rafraîchissait l'air, de sorte que la toise de fer n'a dû souffrir aucune altération. Ces deux toises ont servi à constater la longueur des quatre perches, que l'on vérifiait chaque jour, en commençant, en finissant et au milieu de l'opération

	T	pⁱ	p	″
Base mesurée...................	6467.	4.	3.	6
	6467.	4.	11.	6
Milieu..........................	6467.	4.	7.	6
Inégalités du terrain.............		—2.	9.	4
	6467.	1.	10.	2

qu'il réduisit, pour d'autres inégalités, à **6467ᵀ,25**

	T
Arc terrestre......................	69668,6
Écart du parallèle..................	0,9
	69669,5
Réduction au secteur..............	0,4
Arc terrestre......................	**69669,1**
Arc céleste.......................	1°13′17″⅓

Degré **57037ᵀ** par 33″18′½ de latitude australe.

J'avoue, dit-il, que je ne m'attendois pas à trouver ce degré aussi grand, puisqu'il est presque égal à celui que nous avons déterminé, M. Cassini de Thury et moi,... entre le 42 et 45ᵉ degré de latitude boréale; mais un observateur n'est tenu que de répondre de l'exactitude de ses mesures, et non de leur résultat.

Il n'y a pas d'observation de degré qui soit aussi simple; en est-il beaucoup de meilleures? en est-il même d'aussi bonnes? tous les originaux sont à l'Observatoire et je les ai soigneusement examinés. On a pensé que le fil à plomb de La Caille avait pu être dérangé par la montagne de la Table, éloignée de 2000 toises, et surtout à l'extrémité nord par le Piquetberg, qui, suivant Mason et Barrow, est très élevé, quoique facile à monter. La Caille, qui vient de parler de l'attraction des Pyrénées, ne paraît avoir aucune inquiétude sur Piquetberg.

Longueur du pendule : 3^{pi}0^{po}8^{li},07.

Un pendule invariable, isochrone à celui de La Condamine, faisait 98790 ½ oscillations dans un jour solaire moyen.

Le procès de la figure de la Terre était une seconde fois décidé par les opérations de France et du Nord et même par celles du Nord et du Cap; enfin par celles d'Amiens et du Cap; seulement l'ellipticité n'était pas la même. Voyons ce que donnèrent les opérations près de l'Équateur, qui ne furent connues que quelques années plus tard, quoique Godin, Bouguer et La Condamine fussent partis les premiers.

La Figure de la Terre, déterminée par les observations de MM. Bouguer et de La Condamine,..... *avec une Relation abrégée de ce Voyage,*..... par M. Bouguer. Paris, MDCCXLIX.

Sans partager l'exagération de Maupertuis, Bouguer dit avec justesse qu'il était indispensable de vérifier la figure de la Terre, dût-on apprendre que l'irrégularité en était insensible.

Godin avait plus d'un titre pour être à la tête de la Commission; il était le plus ancien, il avait eu la première idée du voyage. Lorsque tout était disposé et le départ prochain, plusieurs astronomes sur lesquels on comptait trouvèrent des excuses pour s'en dispenser; ils prévoyaient sans doute les peines, les fatigues et les dangers qui devaient accompagner l'opération et la rendre plus longue. Les observateurs, postés trop haut, étaient presque toujours plongés dans les nuages; les tempêtes enlevaient les signaux, et l'on ne pouvait plus s'occuper que du soin de sa conservation. On opérait dans un pays que les propres habitants ne connaissaient pas. Le roi d'Espagne nomma don George Juan et don Antonio de Ulloa pour assister à toutes les opérations.

Les académiciens s'embarquèrent à la Rochelle le 16 mai 1735; le 30 octobre ils partirent de Saint-Domingue pour Carthagène; de là ils passèrent à Porto-Bello, et, après avoir traversé l'isthme, ils s'embarquèrent à Panama, et le 9 mars 1736 ils touchèrent à la côte du Pérou. Le mercure qui dans le vide, au bord de la mer, montait à 28^{po}1^{li}, se soutenait en haut à une ligne au-déssous de 16^{po}; c'est là que Bouguer donne la règle suivante :

Cherchez dans les Tables ordinaires les logarithmes des hauteurs du mercure dans le Baromètre, exprimées en lignes; retranchez $\frac{1}{30}$ de la différence de ces logarithmes; en prenant la caractéristique suivie de quatre décimales, vous aurez en toises la hauteur relative des lieux.

Les plus hautes stations ont toujours été les plus pénibles; la plus haute de toutes a été la Sinazahuan, 2334^{T} au-dessus de la mer.

C'était un usage dans les Commissions de l'Académie que l'ancien seul avait le droit d'écrire l'histoire de l'opération dont elle avait été chargée. Ce droit était dévolu à Godin; mais comme il resta longtemps au Pérou, et depuis à Cadix, avant de rentrer en France, le droit passait à Bouguer. Ainsi Maupertuis écrivit seul sur la mesure du degré du Nord. Heureusement Outhier, qui n'était que Correspondant, écrivit de son côté; or nous lui devons des détails qui étaient bons à connaître. C'est aussi pour cela que La Caille rédigea sa méridienne au nom de Cassini de Thury; nous verrons bientôt que La Condamine avait écrit à son tour, et nous lui devons des choses qui ne se trouvent pas dans le récit de Bouguer.

Celui-ci traite d'abord du choix des opérations : la comparaison des degrés dans le plan de l'Équateur avec les premiers degrés du méridien aurait suffi pour décider de la figure de la Terre; c'était une chose reconnue depuis longtemps.

Il est certain, dit Bouguer, que sur une étendue de 60 lieues on ne doit pas se tromper de 60^T, si l'on part d'une base suffisamment longue et qu'on ait le soin de bien conditionner les triangles : ce qu'il regarde comme certain vient de nous être démontré par les opérations de La Caille; mais au temps de l'arrivée au Pérou il était encore permis de douter de cette assertion.

En examinant avec une loupe l'étendue qu'ont 5″, on sera tenté de croire qu'on ne peut commettre d'erreur de cette force; il en appelle à l'expérience pour prouver qu'on ne peut répondre de 4″; il a raison s'il parle d'une observation isolée, mais en triplant ou quadruplant le nombre des étoiles, en multipliant les observations, en tournant le secteur alternativement de l'est à l'ouest, on verra qu'il est permis de croire à une précision beaucoup plus grande, et l'on ne voit pas moyen de soupçonner 4″ d'erreur dans l'amplitude du degré du Cap, pour ne citer que ce degré entre tous ceux de La Caille.

La conformité entre les observations n'est qu'une marque équivoque de leur bonté; il peut exister des causes d'erreur qui agissent toujours dans le même sens, quoique d'une quantité variable : c'était une vérité plus neuve alors, et la remarque est importante; on l'a méconnue pendant longtemps; l'expérience y a ramené. Cependant tout dépend des précautions que l'on prend; par exemple nous venons de voir La Caille, à chacune des stations extrêmes, prendre huit étoiles au nord et huit au sud; si quelque cause locale eût dérangé le fil à plomb il aurait affecté différemment les étoiles au sud et les étoiles au nord; ces effets auraient pu changer numériquement dans l'autre station, mais l'accord eût infailliblement été troublé; l'accord général a pu le tranquilliser : si Bouguer a le mérite d'être le premier auteur de la remarque, La Caille paraît l'avoir surpassé de beaucoup dans l'application qu'il en a faite.

Il faut, dit-il, être superstitieux jusqu'à l'excès pour répondre de 3″ à 4″; et pour peu qu'on se néglige on peut se tromper de 10″ à 12″. Ici Bouguer paraît se ménager des excuses pour ce qui lui est arrivé.

Les éclipses de la Lune et même celles des satellites sont insuffisantes pour déterminer les différences de longitude; les signaux de poudre enflammée ne donneront que des intervalles de 40 à 5o lieues; enfin il est difficile de régler les pendules à o″,5 près : tout cela devait être reconnu depuis longtemps; on ne conçoit guère la conduite de Cassini, en 1733 et 1734, dans la mesure des degrés de longitude. Quant aux signaux de poudre et à la difficulté de s'accorder assez sur l'instant de l'explosion, on a conçu à cet égard des espérances plus grandes, mais non encore parfaitement réalisées; s'ils ne peuvent donner que des distances de 40 à 5o lieues dans nos régions, il était permis peut-être de porter beaucoup plus haut ses espérances avec des montagnes comme Pitchincha, pour ne parler que de celle où l'on a pu parvenir jusqu'au sommet. Rien n'obligeait à observer l'Équateur même; un parallèle à 2° ou 3° de latitude aurait fait la même chose à fort peu près : les craintes de Bouguer paraissent exagérées.

Il craint encore les inégalités des horloges; cette cause d'incertitude paraît aujourd'hui bien diminuée, sans être pourtant anéantie tout à fait. Il ne croit pas qu'on puisse répondre à $\frac{1}{240}$ près sur un arc de longitude : *il faut donc se déterminer pour un arc du méridien.* Oui, si l'on ne veut mesurer que l'un des deux, et jamais il n'y a eu deux avis là-dessus; mais il était permis d'insister pour que l'on tentât aussi l'autre espèce de mesure; et nous verrons plus loin que les avis différents sur ce point secondaire ont été la principale cause des disputes qui ont eu lieu depuis entre les Académiciens.

Il expose ensuite quelques propriétés de la courbe qu'il nomme *barocentrique* ou *gravicentrique :* si l'augmentation des degrés suit la simple raison des sinus, ce sera vers 51°45′ que le degré du méridien sera égal au degré de l'équateur; si l'augmentation est comme le sinus carré, les méridiens seront sensiblement des ellipses, le sinus sera $\sqrt{\frac{2}{3}}$ et la latitude 54°44′. Il examine ensuite diverses autres hypothèses plus ou moins invraisemblables, mais il en conclut comme une chose également vraie dans toute hypothèse que la différence des degrés sera d'autant plus concluante que ces degrés comparés seront plus loin les uns des autres. C'est d'après ce principe, en effet, qu'on avait ordonné les voyages de l'Équateur et du Cercle polaire; ainsi le principe n'était pas nouveau.

Pour mesurer la base, les Académiciens se divisèrent en deux compagnies : G. Juan se joignit à Godin; Ulloa se joignit à Bouguer et La Condamine; l'une et l'autre de ces compagnies avait trois perches de 20 pieds chacune, terminées par une pièce métallique dont la saillie était de $1\frac{1}{2}$ pouce : c'est par ces platines qu'on mettait les perches en contact. La direction de la base était indiquée par une corde tendue; quand les inégalités du terrain ne permettaient pas le contact, on y suppléait par un fil à plomb. La mesure dura 25 jours.

$$\begin{array}{ll}\text{La base mesurée dans un sens par Bouguer fut de.} & 6272^{T}.4^{pi}.5^{po} \\ \text{La base mesurée dans l'autre sens par Godin fut de.} & 6272.4.2\,\tfrac{1}{8} \\ \text{Toute correction faite.....................} & 6272.4.3\,\tfrac{7}{12}\end{array}$$

Cette longueur n'était pas continue, elle était comme un escalier; les inflexions du terrain étaient telles que le bout d'une règle était de 15 ou 20 toises au-dessus ou au-dessous de la précédente ([1]). On trouva commode d'allonger un peu cette base, que l'on fit de 6274 toises. La Condamine trouvait 9 pouces de plus. Godin s'arrêta ensuite à $6273^{T}5^{pi}8^{po}4^{li}$: ces différences ne sont pas d'une grande importance; mais de toutes les bases qu'on a jamais mesurées celle-ci est sans doute la plus singulière, et celle de toutes, peut-être, la moins propre à gagner la confiance. Pour en calculer la longueur, Bouguer se croit obligé d'employer le calcul intégral; les séries auxquelles il arrive ne paraissent ni bien commodes ni bien élégantes; il nous dit ensuite qu'on avait mesuré les inclinaisons soit de la base totale, soit de ses diverses parties; il n'en fallait pas davantage pour obtenir les réductions à un même niveau par la simple trigonométrie.

On avait trouvé, aux deux extrémités, des hauteurs qui indiquaient une réfraction terrestre de 93″ sur un arc de 6′37″,5,

---

([1]) Bouguer dit, pages 42-43, que certains points de la base « sont 10, 15 et 20 toises au-dessus de la ligne droite conduite en l'air depuis une extrémité (*du terrain*) jusqu'à l'autre ». Delambre écrirait donc ici *toises* pour *pieds*.

(G. B.)

Fig. 6.

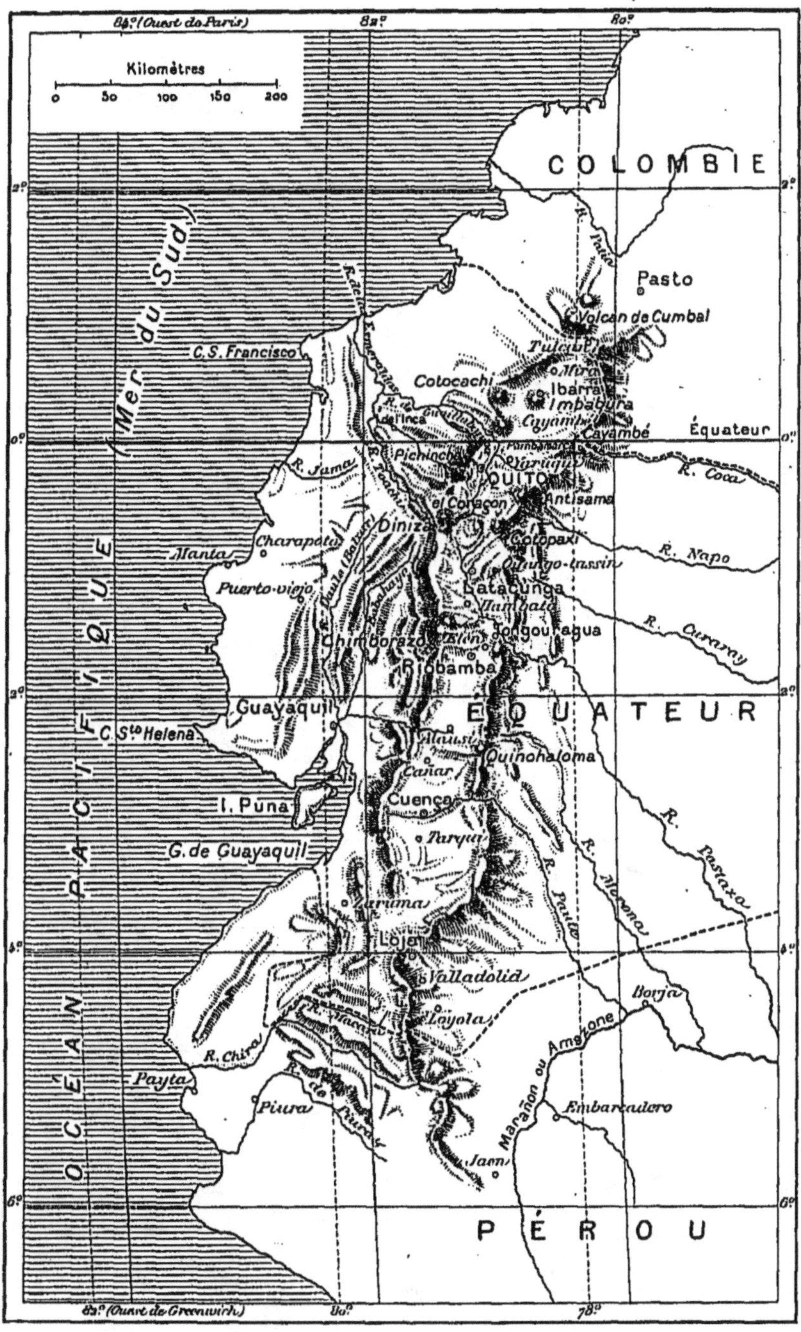

CARTE DE L'ÉQUATEUR, dans la région de l'ancien *Pérou*
sur laquelle s'étend la triangulation des Académiciens français.

Fig. 7.

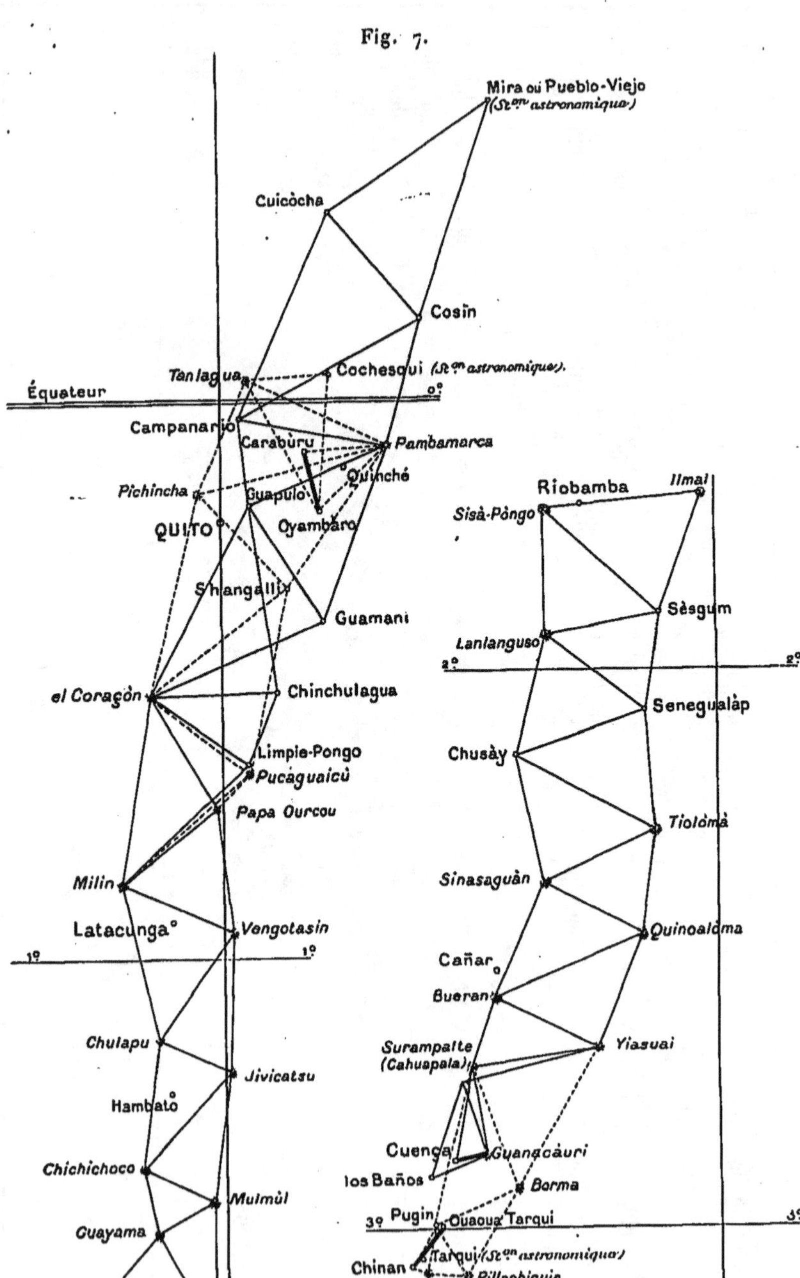

CARTE DES TRIANGLES. Ceux de Bouguer, La Condamine..... sont ponctués; les autres sont ceux de Godin.....; de *Milin* à *Cuenca*, les triangles sont communs aux deux troupes.

c'est-à-dire $\frac{930}{3075} = \frac{1}{4,3}$; Bouguer avoue que les circonstances ont dû être bien extraordinaires pour produire un pareil résultat. Il convient encore que la longueur définitive est le fruit d'un calcul extrêmement long et très pénible : cette discussion servira du moins à justifier qu'ils n'ont rien négligé pour parvenir au plus haut degré d'exactitude. Mais cette base et tout le reste de l'opération prouvent, à notre avis, que le choix du pays n'était pas heureux; on se laissa gouverner par des mots; celui d'Équateur avait séduit l'Académie; quelqu'un cependant avait proposé Cayenne; il eût été plus avantageux sans doute de s'éloigner de quelques degrés de l'Équateur pour avoir un pays moins montueux. Les opérations faites depuis dans les Alpes et l'Apennin ne sont pas propres à nous réconcilier avec les montagnes.

A la fin de la mesure terrestre, en 1739, on mesura une base de vérification sur laquelle on fut d'accord à deux ou trois pouces, quoiqu'elle présentât des difficultés d'un autre genre, et que nous connaîtrons mieux par le récit des Espagnols. On éleva des pyramides, on y plaça une inscription qui commença par être l'occasion d'un procès et de plusieurs arrêts contradictoires desquels il est résulté que les termes de la base sont perdus ou que du moins ils n'ont plus aucune authenticité.

Le quart de cercle de La Condamine était le plus grand; il avait appartenu à Louville et était garni du premier micromètre qu'on ait attaché à la lunette d'un pareil instrument; celui de Bouguer avait $2^{\text{pi}}6^{\text{po}}$ de rayon, celui de Godin un peu moins de 2 pieds; celui des Espagnols 2 pieds et quelques pouces. Celui de Bouguer, dans les tours d'horizon, donnait toujours 2' de moins que 360°, quand ce tour n'était composé que de six ou sept angles; en formant ensuite des triangles équilatéraux de 300^{T} de côté il trouva que l'angle de 60° avait besoin d'une correction de $+ 20''$, l'arc de 90° en exigeait une de $36''$ ou $40''$; par des moyens variés, mais, analogues, il détermina les erreurs de 5° en 5°, dont il ne donne pas la table; il reconnut ensuite que la lunette ne tournait pas autour du centre, et il donne une formule de correction qui n'accorde pas tout.

Après quelques réflexions fort sages, mais aujourd'hui fort inutiles, et qui dès lors n'étaient rien moins que neuves, sur la vérification du parallélisme des lunettes, il passe à la réduction au

centre de station; il la calcule au moyen de deux triangles qui
supposent deux perpendiculaires abaissées du centre sur l'axe des
lunettes suffisamment prolongé : j'ai réduit ce petit problème à
une formule plus commode et plus générale. Sa méthode, avec
quelques soins qu'il y a mis sans doute, pourrait être suffisamment exacte, mais jamais il ne donne ni les éléments ni la quantité
de cette réduction : nous n'avons que les angles corrigés comme
il a jugé convenable et réduits à 180°. Pour les angles à mesurer
dans des plans inclinés il donne des pratiques utiles pour ceux
qui observent avec les quarts de cercle de ce temps.

Pour estimer la bonne ou la mauvaise condition des triangles, et
les erreurs qui peuvent en résulter, il emploie les différences
logarithmiques des sinus; on a, aujourd'hui, une règle trigonométrique plus commode et que lui-même donne plus loin. D'autres
remarques théoriques sur la direction et la longueur des bases
n'auront jamais d'application dans la pratique, et s'il avait eu le
choix il ne se serait pas arrêté à la base d'Yarouqui.

D'autres considérations générales sur la manière de diviser une
méridienne, ou de la partager en un nombre plus ou moins grand
de triangles, ne sont encore bonnes que sur le papier : dans ces
opérations on fait ce qu'on peut, suivant les circonstances; tout
ce qu'on peut recommander, c'est de s'abstenir de tout angle au
dessous de 30°; encore n'est-on pas toujours maître de satisfaire
à une condition si simple, et la preuve en est dans toutes les opérations exécutées jusqu'ici. En général les triangles de Bouguer
sont bien conditionnés; cependant son septième triangle offre
un angle de 21°22′, mais le sinus n'est pas au dénominateur, et le
petit côté intéresse peu la méridienne..

Dans les deux triangles de jonction à la base on voit un angle
de 16°31′ et un autre de 6°20′, mais c'est une chose avantageuse
souvent dans cette espèce de triangles.

La base de vérification s'est accordée avec la première à 0ᵀ,31
près; le nombre des triangles est de 32 : on n'a que ce moyen
pour estimer la bonté des triangles, puisqu'on ne nous a fait connaître que les angles réduits à une somme de 180°. On nous
apprend simplement que jamais l'erreur n'a passé 30″; mais
quand on supprime les angles observés, quand on les corrige
arbitrairement, on peut obtenir tout l'accord que l'on veut entre

deux bases, et le résultat définitif repose entièrement sur le témoignage de l'auteur.

Le calcul des différences de niveau n'offre rien de remarquable : on l'aurait rendu plus commode en le mettant en formules. La réduction des côtés à l'horizon dépend des mêmes principes et donne lieu à la même remarque.

Pour la réduction des angles à l'horizon, il emploie la trigonométrie sphérique et c'était aussi la méthode de Godin ; c'est ici qu'elle paraît pour la première fois ; nous l'avons beaucoup simplifiée ; l'opération totale se fait d'une manière plus courte, plus rigoureuse et beaucoup mieux entendue. Ces réductions à l'horizon vont jusqu'à 11′ ; jamais, dans notre opération, elles n'ont été à 7′ ; et de Rodez à Dunkerque bien rarement elles ont été d'une minute.

A d'aussi petites latitudes, la convergence des méridiens est presque nulle ; on la calcule par la trigonométrie rectiligne : nous avons des moyens plus généraux, plus clairs et plus faciles.

En des lieux si voisins de l'Équateur on avait cet autre avantage que les astres se lèvent et se couchent perpendiculairement :

La direction de la base de Tarqui observée était de..... 32.25.47″
Conclue de la base d'Yarouqui, elle était de............ 32.26.27

La différence est peu importante puisqu'elle n'est que de..   40

La longueur de l'arc mesuré a été, toute réduction faite, pour les premières observations célestes de 176926ᵀ, et de 176940ᵀ pour les dernières, le tout suivant Bouguer.

L'arc mesuré était rapporté à l'horizon de Carabourou, 1226ᵀ au-dessus de la mer ; la réduction au niveau de la mer sera de — 21ᵀ,4 pour un degré juste.

Avant de reconstruire son secteur, Bouguer commence par s'assurer que la dilatation différente du fer et du cuivre ne produira aucun effet sensible. Il prouve qu'il est d'une grande importance de donner à la lunette la même longueur qu'au rayon de l'instrument, et de la suspendre auprès du centre, attention qu'on n'avait pas eue en 1718, malgré l'exemple donné par Picard. Pour rendre l'axe optique parallèle au plan du limbe il indique comme une découverte nouvelle un moyen assez imparfait, ignorant que, cinquante ans auparavant, un moyen beaucoup plus exact, qui est celui dont on se sert encore aujourd'hui, était exposé avec tous les détails nécessaires dans un traité de dioptrique qui avait eu deux éditions. Il prouve que le foyer d'une lunette est différent pour différents yeux, ce qui était su depuis qu'on avait des lunettes. Il ajoute que ce foyer change par les variations de l'atmosphère; La Condamine a constaté ce fait par sa propre expérience : dans une lunette de 12 pieds, La Condamine et Bouguer ont vu aller à 20″ ou 25″ le déplacement de l'image, tandis que dans d'autres nuits on n'observait rien de semblable.

Pour épargner la division du limbe, Bouguer imagine d'y marquer par deux points les extrémités d'une ou deux cordes aliquotes du rayon; Godin avait eu de son côté la même idée; elle était imaginée dans le même temps en France par un autre astronome. Bouguer choisit les cordes qui sont l'une la dix-septième et l'autre la dix-neuvième partie du rayon; mais au lieu de diviser le rayon par 17 ou 19, il porte 17 ou 19 fois sur une ligne droite la corde qu'il a choisie par un calcul approximatif, et c'est ainsi qu'il détermine le centre de son instrument : ces points lui donneront un arc fort approchant de la distance de l'étoile au zénith; le micromètre fera le reste.

Le limbe était placé dans le méridien au moyen d'une méridienne filaire; Bouguer prouve que la déviation qu'on pourrait craindre dans la lunette n'aurait qu'un effet insensible. L'erreur serait plus considérable si l'on n'avait pas de méridienne et si l'on attendait, pour observer l'étoile, l'instant de son passage au méridien à l'horloge, réglée par les hauteurs correspondantes de l'étoile. Il suppose que l'astronome a négligé de s'assurer du parallélisme de l'axe optique au plan de l'instrument, car, si ce parallélisme est bien vérifié, la méridienne n'est plus qu'un moyen de faciliter l'observation; la lunette étant dirigée à l'étoile au méridien, son axe optique sera tout entier dans ce plan, à cause du parallélisme; le plan de l'instrument se confondra avec celui du méridien. Bouguer attaque les astronomes, aux pratiques desquels il était tout à fait étranger; il convient pourtant que dans l'opération de Picard l'erreur ne pouvait être d'une seconde, même en supposant un défaut de parallélisme assez considérable; nous verrons La Condamine justifier Picard, et il était à présumer que Picard, qui avait appliqué les lunettes au secteur et au quart de cercle, n'avait pas négligé une vérification dont on ne se dispensait pas même avec les anciennes pinnules. Les réflexions et les conséquences de Bouguer sont fort justes, mais il se persuade trop aisément que, parce qu'elles sont nouvelles pour lui, elles doivent être ignorées de tous les astronomes.

Pendant les préparatifs de leur mesure, et pour essayer le secteur qu'ils avaient emporté de France, ils observent l'obliquité de l'écliptique aux solstices de décembre 1736 et juin 1737.

Par un milieu entre cinq jours d'observations ils trouvent, pour distance zénithale du bord austral du soleil, 23° 19′ 4″, avec un écart de 10″; la distance du tropique du Capricorne au zénith était de 23° 2′ 42″, affectée de la réfraction, de la parallaxe et de l'erreur de l'instrument. Pour trouver l'erreur, ils observent ε d'Orion qui leur donne 12′ 18″; et 23° 15′ 0″ pour distance corrigée (du tropique du Capricorne au zénith); erreur du centre : 12″,5; distance définitive : 23° 15′ 12″,5.

En juin, cinq observations donnent 23° 29′ 20″; plus grand écart, 25″; collimation, 11′ 55″ (elle avait donc varié de 23″); erreur de l'instrument, 12″,5; total, 23° 41′ 27″,5. Avec les réfractions pour la zone torride et la parallaxe de Cassini, il ajoute 12″ aux distances observées, et il a 46° 57′ 4″ pour la distance des tropiques, 23° 28′ 32″ pour l'obliquité.

Pour treize ans retranchez 6″,5, et l'obliquité en 1750 sera 23° 28′ 25″,5, trop forte probablement de 5″.

Par des calculs postérieurs il la diminue de 2″ ou 4″; au total le résultat n'est pas bien vicieux, mais on est inquiet de tant de corrections si peu certaines. Nous supposons qu'à son retour il a tenu compte de la nutation, ce qui peut être douteux.

La latitude de son observatoire est de 13′ 7″,5 australe; celle de la cathédrale de Quito, 13′ 19″ ou 20″.

Il va rendre compte de ses observations d'amplitude, même de quelques-unes de celles qu'il a été forcé de rejeter. Il veut montrer combien il a travaillé à se précautionner contre toutes les causes extérieures d'erreurs *dont on n'est jamais trop sûr de se bien défendre, lorsqu'on se sert d'un instrument qu'on est obligé de former en chaque endroit où on observe, et qu'on ne pouvoit transporter que par parties.* On a vu que cette raison était précisément celle qui nous donnait de la défiance pour l'opération de 1718. Bouguer pouvait du moins s'excuser sur les circonstances locales; cette excuse prouverait que le lieu était mal choisi, mais ce n'était pas sa faute.

L'arc du nouveau secteur à Mama-Tarqui était de 3° 22′ 22″.

Voici les corrections obtenues pour cet arc :

	Limbe vers l'Occident.		Limbe vers l'Orient
1741. Juill. 28	—48,5	1741. Aout 9.......	+52
29.....	—48,5	12.......	+56
Aout 1.....	—49,5	19.......	+57
15	—50,0		
16.....	—52,5		

Selon ces observations, en prenant les quantités moyennes, il faut ôter d'une part à très-peu près 50″ et ajouter de l'autre 55″; ce qui réduit l'arc de 3° 22′ 22″ à 3° 22′ 27″, et si on en prend la moitié, il vient 1° 41′ 13″ $\frac{1}{2}$, pour la distance apparente de l'Étoile au Zénith, et 1° 41′ 7″, lorsqu'on corrige l'observation pour l'aberration de la lumière, comme je l'ai fait depuis.

Un second résultat, fondé sur deux observations qui s'accordent à 2″, donnerait 1° 41′ 2″, correction faite.

Après quelques changements au secteur, deux couples d'observations, qui s'accordent à 2″ et 3″, donnaient 1° 41′ 6″, 25. Après d'autres changements, par des observations dont les écarts sont de 4″, 2″,5 et 1″, il trouve 1° 41′ 4″,25. Enfin, après un dernier changement, par trois observations qui s'accordent à 5″ près, il trouve 1° 41′ 8″.

Un an après, 1° 41′ 11″ ou plutôt 1° 41′ 14″, à cause de la nutation.

Par des observations pareilles faites en 1743 à Cochesqui il trouve 1° 25′ 48″ et conclut enfin son amplitude de 3° 7′ 1″ pour 176940^T, d'où il conclut, pour le degré, 56767^T; il le diminue de 21^T,4 pour le réduire au niveau de la mer, il l'augmente de 7^T pour le ramener à 14° de Réaumur et trouve ainsi 56753^T.

Deux autres étoiles, θ d'Antinoüs et α du Verseau, donnaient 3° 6′ 59″ et 58″. Avec son degré et le degré de France de Lemonnier, il détermine la gravicentrique en supposant les accroissemens proportionnels à $\sin^2 H$, $\sin^3 H$, $\sin^4 H$, H étant la latitude ; il s'arrête à cette dernière hypothèse, corrige le degré du Nord de la réfraction négligée, le réduit à 57422^T et trouve que les degrés croissent comme $\sin^{3\frac{10}{11}} H$ ou $\sin^4 H$ en nombres ronds, et que le rapport des axes est $\frac{222}{223}$, : ce résultat lui paraît confirmé par le degré de longitude de La Caille qu'il trouve de 41607^T au lieu de 41618^T qu'avait donné la mesure ; mais en adoptant depuis le degré d'Amiens de La Caille, il trouve $\frac{178}{179}$.

Le diamètre de l'équateur sera 6562026^T et l'axe 6525377^T.

Les degrés de grand cercle perpendiculaires au méridien surpassent les degrés correspondants du méridien ; la longueur de ces degrés perpendiculaires augmente à mesure qu'on avance vers le pôle, comme les degrés du méridien, mais leur inégalité n'est qu'un tiers de celle de ces derniers ; tout cela dans l'hypothèse de $\sin^2 H$; la règle serait moins simple dans celle de $\sin^4 H$.

Pour les degrés obliques, plus l'azimut est grand, plus grand est le degré, et son excès sur le degré correspondant du méridien est comme le carré du sinus de l'azimut.

Il donne ensuite des formules pour corriger les tables des latitudes croissantes calculées pour la sphère.

Le pendule à secondes à l'équateur est de $3^{pi} 0^{po} 7^{li},07$.

La vue des montagnes du Pérou fit naître l'idée que leur attraction ne devait pas être insensible à de petites distances. Bouguer estime que le Chimboraço a plus de 20 000 000 000 toises cubiques ; cette solidité n'est que la $7 400 000 000^{ième}$ partie du globe, et l'effet de l'attraction serait encore absolument insensible, si l'on n'avait égard qu'aux seules quantités de matières. Mais comme on peut se placer à 1700^T ou 1800^T du centre de gravité de la montagne, c'est-à-dire 1900 fois moins de distance que du centre de la Terre, cette proximité peut augmenter l'effet environ 3 600 000 fois, en sorte qu'il ne soit plus que 2000 fois moindre que celui qui peut être produit par la gravitation. Or la montagne agissant comme 1 et la Terre comme 2000, la direction de la pesanteur doit être sensiblement détournée vers la montagne ; cet écart de la verticale sera de $1'43''$.

Après avoir examiné différents moyens plus ou moins propres à constater cet effet, il en revient au plus simple de tous, celui de se placer successivement au nord et au sud de la montagne, et à observer dans les deux stations les distances des mêmes étoiles au zénith. Si l'on n'observait qu'une seule étoile à chaque station, il faudrait connaître avec la dernière exactitude l'instrument dont on se servirait; il est un moyen plus avantageux, c'est de prendre la hauteur méridienne d'un nombre égal d'étoiles vers le nord et vers le sud. Pourvu que l'état de l'instrument ne change pas entre les observations, il importe peu qu'il change d'un jour à l'autre : si l'instrument fait paraître plus grande la hauteur des étoiles qui sont d'un côté du zénith, il produira l'effet contraire pour les étoiles qui seront de l'autre côté; le changement dans l'instrument n'influera que sur la somme des hauteurs ou de leurs complémens; l'attraction, au contraire, qui ne changera rien dans la somme, altérera seulement les différences; il sera toujours facile de démêler ces deux différentes causes, sans qu'il soit jamais possible d'attribuer à l'une ce qui appartient à l'autre; il n'y aura simplement qu'à examiner si les différences des hauteurs méridiennes prises vers le nord ou vers le sud sont les mêmes dans les deux stations, ou si elles sont sujettes à une seconde différence. Il faut seulement remarquer que, les hauteurs étant augmentées d'un côté et diminuées de l'autre, c'est la moitié de cette seconde différence qui marque l'effet physique de l'attraction. Il démontre ensuite que les forces relatives sont en chaque endroit comme le produit de la quantité dont cet endroit est plus au nord ou plus au sud que le centre, par le cube de la distance de l'autre station à ce même centre : c'est donc selon le rapport de ces deux produits qu'il faut partager l'effet de l'attraction, lorsqu'il est doublé. Si les deux stations étaient toutes deux au nord ou toutes deux au sud, et que l'attraction ne fût pas insensible dans la plus éloignée, alors, au lieu de la quantité absolue, on aura seulement la quantité dont elle est plus grande dans un endroit que dans l'autre.

On suppose dans tout ceci que les montagnes sont solides et n'ont aucune cavité; or il n'en est pas ainsi; la plupart de ces montagnes sont volcaniques; on peut se tromper sur la masse qu'on leur suppose; ainsi, quand l'observation ne manifesterait aucune attraction sensible, il n'en faudrait rien conclure, sinon que sans doute la montagne est creuse. Si, au contraire, l'attraction se manifeste une fois, quand elle serait plus faible que l'attraction calculée, cette attraction sera démontrée ; seulement on pourrait ignorer la véritable valeur. Tout considéré et convenablement réduit, il trouve pour l'excès moyen $1'19''$ du côté du nord, $1'34''$ du côté du sud.

La différence est $15''$, et l'effet de l'attraction est $7'',5$, quantité que, par d'autres considérations, il porte à $8''$ en l'augmentant de $\frac{1}{14}$.

Il faut avouer, dit-il, que cet effet est bien différent de celui auquel nous pouvions nous attendre. Mais nous sçavons si peu quelle est la densité de la Terre ; et d'un autre côté celle des montagnes peut être si différente de celle que nous leur attribuons, qu'il n'y a lieu de s'étonner de rien.... Chimboraço peut contenir quelques concavités, mais cependant on ne peut supposer qu'il soit creux comme Cotapaxi.... C'est beaucoup que de supposer son volume diminué de moitié par les concavités qu'elle peut avoir, et il s'ensuivra que malgré ses bancs de rochers vifs, elle sera encore six ou sept fois moins compacte que notre Globe. Après tout, il n'y a rien en cela qui y répugne.....

Il se livre ensuite à des réflexions générales sur la figure de la Terre et les termine par ces lignes :

Si elle (la Terre) avoit été originairement un assemblage confus de matières entassées les unes sur les autres, et de matières aussi denses que solides, nous ne connaissons aucune cause seconde qui eût été capable, nous ne disons pas simplement de mettre la distribution nécessaire entre les différentes densités, mais d'abattre les angles de ce tas informe et de donner au sphéroïde la figure précise et régulière que nous savons qu'il a.

Tel est l'ouvrage de Bouguer sur la Figure de la Terre. En examinant les difficultés que les académiciens envoyés au Pérou ont rencontrées dans leur opération, l'imperfection de leurs instruments, la nécessité où ils ont été de les refaire plusieurs fois de différentes manières, le peu de renseignements qu'ils nous ont laissés sur les angles de leurs triangles, les corrections nombreuses et inconnues qu'ils ont été forcés d'appliquer à toutes leurs mesures, on serait tenté de ne pas accorder une grande confiance à ce degré, mesuré dans des circonstances si peu favorables et avec des moyens si imparfaits.

Mais, d'un autre côté, quand on considère les soins qu'ils y ont mis, les vérifications qu'ils se sont procurées, le courage avec lequel ils ont recommencé toutes les fois qu'ils apercevaient de graves erreurs, les résultats établis par Godin et les Espagnols d'une part avec un secteur de vingt pieds, et de l'autre par Bouguer et La Condamine avec un secteur de douze, on se trouve disposé à juger moins défavorablement d'un degré que son éloignement de tous les autres rend si concluant malgré ses imperfections. La Géométrie de Bouguer, quelques recherches neuves, d'autres qu'on croyait telles, l'estime générale que l'auteur s'est acquise par d'autres travaux, ont encore ajouté à la confiance; il a discuté d'une manière rigoureuse les erreurs auxquelles on pouvait être exposé et la manière dont il était possible de les corriger; on a cru que ces remarques avaient échappé à tous les astronomes qui, soixante ans auparavant, avaient non seulement connu ces erreurs, mais avaient donné des moyens sûrs pour les éviter; le préjugé s'est établi : il était de notre devoir de le combattre.

Passons aux autres Ouvrages publiés sur cette même opération.

Journal du voyage fait par ordre du Roi, à l'Équateur, servant d'introduction historique à la mesure des trois premiers degrés du méridien. Par M. La Condamine. Paris. MCCLI.

Opposint Natura Alpemque nivemque.

Juven. Sat. X.

De tous les détails intéressants où l'auteur entre pour exposer les difficultés de l'entreprise, nous n'extrairons guère que ceux qui peuvent influer sur l'opinion que nous devons prendre de l'exactitude du travail; nous omettrons tout ce que nous savons déjà par le récit de Bouguer.

Les premiers signaux étaient des pyramides de trois ou quatre longues tiges d'une espèce d'aloès, dont le bois était très léger, et cependant d'une assez grande résistance. On faisait garnir de nattes ou de paille la partie supérieure de la pyramide, quelquefois d'une toile de coton fort claire qu'on fabrique dans le pays; d'autres fois on la faisait enduire d'une couche de chaux. Au-dessous de cette espèce de pavillon on laissait assez d'espace pour placer et manier un quart de cercle; mais, après plusieurs jours de brouillard ou de pluie, lorsque l'horizon s'éclaircissait, à l'instant même où l'on se croyait près de recueillir le fruit d'une longue attente, on avait le déplaisir de voir que les signaux avaient disparu, tantôt enlevés par les ouragans et le plus souvent volés; des pâtres indiens s'emparaient furtivement des perches, des cordes, des piquets, dont le transport dans ces lieux écartés avait coûté beaucoup de temps et de peines. Sans être, comme La Condamine, parmi des Indiens *que la figure humaine distingue à peine de la brute,* nous avons, Méchain et moi, trouvé en plus d'un lieu les mêmes inconvénients. Un vil intérêt n'était pas ce qui les rendait le plus fréquents, mais les fausses idées qu'on se formait de nos signaux, de leurs effets, et de la cause qui les avait fait construire. Au Pérou, chaque académicien avait, comme Méchain depuis, en Espagne, une tente garnie de sa *marquise,* que plusieurs fois on employa comme signal; au centre du signal on laissait toujours un piquet enfoncé profondément, quelques pierres, ou deux sillons tracés en croix pour reconnaître l'endroit au besoin.

Au sommet du Coraçon le baromètre était à $15^{po} 10^{li}$.

Le terrain de la base de Cuenca, mesurée par Godin, était assez inégal et entrecoupé de plusieurs rivières; mais les chevalets de peintre dont il se servait pour porter les perches facilitèrent l'opération. Quant à la base de Tarqui, peu distante de celle de Godin, elle fut mesurée deux fois terre à terre, en deux sens différents : par Bouguer et Ulloa du sud au nord, par La Condamine et Verguin du nord au sud. Cette base était de 5259^{T}; les deux mesures s'accordaient à 13 pouces près, et à 2 pouces près quand on eut comparé à la toise de fer les deux toises différentes dont on s'était servi pour étalonner les règles. Cette longueur se trouva, selon Bouguer, à 3 ou 4 pieds près, celle qui résultait des 32 triangles calculés sur la base d'Yarouqui. La Condamine prit le milieu entre les deux bases pour faire ses calculs.

Pour l'arc céleste, Godin avait fait construire, pour son usage, un secteur d'un plus grand rayon, et il avait remis à Bouguer et à La Condamine le secteur de 12 pieds qui avait servi pour l'obliquité de l'écliptique : on y fit plusieurs réparations, et les changements nécessaires pour le nouvel usage auquel on le destinait.

Le chirurgien Seniergues fut assassiné à Cuenca sous les yeux de La Condamine : le corregidor commença une procédure monstrueuse qui compromettait les astronomes français et les deux Espagnols ; La Condamine lui intenta un procès criminel qui dura près de trois ans ; les coupables en furent quittes pour un bannissement qu'ils n'ont point gardé et pour une amende qu'ils n'ont point payée. Craignant l'appel au conseil d'Espagne, le plus criminel se fit prêtre pour se mettre à l'abri de toute poursuite de la part de la justice séculière.

Les observations furent terminées à Tarqui dès les premiers jours de 1740. La Condamine resta quatorze jours de plus pour se satisfaire sur les différences de 8″ à 10″ qu'on avait remarquées quelquefois d'un jour à l'autre, entre les hauteurs apparentes de la même étoile. *Ces variations se compliquoient alors avec diverses sources d'erreur, que le temps et la persévérance pouvoient seuls aider à démêler.* La Condamine remit à Godin et à Bouguer les copies de la liste qu'il avait faite de ses *angles observés et corrigés :* cette liste n'aurait pas beaucoup grossi le volume et il est à regretter qu'il ne l'ait pas publiée, si pourtant elle montrait les angles véritablement observés, sans aucune réduction.

On trouva la vitesse du son de 174^T par seconde.

Nous avions tous remarqué, dit-il, des changemens bizarres, et quelquefois très sensibles, d'un jour à l'autre, dans la hauteur des étoiles voisines du zénith..... M. *Godin* soupçonnoit que ces variations avoient une période réglée ; pour s'en assurer, il avoit, en partant pour *Cuenca*, chargé M. *Verguin* d'observer en particulier à *Quito*, avec une longue lunette scellée contre un mur, les variations apparentes et journalières de hauteur de l'étoile dont M. *Godin* alloit observer à *Cuenca* la distance au zénith, avec un instrument de 20 pieds de rayon. Nous apprîmes, M. *Bouguer* et moi, par M. *Verguin*, qu'il continuoit depuis deux ou trois mois à remarquer souvent des différences notables ; mais nous ne sûmes aucun détail.

M. *Bouguer* jugeoit que toutes ces variations n'étoient produites que par un mouvement imperceptible, qui étoit communiqué à la lunette par les briques *crues,* et seulement séchées à l'ombre, dont les murs ordinaires des maisons de *Quito* sont construits..... Cette conjecture ne manquoit pas de vraisemblance; mais jusqu'à ce que le fait eût été vérifié, ce n'étoit qu'une conjecture. A cette cause, qui faisoit de la lunette un hygromètre, on eût pû joindre une autre cause, dont l'effet eût été comparable à celui du thermomètre, je veux dire l'action alternative des rayons du soleil sur une muraille, où ils ne se réfléchissoient pas toujours, ni avec la même direction. Cette action est très sensible, même sur les murs de pierre les plus massifs. M. *le Monnier* s'en est convaincu par expérience, en observant avec une lunette de cent pieds, scellée dans la tour de l'église de *Saint Sulpice* à *Paris;* et il en a vû des effets très-marqués et très-réguliers dans son dernier voyage d'Écosse en 1748, à l'observatoire de Mylord *Macclesfield*.....

Pour savoir précisément à quoi nous en tenir, je proposai à M. *Bouguer* de fixer une lunette pareille à celle avec laquelle observoit *Verguin,* et d'observer de notre côté les mêmes étoiles, pour reconnoître si les apparences seroient pour nous les mêmes que pour lui. Je proposai encore, dans le même temps, d'aller répéter à *Cotchesqui,* au nord de la méridienne, notre observation, dans la même saison où nous l'avions faite l'année précédente au sud...... M. *Bouguer* me répondit qu'il étoit de mon avis, quant à la répétition de l'observation au nord de la méridienne; mais que cette observation n'étant que confirmative de la précédente, il seroit plus à propos et plus commode de la faire à *Quito* même; d'autant plus que les 15 à 16 minutes que nous perdrions par-là sur la longueur de l'arc étoient de peu de conséquence : j'en convins avec M. *Bouguer.* Le 2 Novembre, lendemain de cette conversation, il me conduisit en un endroit écarté, différent de celui où je savais qu'il observoit les réfractions; j'y trouvai un nouvel observatoire, et le secteur tout monté. M. *Bouguer* m'apprit alors qu'il y répétoit depuis six semaines les mêmes observations que nous avions faites à *Cotchesqui*..... Le 4. il me fit remettre,.... la clef de son observatoire, avec une lettre par laquelle il me proposoit d'y observer seul jusqu'au 13 décembre suivant, après quoi il reprendroit son observation. Le 5 et le 6, je ne pûs avoir de hauteurs correspondantes : le 7, j'eus le midi..... les pluies fréquentes me donnèrent beaucoup de peine à régler (la pendule). Du 9 au 23, je ne pus voir l'étoile..... je m'aperçus, pour la première fois, que le foyer d'une longue lunette..... changeoit aussi quelquefois très sensiblement d'une nuit à l'autre pour le même observateur, suivant le plus ou le moins de lumière de l'étoile, et le différent état de l'atmosphère...... Enfin le 13 décembre..... étoit passé avant que j'eusse pu retourner l'instrument..... les derniers jours de décembre arrivèrent, sans que j'eusse pû vérifier la cause d'une variation très considérable que j'avois remarquée dans la hauteur de l'étoile, et qui me fit soupçonner du dérangement dans le secteur; mais M. *Bouguer* ayant remis la lunette à son point de vue le 31, je ne pûs tirer aucune conséquence de mon travail.

On voit ici la première preuve un peu remarquable du peu d'union et de confiance entre les trois agents appelés à concourir à une même opération, de leur conduite mystérieuse, enfin de l'espèce d'égoïsme dont nous verrons des preuves plus fréquentes.

Le 11 janvier Godin écrivait à ses deux collègues et leur proposait de retourner l'un ou l'autre au sud de la méridienne, et d'y répéter l'observation, tandis que lui-même ferait celle qui manquait à l'extrémité septentrionale de l'arc. Il ajoutait que pendant que les deux académiciens observeraient ainsi la distance de l'étoile au zénith, aux deux bouts à la fois, le troisième observerait dans un lieu intermédiaire les variations apparentes de cette distance avec une lunette fixe; que cette observation servirait de critique aux deux autres et faciliterait la réduction de celles qui seraient faites en différentes nuits, à une même époque.

Godin alla donc au nord de l'arc, Bouguer retourna au sud, La Condamine resta à Quito, pour suivre la même étoile avec la lunette scellée. Avant de se séparer, Godin et La Condamine se communiquèrent leurs observations de l'obliquité de l'écliptique, et tout s'accorda quand on fut convenu des élémens à employer pour les réductions. Auparavant il y avait une différence de 8″ à 9″ entre La Condamine d'une part, et de l'autre, Godin et Bouguer, qui différaient à peine l'un de l'autre : nous n'avons pas ces observations.

Godin remarqua le premier les variations diurnes du baromètre : vers 9^h du matin la hauteur était la plus grande; vers les 3^h après midi, elle était la plus petite; la différence moyenne était une ligne et un quart.

Pour son expérience de la lunette fixe, La Condamine avait choisi un mur de refend, de trois pieds d'épaisseur, qui d'aucun côté n'était exposé à l'air extérieur; il avait fait faire un châssis de cuivre où l'oculaire de la lunette était enchâssé et contenu par quatre vis qui servaient à changer et à fixer sa direction; il avait ménagé dans le toit une espèce de fenêtre, qu'on pouvait ouvrir et fermer d'en bas commodément. Il comptait déjà un bon nombre d'observations à la lunette fixe, lorsqu'un orage violent causa de grands désordres dans son observatoire : l'eau entra dans la lunette par l'objectif et détendit les soies du micromètre; il fallut le dessouder pour les retendre et réparer le dommage; un fil de pite de

12 pieds de longueur, chargé d'un poids de deux onces, rasait le petit limbe scellé dans le mur.

Le secteur de Bouguer fut dérangé par trois tremblements de terre.

La Condamine, avec sa lunette fixe, apercevait des changements très-sensibles dans les distances apparentes des étoiles au zénith, et souvent d'un jour à l'autre, quoique le fil à plomb n'éprouvât aucun dérangement; quelquefois même ces changemens étaient en sens contraire sur les différentes étoiles qui passaient successivement dans la lunette, peu de temps l'une après l'autre. Bouguer observait aussi des variations assez grandes, qui ne s'accordaient pas toujours avec celles qu'observait La Condamine; rien ne confirmait la période soupçonnée par Godin. Bouguer attribuait toutes ces variations au jeu hygrométrique des supports du secteur et du mur qui portait la lunette fixe.

Le 5 décembre 1741, Bouguer, en communiquant ses observations, avoue qu'*elles sont à recommencer*, et que le *défaut de solidité* (dans l'ensemble de l'ancien secteur) avait causé tout le mal. Il avait pris de grandes précautions pour prévenir de semblables erreurs et laissait le secteur en place, pour que La Condamine pût y revenir observer à son tour. La différence observée montait à 20″ et peut-être à 30″. N'ayant pu recevoir la réponse de La Condamine à temps, *il rapporta le secteur démonté*. Cet empressement à démonter un secteur dont il n'avait aucun besoin peut paraître singulier. Nous verrons que celui de Godin demeura en place plus d'une année pour attendre les officiers espagnols, et l'on a vu qu'à l'occasion de la mesure de 1718 nous avons dit notre sentiment sur cet usage imprudent d'avoir un secteur à reconstruire à chaque changement de station : par là ces grands instrumens devenaient aussi peu sûrs que de médiocres quarts de cercle. Bouguer était pressé de retourner en France; La Condamine voulait *qu'il restât pour faire de concert des observations simultanées aux deux bouts de l'arc;* il offrait en même temps tous les fonds pour un nouveau secteur. Godin avait dessein de mesurer un ou deux degrés dans l'hémisphère austral, sur la côte du Chili, par 45° de latitude. Avant son départ, La Condamine le pressait de communiquer l'amplitude qui résultait de ses observations; Godin convenait de la nécessité de reconnaître, avant de se séparer, si l'on était d'accord, dans certaines limites ; mais il ne goûtait aucun des moyens qui lui étaient proposés successivement pour faire cette vérification, même en se réservant, comme il le souhaitait, le secret de son nombre.

Un de ces moyens consistoit à faire soustraire le plus petit de nos deux nombres du plus grand, par quelqu'un qu'on pouvoit choisir, en lui laissant ignorer à qui de nous appartenoit chaque nombre, et qui, sans même savoir de quoi il étoit question, nous diroit seulement si la différence des deux nombres qu'on lui présenteroit étoit plus grande que 40 ou 50 toises, ou que telle quantité dont nous serions convenus.

Enfin j'imaginai, dit La Condamine, un dernier expédient, que M. *Godin* adopta : nous convinmes de nous communiquer réciproquement, chacun la minute de notre degré, en nombre rond de toises, sans déclarer de fraction. L'on voit bien qu'il falloit une toise de différence sur la minute, pour produire une différence de 60 toises sur le degré. Je communiquai donc, de l'aveu de M. *Bouguer,* le nombre de toises de notre minute...... Notre nombre rond, 945, se trouva moindre d'une toise que celui de M. *Godin :* nous pouvions donc alors soupçonner une différence de 60$^\mathrm{T}$ entre son degré et le nôtre. Mais aujourd'hui, par le même calcul fait avec plus de précision, et corrigé par l'équation pour l'aberration de la lumière, notre minute, selon M. *Bouguer* et moi, serait exprimée par le même nombre rond de toises que M. *Godin* nous donna, qui était 946 ; et comme la valeur exacte de notre minute diffère à peine aujourd'hui de 946 toises complètes, il s'ensuit que la fraction *que nous ignorons encore* du nombre de M. *Godin,* ne peut faire différer sa minute de la nôtre que d'une demi-toise au plus ; et qu'ainsi la différence de son degré au nôtre ne peut passer 30 toises, et probablement est beaucoup moindre.

Cette conclusion pourrait être un peu hasardée ; si l'aberration a pu faire augmenter d'une toise la minute de Bouguer et La Condamine, elle a pu faire un effet égal ou plus grand sur la minute de Godin, et la différence rester la même et peut être augmenter.

Cette communication fut faite réciproquement le 22 Mars (1742). De plus, M. *Godin* nous envoya le 29 son vrai nombre déguisé sous un chiffre en lettres, dont il se réservoit de donner l'explication à son retour en France.

De pareilles méfiances, de pareilles précautions paraîtront sans doute bien étranges entre deux académiciens. Le hasard m'a rendu possesseur de l'écrit double signé La Condamine et Godin : je l'ai trouvé dans des feuilles de calculs de réductions à l'horizon, de la

main de Godin, qui cherchait l'angle réduit par le sinus de sa
moitié, en se servant des tables de Vlacq à dix décimales; ces
feuilles étaient parmi des livres achetés à la vente de Lalande.

Voici la copie exacte de l'écrit double dont il est ici question :

Copie d'une Note originale de BOUGUER, LA CONDAMINE et GODIN.

Neuf cents quarante cinq est le nombre de Toises complètes, le plus
approché (en négligeant la fraction), qui exprime la valeur de la minute
du degré du méridien terrestre proche de l'équateur, laquelle résulte
jusqu'à présent de nos diverses observations, en prenant le milieu entre
celles que nous jugeons les plus exactes : sauf la différence qu'y peuvent
apporter les nouvelles observations que nous allons faire, à quoi nous nous
sommes déterminés sur le refus qu'a fait jusques ici M. Godin de communiquer la valeur de son degré et dans la vue de suppléer à cette communication, en donnant plus d'authorité à notre résultat par une dernière
répétition de nos observations faites en même tems aux deux extrémités
de notre Méridienne ; et sauf une autre différence qui peut naître du calcul
de la mesure trigonométrique que le premier de nous soussignés n'a pas
encore fait dans la dernière rigueur et qu'il offre de faire si cela est nécessaire pour nous asseurer que nous sommes d'accord avec M. Godin à
soixante toises près sur le degré ou dans de plus étroites limites. A Quito,
le 22 mars 1742.   *Signés :* BOUGUER, LA CONDAMINE.

L'écrit est de la main de Bouguer, et la signature de La Condamine est d'une autre plume et d'une encre beaucoup plus noire.

Au revers on lit ce qui suit, de la main de La Condamine :

Je remets à M. Godin l'écrit de l'autre part signé de M. Bouguer et de
moi, en recevant de lui un autre écrit signé de lui dans lequel, suivant ce
dont nous sommes convenus, il doit déclarer la mesure de sa minute de
degré, telle qu'elle résulte de ses observations en toises complètes, en
négligeant les fractions moindres que la demi-toise. A Quito, le 22 mars
1742.   *Signé :* LA CONDAMINE.

Et au-dessous, de la main de Godin, mais sans signature :

J'ai donné en même tems à M. De La Condamine une note signée de
moi par laquelle je déclare que 946 est le nombre rond plus approché en
toises qui exprime la valeur de la minute de degré en latitude sous l'équateur et au niveau de la mer, par les seules observations de ε d'Orion faites
à Quito et à Cuenca.

Sur un autre papier, de la main de Godin, mais sans signature, on lit :

Différence en latitude en toises au niveau de Caraburu.

Par la base d'Yaruqui.

De Talangoa à Pichincha...............	11645,91—
De Pichincha à Coraçon	20366,80+
Du Coraçon à Milin...................	18853,95+
De Milin à Chulapu...................	16372,79+
De Chulapu à Chichichoco.............	13126,11—
De Chichichoco à Mulmul.............	3283,98—
De Mulmul à Ygualata................	3171,72

Par la base de Tarqui.

D'Ygualata à Silapongo...............	12136,89+
De Silapongo à Lanlanguzo.............	13130,95—
De Lanlanguzo à Chuzaï...............	12510,82—
De Chuzaï à Sinazaüan................	13310,00+
De Sinazaüan à Bueran	11653,11—
De Bueran à Cahuapata...............	7184,69—
	156747,72
De Tanlagoa à Pambamarca............	6533,47
De Pambamarca à la Tour de la Merci ...	7866,02
	14399,49
	156747,72
De la Tour de la Merci à Cahuapata ou Surampalta......................	142348,23

Ce même calcul se trouve en latin sur l'un des cahiers de Godin et, à la suite, on lit :

Jam vero ego reductione triangulorum 28 et 29 meorum, secundum priorem numerationem ab Oyambaro incipientem, inveni :

Differentiam in latitud. a Suranpalta ad Turrim ecclesiæ majoris urbis Cuenca	9753+
Sed observatorium nostrum in Cuenca australius est propemodum, Turri....................	116
	9869

Ergo a Turri Mercedum in Quito ad observat.
Cuenca intersunt in linea meridianâ, Hexap.... 152217
Adde augmentum ex Basi meâ circiter.......... 45

Arcus totus in Hexap......................... 152262
Ut reducatur ad libellum maris substrahe........ 22

Arcus in superficie maris..................... 152240

Sed ex calculo meo satis exacto (attamen interim) arcus ille continet 2°41′ meridiani.

Ergo valor gradùs unius erit 56735,42 Hexap. in superficie maris; at vero 56743,90 in altitudine Caraburu; quæ omnia iterum examinanda sunt, sed interim veritati proxima.

N.-B. — Deinceps animadverti errorem in deductione superiori, gradus primi latitudinis, scilicet arcum meridiani inter Turrim Mercedum in urbe Quito et observatorium Cuencanum assumo 2°41′ hâc ratione :

1° januarii 1737 in Quito, dist. ε a vertice..... 1.10.33.22‴
Decrementum declinationis in 3ᵃ.9 mens...... 6. 8 (hic est error)

Dist. a zenit reducta ad 1740 mense octobri... 1.10.27.14
Reductio a loco observatorii ad Turrim Merc. 5. 0

Dist. a zenit Turris Merc. reducta et......... 1.10.22.14

Verum declinatio ε minuitur annuatim 3″, ergo in annis 3 et mensibus 9, minuitur 11″15‴ et correctione facta, erit distantia a zenit Turris Mercedum reducta.. 1°10′17″,7

Quæ distantia cum eâ quæ Cuencæ observata est si comparatur et applicatur distantiæ meridianæ ex operationibus geometricis datæ ut supra, invenitur gradus primus latitudinis 56764 $\frac{7580}{9655}$ (in superficie maris), ubi notandum est arcum totum provenire 2°40′54″14‴, sed accepisse me 2°40′55″ ob refractionem in observatione Conchanâ interim. Nam etiamnum verificanda est mutatio illa declinationis stellæ ε. Vide scriptum de Solis parallaxi in quo variationem illam a priori deduxi.

Il ajoute ensuite :

Omnia superius dicta, sunt jocandi causâ. Nempe nihil ad debitum examen redactum est. Nihilominus ex aliis melioribus considerationibus deduco gradum primum latitudinis in superficie maris 56790 circiter Hexapedarum. Ideoque minutam 946 ½ Hexap. quo numero salvabitur illud quod 22 martii 1742 manu meâ firmatum dedi Dᵒ de la Condamine de valore minuti in numeris rotundis 946.

Par d'autres brouillons de Godin, je trouve le degré $56754\frac{180}{57941}$, la minute $945\frac{54}{60}$ et plus bas :

Gradus cum calore 56772;   min. 946 $\frac{1}{5}$.

Godin ne paraît pas bien décidé sur le choix à faire entre les degrés 56754, 56772 et 56790, mais il paraît pencher vers ce dernier. Nous verrons plus loin les résultats obtenus par les Espagnols avec le secteur de Godin, mais d'après un plus grand arc.

Dans le même cahier je trouve cette phrase de Godin :

Mettrai-je à la fin de l'extrait de la mesure d'un degré de latitude le motif que j'eus pour ne pas communiquer mes résultats à MM. Bouguer et De la Condamine et pour le réserver jusqu'à ce jour et à mon arrivée en Europe? — y penser.

Il dit plus loin : Il me paraissait très important de réserver pour moi ce fruit de mon travail jusqu'au moment où je pourrais le communiquer moi-même le premier à l'Académie. En voyant mon obstination, mes collègues me proposèrent la communication de la minute en toises complètes. Ce moyen ne les mettait pas en possession de mon secret et j'y consentis; la communication s'est faite aujourd'hui même. Or voici comme j'étais arrivé à mon nombre 946.

L'arc terrestre au niveau de la mer était, par les calculs ci-dessus, $15224o^T$; — l'arc céleste était de $2°4o'58'' = 9658''$ (il a ci-dessus employé 55''); — le degré sera donc $56747^T\frac{1}{7}$ environ et la minute $945^T\frac{7}{9}$. J'ai donné 946^T, ils m'ont donné 945^T.

Il calcule que la plus grande différence possible sera de 57^T, que probablement elle sera moindre, et en conclut qu'il ne voit aucun motif pour écouter de nouvelles questions ou céder à de nouvelles sollicitations. Il ajoute :

Par le degré 56819,215 que je trouve maintenant par ε d'Orion, tout calcul fait, la valeur de la minute sera 947. C'est ce que je n'ai apperçu que longtems après. C'est tout nouvellement que j'ai songé à l'effet de la chaleur et que je l'ai introduit dans le calcul.

(En marge il dit qu'enfin il trouve pour le premier degré 56808^T.) Et ensuite :

Par une lettre que je reçois le 22 janvier 1745, D. Jorge me donne les valeurs suivantes :

Par ε d'Orion....... 56794,21 ⎫ Il prend le milieu......... 56774.3 $\frac{1}{2}$ (T, pt)
Par θ Antinoüs..... 56753,31 ⎬ Il ajoute pour la chaleur... 17.2 $\frac{1}{2}$
Par α Verseau...... 56776,53 ⎭

Et à la surface de la mer le vrai degré sera................. 56792.0

Nous verrons plus loin de combien ces déterminations seront changées, et il en résultera que ce degré célèbre n'est pas sûr à 45 ou 60 toises près.

Au lieu de 56819^{T} D. Jorge ne trouvait que 56811^{T}.

La Condamine nous parle ensuite d'un pendule à couteau et invariable, qui oscillait pendant 12 heures, et d'un autre, de 28 pouces de longueur et de 9 livres de poids, dont les oscillations étaient encore très sensibles au bout de vingt-quatre heures. Bouguer avait longtemps travaillé *secrètement* à s'en procurer un du même genre.

Expériences d'un compas à verge. — Il remarque que la distance entre les pointes, quand elles sont verticales, n'est plus la même quand elles sont horizontales.

Déclinaison de l'aiguille aimantée : 8° $\frac{1}{2}$ NE.

Il fait inscruster dans un marbre à Quito la longueur du pendule :
Par un milieu entre les expériences des trois Académiciens, qui ne différaient pas de $\frac{1}{100}$ de ligne : 3^{pi}0^{po}6^{li},83 soit 3^{pi}0^{po}7^{li},11 pour le bord de la mer et 3^{pi}0^{po}6^{li},67 pour le sommet de Pitchincha.

Réfraction horizontale : 27′ au bord de la mer, — 19′51″ à la région des neiges sur le Chimboraço, — 22′50″ à Quito.

Déclinaison de ε d'Orion en juin 1737 : 1°23′40″. — Degré : 56650^{T}.

Le quart de cercle de Louville est vendu 1500 livres à un chanoine de Quito.

Aussitôt que la base eut été mesurée, La Condamine fit transporter une meule de moulin à chaque extrémité; il fit creuser le sol et enterrer les meules, en sorte que les deux jalons qui terminaient la distance mesurée occupaient les centres vides des meules; il eut la précaution de faire brèche à la circonférence de chaque meule, de peur que les gens du voisinage ne fussent tentés de les enlever et de les employer à leur première destination. On commença à construire les pyramides de pierres dures et de quartiers de roche, le tout revêtu de briques.

Les officiers espagnols présentèrent une requête contre La Condamine, pour avoir, de son autorité privée, et sans l'aveu de Godin son ancien, fait graver une inscription injurieuse à la Nation espagnole. Ils concluaient à ce que les inscriptions fussent supprimées et La Condamine *admonesté*.

La Condamine gagna ce premier procès; cependant, d'après un ordre envoyé de Madrid, les pyramides furent détruites. Un autre ordre prescrivit de les rétablir; mais on avait fouillé jusqu'aux fondemens pour y chercher une plaque d'argent qui portait copie de l'inscription; on avait dérangé les meules. Les a-t-on replacées aux mêmes lieux? on n'en a aucune certitude : les termes ont donc perdu toute authenticité.

Mesures des trois premiers degrés du Méridien dans l'hémisphère austral, etc., par M. LA CONDAMINE.

Fuit alter

Descripsit radio medium *qui gentibus Orbem.*

Virgil.

La base de 6273^T, à moins de 3 pouces près, avait une pente de 126 toises; et cette pente n'était pas uniforme. Par un calcul de réduction fort détaillé, mais simple et suffisant, on réduit à $6272^T,6559$ la longueur mesurée $6272^T,7691$; la distance inclinée serait $6274^T,045$; l'erreur qu'on voudrait y supposer ne changerait pas de 2 pieds le degré qu'on serait heureux d'avoir à 20^T près.

Dans la chaîne des triangles, ceux de la base exceptés, il n'y a qu'un seul angle au-dessous de 34°; encore a-t-on cherché une vérification par un triangle subsidiaire. Tous les angles ont été réellement observés et souvent par deux observateurs.

Il y a deux suites; elles ont une partie commune et ne diffèrent que par les extrémités.

Pour celle qui est particulière à La Condamine, il ne s'y trouve aucun angle qui n'ait été plusieurs fois observé, souvent à des jours différens, à des heures où les signaux étaient différemment éclairés. La partie mesurée par le micromètre l'a toujours été en deux sens différens en partant des deux divisions voisines du limbe, l'une en dessus et l'autre au-dessous.

On a eu égard au défaut de parallélisme de la lunette, à l'erreur des divisions; on a fait la réduction au centre sans en donner les élémens, on a donné la différence de la somme des trois angles à 180°; enfin on indique un grand nombre de corrections accidentelles qui laissent toute latitude à l'observateur.

On donne comme *observés* les angles ainsi modifiés, et ensuite les angles réduits à 180°; aucune erreur ne passe 10″. La somme des erreurs, sans distinction de signe, est de 200″ sur 33 triangles, environ 6″ par un milieu. L'excès des réductions négatives sur les positives est seulement de 10″. Trois triangles ajoutés pour arriver à Quito ajouteraient 12″ à la somme totale des erreurs.

On ne peut rien conclure de là, sinon que les triangles ont toute l'exactitude qu'on pouvait espérer alors. Bouguer avoue une erreur de 30″, et peut-être plusieurs, ce qui est plus vraisemblable. Il n'est nullement question de réductions à l'horizon; ainsi ce sont des angles dans des plans inclinés, et chaque angle est dans un plan différent; il n'y a réellement pas de triangle, point de somme de 180°. Il est indispensable de tout réduire à l'horizon; alors on a 180° + *l'excès sphérique;* et si cela est vrai partout, c'est surtout au Pérou que cette considération est nécessaire; et c'est aux triangles sphériques, c'est-à-dire réduits à l'horizon, que s'applique le théorème qui permet de les traiter comme rectilignes, en partageant également l'excès entre les trois angles.

Les angles de hauteurs ou de dépression passent communément 1°, et vont quelquefois à près de 6°; ainsi dans le premier triangle on trouve entre l'angle observé et l'angle réduit à l'horizon des différences de 8′28″ et 14′26″; au 31° on trouve 25′7″ et 9′47″; enfin 34′48″ : ce sont les plus fortes, mais celles de 4′, 5′ et 6′ ne sont pas rares.

Les angles verticaux n'ont pas toujours été observés avec le même soin : on ne croit pas que l'erreur passe une minute; or,

avec de pareilles hauteurs, 1′ d'erreur produit plusieurs secondes.
On remarquera cette autre singularité, que tous les angles réduits
à l'horizon forment toujours une somme de 180° pour chaque
triangle; on s'est donc permis quelques légères altérations. On
parle plus loin de l'excès sphérique : on dit qu'il n'a jamais passé 3″,
et qu'on l'a distribué par tiers entre les trois angles, pour les
réduire aux trois cordes, ce qui est encore inexact; mais ces remarques ne sont que de curiosité; elles n'étaient ici d'aucune
importance réelle. On a réduit le premier côté à sa corde pour le
niveau de Carabourou, élevé de 1226 toises, et l'on a cru avoir
tous les côtés en cordes. Voyez *Base du système métrique*, t. I,
p. 142.

Base de Tarqui, de 5258^{T},99, par des réductions dont on voit
le calcul détaillé.

L'allongement de la toise, pour un degré du thermomètre de
Réaumur, est de 0^{li},0115; il a été déterminé en faisant osciller la
toise comme un pendule. A Tarqui on n'avait pas de thermo-
mètre : on a estimé que pendant la mesure de la base le thermomètre devait être à 20°; la mesure actuelle de la base donne une
toise de plus que le calcul; on pourrait diminuer la différence
par quelques raisonnemens qui ne seraient pas dépourvus de
vraisemblance : l'erreur provenant de cette différence ne peut
aller à 18^{T} sur l'arc terrestre.

La longueur de la méridienne, à 1226^{T} au-dessus du niveau, sera,
toute réduction faite, de 176950^{T}; suivant Bouguer elle ne sera
que 176940^{T}.

Pour les observations célestes, l'arc du secteur fut réduit à 5°
environ. Sur cet arc on prit, avec le compas, un arc dont la corde
put être $\frac{1}{17}$ de rayon; cet arc devait être de 3°22′22″ environ; on
porta cet intervalle, qui était de 8$^{\mathrm{po}}\frac{1}{2}$, 17 fois sur le rayon, qui se
trouva ainsi de 12$^{\mathrm{pi}}\frac{1}{2}$; supposons que dans cette opération, composée de 17 opérations partielles, on se soit trompé de $\frac{1}{4}$ ligne en
plus ou en moins : l'angle au centre appuyé sur cette corde aura
été trop petit ou trop grand de 3″,5, et cette erreur se sera trouvée,
dans toutes les distances observées, $\frac{1}{2}$A $+ x''$ ou $\frac{1}{2}$A $- y''$; la
double distance A $+ x - y$ sera donc affectée de cette erreur; la
demi-somme $\frac{1}{2}$A $+ \frac{1}{2}(x - y)$ sera l'erreur de la distance de l'étoile

au zénith : l'erreur de l'arc A ou 3″, 5 sera réduite à 1″, 75, mais une erreur pareille aura été commise à l'autre extrémité ; l'amplitude, qui est la somme des deux distances zénithales, sera donc ± 3″, 5. Nous ne disons pas qu'on se soit trompé d'une demi-ligne sur le rayon, et par conséquent sur la place du centre, mais il est incontestable que la corde n'a pu être portée 17 fois de suite sur une ligne droite sans une erreur quelconque, et qu'il a dû en résulter une erreur sur l'amplitude ; au reste, celle que nous donnons ici, comme exemple simplement, ne passe pas les différences qu'on trouve entre les résultats de Bouguer et de La Condamine ; tous deux ont pu se tromper en plaçant le centre de leur secteur, les erreurs ont pu être dans le même sens, elles ont pu être en sens contraire, et elles pourraient expliquer la différence de 5″ environ qui se trouve entre leurs amplitudes.

Trois suites d'observations faites en 1739, à Tarqui, présentent 9″ de différence entre le premier résultat et les deux autres ; ils conviennent que la distance de l'étoile au zénith est trop grande de 27″ à 28″ par le premier résultat, et de 18″ par les deux autres ; ils ne disent pas quelle preuve ils ont de cette erreur qui, par un milieu, serait de 22″ environ ; ils en accusent l'imperfection du secteur et sa facilité à se déranger dans le retournement.

Après avoir discuté plusieurs causes d'erreurs, La Condamine s'arrête à supposer une flexion qui fait varier de $\frac{1}{8}$ de ligne le bout objectif de la lunette : par ce moyen il explique une erreur constante de 20″ dans les deux positions du secteur. Tout cela paraîtra sans doute un peu problématique, mais une erreur semble être démontrée, quelle qu'en puisse être la cause.

Les observations de 1740 à Cotchesqui ne donnèrent que 3″ ou 4″ de différence, quand elles furent comparées aux observations simultanées qu'on fit depuis, et auxquelles on donna la préférence.

En examinant les calculs de La Condamine, p. 171, j'avais remarqué que l'aberration et la nutation y étaient trop fortes et que ces calculs étaient à recommencer. Dans la *Base du système métrique*, t. III, j'ai rempli 22 pages de mes nouveaux calculs : je n'entrerai pas ici dans ce détail. Les résultats de La Condamine, qui présentaient des différences de 11″, 6 et de 9″, 4, n'en présentent plus qui passent 3″, 13 et 4″, 05.

Par des calculs semblables je trouve pour la latitude de
Tarqui :

Par les observations de La Condamine.......... 3. 4.36,3
» 3o
»   34
» 3o,2
»   35,4

    Milieu 3. 4.33,2
Par les observations de Bouguer 3. 4.3o,6
Et par les observations des cinq premiers jours.. 3. 4.3a,1

Par un milieu entre ces trois déterminations.... 3. 4.3a,o

Pour Cotchesqui :

La Condamine................. o. 2.3i,7
» 3i,9
»   34,5
    Milieu .... o. 2.3a,7 ou o. 2.3a"
    En 1740.............   o. 2.33

    Milieu ....   o. 2.3a,5
Bouguer..................... o. 2.29,55 }
»   .... o. 2.3o,35 } o. 2.29,95

Amplitude.

	La Condamine.	Bouguer.
Cotchesqui....................	o. 2.3a",5	o. 2.29,95
Tarqui.......................	3. 4.33,2	3. 4.3o,8
Amplitude	3. 7. 5,7	3. 7, 0,75
Milieu entre les deux astronomes.....	3°.7'.3",1	

Cependant Bouguer et La Condamine se déterminent pour 3°7'1".

Bouguer ajoute que par deux autres étoiles il avait trouvé
3°7'3" et 3°7'0". Mais ces observations n'étant pas imprimées,
nous n'avons pu les calculer.

J'ai supposé l'arc de 3°7'3", soit pour prendre le milieu entre
les deux astronomes, soit pour ajouter au résultat de Bouguer la
réfraction dont il ne parle pas.

L'arc terrestre, par un milieu entre les deux, sera 176945^T;
— au niveau de la mer, 176877^T; — degré moyen, 56736^T,8.

La Condamine, en partant de son arc terrestre et de l'amplitude 3°7′0″, trouve 56745ᵀ; mais l'amplitude n'est pas sûre à 3″; nous pourrons avoir une incertitude de 47ᵀ environ.

La Condamine expose les raisons qui ont fait préférer les observations simultanées, et que nous avons déjà vues. Il donne le détail des précautions qu'il a prises pour assurer la bonté des observations, partie d'après les idées de Bouguer et partie d'après ses propres réflexions et son expérience. Ainsi, après avoir placé la lunette le plus parallèlement qu'il lui avait été possible avec le rayon de l'instrument, par le moyen de Bouguer qui ne lui paraît qu'une approximation peu sûre, il reconnut, après avoir tracé une méridienne, et le plan du secteur étant bien parallèle à cette méridienne, que l'étoile passait au fil de la lunette 11″ ou 12″ avant l'heure de la médiation, conclue des hauteurs correspondantes; il retourna le secteur, et vit que l'étoile passait 11″ ou 12″ trop tard; il approcha l'objectif du plan de l'instrument, et après quelques tâtonnemens il réussit à faire passer l'étoile au fil vertical à l'heure donnée par les hauteurs; il ajoute, comme un point capital, l'attention scrupuleuse de bien caler l'instrument, en sorte que le fil à plomb rase le limbe sans y toucher dans les deux situations inverses du secteur.

La parallaxe des fils était parfois pour Bouguer en sens inverse de ce qu'elle était pour La Condamine; pour la diminuer ou l'anéantir, La Condamine se servait d'un diaphragme ou carton percé d'un trou-d'aiguille, mis en avant de l'oculaire, pour que l'œil fût toujours à la même place.

Dans une discussion fort étendue du degré de Picard on trouve ce fait curieux :

Les perches de Picard se sont conservées longtemps à l'Observatoire, avec leurs montures; elles se sont perdues depuis. Il est à présumer que la toise originale (que Picard avait promis publiquement de déposer à l'Observatoire, que l'on construisait alors), y fut déposée de même et put se perdre aussi, plus tôt ou plus tard; on a même retrouvé, en 1743, le registre original de Picard pour la mesure de la base; ce qui confirme encore notre idée qu'il avait effectué le dépôt complet de tout ce qui pouvait fournir les moyens de vérifier en tout ses mesures et ses calculs.

Pour l'aplatissement, par le degré d'Amiens de Lacaille et son degré du Pérou, il trouve $\frac{1}{301,6}$; avec le degré des Espagnols : $\frac{1}{318}$; par un autre degré de France : $\frac{1}{302}$; par le degré du Nord : $\frac{1}{215}$, et par le degré du Nord comparé à des degrés de France : $\frac{1}{132}$, $\frac{1}{145}$, $\frac{1}{160}$; nous ne sommes guère plus avancés aujourd'hui.

Dans la conclusion il remarque que tous les calculs supposent : 1° que tous les méridiens se ressemblent, 2° que leur courbure est régulière. Or il est certain, dit-il, que ces suppositions ne sont au plus que probables, car qui nous assure que les parties internes de la masse terrestre sont assez homogènes pour qu'on puisse tirer cette conséquence? enfin l'ellipticité uniforme a-t-elle plus de vraisemblance que n'en avait celle de la sphéricité avant Newton et Huyghens?

C'est par ces réflexions sages qu'il termine sa *Mesure des trois premiers degrés du Méridien*. Cet ouvrage nous a paru précieux par une rédaction claire, franche et remplie de détails qui nous seraient sûrement inconnus si Godin ou Bouguer avaient été seuls chargés de cette importante opération. Elle a d'ailleurs à La Condamine bien d'autres obligations, qui ont eu leur source dans cette curiosité inquiète, dans cette activité et cette ténacité par laquelle il triomphait de tous les obstacles, mais par laquelle aussi il a dû parfois se rendre incommode à ses deux collègues.

Les deux ouvrages que nous venons d'analyser sont écrits avec décence et impartialité; les deux auteurs s'y rendent justice réciproquement et parlent l'un de l'autre en termes honorables; malgré la différence très marquée de leurs caractères, ils avaient vécu ensemble nombre d'années dans une assez bonne intelligence, couchant souvent ensemble dans la même chambre et quelquefois sur la neige, enveloppés du même manteau. On aurait cru que leur séparation leur ôtant désormais toute occasion nouvelle de frottements, d'humeur et de dispute, l'harmonie ne serait plus troublée : il en fut tout autrement.

Bouguer était parti du Pérou depuis six semaines quand La Condamine en eut la première nouvelle. Il était arrivé le premier à Paris; il avait lu à l'Académie une relation abrégée de son voyage, imprimée dans les Mémoires de 1744 : le ton en est convenable. La Condamine opposa quelques réflexions; Bouguer consentit à changer quelques lignes. On trouve dans cette relation quelques plaintes modérées sur le parti pris par Godin de se séparer de ses collègues et sur la réserve qu'il avait montrée dans ses communications avec eux.

Dans le Volume de 1745, Bouguer inséra un grand Mémoire sur la dilatation des métaux et La Condamine l'histoire de son voyage sur la rivière des Amazones.

Dans le Volume de 1746, La Condamine, par ordre de l'Académie, donna l'abrégé de ses opérations, qu'il aurait voulu remettre au Volume suivant, pour ne pas interrompre l'impression de sa *Mesure;* il y donne plus de détails que Bouguer sur les causes du peu de succès des premières observations; du reste on ne voit encore rien qui pût donner lieu à la querelle qui ne tarda pas à éclater.

La *Mesure* des trois degrés parut en 1751. L'année suivante Bouguer commença le procès en imprimant une

Justification des Mémoires de l'Académie pour 1744 et du Livre de la Figure de la Terre, *sur plusieurs faits qui concernent les opérations des Académiciens,* 1752.

On voit dans l'avertissement combien il trouve mauvais que La Condamine eût fait connaître au public les observations qu'on était convenu de rejeter, pour s'en tenir aux dernières qui, sans compter tous les autres motifs de préférence, avaient l'avantage d'être simultanées; il se plaint que La Condamine, en publiant tout, se soit dispensé d'assigner à chaque série le rang précis qui lui convient, ce qui nous paraît une pure chicane. La Condamine, sur ce point, ne laisse rien à désirer; on connaît les erreurs, leur véritable mesure, leurs causes probables et les précautions prises pour en prévenir de semblables.

Bouguer attribue l'erreur des observations de 1737 à ce qu'on prenait la distance zénithale à l'instant de la médiation et à la négligence qu'on avait à se reprocher, de ne pas tracer de méridienne, et de ne pas vérifier le parallélisme de l'axe optique avec le plan du secteur. Il avoue que ces observations de 1737 sont d'une grande conséquence et qu'il n'a pas manqué de les comparer à d'autres dont il connaissait l'exactitude : il n'y aurait rien à répondre, si Bouguer eût publié ces comparaisons et les preuves qu'il avait de la bonté de ces autres observations, dont il nous laisse ignorer la nature. Mais tout cela nous est encore inconnu.

Il se plaint de plusieurs autres résultats publiés sans sa participation ; que ne les publiait-il lui-même ? ces résultats étaient une partie du travail, pourquoi s'attribuait-il le droit de les supprimer ? *Il ne peut*, dit-il, *se dispenser de les abandonner ;* ils sont abandonnés de même par La Condamine, mais ils intéressent l'histoire de l'Astronomie, ils peuvent influer sur l'opinion qu'on devra se former de la mesure du Pérou ; il dit lui-même, p. vii, qu'il faut qu'on s'*aperçoive que leur choix est éclairé,* qu'il n'est ni arbitraire, ni la suite de quelque convention faite entre les observateurs : voilà précisément ce qui a déterminé la publication faite par La Condamine, voilà ce qui aurait dû déterminer Bouguer à la faire lui-même, puisque son livre a paru le premier. Quand La Condamine se serait tu, Bouguer pouvait-il espérer que Godin, G. Juan, Ulloa, Verguin, Hugo auraient eu la même discrétion et n'auraient jamais donné à entendre qu'on avait fait bien d'autres observations qu'on avait été contraint de rejeter pour s'en tenir aux dernières ?

Bouguer cherche à établir que ses deux collègues voulaient que l'on commençât par les degrés de l'équateur, pour finir par ceux du méridien ; La Condamine prétend qu'au lieu de renoncer décidément à ces degrés de l'équateur, on pouvait au moins faire une tentative par des signaux de poudre enflammée ; il était dans l'intention de tous de commencer par les degrés du méridien, c'est comme on voit un point désormais fort indifférent, et cette justification que rien ne nécessitait, puisque personne n'avait inculpé Bouguer, c'était une attaque formelle, et une attaque sans objet depuis que des ordres supérieurs, sollicités par lui, avaient prescrit de commencer par le méridien.

Je ne puis m'empêcher d'avouer que j'ai été sensible à plusieurs traits répandus dans son livre ; je ne sais pas même si je n'ai pas un peu à me plaindre des éloges qu'il me donne.

Les ordres dont il est parlé ci-dessus étaient parvenus en mars 1737 à Godin, qui n'en avait rien dit à ses collègues. Le 22 septembre suivant, La Condamine remit à Bouguer une lettre où le ministre lui en envoyait un *duplicata.* Je ne vois pas qu'il en résulte la moindre preuve qu'on voulût *commencer* par l'équateur. Il cite, de plus, une lettre de G. Juan qui prouverait qu'en effet en 1736, à l'époque de la première réunion, Godin était dans l'intention que l'on *commençât* par l'équateur. Nous verrons dans une autre lettre de G. Juan quels étaient les motifs de Godin : la chose pouvait paraître indifférente quand, faute de connaître les difficultés locales, on pouvait croire qu'une année suffirait pour l'équateur et une autre pour le méridien; dans tous les cas, cette question était devenue bien oiseuse depuis qu'on était de retour en France, et ce n'est pas là une de ces particularités qui sont bien instructives pour le public. Bouguer, qui l'avait emporté, puisqu'on n'avait pas mesuré le degré de longitude, ne trouvait en cela qu'un moyen de se faire valoir aux dépens de ses compagnons, dont il dissimulait les véritables raisons. Une lettre de Verguin nous apprend qu'au commencement de 1737 il était question de l'envoyer reconnaître les environs de l'équateur et d'en dresser la carte, ce qui paraît tout simple, tant qu'on n'avait pas renoncé au projet des deux mesures. Ne serait-il pas à désirer qu'elles eussent pu s'effectuer? A-t-on blâmé Cassini et La Caille d'avoir mesuré des degrés de parallèle en 1733 et 1740? Si quelqu'un paraît avoir tenu au projet de mesurer aussi l'équateur, c'est assurément Godin, et Bouguer atténue ce *tort* autant qu'il le peut; il dit, page 12 :

Nous étions fidèles Godin et moi dans les exposés que nous faisions, nous nous comportions avec droiture et agissant avec la plus extrême candeur nous ne cherchions en aucune manière à altérer la vérité.

N'est-ce pas clairement insulter La Condamine? Il ajoute, page 14 : Le tour que prirent ensuite nos affaires, surtout après que la méridienne avait été reconnue, ne permettait guère de douter de l'ordre que nous mettrions dans notre travail; c'était en mars, le terrain de la méridienne était reconnu, celui de l'équateur ne l'était pas. Est-il une plus forte présomption qu'on se proposait de *commencer* par le méridien? Les ordres de la Cour n'arrivèrent que quinze jours plus tard. —

Nous ne suivrons pas plus longtems une discussion si peu intéressante; et les pièces qui suivent, si elles prouvaient quelque chose, ne prouveraient que contre Godin, dont nous verrons plus loin la justification. Ne peut-on pas voir dès à présent que si quelqués-uns voulaient commencer par l'équateur, c'était par la crainte de voir les commissaires déserter aussitôt que le méridien serait mesuré?

Dans la seconde partie, Bouguer entreprend de prouver que, pendant qu'il travaillait au Pérou, il ne négligeait rien pour faire réussir les opérations de ses collègues. C'est apparemment pour faciliter celles de La Condamine qu'il s'était hâté de démonter le secteur dont il venait de se servir, pour que La Condamine eût de nouveau la peine de le reconstruire, de le vérifier et de le placer dans le méridien. C'était pour le diriger dans ses recherches qu'il lui avait fait mystère, pendant six semaines, de l'observatoire qu'il avait arrangé pour de nouvelles vérifications, et qu'après le lui avoir prêté pour quelque temps il vint remettre la lunette à son point pour rendre inutile tout le travail que La Condamine venait de faire et qu'il n'avait pu terminer.

Bouguer nous dit, p. 23 :

Une émulation portée trop loin s'était malheureusement introduite parmi nous, et presque rien ne se faisait de concert, nous nous trouvions privés du conseil les uns des autres. Notre conduite n'excluait pas le désir de bien faire.

Ce n'est pas là ce que nous entreprendrons de nier; et si nous avions une exception à faire, elle serait en faveur de La Condamine; moins bon géomètre que Bouguer, astronome moins exercé peut-être que Godin, il ne pouvait prétendre à aucun titre, aucune prééminence sur les deux anciens, mais il avait dans le caractère moins de dissimulation, ou si l'on veut plus de franchise, et c'est par lui seul que tout a été dévoilé.

Bouguer se vante ensuite, en termes emphatiques, qu'il a été le premier à rompre le voile, à réclamer contre une erreur générale; et nous prouverons tout à l'heure que plus de cinquante ans auparavant *le voile était levé*, que ce qu'il a fait très imparfaitement était bien connu et fait d'une manière bien plus complète et qui ne laissait rien à désirer. « Je n'ai encore jamais pensé à rien dont l'utilité ait été plus prochaine et plus grande », nous dit-il encore en parlant de la prétendue découverte. Heureusement il a des titres plus réels à la reconnaissance des savants : il s'agissait tout simplement du parallélisme de l'axe optique d'une lunette au plan de l'instrument.

Mais si ces découvertes étaient si importantes pourquoi les cachait-il à ses collègues? Il avoue, page 35, que, quand on dit qu'il travaillait de concert avec La Condamine, il faut entendre ces mots avec quelques restrictions, et que la suite le prouvera.

Il prend pour lui seul le mauvais succès des observations de 1739, il travaillait à s'instruire par sa propre expérience, et nous verrons en effet que les découvertes qu'il croyait dues uniquement à ses réflexions, et qui en certain sens étaient bien sa propriété puisqu'il y était arrivé de lui-même, étaient imprimées depuis plus de 50 ans : il n'avait pas été à portée de les lire, elles étaient peut-être également inconnues alors à La Condamine qui leur assigne une date plus ancienne au moins de 20 ans. [*Voyez,* Tome précédent, l'article Picard ([1]).]

Il nous parle ensuite des *inconvéniens auxquels il s'est exposé en communiquant avec trop peu de réserve jusqu'à ses moindres remarques;* il se plaint de quelques mouvements d'humeur de La Condamine pendant le séjour au Chimboraço pour l'attraction des montagnes : le reproche n'est pas dépourvu de vraisemblance. La Condamine lui reproche, de son côté, de ce qu'il boude pendant des journées entières sans qu'on puisse arracher de lui la moindre parole : il y a encore quelque apparence que ce reproche n'est pas moins fondé que le précédent; mais ce sont des choses qu'on doit se passer réciproquement en considération des circonstances où l'on se trouvait alors, et qu'il est aisé d'oublier dix ans après, quand on est fort tranquille à Paris.

Il est ensuite question d'une idée que revendique La Condamine et qui a fait le succès de la mesure au Chimboraço. Bouguer fait à son tour une réclamation moins importante encore. Il dit à la dernière page :

Une émulation louable dans son principe, mais devenue vicieuse dans la suite, peut nous porter à ne pas rendre justice à nos collègues, lorsque notre intérêt personnel se trouve mêlé avec le leur. Je pourrais avoir été tenté dans mon livre de me rendre auteur de tous les bons conseils et de tout rapporter à mon avantage. Mes collègues seraient restés sans voir les

---

([1]) *Histoire de l'Astronomie moderne,* t. II, p. 597.　　　　　(G. B.)

moindres choses, si je ne les avais pas fait remarquer. Ils n'auraient rien fait de bien, si je ne les y avais déterminés, en un mot je me serais généralement tout attribué, excepté les fautes.... quoique tous les voyageurs ne soient pas absolument atteints de la même maladie, la plupart devraient justifier la fidélité de leur relation, au moins pour donner l'exemple et pour introduire un usage utile.

Ces reproches que suppose Bouguer, sans y répondre, sont précisément ceux que va lui faire La Condamine dans une réponse qui porte pour épigraphe :

Modo ne communia salus

Occupet

Le titre est :

Supplément au journal de l'Équateur, servant de réponse à quelques objections, par M. La Condamine. Paris, 1752.

Il nous dit, dans son avertissement, que pour n'être pas tenté d'entrer dans aucune dispute par écrit il s'était privé de la lecture du livre de Bouguer sur la Figure de la Terre, jusqu'à ce que le sien fût achevé d'imprimer; mais il n'avait pu ignorer deux faits, l'un qui regarde le choix entre la mesure de l'équateur et celle du méridien, qui était consigné dans les mémoires de 1744; l'autre relatif aux observations astronomiques, consigné dans un prospectus qui depuis a été mis en tête du livre de la Figure de la Terre : son silence sur ces deux faits eût été pris pour une approbation. Ces deux articles exceptés, on ne trouvera rien de polémique dans ses deux ouvrages; il prévoyait, dès ce temps, ce que l'évènement n'a que trop justifié, les conséquences de leur division, la perte de temps qu'elle entraînerait, l'inutilité et l'espèce de scandale d'une dispute bruyante entre deux académiciens, *qui d'accord sur tous les faits et sur tous les détails essentiels à l'objet de leur mission ne diffèrent que sur la propriété et l'usage de quelques moyens particuliers.*

Nous avons répondu aux objections de Bouguer en les rapportant. Ce n'est pas la peine de suivre son adversaire qui les réfute
victorieusement.

Bouguer avait obtenu que son livre serait imprimé comme *Suite
aux Mémoires de l'Académie*. La Condamine en demanda communication, avant l'impression, comme y étant personnellement
intéressé. Bouguer s'y refusa et l'Académie décida que la *Figure
de la Terre* serait imprimée seulement comme *voyage entrepris
par l'ordre de l'Académie*, ce qui eut lieu en effet. La Condamine, sans rien demander à l'Académie, se contenta de faire imprimer ses deux volumes à l'Imprimerie royale.

Il avoue le projet de mesurer l'équateur aussi bien que le méridien; il soutient que le projet de commencer par l'équateur était
abandonné avant l'ordre de Maurepas : nous avons dit sur ce
point tout ce qu'il y avait à dire. En un mot *Godin appréhen-
dait que, le méridien une fois mesuré, Bouguer, ennemi juré
de l'équateur, ne partît et n'entraînât La Condamine avec
lui :* voilà qui explique tout; et nous l'avions deviné; c'est G.
Juan qui écrit ces mots de Madrid le 16 juin 1748.

A la dernière page, La Condamine nous explique un grand
mystère dont parle Bouguer : *tout le mystère était l'erreur des
observations de 1739, que Bouguer eût voulu se cacher à lui-
même et dont il craignait de laisser une preuve authentique
entre les mains de Verguin.* On conçoit son mécontentement de
voir ce mystère hautement dévoilé par un témoin bien autrement
redoutable.

Cette première partie en annonçait une seconde qui parut
en 1754 avec cette épigraphe.

I, demens, et sævus curre per Alpes. (Juvénal.)

On lit dans l'Avertissement : M. Bouguer s'était trouvé blessé
de mes égards pour la mémoire de Picard et de ses successeurs;
la justice et la vérité m'avaient dicté mes expressions, j'ai voulu
les soutenir.

Cette discussion de plusieurs points d'astronomie pratique fait
le morceau le plus considérable de cette seconde partie; ajoutons :
et le seul qui ait au moins cet intérêt qu'il éclaircit un point de

l'histoire de la Science. La section du mémoire de Bouguer avait
pour titre : *De l'état où se trouvait en 1735 la partie pratique
de l'Astronomie, relative à nos opérations.*

La Condamine y répond par ces deux propositions :

1° Bouguer n'était pas juge compétent de l'état où se trouvait
alors l'Astronomie pratique;

2° On avait en 1735 des méthodes sûres pour réussir à déterminer l'amplitude d'un arc du méridien.

Avant le voyage de Bouguer, l'Académie n'avait reçu de lui que
quelques observations de hauteurs du Soleil; c'étaient ses premiers essais, faits avec un ancien sextant qu'on lui avait envoyé
de Paris.

Depuis ce tems et pendant le cours de son voyage il a joint la pratique
à la théorie. Quoique Picard et ceux qui ont observé avant nous n'aient
pas prescrit explicitement la vérification du parallélisme de la lunette au
plan du secteur, je me garderai bien d'en conclure qu'ils ne l'ont pas employée. M. Bouguer se plaint ingénieusement de l'état déplorable où était
l'art des observations, il attend qu'un historien fidèle lui confirme le titre
de restaurateur de l'Astronomie. J'avoue que je pense diversement.

Bouguer avait dit, p. 23 : l'autorité de Picard pouvait nous
induire en erreur...; n'ayant aucune certitude que sa lunette fût
parfaitement disposée, rien ne nous empêche de supposer qu'elle
déviait de 8′ à 10′ (et il en serait résulté une erreur de 0″,8); il
paraît qu'il n'observait de règle pour diriger son secteur que de
saisir l'étoile à l'instant précis de sa médiation. Picard donne en
effet ce précepte en ajoutant *pour pointer l'instrument dans le
plan du méridien,* ce qui suppose que la lunette était parallèle à
ce plan.

Après avoir défendu Picard par des raisons que nous omettrons,
il va le justifier par les faits. Picard a transmis aux constructeurs
d'instruments une pratique qu'ils ont conservée pour s'assurer du
parallélisme de la lunette, et cette pratique est sans comparaison
plus exacte que celle que nous vante M. Bouguer; voyez les figures
de sa *Mesure de la Terre. Le tuyau de la lunette fixe appliquée
aux instrumens est enchâssé par ses deux extrémités dans deux
carrés de cuivre égaux, dont l'un porte sur la platine du
centre et l'autre sur le limbe.* Ces platines, supprimées dans les

instruments modernes, ne se trouvent plus que dans les lunettes dites d'*épreuve*.

Voilà la première fois que je vois ce mot, mais la chose était plus ancienne; les lunettes des secteurs de Picard étaient de véritables lunettes d'épreuve; on les présentait au limbe dans les deux positions contraires et on ne les assujetissait qu'après s'être assuré que dans les deux positions le fil horizontal coupait le même objet à l'horizon. On se sert de ces lunettes pour assurer le parallélisme. Picard avait laissé un peu de jeu à son objectif dans la boîte où il l'avait enchâssé, et trois vis pour le mouvoir; cette pratique, très simple et très exacte, a été encore rendue plus facile par Rœmer (élève de Picard). Voyez la *Mesure* de Picard, article IX, vers la fin, et Horrebow, *Basis astronomiæ*, p. 100. Les artistes sont en possession de cette méthode depuis Picard et les plus intelligents ont une lunette ainsi disposée qu'ils nomment *lunette d'épreuve;* et elle les dispense de mettre à chacune de leurs lunettes ces deux carrés qui sont aux lunettes de Picard.

Quant aux successeurs de Picard, La Condamine cite la *Figure de la Terre* de Cassini, où l'on voit que *l'instrument avait été dirigé dans le plan du méridien et que la lunette avait été arrêtée après que son axe eût été rendu parallèle au rayon qui passait par le milieu du limbe et par conséquent au plan de l'instrument.* La citation est fidèle, mais il nous paraît douteux que Cassini ait exécuté d'une manière exacte et complète ce qu'il annonce si positivement; nous y reviendrons.

La Condamine demande ensuite à Bouguer s'il croit que Bradley ait négligé cette précaution pour le secteur qui lui a servi à découvrir l'aberration et la nutation

Voyons maintenant le moyen de Bouguer : *il suffira de viser à quelque objet éloigné par le bord du limbe et la platine du centre; il ne restera plus qu'à ajuster la lunette sur cet objet* (Bouguer, p. 199). Il n'est pas difficile de démontrer la grossièreté de ce moyen, et La Condamine dit expressément que l'expérience leur en a démontré l'insuffisance, ce qui les a forcés de recourir à des moyens plus directs (*voyez* ci-dessus).

Il atteste qu'en 1732, en présence du duc de Chaulnes, il avait mis en pratique le moyen de Picard et s'en était bien trouvé; le duc de Chaulnes n'était pas le seul académicien présent.

Tels sont les arguments de La Condamine et ils ont quelque force, mais nous pouvons lui fournir une preuve qu'il ignorait, ainsi que Bouguer, et qui démontre que Bradley savait avant le retour du Pérou vérifier un secteur et observer une distance zénithale. Cette preuve se trouve dans la *Dioptrique* de Molyneux, imprimée en 1690, de Molyneux qui le premier, d'après les inégalités annuelles signalées par Picard, avait conçu l'idée des recherches qui conduisirent Bradley à la découverte de l'aberration. Molyneux, comme on sait, avait fait construire pour ces observations un secteur de 20 pieds de rayon, que Bradley changea contre un de 12 pieds, parce que le premier ne pouvait entrer dans la maison de son oncle Pound. Le livre de Molyneux fut réimprimé en 1709; le Chapitre V, entre autres choses relatives aux lunettes, contient la manière de vérifier les quarts de cercle et les secteurs, d'assurer le parallélisme de l'axe optique avec le plan de l'instrument, enfin celle de placer la lunette sur ces divers instruments; le tout exposé dans le plus grand détail, de la page 231 à la page 243, et démontré par huit figures; au nom près, on y trouve la lunette d'épreuve tout entière, et tout ce qu'on pratique aujourd'hui pour le parallélisme et pour les diverses vérifications, jusqu'à la théorie de la parallaxe des fils et aux moyens de la corriger. Bradley, intimement lié avec Molyneux, connaissait infailliblement cet Ouvrage.

L'*Optique* de Smith, imprimée en 1738, donne la description complète de la lunette *d'épreuve*. Tout cela est antérieur à Bouguer, qui est sans doute excusable de ne l'avoir pas connu, mais il aurait pu méditer plus sérieusement le livre de Picard, qu'il accuse d'une erreur grossière et d'une négligence inexcusable; il aurait dû examiner attentivement la figure du secteur de Picard et celle de son niveau à lunette. Molyneux l'avait mieux étudié et c'est ainsi qu'il termine sa page 242 : *ceci doit suffire, c'est ce qu'il y a de plus essentiel et d'un usage plus fréquent; voyez pour le reste la Mesure du degré de Picard*. Au reste Bouguer nous paraît d'autant plus excusable que, plus de dix ans après, Lalande se persuada qu'il était lui-même le premier inventeur de la lunette d'épreuve, quoiqu'il eût dans sa bibliothèque et l'Ouvrage de Smith et celui de Molyneux.

En parlant du danger qu'il y aurait à rendre la lunette plus courte que le rayon, il avoue que Picard avait *presque* rempli cette condition d'égalité. La Condamine ne sait sur quoi peut porter la restriction de Bouguer ; il suffit de jeter les yeux sur les planches I et IV de Picard pour voir que sa lunette est exactement de même longueur que le rayon, que les deux bouts de cette lunette sont enchâssés dans les deux pièces carrées des lunettes d'épreuve, et que l'une de ces pièces porte sur la platine du centre, l'autre sur le limbe.

Quant à Cassini, qui avait mis une lunette de 3 pieds à un instrument de $9\frac{1}{2}$ pieds de rayon, La Condamine nous dit que Cassini a rendu compte de ses motifs ; nous avouerons que ces motifs ne nous ont point rassuré et nous avons indiqué ci-dessus le vice de cette construction ; et, si Bouguer n'eût critiqué que Cassini, nous passerions condamnation ; La Condamine emploie une note de deux pages à atténuer le tort de Cassini.

Venant à l'idée que Bouguer s'attribue de prendre sur le limbe une corde aliquote du rayon, il répond qu'on voit à l'Observatoire un quart de cercle divisé en cordes aliquotes du rayon, par Cassini de Thury, qui avait proposé la méthode en 1736, trois ans avant qu'elle ne fût imaginée par Bouguer.

Nous ne parlerons pas des autres reproches que La Condamine se donne la peine de réfuter ; nous ne prendrons aucun parti sur la part importante qu'il réclame dans la mesure de l'attraction des montagnes ; nous savons qu'ils opéraient ensemble, mais nous n'avons d'une part que l'assertion de La Condamine, et de l'autre que la dénégation de Bouguer. Il en est de même des remarques sur les variations des foyers des lunettes. Que faut-il, sinon une occasion, pour faire de pareilles remarques ?

J'ai consenti, dit enfin Bouguer, à revenir du Pérou aussi peu riche que j'y étais allé ; je ne me suis laissé distraire par aucune de ces vues de fortune qui occupent tous les hommes.

Si ceci n'est pas une inculpation contre La Condamine, nous demanderons à Bouguer quel rapport il peut y avoir entre cette déclaration et la querelle avec son collègue.

Je me garderai bien, dit La Condamine, de lui contester la première proposition, je la tiens pour vraie ; peu m'importe de savoir si ce consentement fut volontaire ou forcé. Mais pour l'autre partie, dois-je y répondre sérieusement? dois-je relever l'indécence ou seulement l'injustice criante d'un pareil reproche, dont M. B. a déjà souillé plus d'une fois nos registres? En reproduisant aujourd'hui publiquement les mêmes imputations, il m'oblige à dire hautement... que personne, sans exception, ne s'est plus constamment ni plus exclusivement occupé que moi de notre mission académique.

Nous terminerons une discussion pénible en annonçant que l'écrit de La Condamine est suivi de 21 pages de pièces justificatives en petits caractères.

Bouguer fit paraître en 1754 une *Lettre à Monsieur**** dans laquelle il se disculpe d'avoir eu Cassini en vue à propos du secteur de $9\frac{1}{2}$ pieds garni d'une lunette de trois pieds. Il soutient encore l'erreur de Picard; accordons-lui ce point contre notre conviction; en résultera-t-il moins que sa prétendue découverte était imprimée dès 1690 dans un ouvrage qui renvoye à celui de Picard? que le moyen de Picard, bien supérieur à celui de Bouguer, avait été rendu plus facile encore par Rœmer, l'ami et le confident des pensées de Picard?

Après avoir cherché, en commençant cette lettre, à se disculper envers Cassini, un peu plus loin, page 6, *il ne peut dissimuler que cet accident arriva dans les observations de* 1718. Ici nous sommes de son avis. Le même malheur arriva par la même cause dans les opérations de 1718 et dans les premières du Pérou : on n'avait aux deux époques que des instrumens qu'on démontait, et qu'on reconstruisait à chaque station; on déterminait mal et le centre et le rayon; il était inévitable qu'on se trompât le plus souvent au moins de quelques secondes. Heureusement l'erreur était si forte, au Pérou, qu'elle ne pouvait rester cachée. Bouguer aurait bien voulu la cacher à tout l'Univers; après l'avoir corrigée, n'en pouvant effacer le souvenir, il veut s'excuser par un grand exemple : il rejette la faute sur Picard, il se vante d'une découverte qu'il dit importante et qu'il ôte à son véritable auteur pour se l'approprier; forcé d'avouer qu'il a commis une erreur, il veut, au moins, avoir l'honneur d'en préserver à l'avenir tous les observateurs : tout cela n'est qu'une pauvre ressource d'un faux amour-propre, et ne méritait pas tous ces débats. Par ses attaques imprudentes et si peu mesurées il a forcé La Condamine à sortir des bornes dans lesquelles il s'était contenu d'abord, et dont il aurait voulu ne pas sortir. Il nous a forcé de discuter ses titres, sur lesquels nous aurions passé légèrement, nous bornant à ce que nous avions dit ci-dessus dans l'analyse de son ouvrage.

Bouguer se plaint de tout ce qu'il a eu à souffrir de l'humeur et de l'impatience de La Condamine pendant tant d'années; la chose est possible, mais ils n'avaient plus rien à démêler ensemble depuis leur retour; et, puisque la division n'avait pas éclaté jusqu'alors, il était bien aisé qu'elle n'éclatât jamais. Je n'ai connu ni l'un ni l'autre; et j'ai toujours regardé Bouguer comme un mathématicien bien supérieur à son adversaire; je le crois encore, pour tout ce qui est de la théorie; mais pour la pratique, il y était d'abord beaucoup plus novice; pour les problèmes les plus simples il a recours à des courbes de tout genre et au calcul intégral pour se retrouver sur son terrain et pour y être seul; c'est à force d'essais qu'il est devenu moins malhabile. Il a mis tous ses torts au grand jour, et les a aggravés en suscitant un procès dans lequel il s'en faut de beaucoup qu'il ait raison sur tous les points. Dans la crainte de ne pas être assez impartial, j'ai voulu consulter des contemporains; j'avais autrefois interrogé un astronome célèbre qui les avait connus tous deux : il me parut pencher beaucoup pour La Condamine. J'ai lu les éloges des deux adversaires par les deux secrétaires perpétuels qui se sont succédé; Fouchy, dans celui de Bouguer en 1758, ne dit pas un mot de la querelle; on peut croire que c'est par égard pour La Condamine qui vivait encore. Voyons ce qu'en dira Condorcet dans l'éloge de La Condamine; l'orateur se demande quel fut le prix que retira La Condamine de tant de travaux?

Un peu de gloire, des querelles, et une surdité incurable. On demandera peut-être quels ont été les objets de la dispute qui s'éleva alors entre MM. Bouguer et de La Condamine, entre deux hommes qui, pendant plusieurs années, avoient couché dans la même chambre, sous la même tente, et souvent à plate-terre, enveloppés dans le même manteau; qui s'étoient donné, pendant tout ce temps, des marques publiques d'une estime réciproque, et qui ne pouvoient se diviser sans perdre de leur considération, et sans nuire à la gloire de leur entreprise? nous sommes affligés d'être forcés de répondre, qu'à peine peut-on apercevoir l'objet réel de cette dispute, mais il est plus aisé d'en deviner les causes morales.

M. Bouguer ne pouvoit se dissimuler la supériorité qu'il avoit sur M. de La Condamine comme Mathématicien; tout ce qui, dans la Mesure du Méridien, exigeoit des connoissances profondes, de l'invention, de la sagacité, il le regardoit comme son ouvrage.

On pourrait ici demander à Condorcet ce qui est resté de tout ce qui demandait ces qualités qu'on accorde à Bouguer, et que nous sommes loin de lui refuser. De quoi était-il chargé? de mesurer le méridien. L'a-t-il mesuré mieux qu'un autre? Pour les recherches de pure théorie, qu'on pouvait ajourner après le retour, la France n'avait-elle pas Clairaut? Appelé longtemps après à mesurer un grand arc de méridien, nous avons médité le livre de Bouguer sans y trouver une seule ligne qui nous fût utile; tous les problèmes qu'il avait considérés pour la précision et les corrections des observations, nous avons été forcés de les résoudre par d'autres voyes, d'une manière plus générale et plus simple : ainsi, pour nous son livre de *La Figure de la Terre* se réduit à la mesure des arcs terrestre et céleste. Mais suivons Condorcet :

Selon lui (Bouguer), M. de La Condamine n'y avoit mis que du zèle, de la générosité, une application infatigable et du courage. M. Bouguer croyoit donc, et sans doute avec justice, devoir être le premier objet de l'attention publique.

Oui, à l'Académie et surtout aux yeux des géomètres, il eut ce succès, il le conserve, il ne lui a été contesté ni par La Condamine, ni par aucun autre, nous sommes les premiers et les seuls jusqu'ici qui aient osé élever quelque doute sur ce point.

Il voyoit cependant que M. de La Condamine, répandu dans toutes les sociétés, possédant l'art de persuader aux ignorans qu'ils l'avoient entendu, rapportant des observations singulières et propres à amuser la curiosité frivole des gens du monde, écrivant avec assez d'agrément pour se faire lire, avec trop de négligence et un ton trop simple pour blesser l'amour-propre ou exciter l'envie, intéressant par son courage et piquant même par ses défauts, avoit entièrement fait oublier (dans le monde) les savantes recherches de son Collègue, qui sembloit, comme on le lui dit un jour à lui-même, n'avoir été au Pérou qu'à la suite de M. de La Condamine.

M. Bouguer pouvoit donc regarder M. de La Condamine comme un ennemi de sa gloire, du seul bien dont il fût jaloux. Déjà assez âgé lorsque ses talens le firent appeler dans la capitale, et préférant, par goût comme par habitude, le travail à la société, il n'avoit pu acquérir cette connoissance des hommes qui apprend à apprécier leurs injustices et à les supporter : il n'eut pas la patience d'attendre du Public et de M. de La

Condamine lui-même la justice qui étoit due à ses talens (il a poussé l'humeur jusqu'à se plaindre des éloges que La Condamine avait fait de lui dans sa mesure des degrés); il ne sentit pas assez que le bruit que l'on fait à Paris ne dure qu'un moment, et que la gloire attachée à des *ouvrages de génie* est éternelle comme eux : la relation de son Voyage fut pleine d'humeur contre M. de La Condamine qui n'y répondit qu'avec gaieté, et le Public, qui ne pouvoit juger du fond de cette discussion, fut pour celui qui savoit l'amuser.

Sous une apparence d'impartialité, Condorcet, qui n'avait lu que superficiellement l'un et l'autre ouvrages, nous paraît faire la part de Bouguer trop belle et celle de La Condamine trop futile. Nous pensons, au contraire, que dans tout ce qui n'était pas étranger à l'objet principal, comme sur beaucoup d'autres points, la raison était du côté de La Condamine que, par un amour-propre fort mal entendu, Bouguer attaqua avec imprudence et sans aucune nécessité, laissant tout l'avantage à son adversaire. Les causes indiquées par Condorcet ont pu influer sur l'esprit de Bouguer, mais son véritable chagrin fut de voir le public instruit que longtemps il se fût trompé, qu'il n'avait pu qu'à force d'essais trouver la bonne voye. Il voulut faire excuser ces erreurs en les rejetant sur un autre; il voulut se donner le mérite d'avoir éclairé tous les astronomes, dont les pratiques les plus ordinaires lui étaient inconnues, ou dont il n'avait pas lu les ouvrages. On peut lui passer, sans doute, d'avoir été un constructeur d'instruments peu habile, ce n'était pas son métier; mais pourquoi partir sans instrument et sans constructeur? L'horloger Hugo pouvait-il être un aide suffisant pour un géomètre qui n'avait jamais vu de secteur?

Il nous reste à donner une idée du travail des officiers espagnols; nous ne connaissons de leur ouvrage que la traduction française, publiée sous ce titre :

Voyage historique de l'Amérique méridionale fait par ordre du Roi d'Espagne, par don George Juan..... et don Antonio de Ulloa........ Et les Observations Astronomiques et Physiques, faites pour déterminer la Figure et la Grandeur de la Terre. Amsterdam et Leipzig; 1752, 2 vol. in 4°.

Nous n'extrairons de cet ouvrage que ce qu'il contient de nouveau et que n'ont dit ni Bouguer ni La Condamine. Ainsi, dans la mesure de la base de Yarouqui, on y parle avec plus de précision d'une crevasse mesurée *en prenant les angles avec une plan-chette,* et dont la largeur fut trouvée de 9 toises, qui furent ajoutées à la mesure des perches. On remarquera ce nombre rond de 9 toises. Leurs triangles sont au nombre de 29; au 28e on a conclu un angle; on y voit, sur la somme, des erreurs de — 42″,5, — 44″,5, + 32″,5, + 47″. Somme totale des erreurs : 351″,7. — Erreur moyenne : 12″,5; — différence : 57″,7; — erreur de l'arc de 90° : — 1″ environ.

La seconde base fut plus difficile encore à mesurer que la première, car on eut des rivières à traverser; on trouva la longueur de 6197^{T}3^{pi}8^{po} et le calcul ne donnait que 6196^{T}3^{pi}7^{po} : l'erreur de 1 toise se réduit ensuite à 1^{pi}10^{po}½ en excès. Cette base n'est pas celle de Bouguer : elle est désignée sous le nom de *base de Cuenca,* et celle de Bouguer sous celui de *base de Tarqui.*

Aux 29 premiers triangles on en ajouta depuis quatre autres dont les erreurs furent — 9″,5, — 5″,5, + 17″,5, — 12″.

Les auteurs avaient cherché la réfraction terrestre; ils y trouvèrent tant de variété qu'ils y renoncèrent. Ils citent même des réfractions négatives qui paraissent beaucoup les étonner.

Dans les azimuts, on remarque, entre le calcul et l'observation directe, une erreur de 41″ et une de 1′40″; ces azimuts sont en grande partie de Godin.

Différence des parallèles, réduite au niveau de la mer. 195725,397^T
Par la mesure de Bouguer, La Condamine et Ulloa... 195747,576
Ou mieux 195743,697

Nous avons ci-dessus employé 176945 au niveau de Carabourou : les arcs terrestres ne sont par les mêmes.

Dans les observations de 1739 ..... nous trouvions toujours des différences considérables, dont nous fûmes long-tems à deviner la cause.

On les attribua à la flexibilité de la longue lunette : on vint heureusement à bout d'y remédier.

..... et nous fîmes un instrument si égal, si exact, si ferme et si aisé à manier, qu'il nous servit à remarquer un mouvement extraordinaire en latitude, dans les Étoiles que nous choisîmes pour les observations, savoir l'Étoile ε d'Orion, θ d'Antinoüs et α du Verseau : en effet, pendant que cette dernière Étoile diminuoit sa déclinaison, ε d'Orion augmentoit la sienne.

Nous fîmes part de cette découverte à MM. *Bouguer* et *de La Condamine*, qui, quoiqu'ils en doutassent, ainsi que de la justesse de notre instrument, ne laissèrent pas que d'en être satisfaits après quelques observations, qu'ils répétèrent avec des Lunettes fixées à une muraille, et qui rendirent sensible le mouvement de ε d'Orion.

Il y a quelque apparence que ces variations venaient d'une parallaxe des fils, occasionnée peut-être par la dilatation de lunettes de cuivre de 12 à 20 pieds, qui faisait que les fils n'étaient plus au foyer. Au reste nous n'avons pas assez de connaissance de la construction de ces diverses lunettes pour affirmer rien sur ces mouvements étranges dont on ne trouve d'exemple dans aucune autre mesure de ce genre.

Après des calculs très compliqués, d'après des formules particulières et en négligeant, sur le mouvement de l'étoile en déclinaison, une différence de 8″ qui leur était indiquée par La Condamine, ils trouvèrent :

	G. Juan.	Ulloa.
ε Orion	3.26.40. 7″,625	3.26.39.36″,875
θ Antinoüs	3.26.40.54,25	3.26.40.19,5
α Verseau	3.26.32.58,25	3.26.32.23,5
Milieu	3.26.38. 0	3.26.37.27

et sans l'aberration, à laquelle ils ne croyent guère :

	G. Juan.	Ulloa.
ε Orion	3.26.54.26″,625	3.26.53.55″,875
θ Antinoüs	3.26.54.30,25	3.26.53.55,5
α Verseau	3.26.46.43,25	3.26.46. 8,5
Milieu	3.26.51.53	3.26.51.20

On voit qu'ils ont supposé l'effet de l'aberration de 14″ environ, ce qui fait presque le double du maximum ; ces calculs seraient à recommencer comme ceux de Bouguer et La Condamine. Quoi qu'il en soit, ils s'arrêtent à 3″26′52″¾, à l'arc terrestre 195 734ᵀ,547 et leur degré se trouve ainsi de 56 767ᵀ,788. Ils ont rejeté les observations qui avaient indiqué des changements extraordinaires dans les hauteurs.

Ce degré de l'Équateur, suivant les nombres qu'on choisira, peut être de 56 710 ou 56 768. En prenant les observations des Espagnols, corrigées de l'aberration, l'arc céleste diminuerait de 14″, dont le tiers est de 4″ environ, ce qui augmenterait le degré de 6o toises. Ils déclarent, au reste, qu'ils ne répondent pas de 8″ sur un degré. L'instrument, qui était celui de Godin, consistait en une pièce de bois de 20 pieds de long sur 6 pouces d'épaisseur, dans laquelle était emboîtée et clouée une barre de fer.

A son extrémité inférieure, la pièce de bois était croisée par deux pièces de la même sorte qui portaient une barre de fer, sur laquelle était cloué le limbe de cuivre; les extrémités de ce limbe étaient clouées et rivées sur la barre de fer, de sorte que le tout était ferme et solide.

De la barre de fer verticale s'élevaient six fourchettes de fer, au moyen desquelles la lunette était parfaitement affermie. Cette lunette, de 20 pieds de long, avait un micromètre. A l'extrémité supérieure de la barre de fer était le centre, plaque de cuivre, d'où s'élevaient des pincettes desquelles pendait un fil de pite, chargé d'un plomb du poids de quatre onces; vis-à-vis le limbe, le fil n'était plus de pite, mais d'argent fort délié de 0″,o3 de diamètre, lequel battait sur un point R, seule et unique division faite au limbe, et qui avait d'épaisseur deux diamètres du fil d'argent, ou 0″,o6.

On avait fiché en terre un cylindre de bois, à une brasse de profondeur, sur deux pieds de saillie; au-dessus de ce cylindre était une première planche qui tournait tout autour; sur cette planche il y en avait une seconde qui se mouvait de l'avant à l'arrière au moyen de deux vis; une troisième planche, placée sur la seconde, se mouvait à droite ou à gauche au moyen d'une vis, le tout avec beaucoup de délicatesse et fort doucement.

Sur la troisième table était, à demi enchâssé, un carré de fer et sur ce carré, dans un petit trou, reposait une cheville de fer, clouée à la pièce de bois, à laquelle elle servait pour les mouvements. Il y avait, à la partie supérieure, une autre cheville, laquelle entrait dans un anneau, qui par le moyen d'une charnière était affermi à la cheville, et la charnière était clouée à une poutre qui traversait la maison et avait un pied et demi d'épaisseur.

On assujettissait l'instrument dans le plan du méridien par le bas; et par le moyen de deux vis on calait l'instrument en sorte que le fil d'argent rasât le limbe, et que l'étoile passât au méridien à l'instant marqué pour la culmination; cet instant était déterminé par des hauteurs correspondantes. On tournait l'instrument à l'est et à l'ouest successivement et le fil à plomb battait sur un autre point R'.

On mesura la distance du centre P à chacun des deux points R et R', et la distance réciproque de ces deux points.

Voici ces mesures :

	G. Juan.		Ulloa.	
	A Cuenca.	A Mira.	A Cuenca.	A Mira.
PR	92398	92796	361344	785312,5
PR'	92344	92240	361147	780633,5
RR'	4581	6522	17912	55195
RPR'	2″50′29″44‴	4°1′30″38‴	2°50′27″59‴,5	4°1′31″13‴

On avait choisi les points R et R' de manière que les trois étoiles passaient par le champ de la lunette à des distances du centre à peu près égales, l'une au Nord et les deux autres au Sud; les distances furent trouvées, par le moyen du micromètre dont 1000 parties valaient $4'34''32'''$:

1740.

AOUT 20. ε d'Orion était éloigné du centre de... 6.19. 9 $4.56''' \frac{1}{3}$
SEPT. 22. » » ... 6.14.12 $\frac{2}{3}$
AOUT 20. α du Verseau était éloigné du centre de 4.32.54   17.48,5
SEPT. 21. » » ... 4.15. 5,5

Pour les deux étoiles en tout temps l'aberration est la même au même jour.

Quant à θ d'Antinoüs, il parut stationnaire à peu près; les mouvements des deux autres étoiles ne s'accordent pas avec la théorie de Bradley.

Du 1ᵉʳ au 2 septembre il y eut des différences de 5″ pour θ d'Antinoüs, ce qu'ils attribuent aux observations; en conséquence, ils rejettent les observations du 2 septembre.

Si les différences des degrés ne s'accordent pas à donner la même ellipse, ils pensent qu'on ne peut l'attribuer qu'aux observations.

Longueur du Pendule à Quito : 36ᵖᵒ6ˡⁱ,761.
Longueur du Pendule au bord de la mer : 36ᵖᵒ7ˡⁱ,173.

La Terre est un ellipsoïde aplati; la raison des axes est $\frac{205}{206}$.

G. Juan calcule les dimensions de cet ellipsoïde et des tables pour la navigation sur le sphéroïde; il donne une table des latitudes croissantes dans son hypothèse.

Voilà tout ce que nous savons sur la mesure du Pérou. Godin, resté comme professeur à Lima, puis à Cadix, rentré momentanément en France et mort à Cadix en 1760, n'a rien publié. Quelques-unes de ses mesures et de ses observations se trouvent consignées dans l'ouvrage espagnol; les plus importantes, celles de son arc céleste, nous sont inconnues, mais G. Juan assistait aux premières; Godin avait laissé l'instrument en place pour les secondes, et les officiers espagnols, appelés à la défense du pays, l'ont trouvé à leur retour: ils ont observé tous deux ensemble, et leurs observations remplacent celles de Godin. Nous avons ainsi trois résultats différents pour le degré du Pérou :

	Amplitude.	Arc terrestre.	Degré.		
				Au niveau de la mer.	A 14° R.
		T	T	T	T
Bouguer..........	3. 7. 1 (¹)	176940	57757	56735,6	56742,6
La Condamine.....	3. 7. 8 env.	176950	56735	56714,4	56721
Officiers espagnols..	3.26.52,4	195734,5	»	56767,8	»

Ainsi les Espagnols, par un arc plus grand, ont trouvé $56767^T,8$, c'est à dire 25^T de plus que Bouguer et 46^T de plus que La Condamine; ils ne font aucune correction pour la température.

Si nous admettons la correction conjecturale de Bouguer, leur degré sera de 56775^T, le milieu sera 56747^T environ, avec une incertitude de 20 à 30 toises, dont aucun d'eux ne veut répondre.

On ne voit pas que la mesure de l'arc céleste de Godin ait offert des erreurs aussi manifestes que les premières observations de Bouguer et La Condamine, et qui provenaient de la mauvaise construction de leur secteur; dans celui de Godin, le limbe était dans le plan du méridien, le centre et l'axe optique de la lunette y étaient pareillement, puisque les passages des étoiles s'accordaient avec les hauteurs correspondantes. Godin n'avait donc pas eu besoin d'être éclairé par les prétendues découvertes de Bouguer, qui n'étaient neuves que pour lui; Bouguer, au contraire, après

---

(¹) 3°7'3" ou 4" en tenant compte de la réfraction.

des essais malheureux, était revenu à faire ses fourchettes de la dimension nécessaire pour que la lunette fût adhérente à la barre de fer; à cet égard on pourrait donner la préférence à l'arc céleste des Espagnols qui doit nous représenter en partie celui de Godin. Celui-ci n'a point réclamé contre l'ouvrage imprimé tandis qu'il était en Espagne; en s'attachant à une nouvelle patrie, lui a-t-il cédé ses résultats ou accordé son silence? ne voyait-il aucune certitude à se déclarer pour les uns plutôt que pour les autres? Nous n'avons aucune réponse à ces diverses questions; ainsi nous sommes forcés à nous arrêter au degré de 56747^T; mais il faudra convenir que ce degré fameux, ouvrage de cinq astronomes, ne nous offre ni la même certitude, ni le même accord que les degrés mesurés au nord de la France par La Caille, ni même que son arc entier, ou son degré moyen entre huit, en négligeant les corrections qui paraissaient résulter de la trop courte et trop incertaine base de Rodez, la seule chose qui nous ait paru douteuse dans son opération.

Nous n'ignorons pas que ce jugement est peu conforme à l'opinion des géomètres. On a dit que *la* Figure de la Terre *par Bouguer ne peut être trop étudiée par les physiciens et les astronomes parce qu'elle offre un modèle parfait de l'art d'observer*. Nous ne dirons rien au nom des *physiciens;* mais comme astronome, qu'il nous soit permis de rabattre beaucoup de cet éloge, et de dire que pour la partie astronomique le livre de Bouguer est à peu près ce qui a paru de plus médiocre en ce genre, l'arc céleste ce que nous connaissons de plus défectueux; sa théorie des erreurs des instrumens, quoique juste dans le principe, est moins bonne et moins complète que les premiers essais de Picard et que la théorie de Molyneux, imprimée 62 ans avant la *Figure de la Terre*.

Ici se borneront nos critiques. Nous applaudirons très sincèrement aux recherches de Bouguer sur l'attraction des montagnes, sans être bien sûr des résultats obtenus avec un instrument très médiocre; à sa Table des réfractions pour la zone torride, sans avoir, pour la même raison, une confiance bien grande en cette Table; nous applaudirons sans aucune restriction à son ingénieux *Traité de la lumière,* à son mémoire sur la *Mâture des vaisseaux,* à son *Traité du Navire,* malgré quelques erreurs qui lui ont été reprochées; à celui de la *Navigation* qu'il a pourtant fallu refondre; à son *Héliomètre,* invention bien au-dessus de celles qu'il a maladroitement exaltées; à sa *Règle* pour trouver les hauteurs des montagnes par le baromètre et les logarithmes, enfin à quelques pages de géométrie insérées sans beaucoup de nécessité dans la *Figure de la Terre.*

Bouguer était donc un géomètre très estimable, mais n'avait-il pas une opinion un peu exagérée de son mérite? A-t-il rendu assez de justice à ses collègues? Que ne jouissait-il en paix de cette considération que personne ne lui disputait? pourquoi commencer d'une manière si inconsidérée cette attaque qui a rempli d'amertume ses dernières années et qui peut-être a hâté la fin de sa vie et de ses travaux? au lieu de chercher à faire disparaître toutes les traces de ses premières observations, n'était-il pas convenable, et d'une politique mieux entendue, d'avouer franchement que, tout à fait novice dans l'art d'observer, et surtout dans l'art de construire des instruments, il s'y était instruit à ses dépens et par ses fautes mêmes, qu'à force de réflexions il était parvenu heureusement à corriger? Quelle a pu être la source d'une erreur si déplorable? Un amour-propre excessif et chatouilleux, le désir de se montrer supérieur à ses collègues, d'attirer sur lui la principale attention, de passer pour avoir éclairé, conduit et dirigé l'entreprise? De là ces réticences nombreuses dont l'effet est d'inspirer des doutes légitimes sur la vérité des publications qu'on a bien voulu faire. Il a observé trois étoiles; où sont les observations des deux dernières? Il en donne les résultats, sans parler des écarts. Où sont toutes les observations de triangles et celles de ses bases? Pourquoi l'Académie, qui avait ordonné le voyage, qui avait obtenu du Gouvernement tous les fonds nécessaires, n'a-t-elle pas exigé de chacun des observateurs à son retour le dépôt des manuscrits? Pourquoi tous les journaux et les originaux de toute espèce ne sont-ils pas réunis à l'Observatoire royal, comme on y trouve tous les registres de La Caille et ceux de la dernière mesure? Nous l'avons dit ailleurs, et nous le répétons ici : on peut dispenser de ce compte rigoureux l'observateur qui observe pour lui-même l'obliquité de l'écliptique, les réfractions, la hauteur du pôle et tous les phénomènes qui s'observent en même temps dans tous les observatoires, ou tout ce que tout astronome peut vérifier en tout temps sans sortir de sa maison ; mais pour les opérations lointaines, qui exigent des déplacements, des frais considérables, et l'intervention des Gouvernements, pour toutes les mesures qu'on a si rarement l'occasion de répéter, il semble qu'à son retour l'astronome honoré de ces missions n'ait rien de plus pressé que de soumettre à l'examen ou au moins de déposer toutes les pièces originales qui mettront en tout temps à portée de recommencer les calculs, non pas peut-être pour les rectifier (à moins de découvertes nouvelles, telles que l'étaient alors l'aberration et la nutation), mais pour s'assurer de la fidélité scrupuleuse du premier calculateur, pour se convaincre qu'il n'y a rien d'arbitraire dans le choix qu'il aura fait et auquel on doit en tous temps avoir beaucoup d'égards. Est-il sans exemple qu'un astronome, après avoir cherché consciencieusement le résultat le plus probable de ses observations, ait eu la faiblesse de supprimer, de dissimuler ou même de corriger des écarts qui sont toujours des faits importants à connaître, mais qui dans son esprit pourraient nuire à la réputation d'astronome plus exact et plus habile qu'aucun autre?

Bouguer paraît avoir eu cette disposition malheureuse que nous avons, à notre grande surprise, reconnue et démontrée dans un astronome, observateur plus adroit et plus exercé que n'a jamais été Bouguer, et dont la fin malheureuse et prématurée a été le triste fruit de cette grande susceptibilité.

Voici, pour terminer ce sujet, une lettre autographe de Bouguer qui vient d'être renvoyée à l'Académie par le Ministre de l'Intérieur, comte Siméon, pour être déposée à la bibliothèque de l'Institut.

Lettre de Bouguer à un ministre (M. de Maurepas probablement).

Monseigneur,

Monsieur l'abbé de La Caille a rendu compte à l'Académie de toutes ses opérations, en entrant dans un assez grand détail au sujet du degré du méridien qu'il a mesuré au Cap de Bonne Espérance. Il a trouvé ce degré de 57037 toises ; ce qui ne peut pas manquer d'être exact, vu toutes les précautions qu'il a prises. Ainsi nous avons actuellement la grandeur du méridien en quatre endroits différens, savoir au Cercle Polaire, en France, au Pérou et au Cap de Bonne Espérance, ce qui doit, ce me semble, nous mettre en état mieux que jamais de connaître la figure de la Terre.

Mais il arrive tout le contraire de ce qu'on pouvait naturellement espérer; ces diverses mesures, qui devaient nous donner de nouvelles lumières, ne font qu'augmenter notre embarras, parce que la grandeur du degré du Cap de Bonne Espérance diffère trop peu de celle des degrés d'ici. On peut faire diverses combinaisons de ces degrés; mais elles conduisent toutes à des résultats différens; et si quelques unes s'accordent entre elles, c'est pour donner l'exclusion aux opérations faites en France (¹) ou pour nous apprendre que la Terre a une figure fort irrégulière (²), l'hémisphère austral se trouvant beaucoup plus aplati que le nôtre. Comme je crois, Monseigneur, avoir déjà eu l'honneur de vous le dire, l'équateur de la Terre est toujours distingué par une éminence considérablement élevée tout autour du globe; les parties des pôles sont affaissées (³), mais l'aplatissement est beaucoup plus considérable de l'autre côté que du côté du septentrion ou de ce côté ci. *Il est vrai qu'absolument parlant la Terre pourrait avoir cette forme* (⁴); mais, pour qu'il fût permis de l'assurer, il faudrait que les quatre mesures de degré ne fussent sujettes à aucune contradiction.

Le degré des environs de Paris a été mesuré en trois divers tems, et par différens observateurs. L'Académie s'en occupa peu de tems après son premier établissement. M. Picard fut chargé de cet ouvrage. Les académiciens de retour du Cercle Polaire en répétèrent les seules observations astronomiques et trouvèrent qu'il fallait les corriger. D'autres académiciens ont depuis examiné la mesure terrestre, mais ils ne l'ont examinée qu'en partie, et ils ne l'ont pas trouvée plus exempte d'erreur (⁵). Tous ces examens, faits à la suite les uns des autres, sans embrasser jamais toutes les parties de la détermination, n'étaient pas propres à dissiper les doutes (⁶), et il s'y est joint encore quelques autres particularités.

(¹) C'est-à-dire pour donner l'exclusion aux opérations les mieux faites, les plus sûres et celles qui depuis ont été si complètement vérifiées.

(²) Et qui prouve que la Terre doive avoir nécessairement une forme moins irrégulière?

(³) C'est là tout ce qu'on pouvait se flatter de déterminer, et la preuve en est complète, malgré les 60 toises d'incertitude qu'on a sur le degré du Pérou, les 100 toises d'incertitude qu'on voudrait attribuer au degré du Nord et les 5 ou 6 toises d'incertitude qu'on pourrait soupçonner au degré de Paris.

(⁴) Puisque la Terre peut avoir cette forme, quelle raison Bouguer a-t-il de la révoquer en doute?

(⁵) Lemonnier avait gâté le degré de Picard, gâté précédemment par J. Cassini, et si bien rétabli dès lors par La Caille.

(⁶) En parlant des vérifications informes des commissaires, il ne fait nulle mention de la mesure entière exécutée par La Caille.

Plusieurs commissaires, entre lesquels étaient MM. le Camus, Clairaut et Lemonnier, furent nommés par la Compagnie, pour assister à la vérification de la base, et je leur ai entendu dire plusieurs fois, en pleine assemblée, qu'ils n'avaient pas tout vu et qu'ils ne pouvaient se rendre garans de rien ([1]). C'est sur ces fondemens qu'on n'a pas craint d'avancer dans quelques livres publiés depuis un certain tems (*Hist. naturelle* de M. de Buffon, 1er article, p. 241 du 1er volume de l'édition in-12; *Recherches sur différens points du système du monde* de M. Dalembert, p. 208 de la 2e partie) que nous ne connaissions pas assez la grandeur des degrés en France; et ce reproche, quoique répété, est resté jusqu'à présent sans réponse ([2]). Cependant le doute est encore plus permis, depuis que M. l'abbé de La Caille a mesuré le degré du Cap de Bonne Espérance, avec lequel les degrés de France sont trop conformes ([3]). Il serait bien à souhaiter, pour le progrès des sciences physico-mathématiques et pour pouvoir profiter de tous les travaux entrepris pour le même objet, que cette matière fût parfaitement éclaircie. N'est-il pas étonnant qu'on puisse se flatter d'avoir assez exactement la grandeur du degré en divers endroits du Globe, et qu'on n'ait pas le même avantage pour les environs de Paris? ([4]). Il est digne de vous, Monseigneur, de procurer à toute l'Europe l'entière décision de cette question, pour laquelle le Roy a déjà fait des dépenses si considérables. Cette entreprise ne serait pas coûteuse et s'achèverait très promptement, parce que, outre qu'on se servirait des postes déjà reconnus, l'Académie est munie de tous les instrumens nécessaires. On pourrait se borner à la mesure de 2" ou 3"; mais il serait indispensable que la chose se fît d'une manière authentique, et fût comme discutée contradictoirement, en mettant les parties intéressées entre les observateurs. Après avoir remesuré les triangles ([5]), on disposerait deux

---

([1]) Qui les empêchait de voir tous les détails de la mesure de la base et de mesurer chacun à son tour une dizaine d'angles observés, pour joindre cette base au premier côté de Picard? N'ont-ils pas fait leur rapport, signé d'eux tous, et qui confirmait la correction de $\frac{1}{1000}$ indiquée par La Caille?

([2]) La Caille y a répondu dans sa lettre à l'Académie de Berlin.

([3]) Pourquoi accorder au degré du Cap la confiance qu'on refuse à ceux de France, mesurés par le même astronome, avec les mêmes instrumens? On peut faire valoir, en faveur du degré du Cap, les huit étoiles au Nord et les huit étoiles au Sud, observées aux deux extrémités, à peu de jours de distance.

([4]) Il prend pour bons le degré si incertain du Pérou et le degré du Nord, qui paraît meilleur, mais dont on se défie aujourd'hui, et doute du seul des trois qui ait été depuis complètement vérifié.

([5]) Il prescrit ici ce qu'il a fait au Pérou; heureusement il ne propose pas les secteurs dont on s'y était servi. Enfin, en proposant une chose qu'il croit utile, il demande qu'on ignore qu'il en a donné l'idée : c'est ainsi que du Pérou il écrivait au Ministre à l'insçu de ses compagnons, pour se faire défendre la mesure

secteurs aux deux extrémités de la méridienne, au nord et au sud, et on y observerait en même tems. Deux observateurs, si on voulait, suffiraient pour cela, mais il faudrait ensuite qu'ils passassent réciproquement d'un observatoire à l'autre, comme témoins nécessaires, pour voir s'ils trouveraient toujours les mêmes résultats. Ce n'est, Monseigneur, que le seul désir de faire une proposition utile qui me conduit dans cette rencontre; *mais comme ce projet ne sera sans doute pas agréable à tout le monde, j'oserais vous supplier, si vous me faites l'honneur de l'approuver, de vouloir bien qu'il ne paraisse pas venir de moi.* Je serai éternellement avec tout le profond respect possible, Monseigneur,

Votre très humble et très obéissant serviteur.

Signé : Bouguer de l'Académie des Sciences.

A Paris, rue des Pôstes, le 11 août 1754.

Degré de Rome.

L'Ouvrage que nous allons examiner offre plus d'une ressemblance avec le Traité de Bouguer sur la figure de la Terre. Nous allons voir deux mathématiciens (les jésuites Maire et Boscovich), qui n'avaient guère en astronomie que des connaissances théoriques, forcés comme Bouguer à construire leur secteur et même leur quart de cercle, obligés comme Bouguer à diriger un mécanicien qui de sa vie n'avait vu un instrument astronomique; appliquant leur géométrie aux constructions qu'ils dirigeaient, cherchant à évaluer les erreurs qui devaient résulter nécessairement de leur inexpérience dans l'art du constructeur, et donnant les évaluations trigonométriques de ces erreurs, les moyens de les prévenir ou de les calculer. La différence la plus marquée c'est que les deux jésuites paraissent arrivés tout d'abord à un degré de précision plus satisfaisant, ne remarquant dans leurs prémiers essais rien qui puisse les inquiéter ou les forcer à recommencer

---

du degré de longitude. L'ordre vint en effet et fut adressé à Godin qui voulait cette autre mesure, subsidiairement à celle du méridien.

La lettre est de 1754. Le rapport de la commission, dont Bouguer était membre et qui confirme une seconde fois les corrections de La Caille, est de 1757. Le rapport de l'autre commission est aussi de 1757. On peut croire que ces deux rapports ont été demandés par le Ministre sur les instances de Bouguer.

leur Ouvrage, et ne commettant dans leurs observations que les erreurs qu'on peut soupçonner, mais dont il est difficile de les convaincre. Nous verrons les auteurs traitant ensuite de la figure de la Terre, d'après la théorie et leurs observations; commentant même leur prédécesseur Bouguer; analysant l'hypothèse à laquelle Bouguer s'était arrêté et démontrant que cette hypothèse, établie sur les observations alors connues, s'écarte des observations plus modernes. Les géomètres, sans admettre cette hypothèse, donneront peut-être la préférence aux idées géométriques de Bouguer sur celles du jésuite qui s'attachait à tout ramener à la Géométrie élémentaire; mais il a, toutefois, d'autres parties pour lesquelles il pourrait au moins prétendre à soutenir la comparaison avec son prédécesseur.

L'Ouvrage des deux jésuites parut à Rome en 1755 sous le titre :

De litterariâ expeditione per pontificiam ditionèm ad dimittendos duo meridiani gradus ..., jussu, et auspiciis Benedicti XIV. P. M. suscepta a patribus Societe Jesu Christophoro Maire et Rogerio Josepho Boscovich.

La traduction française parut à Paris en 1770 sous le titre de :

Voyage astronomique et géographique dans l'État de l'Église, entrepris par l'ordre et sous les auspices du pape Benoît XIV, pour mesurer deux degrés du méridien, et corriger la carte de l'État ecclésiastique,..., augmenté de notes et d'extraits de nouvelles mesures de degrés faites en Italie, en Allemagne, en Hongrie et en Amérique.....

L'Ouvrage est divisé en 5 opuscules ou livres.

Le *premier,* qui est de Boscovich, est un récit historique de l'opération, des difficultés qu'ont rencontrées les astronomes et des risques qu'ils ont courus; une notice abrégée des travaux exécutés déjà dans le même genre, des travaux de Newton et d'Huygens, des observations de Cassini qui en avait d'abord déduit un aplatissement quoiqu'elles donnassent un allongement, des mesures plus certaines de Godin, de Bouguer et de La Condamine, de Maupertuis et de Lacaille, des inégalités dans la contexture de la Terre qui ont pu affecter les déterminations et influer d'une manière différente sur la mesure du pendule exécutée à diverses latitudes. L'auteur est disposé à reconnaître des irrégularités plutôt qu'une courbure géométrique dans la surface de la Terre. Il est désormais démontré que la Terre n'est pas parfaitement sphérique; il soupçonne même que les parallèles pourraient n'être pas des cercles parfaits. Dans cette incertitude il pense qu'il n'y a d'autre voie à suivre que de multiplier les mesures de degrés à diverses latitudes et dans des méridiens différents.

Il fit part de ses idées au cardinal Valenti, qui les soumit à Benoît XIV. Le Pontife donna les ordres nécessaires et les deux mathématiciens entrèrent en campagne pour tracer le plan de l'opération.

Maupertuis, voyant la difficulté d'accorder plusieurs degrés mesurés, avait parlé de déterminer la figure de la Terre par les parallaxes de la Lune, qui, pour chaque latitude, sont proportionnelles à la distance de la surface au centre. Boscovich objecte les inégalités si diverses et si peu connues de la Lune; et, de plus, de l'équateur au pôle la parallaxe ne varie guère que de 8″. Cette méthode serait donc encore plus incertaine que celle des degrés. Quant au pendule, il pense que les inégalités voisines de la surface ne changeront que peu de chose à sa longueur, et pourraient avoir une influence plus sensible sur le fil à plomb, et par conséquent sur la mesure du degré. Les inégalités de densité vers le centre auraient des effets contraires; l'incertitude serait autre et peut-être aussi considérable. Au reste, il résulterait de ce raisonnement que le pendule serait plus sûr pour déterminer la figure extérieure et totale, celle de l'enveloppe du globe, par conséquent les distances au centre et la parallaxe, ce qui serait l'essentiel. Le reste n'est que de curiosité, et cette curiosité ne sera peut-être jamais satisfaite.

Après ces aperçus généraux, Boscovich vient à l'histoire de la mesure. Ils avaient demandé à Mairan une toise étalonnée sur celle avec laquelle il avait réglé les toises du Nord et du Pérou. Cette toise n'arrivant pas assez tôt, ils prirent au Capitole une mesure de 9 palmes, se réservant de la comparer ensuite à la toise de Mairan. Sur cette mesure ils déterminèrent des perches de 27 palmes qui leur servirent pour les deux bases. Ces toises étaient posées horizontalement sur des trépieds qu'on pouvait hausser ou baisser à volonté dans certaines limites. Dans les pentes trop rapides on employait le fil à plomb pour suppléer au contact immédiat. Ce contact aurait eu quelques inconvénients; pour les éviter on laissait un intervalle entre chaque règle, on prenait la distance avec un compas et on la portait sur une échelle bien divisée. Ce moyen fut depuis bien perfectionné par Borda, pour notre mesure.

Le prêtre Augustin Rufo, de Vérone, fut chargé de construire le quart de cercle et le secteur : nous parlerons plus loin de ces instruments.

Les signaux étaient des pyramides formées de troncs d'arbres et dont les sommets étaient recouverts de feuilles, ce qui les rendait faciles à observer, quand elles se projetaient sur le ciel, mais presque invisibles quand elles se projetaient sur quelque montagne.

Dans la reconnaissance du terrain ils furent beaucoup contrariés par les pluies. Les paysans détruisaient leurs signaux : ils s'étaient persuadés que l'opération avait pour objet de déterrer des trésors enfouis dans les montagnes sous la garde de génies, dont ils redoutaient la vengeance. D'autres, moins superstitieux, dérobaient les matériaux, le bois, le fer qui entraient dans la construction. Les torrents, les débordements leur firent courir plusieurs fois des risques auxquels ils échappèrent par des moyens inattendus : des prêtres même, malgré les lettres du pape, leur refusaient l'entrée de leurs clochers.

La première base fut mesurée en 12 jours; sa longueur fut trouvée de $6139\frac{1}{2}$ toises de Paris. Les 9 palmes romaines valaient $891^{li},3$ de la toise de Paris.

Il donne des moyens pour retrouver les termes de cette base, et nos ingénieurs les ont, en effet, retrouvés depuis; l'un de ces termes était vis-à-vis le tombeau de Métella.

Un échafaud mal assuré pensa les faire périr; ils se retinrent heureusement en s'accrochant aux murs.

Ils mesurèrent leur seconde base près de Rimini, au bord de la mer, et firent des observations d'azimut et de latitude dans la maison de Garampi. Cette seconde base n'était pas exactement en ligne droite : elle était brisée comme celle de Perpignan en 1740 et comme nos deux bases de Melun et de Perpignan. La base de Rimini

fut trouvée de 6037^{T},62 : les deux mesures qu'on en fit ne diffé-
rèrent que de 2 pouces.

Le *second* opuscule est de Maire. Il contient une courte description des instruments : Le secteur n'avait point d'arc tracé sur son
limbe, mais une tangente divisée avec soin et dont on détermina les erreurs, qui n'étaient que d'un petit nombre de secondes.

Le quart de cercle donnait 2′ en plus sur le tour d'horizon.

Les angles observés, corrigés et réduits au centre, donnent des
erreurs qui ne vont pas à 30″ et dont la moyenne est 12″.

Pour les réductions à l'horizon on se sert du triangle sphérique
entre le zénith et les deux signaux; si l'une des distances est de 90°,
l'angle réduit se trouve par un triangle rectangle; si l'un des deux
signaux est au-dessus et l'autre au-dessous de l'horizon, l'arc de
distance entre deux signaux coupera l'horizon et l'on déterminera
le point d'intersection par la méthode qui sert à trouver le nœud
par deux latitudes de signes contraires; alors on a deux triangles
rectangles à résoudre. Il n'y aurait que quelques signes à changer
si les deux signaux étaient inégalement élevés tous deux au-dessus
de l'horizon ou tous deux abaissés au-dessous ; mais tout cela est
plus long et moins sûr que nos formules modernes.

On voit ensuite les observations azimutales; mais on tient
compte de la convergence des méridiens d'une manière trop
inexacte, qui, au reste, dans un arc si petit, ne doit pas produire
d'erreur bien sensible.

Maire donne ensuite ses observations d'amplitude et la longueur du degré : nous retrouverons ces articles dans le quatrième
opuscule.

La hauteur des montagnes n'est pas de la dernière exactitude :
le vent agitait souvent le fil à plomb d'une manière qu'on ne pouvait répondre d'une minute. Ils estiment la réfraction $\frac{1}{18}$ de l'arc
intercepté, et quelquefois $\frac{1}{9}$.

Le *troisième* opuscule est encore de Maire et il ne parle guère
que de la correction de la Carte; on y trouve une solution de
Collins (*Philosoph. Transact.* n° 69) pour le problème qui détermine un quatrième point par trois points connus : elle ne ressemble ni à celle d'Hipparque, ni à celle de Snellius, ni à la mienne;

elle aurait plutôt quelque ressemblance éloignée avec celle d'Hipparque, puisque l'une des distances est prolongée jusqu'à la rencontre avec le cercle; mais ce cercle passe par les deux objets extrêmes et par le point inconnu; le côté qui se prolonge est la distance de l'objet qui est entre les deux autres au point inconnu.

Soient (*fig.* 8) C, T, N les trois points connus; vous avez TC, TN, CN, les angles CTN, CNT et TCN.

P est le point à déterminer, et il suppose que de P on ait observé

Fig. 8.

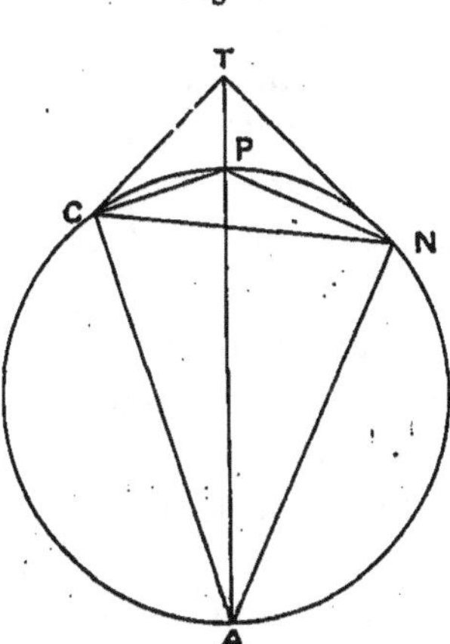

CPN. Prolongez en idée TP jusqu'en A, à la circonférence du cercle qui passe par C, P et N.

Vous avez CPN, donc CAN qui égale 180° — CPN ;

Vous avez observé TPN, donc vous avez

$$NPA = 180^\circ - TPN = NCA ;$$

Vous avez CAN, donc CNA ;

Vous avez CN, donc CA, AN et TNA = TNC + CNA ;

Avec cet angle et les côtés TN, NA, vous aurez ATN, TAN, et TA ;

Alors, dans le triangle TPN vous avez TPN, PTN, donc PNT et TN, donc PN et TP ;

Vous avez TPN, NPC, donc TPC supplément à 360° ;

Vous avez PTC égal à NTC — PTN, donc TCP, donc les côtés PC et PT.

La construction est simple, mais le calcul est assez long; ma solution est plus commode et plus générale; celle de Collins admet 6 cas différents.

L'opuscule finit par la table des longitudes et des latitudes des points les plus remarquables des États romains.

Le *quatrième* opuscule est de Boscovich. Il traite de la construction des instruments et de leur vérification. Nous ne dirons rien de la construction : les détails en sont fort longs. Tout ce qu'il nous importe de connaître c'est que la division du secteur est sur une tangente et non sur un arc, ce qui pouvait être plus commode au premier coup d'œil, mais qui pouvait avoir quelques inconvénients pour les réductions et les calculs, car il ne suffit pas que la tangente soit divisée en parties égales, il faut savoir à quelle partie répond le zéro. Il est vrai que la ligne droite était tracée sur une lame qui pouvait glisser dans une coulisse au moyen d'une vis, en sorte qu'on pouvait amener sous le fil à plomb un point donné de la division, duquel ensuite se comptaient les tangentes, et ce point était le zénith de l'instrument.

Pour amener la lunette sur une étoile on la poussait au moyen d'une vis, à peu près comme dans le secteur de Graham.

La suspension n'était ni celle de Graham, ni celle de Bouguer, elle tenait un peu de l'une et de l'autre. Le retournement était aussi facile qu'au secteur de Bouguer; au lieu de tourner sur des tourillons, la lunette tournait autour d'un boulon qui traversait une chape dans laquelle entrait la barre de fer qui portait d'un côté le limbe et de l'autre la lunette. Boscovich assure qu'elle ne pouvait être sujette à ces flexions qui ont si justement inquiété Bouguer et La Condamine.

Le micromètre était divisé en 180 parties et 171,446 de ces parties valaient une minute. Le rayon du secteur était de 9 pieds, il fallait 5 tours de la vis pour que la lunette avançât d'une division sur la tangente; il en fallait 25 pour qu'elle avançât d'un demi-pouce.

Après nombre de vérifications que l'auteur ne donne lui-même qu'en abrégé, il nous assure que les observations souvent répétées à Rome et à Rimini les ont parfaitement tranquillisés sur l'état de leur secteur. Maire et Boscovich étaient également myopes, ils

voyaient également bien dans la lunette, avantages que n'avaient
pas Bouguer, qui était myope, et La Condanime, qui était pres-
byte, en sorte qu'ils ne pouvaient observer l'un après l'autre sans
mouvoir l'oculaire. Jamais nos deux jésuites n'ont eu à se plaindre
de la parallaxe des fils.

Boscovich va traiter des vérifications en général. Bouguer en
avait parlé d'une manière incomplète et obscure; Boscovich entre
dans plus de détails, mais ses constructions sont trop pénibles
pour être satisfaisantes; tâchons d'être plus clair et plus rigoureux.

Supposons d'abord un secteur parfaitement rectifié de tout point
et placé bien exactement dans le plan du méridien PZS.

Soient (*fig.* 9) P le pôle, Z le zénith, SZE l'arc du méridien em-
brassé par les deux rayons extrêmes du secteur.

Une étoile passant au méridien en M, la lunette sera écartée du

Fig. 9.

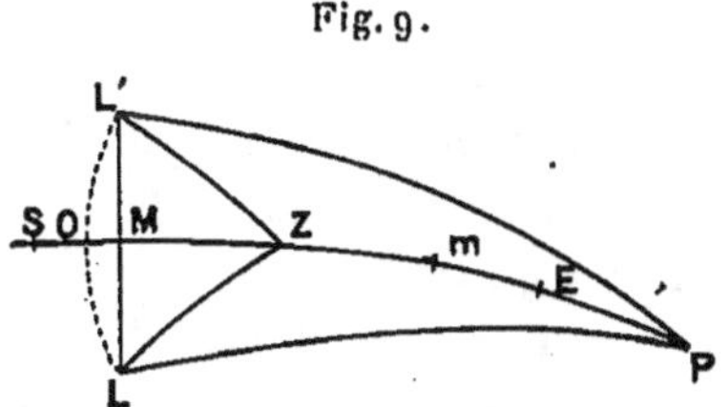

fil au plus d'un arc égal à ZM. Le secteur donnera la distance zénithale de l'étoile fort exactement et il la donnera immédiatement si
l'on connaît parfaitement le point zéro de la division.

Pour mieux assurer ce point de départ, retournez l'instrument
de l'est à l'ouest autour du fil à plomb qui se dirige en Z : le point M
viendra se placer en m et réciproquement; vous aurez $ZM = Zm$
et $Mm = ZM + Zm = 2\,Zm$, d'où $ZM = \frac{1}{2}\,Mm$.

Le passage de l'étoile au fil de la lunette en M se fera à l'instant
vrai de la culmination, et deux passages consécutifs au point M
donneront la marche diurne de la pendule.

Mais supposons que, l'instrument étant toujours bien vertical et
dans le plan du méridien, l'axe optique de la lunette, incliné au
plan du secteur, se dirige en L au lieu de se diriger en M : l'arc SE
sera toujours l'arc représenté par le limbe du secteur, l'arc perpendiculaire ML sera l'inclinaison de l'axe optique, le fil de la lunette

couvrira l'arc de grand cercle LML′, l'instrument donnera la distance ZM, qui ne sera plus la vraie distance, l'étoile sera observée en L, dans le fil horaire, et dans le cercle horaire PL, avant son passage véritable au méridién; l'erreur du passage observé sera $\frac{1}{15}$ LPM et

$$\sin LPM = \frac{\sin ML}{\sin PL}.$$

Soit LOL′ le parallèle de l'astre; ZO sera la distance vraie au zénith et PO $=$ PL $=$ PL′;

$$MO = ZO - ZM = PO - PM$$

sera la correction additive à l'arc observé ZM; or

$$(\text{I})\quad \left\{ \begin{array}{l} MO = \tang^2 \tfrac{1}{2} LPM \sin 2 PL \\ \qquad -\tfrac{1}{2} \tang^4 \tfrac{1}{2} LPM \sin 4 PL + \tfrac{1}{3} \tang^6 \tfrac{1}{2} LPM \sin 6 PL - \ldots. \end{array} \right.$$

C'est la formule de réduction de l'écliptique à l'équateur ou la différence entre l'hypoténuse et la base d'un triangle rectangle sphérique quelconque (*Astronomie*, t. II, p. 236). Pour ML $=$ 10′ et PL $=$ 43° on trouve $\frac{1}{2}$ LPM $=$ 7′20″, et le premier terme donne MO $=$ 0″,93632; quant au second terme, il est déjà insensible.

Voilà l'erreur que Bouguer attribuait si gratuitement à Picard, en supposant que son axe optique pouvait être incliné de 8′ à 10′, et il convenait lui-même que dans une supposition si peu vraisemblable l'erreur n'était pas de 1″.

Au lieu de prendre

$$MO = \tang^2 \tfrac{1}{2} LPM \sin 2 PL,$$

Bouguer et Boscovich calculent cette erreur d'une autre manière : Le triangle PML, rectangle en M, donne

$$\cos PL = \cos ML \cos PM,$$

d'où

$$1 : \cos ML \quad :: \cos PM : \cos PL$$
$$1 : 1 - \cos ML :: \cos PM : \cos PM - \cos PL$$
$$1 : 2 \sin^2 \tfrac{1}{2} ML :: \cos PM : 2 \sin \tfrac{1}{2}(PL - PM) \sin \tfrac{1}{2}(PL + PM)$$

et

$$2 \sin \tfrac{1}{2}(PL - PM) = \frac{2 \sin^2 \tfrac{1}{2} ML \cos PM}{\sin \tfrac{1}{2}(PL + PM)}$$

et pour abréger, sans erreur sensible,

$$PL - PM = \frac{2\sin^2\frac{1}{2}\,I\cos PL}{\sin PL} = 2\sin^2\frac{1}{2}\,I\cot PL = 2\sin^2\frac{1}{2}\,I\tan D;$$

on voit qu'ils confondent PM, PL et $\frac{1}{2}$ (PL + PM). I désigne LM. L'inconvénient n'est pas grave; en effet, soit comme ci-dessus $I = 10'$ et $D = 47°$, la formule donne $MO = 0'',9358$ au lieu de $0'',93632$.

Remarquons en passant la généralité et la commodité de notre formule générale et régulière (1) ci-dessus : en faisant $\Delta =$ distance polaire,

$$(2)\quad MO = \tan^2\tfrac{1}{2}P\sin 2\Delta - \tfrac{1}{2}\tan^4\tfrac{1}{2}P\sin 4\Delta + \tfrac{1}{3}\tan^6\tfrac{1}{2}P\sin 6\Delta - \ldots$$

dont le premier terme est toujours suffisant et dont les autres sont si faciles à calculer : avantage qu'elle ne partage avec nulle autre formule connue.

Pour reconnaître et corriger l'inclinaison ML, voici la méthode de Boscovich : observez le premier jour le passage en L et, après avoir tourné l'instrument de l'est à l'ouest, observez le lendemain le passage en L', de l'autre côté du méridien PZM. Soient T et T les temps des deux observations, R la révolution sidérale en temps de la pendule ou le temps qu'elle compte entre deux passages au méridien. Vous aurez

$$T' - T = R + \tfrac{1}{15}LPL',$$

et, si vous connaissez d'ailleurs R,

$$\tfrac{1}{15}LPL' = (T' - T) - R;$$

vous aurez donc

$$LPL', \quad LPM = \tfrac{1}{2}LPL'$$

et

$$\sin ML = \sin LPM \sin PL = \sin P \cos D = \sin I.$$

Mais, si R est inconnu, après les deux observations retournez l'instrument de l'ouest à l'est, observez le temps T'' d'un troisième passage et vous aurez

$$T'' - T' = R - \tfrac{1}{15}LPL';$$

vous avez déjà

$$T' - T = R + \tfrac{1}{15}LPL',$$

d'où

$$(T' - T) - (T'' - T') = \tfrac{2}{15} \, LPL' = \tfrac{4}{15} \, LPM.$$

Cette dernière équation vous donnera LPM, d'où ML comme ci-dessus; chacune des deux premières vous donnera la valeur de R, dans la supposition très vraisemblable que la marche de la pendule est uniforme en 48 heures. Boscovich détaille plusieurs combinaisons des passages en L et en L', à égales distances du méridien, mais la précédente est la plus simple et les autres s'en déduisent facilement.

La Condamine suppose connu l'instant du passage en M, et une pendule déjà bien réglée par les hauteurs correspondantes. Après avoir rectifié son parallélisme par la méthode imparfaite de Bouguer, il trouva $\tfrac{1}{15} LPM = 12'' = \tfrac{1}{15} L'PM$ et c'est ainsi qu'il démontre l'insuffisance du procédé de Bouguer. Boscovich est du même avis et dit de cette pratique qu'elle est *admodum sane crassâ*.

La méthode de Boscovich ne suppose rien qu'une méridienne tracée d'avance; elle est plus commode de beaucoup pour l'observateur.

L'inclinaison de l'axe optique n'empêche pas que ZM et Zm ne soient égaux, qu'on ne trouve ZM $= \tfrac{1}{2}$ Mm et par conséquent le point du zénith sur le limbe; il ne reste plus qu'à corriger la distance observée ZM.

Boscovich considère ensuite le cas où l'axe optique serait parallèle au plan du secteur, mais où, par négligence, on aurait laissé subsister dans le plan de l'instrument une inclinaison au méridien : j'ai considéré ce cas dans la *Base du Système métrique*, t. II, p. 183.

Dans cette supposition, la lunette, au lieu de décrire le méridien PZM (*fig.* 10), décrirait le cercle incliné Z'EM; l'étoile y serait observée en E, l'instrument donnerait la distance Z'E, la distance véritable pour ce moment serait ZE; ZZ' serait l'inclinaison I.

Le triangle ZZ'E, rectangle en Z', donnera

$$\cos ZE = \cos Z'E \, \cos ZZ' = \cos N \, \cos I ; \qquad N = Z'E,$$

équation d'où j'ai tiré la formule indéfiniment exacte

$$ZE - Z'E = 2 \sin^2 \tfrac{1}{2} I \cot Z'E - 2 \sin^4 \tfrac{1}{2} I \cot^3 Z'E + \tfrac{4}{8} \sin^6 \tfrac{1}{2} I \cot^3 Z'E$$
$$+ 4 \sin^6 \tfrac{1}{2} I \cot^5 Z'E + \ldots,$$

dont le premier terme suffit toujours. On a donc ainsi ZE, qui est
une distance observée hors du méridien et à laquelle il faudra, en

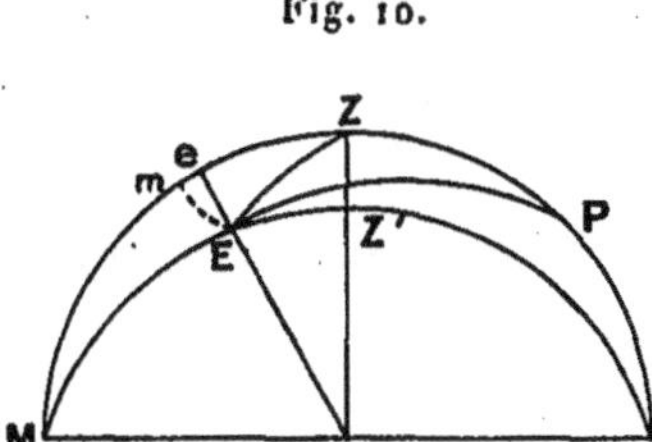

Fig. 10.

conséquence, appliquer la correction ordinaire (*Base du Système métrique*, t. II, p. 198),

$$-\left[\frac{2\sin^2\frac{1}{2}P\cos H\cos D}{\sin(H-D)\sin 1''}\right]+\left[\frac{2\sin^2\frac{1}{2}P\cos H\cos D}{\sin(H-D)\sin 1''}\right]^2\frac{\cot(H-D)\sin 1''}{2},$$

car là distance ZE sera trop grande, puisque PZ + ZE > PE
ou ZE > PE — PZ qui est la distance méridienne. Dans tous les
cas, pour calculer la correction il faut connaître ou éliminer
l'angle P. Je préférerais

$$-\tan^2\tfrac{1}{2}P\sin 2\,PE+\tfrac{1}{2}\tan^4\tfrac{1}{2}P\sin 4\,PE-\tfrac{1}{3}\tan^6\tfrac{1}{2}P\sin 6\,PE+\ldots$$

qui donne $me = PE - Pe$.

- Pour essayer ces diverses formules, calculons d'abord le problème par la trigonométrie.

Le triangle ZZ'E donnera d'abord

$$(3)\qquad \tan ZEZ' = \frac{\tan ZZ'}{\sin Z'E} = \frac{\tan I}{\sin N},$$

puis

$$(4)\qquad \begin{cases} \cot EZZ' = \tan e\,ZE = \tan ZEZ'\cos ZE \\ \qquad = \dfrac{\tan I}{\sin N}\cos N\cos I = \sin I\cot N, \end{cases}$$

$$(5)\qquad \tan ZE = \frac{\tan Z'E}{\cos ZEZ'}, \qquad \sin PE : \sin e\,ZE :: \sin ZE : \sin ZPE;$$

or, puisque

$$ZPE = P, \qquad PE = 90^\circ - D,$$

$$(6) \qquad \sin P = \frac{\sin ZE \sin e ZE}{\cos D} = \frac{\sin E e}{\cos D},$$

$$(7) \qquad \tang Z e = \tang ZO e = \frac{\tang N}{\cos I} = \tang N (1 + \tang \tfrac{1}{2} I \tang I).$$

Avec ces expressions nous aurons de quoi calculer nos formules de réduction.

Soient donc encore

$$ZZ' = I = 10', \qquad Z'E = N = 1^\circ, \qquad PZ = 42^\circ, \qquad H = 48^\circ,$$

PE sera 43° à $1''$ ou $2''$ près et $D = 47^\circ$.

Notre formule nous donnera ZE, plus faible de $0'',002$ que le calcul trigonométrique [formules $(3)\ldots(7)$], qui n'a pas cette exactitude.

Il reste à réduire ZE à la distance méridienne.

Du pôle P avec la distance PE décrivons $E m$; $Z m$ sera la distance méridienne que l'on demande; elle surpasse de $0'',96$ la distance observée $Z'E$.

Pour PE on trouve $43^\circ 0' 0'',898$; par aperçu nous avions adopté 43°, en avertissant que nous pourrions nous tromper de $1''$, ce qui n'est d'aucune importance pour le calcul de la réduction.

En réduisant $Z'E$ à $Z e$ par la formule $\tang Z e = \dfrac{\tang Z'E}{\cos I}$ et cherchant ensuite $m e = P m - P e$, par la formule régulière (1) $\tang^2 \tfrac{1}{2} P \sin 2 PE$ nous avons eu tout d'un coup :

$$Z m \dotfill 1^\circ 0' 0'',963$$

Par la double réduction nous trouvons :

$$Z m \dotfill 1^\circ 0' 0'',898$$

la différence $0'',065$ est absolument insensible et le premier procédé, qui est peut-être le plus sûr, est certainement le plus expéditif.

Il se réduirait aux deux formules bien simples

$$Z e - Z'E = \frac{\tang I \tang \tfrac{1}{2} I \sin 2 Z'E}{\sin 2''} \dotfill 0'',015$$
$$m e = \tang \tfrac{1}{2} P \sin 2 PE \dotfill 0'',936$$
$$\text{Correction totale} \dotfill 0'',951$$

au lieu de o″,989, soit o″,053 de différence. On voit qu'une inclinaison de 10′ ne produirait pas une erreur de 1″; or, avec un secteur de 9 pieds $=$ 1296¹ l'inclinaison du fil ou son écart du limbe serait

$$1296^{\mathrm{l}}\sin E\,e = 1296\sin I\cos Z'E = 3^{\mathrm{l}},77$$

ou près de 4 lignes, quantité qui ne pourrait, comme dit Boscovich, échapper à l'observateur le plus inattentif.

La correction de Boscovich consiste à faire

$$\frac{2\sin^2\frac{1}{2}I\,\tan g\,D}{\sin 1''} = o'',9165,$$

qu'il trouve en ramenant son second problème au précédent.

Tout cela se ressemble beaucoup, mais sa théorie n'est pas bien lumineuse et ses constructions sont fort pénibles.

Le mécanisme qu'il avait imaginé pour corriger l'inclinaison de l'axe optique avait cet inconvénient qu'il changeait le point du zénith sur le limbe; et, en effet, il a trouvé à cet égard quelque différence entre ce point donné par les observations de Rome et celui qui résulterait des observations de Rimini; il s'ensuivait qu'après avoir établi le parallélisme, il fallait de nouveau retourner le secteur pour en connaître le zénith. Il décrit un mécanisme pour remédier à cet inconvénient, mais ce moyen ajoute à la complication de l'instrument, et nous n'en parlerons pas.

Toujours il a vu l'étoile suivre le fil équatorial sans jamais s'en écarter, en sorte que, si le fil équatorial la couvrait tout entière immédiatement après le passage, elle sortait de la lunette sans jamais se remontrer, ce qui prouve que le demi-chan. de la lunette n'était pas considérable.

En observant le fil à plomb il a toujours eu soin que ce fil couvrît son image réfléchie par le limbe; il lisait les divisions du limbe au moyen d'une forte loupe.

La formule $\dfrac{2\sin^2\frac{1}{2}I\,\tan g\,D}{\sin 1''}$ de Boscovich est identique à notre formule de correction de $Z'E$, mais cette formule est appliquée au triangle $EP\,e$ rectangle en e : la distance polaire PE remplace la distance ZE.

En donnant, dans la *Base du Système métrique*, t. II, p. 183, la réduction de $Z'E$ à ZE, j'ai oublié de dire que ZE aurait besoin d'une autre réduction pour le méridien : ce n'est que 15 pages plus loin que j'ai donné cette autre réduction : mon but était de prouver que l'inclinaison du plan n'avait pu affecter sensiblement les observations faites au cercle de Borda ; la preuve eût été plus complète encore en faisant remarquer que la seconde correction détruisait en grande partie la première qui était déjà insensible.

Quant à cette seconde correction, on peut la faire ou par la formule donnée dans la *Base du Système métrique,* et qui est adoptée par tous les astronomes, ou, en certains cas, par la formule régulière qui donne *me* par triangle *e*PE ; mais il faut connaître P*e* ou Z*e* : c'est ce qui avait lieu dans le problème que nous venons de résoudre.

Boscovich va maintenant s'occuper d'un autre problème qu'il n'a pas eu l'art de rendre bien clair : il s'agit de l'angle que le plan du secteur peut faire avec celui du méridien, en supposant d'ailleurs le parallélisme exact et l'instrument bien vertical. Nous allons en donner une solution fort simple.

Soient (*fig.* 11) PZO le méridien, QZR le plan du secteur. La lunette décrira le vertical ZMQ et l'étoile sera observée en M

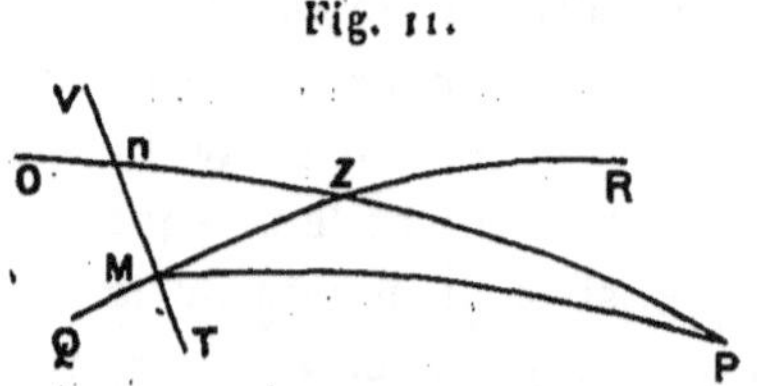

Fig. 11.

sur le fil TMV perpendiculaire au vertical ZMQ ; l'instrument donnera la distance zénithale ZM et cette distance, prise hors du méridien, aura besoin de la correction

$$- \frac{2 \sin^2 \frac{1}{2} P \cos H \cos D}{\sin(H - D) \sin 1''} + \dots$$

On suppose une valeur à l'angle de déviation MZn = Z :

$$\sin PM : \sin Z :: \sin ZM : \sin P, \qquad \sin P = \frac{\sin ZM \sin Z}{\sin PM} = \frac{\sin Z \sin N}{\cos D},$$

et, comme la correction sera nécessairement peu de chose, on peut réduire la correction à

$$-\frac{2\sin^2\frac{1}{2}\,P\cos H\cos D}{\sin(H-D)\sin 1''}=-\frac{\frac{1}{2}\sin^2 P\cos H\cos D}{\sin(H-D)\sin 1''}=-\frac{\frac{1}{2}\cos H\cos D\sin^2 Z\sin^2 N}{\sin(H-D)\sin 1''\cos D}$$

$$=-\frac{\frac{1}{2}\sin^2 Z\sin^2 N\cos H}{\cos D\sin(H-D)\sin 1''}=-\frac{2\sin^2\frac{1}{2}\,Z\sin^2 N\cos H}{\cos D\sin(H-D)\sin 1''}.$$

Cette quantité, déjà fort simple, peut s'évaluer à peu près en remarquant que $\frac{\cos H}{\cos D}$ diffère peu de 1, que N et H — D ne diffèrent que de quelques secondes, et qu'ainsi la correction se réduit à fort peu près à

$$-\frac{2\sin^2\frac{1}{2}\,Z\sin N}{\sin 1''}.$$

Dans tous les cas, rien de plus facile que le calcul de la formule

$$-\frac{2\sin^2\frac{1}{2}\,Z\sin^2 N\cos H}{\cos D\sin(H-D)\sin 1''}+\frac{2\sin^2\frac{1}{2}\,Z\sin^2 N\cos H}{\cos D\sin(H-D)\sin 1''}\,\frac{\cot(H-D)\sin 1''}{2},$$

qui suffira dans toutes les suppositions imaginables.

Dans la réalité l'étoile ne pourra suivre le fil TMV qui fait avec le cercle horaire PM l'angle TMP $= 90^\circ -$ PMZ; mais, pourvu qu'on observe l'étoile à l'intersection M des fils de la lunette, la distance ZM sera bien donnée par l'instrument; PM, PZ sont indépendants de l'observation et sont toujours connus assez bien pour le calcul d'aussi petites quantités.

Il n'est pas si aisé de connaître Z; Boscovich ne croit pas que Z puisse passer $20'$; supposons $Z = 60'$. Nous aurons

$$\left(\frac{2\sin^2 30'}{\sin 1''}\right)\sin N = 31'',415\sin N.$$

Or N ne passera jamais 3° et sera souvent bien moindre; l'erreur, dans ces suppositions forcées, ne sera que de $1'',644$. — Supposez $Z = 30'$: finalement il ne restera que de $0'',411$; — et supposez $N = 1^\circ 30'$ l'erreur se réduit à $0'',205$: l'erreur sera donc insensible.

Cette théorie est bien simple et bien claire; la construction de Boscovich est compliquée, ses expressions sont obscures et tout ce que j'y vois de plus sûr c'est que l'erreur est fort peu de chose; mais je m'en crois bien plus assuré par mes calculs.

En terminant ces recherches Boscovich se persuade qu'il y a mis plus de soin qu'aucun de ses prédécesseurs et qu'il a démontré que ses observations doivent inspirer la confiance ; je le crois ; mais, comme je ne partage pas tout à fait son opinion sur l'exactitude absolue de ses corrections, il est heureux que la conclusion ait été que les erreurs en général sont peu dangereuses. Mais, comme en voilà de trois espèces, dont il est à présumer qu'aucune observation n'est tout à fait exempte, il nous semble que la manière dont ces petites erreurs peuvent se combiner, surtout si l'on y joint les erreurs de la division du limbe, soit en arc, soit en tangentes, suffit pour expliquer les petites discordances qu'on trouve dans les observations du Nord de la France, du Cap et de Rome. Quant à celles du Pérou, qui paraissent plus fortes, il faut ajouter encore la flexion de la lunette et cette parallaxe des fils dont nos trois académiciens sont les seuls qui se plaignent et dont aucun autre n'a même parlé.

Boscovich s'attache ensuite à prouver, ce que personne ne lui contestera, que les mouvements des fixes sont aujourd'hui assez bien connus pour que les observations aux deux bouts de l'arc n'aient pas besoin d'être simultanées : l'incertitude sur l'aberration est à peu près nulle ; celle de la précession n'est pas plus grande ; les mouvements propres, s'ils existent, sont très lents ; quand il resterait $0'',5$ d'incertitude sur la nutation, elle n'aurait aucun effet sensible à un an de distance : elle était nulle pour nous à des intervalles plus longs parce que nous observions des étoiles au-dessus et au-dessous du pôle. Ainsi nous pensons que les raisonnements de Boscovich s'appliquent à toutes les mesures modernes.

Par différentes combinaisons de α du Cygne et de μ de la Grande Ourse il a les quatre amplitudes suivantes :

$$2°9'46'',1 - 47'',4 - 48'',8 - 46'',0 ;$$

il en déduit, par diverses combinaisons,

$$2°9'47'',4 - 46'',7 - 46'',0 - 48'',2 - 47'',4 - 46'',7.$$

Milieu général :

$$2°9'47'',0.$$

Ajoutez que, dans les différentes séries d'observations dont il donne ici les moyennes, les plus grands écarts autour de ces moyennes n'ont jamais passé 1″.

Voilà certes un accord bien satisfaisant, et, à moins d'une de ces erreurs constantes qu'il est toujours facile de soupçonner, mais qu'il n'est pas aussi aisé de démontrer et surtout d'évaluer, on sera forcé de convenir que cette amplitude doit être mise au nombre des plus sûres que l'on connaisse.

Le *quart de cercle* était divisé de 10′ en 10′ et de minute en minute par des transversales et des cercles concentriques espacés selon les règles de la Trigonométrie. Les lunettes étaient d'un demi-pied plus longues que le rayon; la lunette mobile avait un réticule de 45° qui pouvait s'incliner à volonté en tournant autour de son centre.

La lunette avait deux objectifs aux foyers desquels étaient un ou plusieurs fils, en sorte qu'on pouvait placer l'oculaire indifféremment à l'un ou à l'autre bout de la lunette, les deux axes optiques se confondaient et l'on pouvait directement vérifier l'arc de 90° et l'erreur de collimation. Rœmer avait eu cette idée longtemps auparavant et il assure qu'elle lui avait réussi. Ce double objectif lui donnait encore le moyen d'observer un angle obtus par son supplément, au lieu de le prendre à deux fois comme on y est obligé avec un quart de cercle ordinaire.

Pour reconnaître et rectifier les erreurs de parallélisme et de verticalité il donne des règles analogues à celles qu'il a données pour le secteur.

Son amplitude est de 7787″, son arc terrestre de 123221^T,3 et son degré de 56966^T,3 ou 56979^T; il croit ce dernier un peu trop fort. La latitude moyenne est 43°.

Sa méthode pour la réduction au centre ressemble beaucoup à celle de Bouguer et n'est pas meilleure. Pour les réductions à l'horizon, nous en avons déjà parlé.

La palme romaine	est au pied	4320	est à la toise	25920
Le pied romain	de Paris	3240	comme 2971 à	19440
Le pas romain	comme 2971 à	648		3888

Le *cinquième* opuscule traite de la figure de la Terre. Boscovich y discute et y démontre à sa manière des théorèmes de Newton,

Mac-Laurin, D'Alembert et Clairaut; nous n'entrerons pas dans ce
détail et nous passerons à la figure de la Terre qu'il a déduite des
degrés mesurés; il donne la Table suivante des degrés qui lui paraissent mériter quelque confiance, il fait à quelques-uns de ces
degrés de légères corrections, et il en aurait pu faire davantage :
les degrés méridionaux de France sont trop grands par les 80^T
ajoutées entre Bourges et Rodez pour satisfaire à la base de Rodez.

Numéros.	Latitudes.	Degrés.	Numéros.	Latitudes.	Degrés.
1	66.20	57422^T	9	45.45	57050^T
2	49.56	57081	10	45.43	57040
3	49.23	57074	11	44.53	57042
4	49. 3	57069	12	43.31	57048
5	47.58	57071	13	43. 1	56979
6	47.41	57057	14	0. 0	56753
7	46.51	57055	15	—33.18	57037
8	46.35	57049			

Degré de longitude à + 43"32'................. 41618^T

Il remarque, pour en conclure l'aplatissement en les combinant
deux à deux, qu'il faut exclure les degrés trop voisins; il donne
la préférence au degré du Nord, qui probablement est trop grand :
au degré d'Amiens de La Caille, que nous croyons un des meilleurs
qui existent; à son degré de Rome, que des vérifications faites depuis
et qui n'ont pas encore été publiées n'ont pas ramené à une ellipse
plus régulière; à celui du Cap dont nous ne voyons pas encore
quel pourrait être le défaut, et enfin à celui de Quito qui nous
paraît l'un des moins sûrs, puisque nous ne voudrions pas en répondre à 60^T près, mais que sa position rendra toujours extrêmement intéressant. De ces cinq degrés il forme le Tableau suivant :

Arc.	Lat.	Degré.	Erreurs.
Quito	0. 0	56751^T	0^T
Cap...................	33.18	57037	— 46
Rome	42.59	56979	+144
Paris..............	49.23	57074	+138
Nord....................	66.19	57422	0

où l'on voit, par la colonne des erreurs qu'il y a donnée, qu'il a
voulu principalement satisfaire aux deux degrés extrêmes : ce sont

peut-être ceux avec lesquels on pourrait prendre les plus grandes
libertés, car, si l'on ne peut répondre à 60^T du degré du Pérou,
nous verrons plus loin que par une nouvelle mesure on a trouvé
200^T de moins au degré du Nord. Ce n'est pas que je le croie susceptible d'une erreur pareille; mais, en rejetant la plus grande
partie de la différence sur des irrégularités locales, il en résultera
du moins que ce degré est l'un des plus incertains que l'on connaisse.

Il offre ensuite cette troisième Table des degrés comparés deux
à deux :

Combinaisons.	Ellipticité.	Combinaisons.	Ellipticité.
1.5	1 : 213	2.4	1 : 128
2.5	1 : 239	3.4	1 : 200
3.5	1 : 144	1.3	1 : 347
4.5	1 : 128	2.3	—1 : 486
1.4	1 : 314	1.2	1 : 78

De toutes ces comparaisons, celle qui approche le plus de nos
idées actuelles c'est celle du degré du Pérou et du degré de Paris.
Je ne sais pourquoi il suppose 0°.0′ pour la latitude de ce
premier degré dont la latitude moyenne est 1°.40′ environ. De
toutes ces combinaisons il n'y a du moins qu'une seule qui donne
un aplatissement négatif. La dernière donne $\frac{1}{78}$: c'est le plus fort
qu'on ait jamais trouvé.

Par un milieu entre les dix il trouve $\frac{1}{155}$; en rejetant la sixième
et la neuvième il aura $\frac{1}{108}$.

Ces degrés ne s'accordent avec aucune ellipse. Euler a fait trop
de violence aux observations; il admettait dans les degrés du Nord,
d'Afrique et de Quito, des erreurs de 19^T qui sont assurément très
possibles; mais il en supposait une de 169^T au degré d'Amiens, et
l'on avouera que c'était passer la mesure. Nous avons vu l'indignation de La Caille, mais nous trouverons par la suite des anomalies
d'après lesquelles Euler aurait pu se croire justifié.

L'hypothèse des quatrièmes puissances des sinus de Bouguer,
qui va assez bien avec les degrés d'Amiens, du Nord et de Quito
sur lesquels elle a été faite, qui va aussi bien avec celui de Rome,
est renversée par le degré du Cap, sans compter qu'elle n'est
fondée sur aucun principe physique.

A l'exemple de Bouguer il va chercher la nature de la courbe d'après plusieurs degrés : nous ne le suivrons pas dans toutes les réflexions et les tentatives qu'il fait pour arriver à une solution peut-être impossible. Tout ce qui lui paraît évident, c'est que *la Terre est aplatie vers les pôles*, que *l'irrégularité de la courbure de la surface sur laquelle nous vivons est tout à fait certaine*, mais que *la quantité de l'aplatissement est une chose très incertaine*, et le sera probablement toujours, pourrions-nous ajouter, sans risquer de nous compromettre.

Il finit par un problème qui sert à trouver l'ellipticité par un degré de longitude comparé avec un degré de latitude ; il trouve ainsi les aplatissements $\frac{1}{217}$, $\frac{1}{244}$, $\frac{1}{140}$, $\frac{1}{120}$ et $\frac{1}{154}$; le milieu entre tous est $\frac{1}{167}$, mais il avoue que les degrés de longitude sont, de leur nature, trop incertains.

Degrés de Vienne et de Hongrie.

En parlant, dans le *Traité d'Astronomie* (t. III, p. 523) de ces degrés auxquels nous n'avions que quelques lignes à donner, nous avions dit :

Le P. Liesganig, ayant mesuré le degré de Hongrie, trouva pour la latitude moyenne 45°57′ un degré de 56881^T ; et, par divers arcs mesurés près de Vienne, les quantités suivantes :

Latitude.	Degré.
48.43	57086^T
47.47	57074
47.15	57064

Mais dans un Journal fort répandu on a élevé quelques doutes sur la bonté des observations et même sur la *véracité de l'observateur*. Sans entrer dans cet examen nous nous bornons à copier les déterminations que l'auteur a consignées aux pages 255 et 257 de l'Ouvrage intitulé : *Dimensio graduum Meridiani Viennensis et Hungarici. Vindobonæ* 1770.

En donnant, en 1814, ce peu de lignes aux degrés de Liesganig, nous nous souvenions très bien que 11 ans auparavant nous avions lu dans le journal cité (*Monat. Corresp.*, 1803, t. VIII, p. 507) un article très long, très détaillé, et qui nous avait paru très fort contre ces degrés, devenus par là si suspects ; mais, plus les inculpations du critique étaient graves, moins nous nous étions cru en droit de les rapporter sans en administrer la preuve. Nous pensions en avoir trop dit pour qu'aucun astronome pût y être trompé et pour qu'aucun voulût jamais tirer un parti quelconque de ces degrés sans avoir auparavant discuté les reproches qui leur avaient été adressés si publiquement. Cette réserve, qui nous avait paru indispensable dans un traité qui ne devait renfermer rien de polémique, a été défavorablement interprétée par l'auteur de la critique, qui a cru voir dans nos expressions une protection accordée au travail du jésuite et un démenti formel de tout ce qu'il avait imprimé. Il a répondu avec une vivacité qui nous a causé quelque surprise et que nous nous garderons bien d'imiter. Nous exposerons ici les détails consignés dans l'Ouvrage original ; nous dirons ensuite, avec la même candeur et la même tranquillité, les objections qui ont été faites, et le lecteur jugera, car, en nous accusant de partialité, l'auteur de la critique nous a mis en quelque sorte dans la nécessité de nous récuser nous-même, et de supprimer notre opinion, que nous avons, au reste, confiée depuis plusieurs années et telle qu'elle était alors, a un ami très connu de l'auteur du journal.

Dès l'an 1759 Liesganig, accompagné du P. Scherffer, professeur de Mathématiques, avait été reconnaître les stations qui pouvaient être les sommets de ses triangles. Ce fut en 1762 qu'il put en commencer la mesure, aux environs de Vienne. Le 21 mai il se mit en route avec le frère Joseph Ramspœck, qui avait construit les instruments et qui sans doute devait se borner à en prendre soin, car Liesganig nous apprend qu'il n'avait *aucun témoin, aucun aide* ni dans ses observations, ni dans ses calculs ; et tout aussitôt il proteste du soin religieux qu'il a mis dans la rédaction, malgré plusieurs maladies graves en 1763, 1765 et 1766 : *præter religiosam pene (ut quidem aliis benigniùs de me sentire placet) in calculis subducendis et expendendis curam.*

Son premier soin avait été de demander une toise à La Condamine ; elle avait été vérifiée par La Condamine et La Caille en mars 1760, le thermomètre de Réaumur étant à 13° ; la toise était divisée en pieds, l'un des pieds en pouces, et l'un des pouces en lignes; elle était accompagnée de deux thermomètres éprouvés, l'un à mercure, l'autre à esprit-de-vin. Il avait, en outre, deux compas à verge qu'il nomme *micrométriques,* dont il donne la description, les figures et les vérifications : il en conclut que la toise de Vienne est à celle de Paris comme 864 est à 887,88152 ou comme 100000 à 102764; enfin le pendule qui bat les secondes à Vienne est de 440,562 lignes de Paris, ou de 452,739 lignes de Vienne. Il avait reconnu par une longue expérience que des perches formées avec des bâtons d'étendards coupés longitudinalement en deux parties égales et puis assemblés de manière que les fibres de l'une des deux moitiés fussent dans une direction opposée à celle de l'autre moitié, se conservaient plus droites, plus solides et moins sujettes aux variations de température : il adopta cette disposition dans la formation de ses perches pour la mesure des bases. Ces perches avaient 4 pouces d'épaisseur, 3,5 de largeur; la longueur était de 6 toises pour la première base et de 7 toises pour la seconde; elles étaient recouvertes d'une triple couche de peinture à l'huile avec un bon vernis.

Il avait 5 perches pareilles, dont quatre servaient à la mesure actuelle; leurs extrémités étaient armées de lames de fer enfoncées dans la perche et maintenues par des vis; ces lames étaient terminées par des prismes d'un demi-pouce d'épaisseur, l'un convexe et l'autre concave pour que le contact fût plus exact; la cinquième perche était réservée pour servir de comparaison.

Le quart de cercle avait un rayon de 2,5 pieds; l'instrument était de fer, le limbe seul était de cuivre : pour la construction et les vérifications nous renverrons à l'Ouvrage. Liesganig avait trouvé que l'arc de 90° était trop court :

Par la méthode de Louville de............	48″,6	
Par le tour de l'horizon.................	54,2	51″,4
Par un autre tour de l'horizon...........	51,8	
Milieu........................	52″ ou	51,6

Il employa 3 mois et plus à l'examen des divisions. Après avoir essayé la méthode des tangentes, il crut qu'il était mieux d'y employer ses compas micrométriques; il forma une Table des erreurs qu'il découvrit.

Les termes des bases étaient assurés par des pyramides dont il donne les plans et les figures. La première base était de $38465^{\text{pi}}5^{\text{po}}$ de Vienne : trois mesures avaient donné successivement

$$6410^{\text{T}}5^{\text{pi}}11^{\text{po}} - 5^{\text{pi}}8^{\text{po}} - 5^{\text{pi}}0^{\text{po}}.$$

L'auteur s'arrête à $6410^{\text{T}}5^{\text{pi}}5^{\text{po}} = 6410^{\text{T}},903$ ou $6238^{\text{T}},471$ de Paris ; la base inclinée était plus longue de 11^{po}.

La seconde base, mesurée directement en toises de Paris, était de $6216^{\text{T}}0^{\text{pi}}8^{\text{po}} - 0^{\text{pi}}2^{\text{po}}$; moyenne $6216^{\text{T}}0^{\text{pi}}5^{\text{po}} = 6387^{\text{T}},862$ de Vienne.

Les angles des triangles sont réduits au centre et sans doute aussi corrigés des erreurs de la division.

La somme des erreurs sur les trois angles est $282''$ en 31 triangles, sans distinction du signe ; ainsi l'erreur moyenne serait de $9'',9$; mais nous avons dit ce que nous pensons de ces angles corrigés d'une manière qu'on peut croire un peu arbitraire.

Les signaux étaient ou des clochers ou des pyramides semblables à celles de Boscovich ; il n'y a pas d'angle qui n'ait été mesuré 3 ou 4 fois.

La méthode pour la réduction au centre est celle de Bouguer et Boscovich. Liesganig en avait fait des Tables.

Dans la mesure des hauteurs et des dépressions, Liesganig, voyant qu'il ne pouvait se fier au fil à plomb, presque toujours dérangé par le vent, avait placé sur le quart de cercle un niveau dont il avait déterminé l'erreur, pour en corriger les distances observées.

Il suppose, avec Bouguer, que la réfraction terrestre est $\frac{1}{9}$ de l'arc : c'est probablement un peu trop, mais il n'en résultera rien de fâcheux pour la mesure du degré.

La réduction des angles à l'horizon est celle de son confrère Boscovich.

Les azimuts observés, comparés à ceux qui sont déduits des triangles, offrent les différences $+34''$ et $-16''$, qui n'ont rien de bien extraordinaire.

Pour calculer les différences de parallèle il emploie ou la trigonométrie sphérique ou une correction tirée d'une formule différentielle.

Arrivé à la détermination de l'arc céleste, le sentiment qu'il a de la difficulté pratique de cette opération et de l'importance de 1″ d'erreur, lui fait redoubler de soins et d'attention. Son secteur ressemblait beaucoup à celui de Boscovich; le rayon était de 5 999 220 millièmes parties de son micromètre. Au moyen de deux Tables assez courtes il pouvait transformer une tangente quelconque, donnée par le secteur, en degrés, minutes et secondes. Il avait une seconde Table, qu'il n'a point publiée, et qui lui donnait à vue cette transformation.

Il pouvait craindre la dilatation de sa règle mobile des tangentes; il s'était précautionné contre cet inconvénient en traçant, vers l'une de ses extrémités, une ligne qui s'étendait moitié sur la rainure de fer qui était fixe et moitié sur la règle mobile des tangentes : si celle-ci, par son excès de dilatation, se fût étendue, la ligne se serait séparée en deux lignes qui auraient cessé de coïncider; mais jamais il ne remarqua rien de semblable.

Le secteur était dirigé parallèlement à une méridienne filaire, et, pour le transport d'un lieu à un autre, on prenait les précautions les plus recherchées.

Voici maintenant les distances zénithales (¹) :

(¹) Nous omettons les corrections de précession, d'aberration, de nutation et de réfraction, qu'on trouve séparément en autant de colonnes. L'objectif n'était pas centré bien parfaitement : on ne pouvait y toucher sans changer la ligne de collimation, qui varie quelquefois d'une station à l'autre, et voilà pourquoi on avait tant de soin de retourner l'instrument.

On a mis un soin particulier à rendre l'instrument bien vertical et à le diriger dans le plan du méridien.

Aussitôt après la culmination on mettait l'étoile sous le fil horizontal; quand on remarquait quelque défaut dans la position du secteur, l'observation était rejetée.

Les petites différences entre les distances zénithales peuvent tenir à ce que les conditions qu'on s'était imposées n'ont pas toujours été assez exactement remplies.

Ces remarques sont tirées de l'Ouvrage; nous ajouterons qu'il eût été bien aisé à l'auteur, sans changer rien aux moyennes, de faire à quelques observations de petites modifications qui auraient diminué les écarts, lesquels, au reste, ne surpassent pas ceux qu'on trouve partout.

Sobieschitz.

<table>
<tr><td colspan="2" align="center">À l'Ouest.</td><td colspan="3" align="center">À l'Est.</td></tr>
<tr><td colspan="5" align="center">γ Dragon.</td></tr>
<tr><td colspan="2">1759.</td><td colspan="3">1759.</td></tr>
<tr><td>Sept. 17 .....</td><td>2.16.47,5</td><td>Sept. 27 .....</td><td>2.15.53,0</td><td></td></tr>
<tr><td>18 .....</td><td>51,0</td><td>28 .....</td><td>54,1</td><td></td></tr>
<tr><td>21 .....</td><td>50,7</td><td></td><td></td><td></td></tr>
<tr><td></td><td>2.16.49,7</td><td></td><td>2.15.53,5</td><td>2.16.21,6</td></tr>
<tr><td colspan="5" align="center">β Cocher.</td></tr>
<tr><td>Sept. 17 .....</td><td>4.20.59,2</td><td>Sept. 24 .....</td><td>4.21.58,5</td><td></td></tr>
<tr><td>18 .....</td><td>59,7</td><td>26 .....</td><td>60,7</td><td></td></tr>
<tr><td>21 .....</td><td>59,3</td><td>27 .....</td><td>60,4</td><td></td></tr>
<tr><td></td><td></td><td>28 .....</td><td>58,1</td><td></td></tr>
<tr><td></td><td></td><td>29 .....</td><td>60,7</td><td></td></tr>
<tr><td></td><td>4.20.59,4</td><td></td><td>4.21.59,5</td><td>4.21.29,5</td></tr>
</table>

Brunn.

<table>
<tr><td colspan="5" align="center">μ Dragon.</td></tr>
<tr><td colspan="2">1762.</td><td colspan="3">1762.</td></tr>
<tr><td>Juin 17 .....</td><td>3. 2.48,0</td><td>Juin 19 .....</td><td>3. 2.59,0</td><td></td></tr>
<tr><td>25 .....</td><td>46,5</td><td>22 .....</td><td>59,7</td><td></td></tr>
<tr><td>29 .....</td><td>47,8</td><td>24 .....</td><td>58,9</td><td></td></tr>
<tr><td></td><td>3. 2.47,4</td><td></td><td>3. 2.59,2</td><td>3. 2.53,3</td></tr>
<tr><td colspan="5" align="center">γ Dragon.</td></tr>
<tr><td>Juin 11 .....</td><td>2.20. 7,5</td><td>Juin 19 .....</td><td>2.19.51,0</td><td></td></tr>
<tr><td>12 .....</td><td>4,4</td><td>22 .....</td><td>52,1</td><td></td></tr>
<tr><td>14 .....</td><td>6,2</td><td>24 .....</td><td>49,4</td><td></td></tr>
<tr><td>17 .....</td><td>3,3</td><td>29 .....</td><td>51,9</td><td></td></tr>
<tr><td>25 .....</td><td>7,7</td><td></td><td></td><td></td></tr>
<tr><td></td><td>2.20. 5,8</td><td></td><td>2.19.51,1</td><td>2.19.57,4</td></tr>
</table>

Vienne.

<table>
<tr><td colspan="5" align="center">β Cocher.</td></tr>
<tr><td colspan="2">1760.</td><td colspan="3">1760.</td></tr>
<tr><td>Avril 1 .....</td><td>3.18.34,4</td><td>Avril 25 .....</td><td>3.19.26,3</td><td></td></tr>
<tr><td>3 .....</td><td>35,9</td><td>26 .....</td><td>24,0</td><td></td></tr>
<tr><td>12 .....</td><td>38,6</td><td>28 .....</td><td>22,7</td><td></td></tr>
<tr><td>19 .....</td><td>39,8</td><td>29 .....</td><td>26,7</td><td></td></tr>
<tr><td></td><td>3.18.37,2</td><td></td><td>3.19.26,3</td><td>3.19. 1,7</td></tr>
</table>

Vienne (*Suite*).

	A l'Ouest.		A l'Est.	

μ *Dragon.*

1763.		1763.		
JUILL. 27	2. 4. 2,6	AOUT 10	2. 3.58,1	
29	1,7	11	57,1	
31	2,6	12	58,0	
		14	57,0	
	2. 4. 2,3		2. 3.57,9	2. 4. 0,1

γ *Dragon.*

OCT. 13	3.18.27,8	OCT. 9	3.19.14,5	
14	27,2	10	15,0	
15	26,9	18	16,7	
	3.18.27,3		3.19.15,1	3.18.51,2

Gratz.

μ *Dragon.*

AOUT 28	0.55.55,6	SEPT. 4	0.55.17,1	
SEPT. 3	51,1	5	18,9	
7	50,7	6	19,9	
8	50,3			
	0.55.51,8		0.55.18,6	0.55.35,2

γ *Dragon.*

AOUT 28	4.26.58,6	SEPT. 4	4.27.31,5	
SEPT. 3	56,4	5	36,1	
8	59,8	6	32,4	
	4.26.58,4		4.27.33,3	4.27.15,9

δ *Cygne.*

SEPT. 3	2.30.46,9	SEPT. 4	2.30.15,3	
7	47,3	5	17,5	
8	45,8	6	16,8	
	2.30.46,7		2.30.16,7	2.30.31,7

α *Cygne.*

SEPT. 3	2.37.55,5	SEPT. 4	2.37.22,5	
7	59,4	5	26,4	
8	57,0	6	26,8	
	2.37.57,3		2.37.25,3	2.37.41,3

Gratz (*Suite*).

<table>
<tr><td>A l'Ouest.</td><td>A l'Est.</td></tr>
</table>

La Chèvre.

A l'Ouest		A l'Est		
1763.		1763.		
Sept. 3 ..... 1.20.47,3		Sept. 5 ..... 1.20.15,4		
8 ..... 47,o		6 20,8		
		7 ..... 16,o		
1.20.47,2		1.20.17,4		1.20.32,3

β Cocher.

A l'Ouest		A l'Est		
Sept. 3 ..... 2.10.54,6		Sept. 7 ..... 2.10.12,5		
8 52,2		11 15,7		
2.10.53,4		2.10.14,1		2.10.33,7

Varasdin.

δ Cygne.

A l'Ouest		A l'Est		
Sept. 28 ..... 1.44.46,2		Sept. 29 ..... 1.44.35,6		
30 45,7		Oct. 2 35,6		
Oct. 1 47,9				
1.44.46,8		1.44.35,6		1.44.41,2

α Cygne.

A l'Ouest		A l'Est		
Sept. 30 ..... 1.51.6o,5		Sept. 29 ..... 1.51.44,6		
Oct. 1 58,3		Oct. 2 46,5		
1.51.59,4		1.51.45,5		1.51.52,4

La Chèvre.

A l'Ouest		A l'Est		
Sept. 30 ..... 0.34.47,4		Sept. 29 ..... 0.34.36,9		
Oct. 1 47,3				
0.34.47,3		0.34.36,9		0.34.42,1

β Cocher.

A l'Ouest		A l'Est		
Sept. 28 ..... 1.24.5o,1		Sept. 29 ..... 1.24.38,5		
30 49,6		Oct. 2 37,7		
Oct. 1 ..... 46.3				
1.24.49,5		1.24.38,1		1.24.43,8

De ces observations Liesganig va conclure diverses amplitudes :

Sobieschitz-Vienne.

Amplitudes.

γ Dragon .... 1. 2.29,6 } 1. 2.28,7
β Cocher .... 27,8 }

Sobieschitz-Gratz.

γ Dragon .... 2.10.54,3 } 2.10.55,05
β Cocher .... 55,8 }

Sobieschitz-Varasdin.

β Cocher 2.56.45,7   2.56.45,7

Brünn-Vienne.

μ Dragon .... 0.58.53,2 } 0.58.53,
γ Dragon .... 53,8 }

Brünn-Gratz.

μ Dragon .... 2. 7.18,1 } 2. 7.18,3
γ Dragon .... 18,5 }

Vienne-Gratz.

μ Dragon 1. 8.24,9)
γ Dragon .... 24,7 } 1. 8.25,83
β Cocher .... 28,0)

Gratz-Varasdin.

δ Cygne .... 0.45.50,5)
α Cygne .... 48,9)
La Chèvre .... 50,1 } 0.45.49,85
β Cocher .... 49,9)

Différences de latitude entre Paris et Vienne.

$$0^\circ 38' 52'',4 - 55'',3 - 52'',5 - 54'',3 - 54'',0 - 55'',3$$
$$- 54'',7 - 55'',5 - 55'',4 - 55'',4.$$

Milieu .... 0°38′54″,5
Observatoire de La Caille................ 48°51′29″,2

Latitudes.

Vienne..........	48.12.34,5	1. 2.29,0	Vienne-Sobieschitz
Sobieschitz......	49.15. 3,5	0.58.53,5	Vienne-Brünn
Brünn	49.11.28	1. 8.25,5	Vienne-Gratz
Gratz..........	47. 4. 9	1.54.16,5	Vienne-Varasdin
Varasdin.......	46.18.18		

La latitude de La Caille suppose 48°5o′14″ pour l'Observatoire de Paris. Au reste ces différences de latitude, quoiqu'elles s'accordent singulièrement et que le milieu doive être fort exact ou fort approché, ne font rien aux degrés, qui sont ici notre objet principal.

Les valeurs des degrés, en toises de Vienne, sont les suivantes :

Entre Vienne et Sobieschitz	58664,4
Entre Vienne et Brünn..............	58668,7
Entre Vienne et Gratz...	58482,4 ou 58468,1
Entre Gratz et Varasdin............	58938,2
Entre Sobieschitz et Varasdin.........	58655,0
Entre Vienne et Varasdin............	58649,2 ou 58637,2 par β Cocher

L'auteur remarque que les degrés de Vienne vers le nord diffèrent à peine entre eux; au fond, ils diffèrent assez sensiblement; le degré Vienne-Gratz pèche par défaut autant que le degré Gratz-Varasdin pèche par excès. Ces remarques l'ont engagé à revoir tous ses calculs avec soin, mais il n'a trouvé rien à changer; de là les degrés rapportés au commencement de cet article. En dernier résultat il fait le degré d'Autriche de 57077ᵀ pour la latitude moyenne 47°55′. S'il y a quelque défaut dans ces divers degrés il croit qu'on peut l'attribuer à l'attraction des montagnes voisines de Gratz.

Degré de Hongrie.

Celui-là n'a rien à craindre de l'attraction des montagnes. Le pays n'est pas non plus cette plaine si unie et si facile à mesurer qu'on lui avait vantée; il est rare d'y trouver des points d'où la vue s'étende à 2000ᵀ; il lui a fallu 26 triangles pour un seul degré;

partout les matériaux manquaient, et l'on fut obligé de construire cinq signaux portatifs, qui ont servi successivement en diverses stations : ils étaient formés d'un arbre de 4^T de hauteur et d'un pied de diamètre, surmonté d'une pyramide hexagonale renversée et tronquée dont la hauteur était de 5 pieds; la base supérieure avait 5 pieds de diamètre et la base inférieure un pied et demi. Cette pyramide se voyait facilement à 10000^T de distance quand elle se projetait sur le ciel. On fut contrarié par les nuages et par des phénomènes de mirage presque continuels, qui étaient nouveaux pour les observateurs : je n'en ai pas vu un seul de Dunkerque à Perpignan.

Les hauteurs des stations étaient si peu de chose qu'on a pu négliger les réductions à l'horizon comme insensibles; d'ailleurs ces hauteurs n'auraient pu être mesurées que d'une manière fort incertaine.

La première base était de $3981^T,4$ de Paris et la seconde de $2704^T,0$, ce qui était suffisant parce que les côtés n'étaient pas grands.

Les erreurs sur la somme des trois angles vont à $-21''$ et $+18''$; l'erreur moyenne est $11''$ environ.

La distance des parallèles fut trouvée de $59990^T,29$ de Vienne et l'amplitude fut ainsi déterminée par δ et α Cygne :

Czurok.

A l'Ouest.		A l'Est.	

δ Cygne.

1769.		1769.		
Sept. 14	0.50. 0,4	Sept. 11	0.53.22,9	
15	0,1	13	23,9	
	0.50. 0,2		0.53.23,4	0.51.41,8

α Cygne.

Sept. 14	0.56.39,1	Sept. 12	1. 0.11,0	
15	38,7	13	10,2	
	0.56.38,9		1. 0.10,6	0.58.24,7

Kistelek.

| A l'Ouest. | A l'Est. |

δ *Cygne.*

1769.			1769.		
Oct. 24.....	1.51.41,9		Oct. 19.....	1.54.51,4	
25.....	41,6		20.....	51,3	
	1.51.41,7			1.54.51,3	1.53.16,5

α *Cygne.*

Oct. 25.....	1.58.24,8		Oct. 19.....	2. 1.33,8	
			20.....	33,5	
	1.58.24,8			2. 1.33,6	1.59.59,2

Czurok-Kistelek.

		Amplitude.
δ Cygne......................	1° 1′34″,7 }	
α Cygne......................	1° 1′34″,5 }	1° 1′34″,6

Degré conclu : 58454^T,3 ou, au niveau de la mer, 58453^T,0, soit 56881 en toises de Paris, à la latitude moyenne de 45°57′ et par 37°57′ de long. E. de Paris.

Suivant la remarque de l'auteur, ce degré est presque égal à celui de Boscovich pour 43° de latitude et plus petit de 68^T que le degré de France, de même latitude : on pourrait aujourd'hui réduire cette différence à 40^T environ.

Voilà l'extrait fidèle du livre de Liesganig; si l'on n'y trouve rien de bien neuf, ni pour les méthodes, ni pour les moyens employés, on peut dire aussi qu'on n'y remarque rien non plus qui fasse naître le soupçon ou la méfiance : la rédaction est faite avec simplicité et un air de bonne foi, les résultats n'ont rien qui doive étonner après les anomalies plus considérables que présentent des mesures plus modernes.

Nous rappellerons avec la même fidélité les objections qu'on a faites à ces degrés :

Première objection. — L'étoile que Liesganig dit avoir observée, et qu'il nomme μ du Dragon, devait passer à plus de 9° du zénith; on avait cru d'abord que ce pouvait être une faute de copie ou d'impression; mais, malgré l'examen le plus attentif des manuscrits de Liesganig, on n'a pu trouver aucune observation de cette étoile ni de celle qu'il a pu prendre pour μ du Dragon, quoiqu'on ait trouvé celles de plusieurs autres étoiles observées au secteur et employées à la mesure des degrés. —

Seconde objection. — Plusieurs des étoiles dont Liesganig a publié les observations se trouvent dans ses manuscrits, mais avec des différences de 2″, 3″, 6″ et même de 9″, ce qui fit naître un autre soupçon; on refit tous les calculs; il en résulta :

Troisième objection. — Les nouveaux calculs ne s'accordaient nullement avec ceux de l'auteur; les erreurs allaient jusqu'à 12″ dans le ciel et 150^T sur la terre; les latitudes géographiques de Sobieschitz, Brünn, Gratz et Varasdin diffèrent de 3″, 7″ et 12″ de celles que Liesganig a publiées.

De ces trois remarques l'auteur du Journal fait découler les découvertes suivantes :

1° *L'étoile observée à Brünn et à Gratz en 1762, et à Vienne en 1763, sous le nom de μ du Dragon, n'est autre que ι ou la 5ᵉ d'Hercule.* — Lalande et Piazzi ne diffèrent que de 1″,3 sur la déclinaison de cette dernière étoile. En prenant le milieu 46°8′44″,15 et le réduisant aux époques des observations, on aura pour les trois latitudes :

	49.11.32,12	47. 4.13,31	48.12.36,66
Suivant Liesganig.....	49.11.28	47. 4. 9	48.12.34,5
Différence	+ 4,12	+ 4,31	+ 2,16

La précession, l'aberration et la nutation ne sont pas les mêmes pour les deux étoiles; d'ailleurs il est bien singulier que les observations de l'étoile prétendue μ ne se trouvent nulle part dans ces manuscrits, où l'on trouve toutes les autres; *car ces manuscrits sont dans le meilleur ordre possible, d'une écriture très nette, en encre rouge, sans la moindre rature.* Le temps de la culmination n'y est donné, à la vérité, qu'en heures et minutes.

Ne résulterait-il pas de ces derniers renseignements que ces registres, qui sont aujourd'hui en la possession de l'auteur du Journal, ne sont que des copies mises au net, dans lesquelles il pourrait se trouver plus d'une omission et plus d'une faute de copie. Il serait seulement assez extraordinaire que toutes les omissions eussent porté sur μ du Dragon, à moins que Liesganig, s'étant aperçu de la méprise, ne les eût fait disparaître d'une copie faite longtemps après l'impression de son livre; μ du Dragon et ι d'Hercule ne se trouvent ni l'une ni l'autre dans le Catalogue de La Caille dont se servait Liesganig; μ du Dragon se trouve dans le Catalogue de Bradley, mais ce Catalogue n'a été publié qu'en 1773, et l'ascension droite y était en erreur de 0″43′; il n'existait aucune Table particulière d'aberration ni de nutation; il n'en existe pas encore, que nous sachions, pour ces deux étoiles. Liesganig a dû tirer du passage au méridien et de la distance zénithale observée au secteur l'ascension droite et la déclinaison qui lui ont servi à calculer la précession, l'aberration et la nutation; les calculs pouvaient donc être exacts et dans ce cas l'erreur sur le nom de l'étoile devenait une chose indifférente. D'ailleurs μ du Dragon ne se trouve jamais seul; supprimez cette étoile et les amplitudes resteront à très peu près les mêmes. On voit plus loin, dans le Journal, que le registre au net ne contient que des observations faites à Vienne et aucune de celles qui ont été faites aux autres stations. Il est donc à très peu près démontré que les manuscrits qu'on a pu compulser ne sont pas ceux qui ont servi aux calculs de Liesganig; ils sont en un trop bel ordre et composés avec trop de recherche pour être les originaux. Nous avons une preuve très sensible de la différence qu'il peut y avoir entre des registres mis au net et les brouillons de l'observateur : quand Méchain partit pour son dernier voyage d'Espagne, il nous avait remis les copies au net des observations qu'il voulait publier; on se tromperait fort si l'on croyait que ces copies contenaient la totalité des observations. Les registres au net et les feuilles originales sont aujourd'hui déposés à l'Observatoire et notre Ouvrage imprimé est entièrement conforme aux originaux.

Ces réflexions paraissent de nature à diminuer de beaucoup la confiance qu'il est permis d'accorder à ces registres en si bel ordre, mais si incomplets, de Liesganig.

2° *Les observations de Liesganig sont tout autres dans les manuscrits que dans l'imprimé.* — Nous pouvons penser encore que ce peut être la faute des manuscrits que l'auteur n'aura pas collationnés, au lieu qu'il est difficile qu'il n'ait pas relu les épreuves de son livre. Il est aisé d'ailleurs de se convaincre que les observations imprimées, et les moyennes qu'on en a déduites pour les amplitudes, ont entre elles une ressemblance parfaite.

En calculant ces observations d'après le manuscrit, l'auteur du Journal, dans la conversion des parties du micromètre en minutes et secondes, trouve une fois $0'',7$ de plus que Liesganig, une autre fois $+8'',9$ et une troisième $+6'',5$; il en conclut que Liesganig *se permettait d'altérer arbitrairement ses observations.* La chose n'est pas impossible, et l'on en trouverait peut-être des exemples plus certains, mais la chose n'est pas démontrée, et c'est là une de ces imputations qu'il ne faut hasarder qu'à la dernière extrémité, et quand il n'y a pas d'autre moyen d'expliquer les différences remarquées. Or nous verrons tout à l'heure qu'il y a des explications plus naturelles et moins désobligeantes. L'auteur du Journal trouve encore une erreur de $8'',3$ que nous ferons également disparaître, et enfin une autre qui n'est que de $1''$ que nous pourrions lui accorder.

Pour appuyer ses diverses assertions, l'auteur du Journal, dans son Tome IX, p. 121, donne la Table suivante des différences entre ses calculs et ceux de Liesganig :

β Cocher.		x Grande Ourse.		ι Grande Ourse.	
1760.		1760.		1760.	
Mars 25	—2,2	Mars 30	+2,9	Juin 21	—8,3
26	—2,2	31	+2,8	23	—1,0
28	—2,2	Avril 2	+0,7	24	—1,0
29	—2,2	3	+8,9	30	—0,9
Avril 1	+0,4	13	+6,5		
3	+0,3	Juin 16	—2,8		
12	—0,3	17	—2,8		
19	+0,3	18	—2,8		

Les plus importantes sont celles de $+8'',9$, $+6'',5$ et $-8'',3$: nous sommes persuadé qu'elles tiennent à des fautes de copie dans le nombre du micromètre du registre au net.

Liesganig nous assure qu'il a recommencé tous ses calculs quand il eut remarqué les anomalies de ses degrés, et qu'il n'y a trouvé rien à changer; il n'est pas ici pour se défendre et donner les explications que nous pourrions désirer; et nous devons, ce nous semble, interpréter de la manière la plus favorable tout ce qui est susceptible de deux interprétations. Nous reviendrons plus loin sur ces calculs.

L'auteur du Journal donne ensuite, d'après ses calculs, les variations de l'erreur de collimation, et il en conclut que l'instrument n'avait pas la fixité convenable. Voici cette Table :

Vienne.

			Collimation.
1758. Avril.		La Chèvre	—3.53,0
		ι Grande Ourse..............	—3.51,39
		ϰ Grande Ourse	—3.52,69
	Juin.	η Grande Ourse	—1.42,19
	Aout. Sept.	La Chèvre	—3.24,17
	Aout.	γ Dragon	—3.25,67
1759. Avril.		ι Grande Ourse..............	+1. 9,02
	Mai.	η Grande Ourse	+2.19,18
1760. Mars. Avril.		β Cocher..................	+0.24,02
		ϰ Grande Ourse	+0.24,06
		ι Grande Ourse..............	+0.16,82
1763. Juill.		ι Hercule....	—0. 2,37
	Aout.	γ Dragon	—0.23,97

Sobieschitz.

		Collimation.
1759. Sept.	γ Dragon..................	+0.28,29
	β Cocher..................	+0.30,04

Brünn.

		Collimation.
1762. Juin.	ι Hercule	+0. 5,98
	γ Dragon	+0. 7,37

Gratz.

		Collimation.
1762. Sept.	ι Hercule	—0.16,61
	γ Dragon	—0.18,59
	δ Cygne..................	—0.15,05
	α Cygne..................	—0.16,02
	La Chèvre	—0.14,89
	β Cocher..................	—0.19,69

Varasdin.

Collimation.

1762. Sept.	δ Cygne		—o. 5,72
	α Cygne		—o. 6,95
Oct.	La Chèvre		—o. 5,60
	β Cocher		—o. 5,32

Les observations de Vienne, en 1758 et 1759, étant antérieures à la mesure des degrés, nous intéressent moins; rien ne nous dit qu'on n'ait pas touché de temps à autre au secteur, pour en perfectionner la construction; nous savons que l'objectif n'était pas centré et qu'on ne pouvait y toucher sans changer la ligne de collimation.

Pour Sobieschitz il y a un déplacement, et la différence entre les deux déterminations n'est pas importante.

Pour Brünn, autre déplacement; la différence est moins forte.

Pour Gratz, nouveau déplacement : les différences de cette force ne sont pas sans exemple, même avec le plus moderne des secteurs.

Pour Varasdin, dernier déplacement : l'accord est tel qu'on peut l'espérer.

L'auteur du Journal passe ensuite au calcul des amplitudes et les compare à celles de Liesganig :

	L'Auteur.	Liesganig.	Diff.
Sobieschitz-Brunn	o. 3.37,10	o. 3.35,8	—1,30
Sobieschitz-Vienne	1. 2.36,82	1. 2.29,0(¹)	»
Sobieschitz-Gratz	2.10.54,84	2.10.55,0	+o,16*
Sobieschitz-Varasdin	2.56.47,02	2.56.45,7	—1,32*
Brünn-Vienne	o.58.59,06	o.58.53,5	—5,56
Brünn-Gratz	2. 7.17,40	2. 7.18,3	+o,90*
Vienne-Gratz	1. 8.19,79 1. 8.21,61	1. 8.25,8 1. 8.24,8	+6,01 +3,19
Vienne-Varasdin	1.54.10,30 1.54.11,09	1.54.17,9 1.54.16,0	+7,60 +4,91
Gratz-Varasdin	o.45.50,39	o.45.49,9	—o,49*

Malgré la sévérité de cet examen il nous resterait toujours les amplitudes [dont les différences sont marquées d'un astérisque]. Ce seraient toujours quatre arcs qui en vaudraient plusieurs autres et tout ne serait pas perdu. L'expérience a prouvé qu'on ne pouvait,

---

(¹) Qu'on réduit à 28″,7 (Del.).

avec un certain succès, partager un grand arc en plusieurs arcs plus petits, c'est-à-dire sans éprouver des anomalies sensibles. Notre arc de France, en 1800, donne, à la vérité, un aplatissement dans chacune de ses combinaisons, mais cet aplatissement n'est jamais le même. L'arc de Suède, de 1736, peut être considéré comme un démembrement de celui de M. Swanberg en 1803, et la différence entre l'arc total et l'arc partiel est bien plus forte; nous allons voir que les deux parties de l'arc de Turin donnent des différences bien plus incroyables; aussi les attribua-t-on au voisinage des Alpes. Enfin, l'arc d'Angleterre, mesuré avec le grand secteur de Ramsden, offre en ce genre une différence de 100^T qu'on ne peut rejeter sur les montagnes : les anomalies qu'on va nous faire remarquer ne seront donc pas un argument d'une grande force contre les degrés de Liesganig.

Des amplitudes corrigées comme ci-dessus l'auteur du Journal tire les différences suivantes entre ses degrés et ceux de Liesganig :

		Toises de Vienne.
Vienne-Sobieschitz..........	1. 2.26,82	+122
Vienne-Brünn..............	0.58.59,06	+ 92
Vienne-Gratz..............	1. 8.25,61	− 45,5 ou −.59,8
Vienne-Varasdin..........	1.54.10,69	− 50,8 ou − 62,8

Nous pourrions abandonner ces degrés comme trop incertains.

		Toises de Vienne.
Gratz-Varasdin,.............	0.45.50,39	+10,5
Sobieschitz-Varasdin..........	2.56.47,02	+ 8,4
Brünn-Gratz................	2.17.17,4	

On ne donne pas le calcul de ce dernier, mais les 0″,9 de différence entre les réductions ne feraient que 14^T de Paris, et cet arc, l'un des plus grands, n'était peut-être pas à dédaigner. Enfin, quand il ne resterait que l'arc entre Sobieschitz et Varasdin, le plus grand de tous et dont l'incertitude ne paraît que de 8^T, on aurait toujours à remercier l'auteur qui l'a mesuré et celui qui lui donne une exactitude plus grande de 8^T.

D'après tous ces calculs nous trouvons dans le Journal les

degrés suivants en toises de Paris, réduits au niveau de la mer, suivis des erreurs de Liesganig, et les quantités dont ces degrés s'écartent de l'ellipse :

Latitudes.	Degrés.	Erreurs.	Écarts.
	T	T	T
48°.43'	56981,13	+103,87	+68,53
47.47	57066,97	+ 7,03	—24,90
47.15	57118,91	— 54,91	—81,76

Mais nous serions bien tenté de regarder les corrections comme purement hypothétiques. Quant à l'ellipse, c'est celle dont M. Pasquich a déterminé les éléments (*Monatl. Corr.*, t. VIII, p. 411).

Les calculs qu'on trouve encore dans le Journal pour corriger les latitudes absolues de Liesganig ne sont pas de notre sujet, mais, pour ne rien dissimuler, nous rapporterons encore deux reproches adressés à Liesganig :

I. On nous assure que l'auteur s'est trompé de signe en appliquant l'aberration et la nutation de deux étoiles, mais que, par un bonheur singulier, l'erreur avait disparu du résultat.

II. De la montagne de Wildon, Liesganig n'a pu voir la chapelle de Sainte-Madeleine; *c'est un fait attesté par tous les officiers de l'État-Major et par tous les géomètres employés dans la direction des bâtisses de Vienne.*

Nous voulons bien croire que *tous les officiers de l'État-Major* ont fait l'attention nécessaire pour bien constater le fait; mais de ce que la chapelle n'est plus visible aujourd'hui ou ne l'était pas en 1803, il n'en résulte pas bien clairement qu'elle ne l'était pas 40 ans auparavant : beaucoup d'objets très visibles en 1740 se sont trouvés impossibles à voir en 1792 et 1793. Cassini en 1710 a vu des choses que je n'ai pu voir; j'en ai vu qu'il ne voyait pas : une montagne près de Bourges, sur laquelle La Caille avait placé un signal en 1740, était entièrement masquée par un bois en 1794, et j'ai été forcé de changer la disposition des triangles. Des officiers et des ingénieurs avaient attesté qu'une montagne de l'île d'Elbe était inaccessible et qu'on n'avait pu y mesurer un angle dont on possède l'observation, et depuis on a retrouvé sur la montagne l'endroit où le signal avait été placé et le piquet qui en marquait le centre. Il est donc toujours permis de se méfier, jusqu'à

un certain point, des attestations d'ingénieurs peu attentifs ou peu
intéressés à lever une difficulté qui leur paraît insurmontable; en
aucun cas on ne peut opposer une preuve négative à un fait bien
constaté; mais quand il serait vrai que Liesganig eût oublié de
nous avertir qu'il avait conclu à Wildon un angle de 46°59′ le mal
ne serait pas encore bien terrible. Liesganig nous avertit qu'à
Wildon il était obligé de s'élever de plusieurs toises pour voir (¹),
et nous donne (triangle 8) l'angle observé, l'angle réduit et les
hauteurs des deux signaux (+ 9′0″ et — 19′13″); il faudrait
d'autres raisons pour les opposer à de pareils témoignages. Au
reste nous avons annoncé que nous nous récusions, que nous ne
prétendons nier absolument rien de ce que l'auteur du Journal
a vu, vérifié, calculé, affirmé sur des preuves plus ou moins fortes,
mais nous ne nous sommes pas interdit toute conjecture pour
expliquer ce qui peut paraître douteux; et nous dirons simplement
que la censure de l'Ouvrage qui nous occupe nous a paru extrêmement sévère, qu'elle est rédigée comme un acte d'accusation et non
comme la sentence d'un juge qui aurait attentivement pesé le pour
et le contre, et qu'ainsi nous n'avons pas dû nous exprimer autrement que nous avons fait en 1814 dans notre Traité d'Astronomie.

A la page 524 du Journal on trouve trois calculs destinés à
montrer les erreurs commises, soit sciemment, soit par maladresse,
par Liesganig. Examinons ces calculs :

	I.	II.	III.
	1^{div}	2^{div}	2^{div}
Div. de la tangente...	0,0005.999,22	0,0011.998,44	0,0011.998,44
Micromètre..........	+5.852,00	+165	+15
Tang. dist. zénithale..	0,0011.851,22	0,0012.163,44	0,0012.013,44
Distance zénithale.....	6′.47″,47	6′.58″,21	6′.53″,04
Journal...............	6.47,4	6.58,2	6.53,4
Liesganig.............	6.46,7	6.49,3	6.46,9
Erreur de Liesganig.	0,77	8,91	6,14

(¹) Liesganig nous dit positivement, page 97, qu'il n'est aucun angle qui n'ait
été observé 3 ou 4 fois; que la montagne, près de Wildon, était plantée d'arbres
et que pour voir les objets environnants il a été obligé de construire un échafaud
assez élevé pour dominer les arbres, *arboribus consitus, ultra quas quo emi-*
nerem, ..., suggestum aliquot hexapedas altum erigendum erat, in quo cum
Quadrante consisterem. Depuis 1762, ces arbres n'ont-ils pu grandir au point de
rendre l'observation impossible? (*Introductio,* feuille C.2 verso). La même
chose ne m'est-elle pas arrivée dans la forêt d'Orléans?

Calcul I. — L'erreur paraît vérifiée ; mais supposez que le copiste ait mis 5852 au lieu de 5832 ; la distance zénithale est 6'46",78 plus forte de 0",08 que celle de Liesganig : il est donc bien probable que Liesganig avait écrit 5832, que le copiste aura transformé en 5852.

Calcul II. — L'erreur paraît encore constatée ; mais supposez que le copiste ait mis + 165 au micromètre au lieu de — 165 : l'erreur sera réduite à 2",44. Mais lisez — 105 au lieu de 165 : l'erreur se réduit à 0",18. Il n'y a certainement nulle impossibilité que le copiste ait mis + 165 en place de — 105 ; il est bien plus vraisemblable qu'il ait fait cette faute, qu'il ne l'est que Liesganig, du jour au lendemain, ait varié de 9" sur la distance zénithale de l'étoile. Passe encore pour la différence 2",44 que l'on aurait en supposant — 165 au lieu de + 165 ; et que deviendrait cette erreur divisée par le nombre des observations entre lesquelles on prend un milieu ? Nous voyons par le Journal même que les parties du micromètre étaient presque aussi souvent négatives que positives ; rien de plus ordinaire que de placer un + pour un — et réciproquement, d'écrire un 6 au lieu d'un 0, comme un 5 au lieu d'un 3. Pourquoi ne pas admettre que le copiste a pu se tromper au moins aussi facilement que l'astronome ? Nous n'assurons rien sur le fait même, nous opposons une possibilité à une autre possibilité. Il nous paraît certain que l'auteur a fait ses calculs sur ses cahiers originaux et que l'auteur du Journal a fait les siens sur une copie qui n'a pas d'authenticité.

Calcul III. — L'erreur est 6",14 et le Journal dit 6",5 ; mais lisez — 150 au micromètre et l'erreur devient + 0",47. On dira que nos suppositions sont arbitraires, et nous en conviendrons, mais elles sont très simples, elles s'accordent avec les calculs de l'astronome, elles mettent tout l'accord désirable entre ses observations. Est-il moins arbitraire, pour ne rien dire de plus, d'accuser l'astronome d'avoir falsifié trois observations ? Si la copie retrouvée a été faite sous ses yeux, comment supposer qu'il y a laissé subsister la preuve de ses infidélités ? Si la copie n'est pas de lui, s'il ne l'a pas assez soigneusement revue, elle n'a aucune authenticité, elle ne prouve rien. Or il paraît sûr que ce n'est qu'une copie, car elle ne contient que les observations faites à Vienne et ne les contient pas toutes. Nos suppositions sont admissibles, elles sont moins invraisemblables que les altérations et les imprudences dont on accuse Liesganig; ainsi, sans assurer de quel côté sont les torts, qu'il nous soit permis de dire que ceux de Liesganig ne sont pas prouvés *luce meridianà clariùs*, comme on vient encore de l'affirmer hautement en 1819.

Ces trois essais nous ont donné la curiosité de refaire les calculs de la page 121 du Tome IX du Journal, non par aucune défiance sur l'exactitude de ces calculs, mais pour être en état de former quelques conjectures sur la cause des différences qui existent entre ces doubles calculs.

	IV.	V.	VIII.
Parties du limbe...	59ᵖ 0,0353.953,98	58ᵖ 0,0347.954,76	58ᵖ 0,0347.954,76
Micromètre........	—5.970	—31	+31
Tangente.........	0,0347.983,98	0,0347.923,76	0,0347.985,76
Distance zénithale..	3.19.11,0	3.19. 8,9	3.19.11,1
Journal..........	3.19.11,0	3.19. 8,9	3.10.11,1
Liesganig.........	n'utilise pas cette observation	3.19.11,1	3.19.11,1
Erreur........		2,2	0,0

N'est-il pas évident que dans V il y a erreur de signe sur la partie micrométrique, que Liesganig a supposée + 31 et le copiste a écrit — 31. Il résulte de ces calculs que 62 parties du micromètre équivalent à 2",2 ou 29,08504 à 1".

Pour faire disparaître l'erreur des trois observations suivantes, qui est également + 2",2, il faudrait donc ajouter environ + 62 parties du micromètre. Nous convenons volontiers que ces corrections sont peu vraisemblables, quand on les réduirait même à 60. Nous admettrons donc que dans ces quatre observations, ou peut-être dans les trois dernières seulement, Liesganig a pu se tromper de 2",2 en transformant les parties du micromètre en secondes, soit par inattention, soit par la faute de sa Table, qu'il n'a point publiée.

L'erreur moyenne entre les quatre observations sera donc.   —2,2

L'erreur entre les quatre suivantes, après le retournement.   +0,1

Somme des erreurs....................................   —2,1

La demi-somme sera l'erreur de cette étoile....................   1,05

Il était bon de la corriger, mais, après tout, elle ne ferait que 16ᵀ pour un arc de 1° et elle se diviserait par le nombre des degrés de l'arc. Tout cela n'est pas extrêmement fâcheux. Combien compte-t-on de degrés qui soient sûrs à 16ᵀ près ? Encore une fois, les erreurs de cet ordre doivent être corrigées quand on les aperçoit ; elles ne doivent pas inquiéter beaucoup quand on les soupçonne sans pouvoir les démontrer. Admettons que celle-ci soit démontrée.

Les deux erreurs suivantes sont 2″,9 et 2″,8, ce qui supposerait des fautes de copie de 110 et 105 environ. Les parties micrométriques sont — 4680 et — 4630 ; lisons — 4780 et — 4730 : les erreurs se réduisent à 0″,55 et 0″,61. Ainsi, la correction d'un seul chiffre dans la partie micrométrique réduirait les erreurs à 0″,5 et 0″,6 que nous pourrions attribuer à la Table de conversion de Liesganig.

Les trois erreurs suivantes + 0″,7, + 8″,9, + 6″,5 que présente le Journal ont été expliquées ci-dessus.

Après quoi nous trouvons trois erreurs égales à — 2″,8 qui nous indiquent encore une erreur de 100 parties en sens contraire ; en l'admettant les erreurs tombent à — 0″,53, — 0″,6 et — 0″,7.

L'erreur suivante est bien plus forte, mais la faute de copie est manifeste : dans quatre observations [faites] dans l'intervalle de 9 jours les parties micrométriques sont + 1476, + 1640, + 1690, + 1670. Il est clair qu'il faut lire + 1676 à la première, ce qui réduit l'erreur à + 1″,4. Les trois autres sont + 1″,0, + 1″,0 et + 1″,1.

Voilà donc quatre observations sur lesquelles Liesganig, dans sa réduction, se sera trompé d'une seconde, peut-être par la faute de sa Table ; nous n'avons certes jamais prétendu que Liesganig n'ait pu, dans aucun cas, se tromper de 1″ ou 2″, ni dans ses observations, ni dans ses calculs ; mais, ces erreurs n'ayant jamais de loi certaine, le milieu entre tous les calculs et toutes les observations doit approcher beaucoup de la vérité malgré ces erreurs. Dans le nombre il y en a trois seulement qui sont plus fortes ; nous les expliquons par l'erreur d'un chiffre dans la copie. L'auteur du Journal aime mieux y voir des falsifications ; il n'a pas voulu faire mentir notre bon La Fontaine qui a dit : *Tout faiseur de journal doit tribut au malin.*

Résumé. — Liesganig a calculé sur ses originaux, véritables et complets; l'auteur du Journal a calculé sur *un beau registre de l'Observatoire de Vienne,* où l'on trouve des observations qui portent le nom de Liesganig et quelquefois aussi celui d'un autre observateur. Ce registre ne contient aucune des observations faites aux quatre autres stations, ni même les observations de l'étoile désignée faussement sous le nom de μ du Dragon, faites à Vienne. Cette dernière étoile n'a pu être employée dans les calculs que d'après les observations, puisqu'elle ne se trouvait dans aucun catalogue moderne et qu'on ne trouvait dans celui de Flamsteed que la longitude et la latitude sur laquelle on pût compter. L'erreur de nom devient donc tout à fait indifférente. Il est clair que le manuscrit d'après lequel on a fait les nouveaux calculs est extrêmement incomplet pour ce qui regarde la mesure des degrés; nous pouvons à bon droit y supposer quelques erreurs de copie, du genre le plus simple et le plus ordinaire; elles font disparaître les trois erreurs les plus importantes et même quelques-unes des plus légères; il nous serait donc permis de conclure que c'est aux calculs de Liesganig qu'il faut s'en tenir et que l'accusation reste dénuée de preuve. Mais nous répétons que nous ne prenons aucun parti; le lecteur jugera. Les degrés de Vienne et de Hongrie vaudront ce qu'ils pourront; ils s'accorderont ou ne s'accorderont pas avec une ellipse régulière ou avec l'hypothèse incertaine de la similitude des méridiens. On y peut soupçonner, comme dans beaucoup d'autres, quelques erreurs de 1″ ou 2″; effacez l'étoile μ, ces degrés changeront peu; ne tenez aucun compte des observations de Vienne, il restera quatre arcs contre lesquels on n'a fait aucune objection et sur lesquels la différence entre les calculs anciens et [les] nouveaux ne monte qu'une seule fois à 1″,32 pour 3°; il restera un arc de 2°11′ sur lequel la différence n'est que de 0″,16; on ne voit là rien qui autorise à rejeter ces quatre degrés, ni même les autres, tels qu'ils nous ont été donnés par Liesganig.

Nous bornerons là des réflexions qui nous ont paru indispensables. Nous avons imité la seule réserve dont l'auteur du Journal nous a donné l'exemple : il ne nous a point nommé en nous attaquant, nous ne le nommons pas en nous défendant; il nous avait assez clairement désigné d'ailleurs; le nom du Journal, que nous avons dû citer, le fera suffisamment connaître.

Gradus Taurinensis, 1774.

Boscovich, d'après ses idées sur l'attraction des montagnes, avait témoigné le plus grand désir qu'on mesurât deux degrés nouveaux, l'un dans un pays de plaine comme la Hongrie et l'autre dans un pays de montagnes comme le Piémont. Par ses sollicitations il contribua beaucoup à la détermination prise par l'impératrice Marie-Thérèse de faire réaliser le premier de ces projets par Liesganig; il eut grande part également à la résolution du roi de Sardaigne, qui chargea Beccaria de mesurer le degré de Turin.

J.-B. Beccaria, clerc des écoles pies, était un professeur de Physique qui, de sa vie peut-être, n'avait fait une observation astronomique. Il s'adjoignit Dominique Canonica, autre professeur de Physique, qui, probablement, n'était guère plus exercé, mais dont il nous parle comme d'un homme plein d'ardeur pour les observations, et de science pour les calculs. La construction et le soin des instruments furent confiés à Francalancia, mécanicien qui n'est connu de nous que par la part qu'il prit à l'opération du degré.

Leurs premiers soins furent pour le choix des bases, chose qui n'était pas très facile dans un pays si montueux et partout entre-coupé de rivières ou de torrents. Heureusement ils trouvèrent la grande route de Rivoli qui se dirigeait en ligne droite, à peu près dans le sens du parallèle, et si bien placée qu'il suffisait de deux triangles principaux pour la mesure d'un degré.

La Condamine leur procura une toise, ou plutôt une règle de $6^{pi}0^{po}11^{li}$, sur laquelle six petits points en ligne droite étaient placés à 6^{pi} juste de l'autre extrémité; elle avait été vérifiée par La Caille et La Condamine le 7 mars, le thermomètre étant à $13°$ Réaumur; elle était, comme celle de Liesganig, accompagnée de deux thermomètres éprouvés, et d'un compas micrométrique qui donnait les centièmes de ligne.

Chaque perche était de 3^{T} et garnie de lames de cuivre. Les soutiens étaient des axes verticaux portés sur trois pieds, et garnis d'une pièce mobile qu'on élevait ou abaissait suivant les circonstances; quand le contact était impossible, on y suppléait par le fil à plomb.

Au premier terme de la base on plaça en terre un cube de

marbre de 2^{pi} de côté; à la face supérieure était fixée une lame de cuivre où l'on avait décrit un cercle dont le centre était le premier point de la base; une lunette de nuit servait à se diriger sur un dôme éloigné.

Nous passons les précautions communes à toutes les mesures de ce genre. Celle-ci dura 19 jours. La longueur était de $6051^T,01$; une seconde mesure s'accorda avec la première à $0^T,21$ près; on s'en tint à la première : nous renverrons à l'Ouvrage pour les expériences de dilatation. Il faut dire pourtant que cette base fut prolongée ensuite jusqu'à $6412^T,73$.

Pour tenir compte de l'inclinaison de l'axe optique, dans la mesure d'un angle, par une même lunette conduite successivement sur les deux signaux, il donne cette analogie :

$$1 : \cos \textit{inclinaison} :: \sin\tfrac{1}{2}\textit{ angle observé} : \sin\tfrac{1}{2}\textit{ angle vrai}.$$

La lunette fixe n'avait d'autre usage que d'assurer l'immobilité du quart de cercle pendant l'observation.

Les angles sont corrigés et réduits à une somme exacte de 180°. Les réductions au centre sont pénibles et fondées sur le même principe que celles de Bouguer. La réduction à l'horizon est celle de Godin.

Beccaria parle ensuite de l'excès sphérique, de l'excès sphéroïdique et même de la réduction à l'angle des cordes, qu'il exécute de même au moyen d'un triangle sphérique. Après cette théorie vague et obscure, il en revient à résoudre le triangle comme rectiligne, et il serait à désirer qu'il n'y eût pas d'autre incertitude dans son degré.

Le calcul des azimuts n'offre rien de particulier : les erreurs y sont du même ordre que toutes celles dont il a été question jusqu'ici.

L'arc terrestre est de $64825^T,44$ ou $64825^T,39$ par les deux grands triangles : il s'arrête à $68825^T,39$.

Le but principal de l'opération n'était pas d'avoir un arc bien précis ou bien sûr, mais de connaître à quoi pouvait monter l'effet de l'attraction des montagnes.

$$
\begin{aligned}
&\text{Il partage son arc de} \ldots\ldots\ldots\ldots\ldots\ 64825\overset{T}{,}39 \ - \\
&\text{En deux parties} \ldots\ldots\ldots\ldots\ldots\ldots
\begin{cases}
38732,31 + \ 7^T,65 \\
26093,08 + 57^T,06
\end{cases}
\end{aligned}
$$

les deux corrections sont pour arriver des sommets des triangles aux lieux du secteur.

Pour l'inclinaison du méridien il le réduit à 64889^T, 5.

Pour d'autres corrections, longues à expliquer,

$$\text{Il partage ainsi son arc} \dots \dots \dots \dots \dots \left\{ \begin{array}{l} 26\,154^T, 66 \\ 38\,734^T, 93 \end{array} \right.$$

Il imagine un secteur qui, sans les difficultés du micromètre, en aura tous les avantages; qui n'aura aucun besoin de fil à plomb et l'emportera à plusieurs égards sur tous les secteurs connus. Mais, en attendant l'exécution de cet instrument merveilleux, dont il donne le plan, il choisit pour son usage le secteur de Boscovich, dont il change la suspension pour adopter celle que Rœmer avait imaginée pour son instrument des hauteurs correspondantes.

Il traite de l'erreur produite par l'aiguille centrale, à laquelle le fil à plomb tient par une boucle ou par un nœud; de la différente dilatation du cuivre et du fer; de l'erreur de collimation et de celle qui aurait lieu si la ligne des tangentes n'était pas bien perpendiculaire au rayon : il avoue que cette dernière serait très petite.

Il parle de l'erreur du parallélisme, de celle que Bouguer a si gratuitement attribuée à Picard; il finit par se vanter qu'il a traité tous les points avec plus de soin qu'aucun de ses prédécesseurs; mais dans cette longue dissertation il ne prouve qu'une chose, c'est qu'il a songé à tout et n'apprend rien à ceux qui pourraient avoir besoin de ses leçons.

Pour prouver que son secteur n'était sujet à aucune flexion, il fit l'expérience suivante : ayant choisi une étoile qui passait à la plus grande distance du zénith qu'il pût mesurer avec son arc, il mettait cette étoile sous le fil. Alors Canonica soulevait et laissait libres alternativement des poids dont il avait chargé sa lunette et qui auraient pu la faire fléchir : jamais l'étoile n'abandonna le fil; il en conclut que la flexion était nulle.

Les distances zénithales prises en grand nombre n'offrent aucune différence qui passe par 1″.

$$
\begin{array}{ll}
\text{Amplitude de l'arc total} \dots \dots \dots \dots \dots & 1.\ 7.44,71 \\
\text{Arc entre Condrate et Turin} \dots \dots \dots \dots & 0.27.\ 4,29 \\
\text{Arc entre Turin et Monteregio} \dots \dots \dots \dots & 0.40.40,42
\end{array}
$$

			Degré conclu.	Différence.	Excès d'après Beccaria.
		T	T	T	T
Arcs terrestres	total......	64887,01	57468,59	+497,06	502,01
au niveau	boréal.....	26153,62	57965,65	−827,86	424,87
de la mer.	austral.....	38733,39	57137,79		77,14

L'effet des montagnes est ici très sensible; d'après cette considération, Lalande estimait que le degré 44°24′ tiré de ces mesures était de 57024^T, un peu trop fort sans doute, et surtout fort incertain. La longitude en est 25°14′30″.

Les mesures de Paris sont à celles de Turin :: 160 : 253.

Les degrés de Boscovich et de Beccaria ont été vérifiés par les ingénieurs français : on a trouvé des différences dont il est sans doute assez difficile de répondre. Le degré de Rome à Rimini, prolongé de Rimini à Venise et puis à San Salvador, a conduit à des résultats propres à déconcerter toute théorie.

Nous ignorons encore ce qu'on a tiré de celui du Piémont.

Après des renseignements, tels qu'il a pu se les procurer, sur la position, la hauteur et la masse des montagnes qui ont pu déranger son fil à plomb, Beccaria, par un calcul qui ne peut être qu'approximatif, trouve, pour cet écart, 25″, qui font environ 400 toises, ce qui ne s'écarte guère de ses observations.

L'Ouvrage finit par des mesures barométriques des diverses montagnes.

Au moment où je termine la rédaction de cet article, il m'arrive un nouveau cahier du Journal où l'auteur de la critique sur laquelle nous venons de faire quelques réflexions demande ce qu'est devenu mon observatoire de la rue de Paradis. La réponse sera simple et claire : cet observatoire, construit dans une maison particulière aux frais du propriétaire, M. d'Assy, m'a servi pendant plusieurs années à vérifier les étoiles de tous les catalogues, depuis Flamsteed jusqu'à Maskelyne, en faisant pour chaque étoile de 4 à 10 et 12 observations à des jours différents. On a vu l'usage que j'en ai pu faire tant qu'a duré la mesure de la méridienne. Depuis ce temps je m'y suis occupé des déclinaisons des étoiles les plus brillantes, au moyen du cercle répétiteur. J'y ai observé de même 12 solstices et 4 équinoxes. Forcé, en 1808, d'aller demeurer à l'extrémité du faubourg-Saint-Germain, dès ce moment j'ai dû renoncer aux observations; d'ailleurs aujourd'hui j'ai plus de 71 ans et j'ai beaucoup de raisons pour ne plus m'occuper que de théories, de calculs et d'histoire.

Je pourrais demander, à mon tour, au censeur, pourquoi il a abandonné depuis plus de 12 ans l'observatoire dont il avait obtenu la construction et la dotation. S'il me demande pourquoi toutes mes observations ne sont pas imprimées, je lui ferai la réponse qu'il fait valoir pour M. Piazzi, dont les observations, plus nombreuses encore, n'ont point paru jusqu'ici.

Je pourrais saisir cette occasion de répondre à quelques critiques moins fondées encore et moins importantes que le même écrivain ne m'a point épargnées dans un excès d'humeur fort injuste, qui paraît pourtant se calmer, et qui n'a guère duré que 12 ou 13 ans. Mais je n'écris point un journal, je tâche de faire une histoire avec ce *franc penser* qu'il recommande dans l'épigraphe de sa nouvelle *Correspondance astronomique,* en observant toutefois les égards dus aux auteurs dont j'analyse les travaux.

L'auteur du Journal demande encore ce qu'est devenu l'observatoire de La Caille : cet observatoire était fort solide et nous l'avons beaucoup regretté, quoiqu'on ne pût y observer les étoiles circompolaires dans leur passage inférieur ; il avait été détruit sans que nous fussions consultés, lorsque l'Institut fut transféré du Louvre au collège Mazarin. C'était le temps où cet observatoire, abandonné depuis longtemps, pouvait redevenir utile pour les astronomes qui ne peuvent être logés à l'observatoire royal, et je me proposais d'en faire usage, au moins dans quelques circonstances intéressantes.

Celui de Messier doit exciter peu de regrets : on pouvait y prendre des hauteurs correspondantes et observer à la machine parallactique, ce qui suffit pour les éclipses et les comètes. Du reste Messier lui-même en faisait si peu de cas qu'il n'osa le montrer à Piazzi quand il vint demeurer à Paris ; et dans les derniers jours de sa vie on en retira tous les instrumens, endommagés par la pluie, qui depuis longtemps pénétrait de tous côtés dans cet observatoire ; il ne doit pas causer beaucoup de regrets.

Degré de Pensylvanie, *mesuré en* 1764-1768 par CHARLES MASON et JÉRÉMIE DIXON.

Ce degré a cela de particulier que ses auteurs n'ont formé aucun triangle, imitant en cela leur compatriote Norwood et les tentatives de Le Monnier pour le degré d'Amiens. L'Amérique offrait en ce genre plus de ressources que les routes de Londres à York ou de Paris à Amiens : on n'avait à mesurer que des espaces vagues ou bien à traverser des forêts dans lesquelles on était maître de faire toutes les percées qui seraient jugées convenables.

L'occasion de cette mesure fut l'opération qui devait servir à tracer les limites du Maryland et de la Pensylvanie ; il paraît qu'on voulait que la limite commune fût un parallèle, sauf quelques petits écarts que commanderaient les localités.

Pour tracer les arcs terrestres qu'on se proposait de mesurer on se servait d'une lunette méridienne de Bird, toute semblable à celle que Le Monnier a décrite dans la préface de son *Histoire céleste*.

On mesura d'abord un arc de méridien NP (*fig.* 12) de 14 milles

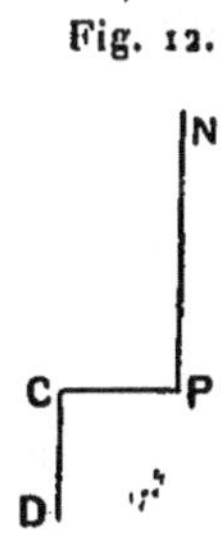

Fig. 12.

64 chaînes 8 lignes, que je suppose des centièmes de chaîne. Il paraît qu'en P on trouva un obstacle qui empêchait d'aller plus loin; on se rejeta en C, d'où l'on partit pour tracer et mesurer un nouvel arc du méridien CD, qui fut de 5 milles 2 chaînes 43 lignes.

Il fallait que P et C se trouvassent sur le même parallèle, à la même latitude, 39° 43′ 18″, ou à la distance polaire 50° 16′ 42″.

Pour s'en assurer on employa deux méthodes différentes.

Soit (*fig.* 13) p le pôle, $p\,\text{P} = p\,\text{C} = 50^\circ\,16'\,42''$; imaginez l'arc

Fig. 13.

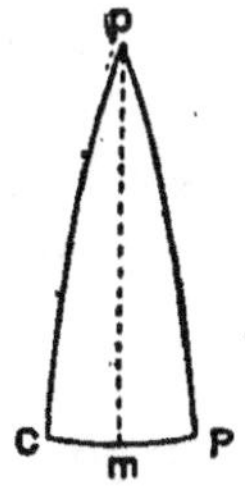

de grand cercle PC = 10′; l'arc perpendiculaire pm partagera le triangle isoscèle en deux rectangles, vous aurez $\text{P}m = 5'\,0''$:

$$\cos \text{P} = \cos p\,\text{P}\,m = \tang \text{P}\,m \cot \text{P}\,p = \tang 5'\,0'' \cot 50^\circ\,16'\,42''$$

et

$$P = 89°55'50'',7.$$

Les auteurs disent 89°55'51'',0, soit 0'',3 de différence. Ils ajoutent qu'au lieu de prendre PC égal à 10'0'' ils le prirent de 10'45'', de sorte que l'angle en P égale 89°55'11'',91; pour une augmentation de 22'',5 sur Pm l'angle pPm aura diminué de 38'',79.

Les auteurs font pPC = 89°58'55'', avec une augmentation de 3'4'', tandis qu'il est évident que l'angle doit diminuer quand l'arc augmente; il se réduirait à rien si PC devenait égal à Pp + pC.

En général

$$\cot p\,PM = \cos p\,P\,\tang P\,p\,M$$

et

$$\tang p\,PM = \frac{\cot\frac{1}{2}\,P\,p\,C}{\cos p\,P}.$$

Ainsi pPM diminue quand $\frac{1}{2}$ PpC augmente; or il est certain que PpC augmente avec PC.

Cette inadvertance est singulière et n'a pas été remarquée par Maskelyne qui a calculé ce degré, dont il est l'éditeur (*Phil. Trans.*, année 1768, p. 274 et suiv.); heureusement elle n'est pas d'une grande importance.

L'angle azimutal pPC étant ainsi déterminé, on calcula l'heure à laquelle une étoile connue devait passer par ce parallèle; on régla la pendule par des hauteurs correspondantes et, l'instrument des passages étant placé en P (*fig.* 12), dans une situation bien verticale, on le dirigea sur l'étoile, en sorte qu'au moment calculé elle fût coupée en quatre par l'intersection des deux fils; puis faisant tourner la lunette jusqu'à ce qu'elle fût arrivée à l'horizon, on plaça une lanterne sous la croisée des fils et l'on eut le point C. On fit la même opération pour plusieurs étoiles différentes et l'on prit un milieu entre les positions diverses qu'elles donnaient pour C : les différences n'étaient que de 3 pouces.

On avait observé les étoiles dans l'azimut calculé dans la supposition d'un arc PC égal à 10'; il était réellement de 10'45''; on en conclut qu'on s'était trompé de 14^{pi},1 sur le lieu du parallèle. On nous dit que PC = 2^{m}79^{ch}27^{li}, mais on a oublié de nous dire combien il y a de chaînes dans un mille et combien de lignes dans une chaîne. Au reste, les éléments du calcul étant inexacts, ainsi qu'il nous paraît, cette quantité de $14^{pi}, 1$ est également incertaine ; heureusement on peut la négliger.

Mais comme il était convenu que tout serait réglé par des arcs de parallèles, quand on fut obligé de quitter le méridien NP (*fig.* 12) pour le méridien CD on prit les distances de plusieurs étoiles au zénith de P, puis on porta l'instrument en un point S (*fig.* 14), on y observa les mêmes étoiles et l'on s'assura que le point S était de 129 pieds plus septentrional que P, et l'on calcula que le point C

Fig. 14.

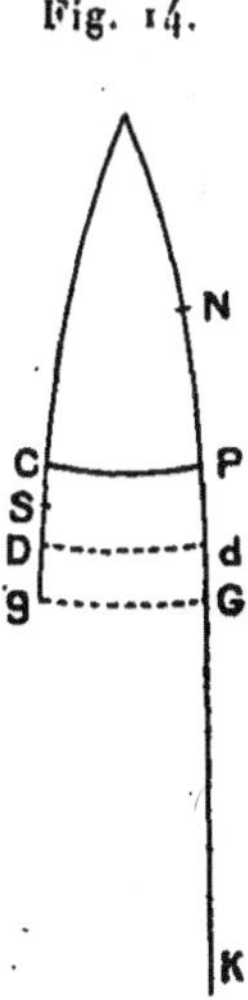

devait être à $45^{pi}, 5$ au sud du grand cercle ; on n'avait trouvé que $14^{pi}, 1$ par la première opération ; la différence est de $31^{pi}, 4$ dont l'arc de $1°, 5$ aurait été augmenté, ce qui ferait 25 pieds pour le degré : une si petite différence passa pour une confirmation, puisqu'il n'en résulterait qu'une incertitude de $3^{T}, 5$ sur le degré.

Mais il ne nous paraît pas sûr que l'erreur ait été si petite. Supposez qu'on se fût trompé de $1''$ sur les distances zénithales en P et de $1''$ en sens contraire sur les distances observées en S ; on aura 32^{T} sur $1°, 5$ et 20^{T} au moins sur le degré : l'erreur d'une opération trigonométrique d'un degré eût été certainement moins forte.

Le point C étant ainsi déterminé, on avait, par la mesure de CD, les arcs NP + CD = Nd (*fig.* 14) ; en D on trouva, sans doute, un nouvel obstacle et l'on se porta en B (*fig.* 15) ; on traça l'arc de

grand cercle ou la ligne droite BDM, on mesura l'angle azimutal
CDM = BDg = 86°32′30″ presque, on mesura BD = 22^{ch}51^{li}, on
en conclut Dg = BD cos BDG = 1^{ch}36^{li} et l'on supposa que g

Fig. 15.

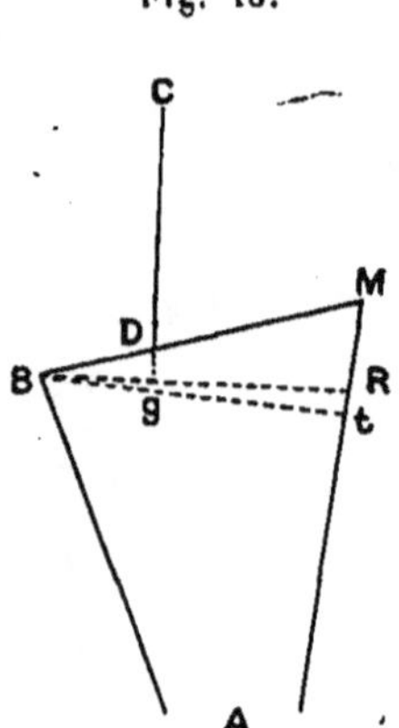

était sur le même parallèle que B, on eut NG = NP + CD + Dg
(*fig.* 14).

De B (*fig.* 15) on commença une grande mesure de 81^{m}78^{ch}31^{li};
arrivé en A on mesura l'azimut BAM de la ligne BA sur le
méridien AM et BAM = 3°43′40″ — 25″ — 25″, milieu 3°43′30″;
AR = AB cos BAR. Mais la perpendiculaire BR est trop longue
pour la confondre comme Bg avec le parallèle. Soit Bt l'arc du
parallèle de B; AR sera trop long de la quantité Rt que Maskelyne
évalue à 15^{pi},8. Ainsi

$$
\begin{aligned}
\text{A}t &= \text{AR} - 15,8 = 433.078^{pi},8 \\
\text{NP} &= 78.290,7 \\
\text{CD} &= 26.608,0 \\
\text{D}g &= \underline{\qquad 89,7} \\
\text{NA} &= 538.067,2
\end{aligned}
$$

Nous omettons plusieurs vérifications, par lesquelles les auteurs
se sont assurés que leur arc BA était sensiblement un arc de grand
cercle. Les calculs ont dû être fort aisés pour les auteurs : nous
n'avons pas bien clairement ce qui nous serait nécessaire pour les
recommencer.

Cet arc terrestre répondait à 1°28′45″ dans le ciel, ainsi que le verrons bientôt. Maskelyne en conclut que, pour la latitude moyenne $39°12'$, le degré sera de 363 763 pieds anglais, qu'il évalue à 56 904,5 toises de Paris, ce qui serait trop peu de 50^T environ, si nous en jugeons d'après notre 45ᵉ degré.

Mais Maskelyne, ne se croyant pas assez sûr du rapport des pieds anglais à la toise de France, s'adressa à Lalande pour avoir un modèle étalonné sur la toise du Pérou ; Bird en fit la comparaison et il en résulta que le degré devait se réduire à $56 888^T$; la différence entre ce degré et le nôtre augmenterait encore et deviendrait 62^T environ. Le rapport supposé par Maskelyne est 1,06575.

Les arcs terrestres avaient été mesurés à la chaîne quand le terrain était uni, et avec des règles de 20 pieds armées de niveaux quand il était inégal. Les auteurs donnent leurs mesures dans le plus grand détail : nous les croyons bonnes, ainsi que toutes les réductions, sur lesquelles il est impossible de se tromper.

Ce qu'il importe d'examiner, ce sont le secteur et les distances [zénithales] qu'il a données.

Maskelyne nous assure que ce secteur était excellent : il était de Bird ; il avait 6 pieds. C'était le premier dans lequel le fil à plomb ne fût pas suspendu au centre de l'instrument, mais en un point plus élevé et invariable ; seulement le fil devait passer sur un point qui marquait le centre, ce qui est beaucoup mieux et se trouve aujourd'hui généralement adopté, depuis que Maskelyne a démontré les inconvénients de la pratique suivie plus anciennement par Graham. On pourrait dire seulement que le point fixe n'étant pas très élevé au-dessus du centre, une petite erreur sur la coïncidence du fil avec ce centre déplacerait celui-ci d'une manière variable ; mais le déplacement ne peut guère aller à un demi-diamètre du point central, et ce demi-diamètre, divisé par la longueur du rayon, ne produirait que des erreurs insensibles.

Les étoiles observées aux deux stations sont γ d'Andromède, β et δ de Persée, La Chèvre, β du Cocher, Castor et γ du Cygne, etc., toujours au nombre de 8 ou 10. Le secteur a toujours été tourné successivement à l'Est et à l'Ouest pour chaque étoile.

Les écarts extrêmes, ou les différences de la plus grande à la plus petite, sont de $1''$, $2''$, $3''$ et $3'',1$; les variations de la collimation sont de $1''$, $2''$, $3''$ et $3'',5$; la collimation elle-même était presque nulle.

L'arc total a été trouvé de

$$1^{\circ}28'47'',21 - 44'',91 - 44'',40 - 43'',98 - 45'',09 - 44'',34,$$

soit en moyenne

$$1^{\circ}28'44'',99 \quad \text{ou} \quad \mathbf{1^{\circ}28'45''.}$$

Cet arc, conclu de deux stations différentes, en suppose, en outre, deux autres, ainsi que nous l'avons dit plus haut. Ce serait mettre tout au pis que de supposer qu'il puisse être en erreur de $4''$ ou de 64^T : c'est à peu près la quantité dont il pourrait s'écarter de l'ellipse dont l'aplatissement serait environ $\frac{1}{300}$ ou $\frac{1}{310}$.

On a cru d'abord que ce degré n'avait pu être altéré par les attractions locales. Mais Cavendish ayant examiné la question plus attentivement, a trouvé que l'attraction en plus des montagnes Alleghany d'un côté, et de l'autre le moins d'attraction de l'Océan Atlantique, avaient pu diminuer ce degré de 60^T à 100^T. Il a trouvé de même que ces deux causes pouvaient avoir affecté sensiblement les degrés d'Italie et du cap de Bonne-Espérance.

Dans notre arc de France et d'Espagne, l'attraction supérieure du continent a dû attirer le fil au nord à Dunkerque aussi bien qu'en Espagne; ces deux effets ont dû se détruire en grande partie. Tout cela est très possible, mais un peu vague; et la conséquence la plus sûre est qu'il ne faut compter sur rien. Il est peu de degrés qui n'offrent des incertitudes plus grandes qu'on n'a cru. On peut supposer le degré moyen de 57000^T en nombre rond, et faire varier les autres suivant l'aplatissement $\frac{1}{308}$ qui paraît avoir aujourd'hui la confiance des géomètres et des astronomes.

Base du Système métrique décimal, ou mesure de l'arc du méridien compris entre les parallèles de Dunkerque et de Barcelone, exécutée en 1792 et années suivantes, par MM. Méchain et Delambre. Rédigée par M. Delambre ....., Suite des *Mémoires de l'Institut*. Paris, 1806, 1807 et 1810. 3 vol. in-4°.

On commençait à moins parler de la grandeur et de la figure de la Terre, assez bien connues l'une et l'autre pour tous les besoins réels de la Géographie, de la Navigation et même de l'Astronomie.

On sentait parfaitement l'impossibilité de ramener les degrés mesurés à une même ellipse.

Sans nier les erreurs que pouvaient avoir les diverses mesures, on ne voyait pas trop comment on pourrait désormais éviter des erreurs semblables. Les astronomes se contentaient de l'aplatissement $\frac{1}{300}$ en nombre rond, sans y avoir plus de confiance qu'en aucun de ceux qui avaient été jusque-là proposés, et seulement parce que l'incertitude n'était pas d'une extrême importance. Une occasion se présenta de tenter une nouvelle mesure, avec des moyens nouveaux dont l'avantage, qu'on s'exagérait peut-être à quelques égards, parut du moins assez généralement incontestable.

Depuis long-temps, l'étonnante et scandaleuse diversité de nos mesures avoit excité les réclamations des bons esprits; plus d'une fois on avoit présenté des projets de réforme au gouvernement, qui les avoit fait examiner : mais, malgré les rapports les plus favorables, malgré la bonne volonté des ministres, et particulièrement du contrôleur général des finances Orry, ces projets avoient toujours été repoussés ou mis en oubli. En 1788, le vœu d'une mesure uniforme fut consigné dans les cahiers de quelques bailliages (qui envoyoient des députés aux États-Généraux); quelques savans firent entendre leur voix. Les esprits étoient alors disposés à recevoir avec enthousiasme toutes les réformes utiles..... Ce concours unique de circonstances valut un accueil favorable à la proposition faite en 1790 à l'assemblée constituante par M. de Talleyrand.... Le 6 mai, M. de Bonnai fit son rapport; et le 8 du même mois l'Assemblée rendit un décret par lequel *le roi étoit supplié d'écrire à S. M. Britannique, et de la prier d'engager le parlement d'Angleterre à concourir avec l'assemblée nationale à la fixation de l'unité naturelle des mesures et des poids, afin que, sous les auspices des deux nations, des commissaires de l'Académie des Sciences pussent se réunir en nombre égal avec des membres choisis de la Société royale de Londres, dans le lieu qui seroit jugé respectivement le plus convenable, pour déterminer, à la latitude de 45 degrés, ou toute autre latitude qui pourroit être préférée, la longueur du pendule, et en déduire un modèle invariable pour toutes les mesures et pour les poids.*

C'était, comme on voit, le projet formé cent ans auparavant par Picard; nous avons vu celui de Mouton reproduit avec de légères variantes par Cassini en 1718.

L'Académie, en exécution du décret sanctionné par le Roi,

nomma une commission composée de Borda, Lagrange, Laplace, Monge et Condorcet. Leur rapport, imprimé dans les Mémoires de l'Académie pour 1788, est du 19 mars 1791. On y voit les raisons qui peuvent être alléguées en faveur des trois unités fondamentales entre lesquelles les choix pouvaient se partager.

La première est le *pendule* qui bat les secondes, et les commissaires pensent qu'il faudrait prendre celui de 45"; on en devine aisément les raisons, mais à toutes celles que l'on pouvait opposer, ils en ajoutent une tout à fait nouvelle, c'est que le pendule renferme un élément hétérogène qui est le temps, et un élément tout à fait arbitraire, la division du jour en 86400 secondes.

Or il est possible d'avoir une unité de longueur qui ne dépende d'aucune autre quantité. Cette unité, prise sur la Terre même, aura un avantage, celui d'être parfaitement analogue à toutes les mesures réelles que, dans les usages communs de la vie, on prend aussi sur la Terre, telles que des distances entre des points de sa surface, ou l'étendue des portions de cette même surface.

Les deux autres unités sont l'une le *quart de l'Équateur*, l'autre le *quart du Méridien*.

La régularité de l'équateur n'est pas plus assurée que la similitude ou la régularité des méridiens. La grandeur de l'arc céleste, répondant à l'espace qu'on auroit mesuré, est moins susceptible d'être déterminée avec précision; enfin on peut dire que chaque peuple appartient à un des méridiens de la Terre, mais qu'une partie seulement est placée sous l'équateur.

Le quart du méridien terrestre deviendroit donc l'unité réelle de mesure, et la dix-millionième partie de cette longueur en seroit l'unité usuelle. On voit ici que nous renonçons à la division ordinaire du quart du méridien en degrés, du degré en minutes, de la minute en secondes; mais on ne pourroit conserver cette ancienne division sans nuire à l'unité du système de mesure, puisque la division décimale qui répond à l'échelle arithmétique, doit être préférée pour les mesures d'usage.... Les inconvéniens de ce double système seroient éternels : au contraire ceux du changement seront passagers..., il n'y aura rien d'arbitraire dans les poids que le choix de la substance homogène; et facile à retrouver toujours dans le même degré de dureté et de densité..., comme, par exemple..., l'eau distillée pesée dans le vide, ou rappelée au poids qu'elle y auroit, et prise au degré de température où elle passe de l'état de solide à celui de liquide.

On proposa donc de mesurer immédiatement l'arc de neuf

degrés et demi environ de Dunkerque à Barcelone, dont les deux points extrêmes sont au niveau de la mer, et de faire au 45ᵉ degré des observations qui pussent constater le nombre des vibrations que ferait en un jour, dans le vide, au bord de la mer, à la température de la glace fondante, un pendule égal à la dix-millionième partie de l'arc du méridien, afin que, ce nombre étant une fois connu, on puisse retrouver cette mesure par les observations du pendule.

On ne crut pas qu'il fût nécessaire d'attendre le concours des autres nations : on avait exclu du choix toute détermination arbitraire; on n'avait admis que des éléments qui appartiennent également à tous les peuples.

En un mot, si la mémoire de ces travaux venoit à s'effacer, si les résultats seuls étoient conservés, ils n'offriroient rien qui pût servir à faire connoître quelle nation en a conçu l'idée, en a suivi l'exécution.

Ce qui n'a pas tardé à suivre, ce que nous avons vu longtemps après, a démontré que le parti adopté par les commissaires était le seul admissible, si l'on voulait que le projet reçut son exécution : difficilement on se serait accordé sur le choix des unités et plus difficilement encore on aurait pu finir à temps les mesures proposées; et ce projet, comme tant d'autres, se serait dissipé en fumées : *in fumos abiisset*.

Diverses commissions furent nommées, on s'occupa sans relâche de la construction des instruments. L'essai qu'on avait fait du cercle répétiteur dans la jonction des observatoires de Paris et Greenwich en 1787 (opération dont nous aurons, par la suite, occasion de parler); le succès avec lequel Borda, Cassini et Méchain l'avaient appliqué à la mesure des hauteurs du Soleil et des étoiles, prouvaient que cet instrument, si commode par la petitesse de ses dimensions, remplacerait à lui seul, *avec avantage*, les grands secteurs et les quarts de cercle dont on s'était servi jusqu'alors.

Pour les quarts de cercle, il n'y avait aucun doute; pour les secteurs c'était encore l'opinion générale, que je ne partageais pourtant qu'avec quelques restrictions. Je proposai à Borda l'emploi simultané des secteurs et de son cercle; il me répondit avec quelque sécheresse : *c'est donc pour savoir si les secteurs sont bons.* Je n'insistai pas, et je me doutais qu'un des motifs secrets qui avaient fait préférer le quart du méridien était le désir d'établir plus promptement la réputation du cercle répétiteur, l'envie de profiter d'une occasion unique pour servir à la fois la Géographie et l'Astronomie, et de mieux déterminer la grandeur et la figure de la Terre. Ces motifs me paraissaient trop raisonnables à la fois et trop puissants, pour que je fisse la moindre objection. Je voyais bien encore que le nouveau cercle n'était pas ce qu'il y avait de plus commode, ni peut-être de plus exact, pour déterminer les azimuts; j'aurais préféré une lunette méridienne à beaucoup d'égards, mais les azimuts n'étaient qu'un objet secondaire, et je me doutais bien que le cercle les donnerait avec toute la précision nécessaire.

Il n'existait encore qu'un seul cercle répétiteur, celui qui avait été éprouvé en 1787, et il était presque hors de service. Le Noir se chargea d'en construire quatre autres d'un rayon un peu plus grand; il exécuta, de plus, les grandes règles de platine qui ont servi à la mesure des bases, et une autre règle de platine destinée aux observations du pendule; deux boules, l'une d'or et l'autre de platine, pour les mêmes expériences; enfin il coopéra avec Borda et Lavoisier à toutes les expériences pour connaître la dilatation relative du cuivre et du platine.

Quinze mois s'étaient écoulés depuis la promulgation de la loi qui avait ordonné la mesure de la Méridienne. L'artiste distrait, peut-être mal à propos, par d'autres soins qu'on aurait mieux fait de remettre à un autre temps, n'avait pu achever les quatre cercles et quelques réverbères à miroirs paraboliques, destinés à servir de signaux dans des circonstances où les signaux ordinaires seraient trop difficiles à voir, soit à cause de l'éloignement, soit à cause des brumes. Une proclamation du Roi fut rédigée dans la vue de faciliter nos opérations et de mettre sous la protection spéciale des autorités administratives nos signaux, nos réverbères et nos échafauds : cette proclamation, l'un des derniers actes d'une autorité expirante, ne nous fut remise que le 24 juin, c'est-à-dire dans le temps où elle ne pouvait plus avoir qu'une autorité passagère, pour n'être bientôt entre nos mains qu'un titre qui nous rendrait suspects au lieu de nous protéger.

Méchain partit le 25 juin 1792 avec les deux premiers cercles et les deux premiers réverbères qui furent achevés; il était chargé spécialement de la mesure de l'arc méridional.

Nous étions convenus qu'il aurait dans son lot les 170000 toises qui mesurent la distance de Rodez à Barcelone; le mien était composé de 380000 (toises) que l'on compte de Rodez à Dunkerque: la raison de cette répartition inégale fut que la partie espagnole étant entièrement neuve, tandis que le reste avait été déjà mesuré deux fois, nous étions persuadés qu'elle devait offrir bien plus de difficultés; nous ignorions que les plus grandes se trouveraient aux portes mêmes de Paris. Méchain en fit bientôt la triste expérience : arrêté dès la troisième poste, à Essonne, par des citoyens inquiets, qui ne voyaient partout que complots et projets de contre-révolution, il eut beaucoup de peine à se tirer de leurs mains.

Les magistrats et les officiers municipaux n'avaient pas encore perdu tout crédit sur l'esprit du peuple; ils firent respecter la loi, et Méchain eut la permission de continuer sa route. A mesure qu'il avançait, il trouvait moins d'obstacles; cependant la présence de deux officiers espagnols qui l'accompagnaient dans ses courses, sur les limites des deux États, répandit l'alarme dans les villages français; il se vit obligé de remettre à un autre temps deux stations qu'il avait établies sur les frontières, et dès qu'il eut passé les Pyrénées il ne rencontra plus d'opposition. Aidé par Tranchot, ingénieur géographe avantageusement connu par la carte de Corse et qu'il avait pris pour son adjoint, il eut bientôt reconnu toutes les stations propres à être les sommets de ses triangles; ses signaux furent bientôt placés : dès le 13 septembre il put commencer la mesure des angles à Notre-Dame-du-Mont. Les stations de Puig-se-Calm, Roca Corba, Rodos, Mont-Serrat, Valvidrera se suivirent avec rapidité. Il s'était reposé sur Tranchot, Planez et Alvarez du soin de prendre les angles à Matas et à Matagalls; enfin le 29 octobre il termina la station de Montjouy au sud de Barcelone, la dernière et la plus australe de la méridienne; c'était là qu'il avait résolu d'employer tout l'hiver à la détermination de la latitude et de l'azimut : je n'avais pas ce bonheur en France.

Les commissaires nommés dans l'origine, pour partager avec Méchain les travaux de la Méridienne, étaient Cassini et Le

Gendre. A l'époque où les opérations allaient commencer ils s'excusèrent l'un et l'autre; je venais d'entrer à l'Académie et ils consentaient à s'en reposer sur moi. Je n'avais rien à objecter à Le Gendre : je croyais être sûr que jamais il n'avait eu l'idée de se charger de cette opération. Cassini n'avait aucune excuse réelle, sinon les opinions politiques, qui ne lui permettaient aucun rapport avec un gouvernement qu'il ne voulait pas reconnaître; mais ce motif, quelle que soit la force qu'on lui suppose, n'était pas de nature à être mis en avant. Je trouvais déjà que c'était une imprudence assez grande, dans les circonstances où nous nous trouvions alors, que de refuser une mission qui, en lui faisant peut-être courir quelques risques, le préservait de périls plus imminents et auxquels il n'a pas longtemps échappé. Je ne craignais ni ne désirais cette mission qu'il refusait; je fis tous mes efforts pour lui faire changer sa résolution : il fut inébranlable et je fus aussitôt désigné pour remplacer Le Gendre et Cassini.

Dès le 26 juin, avec l'un de mes deux cercles, en attendant que le second fût prêt, j'allai visiter les stations les plus voisines de Paris; elles n'offraient pas, à beaucoup près, les facilités auxquelles je m'étais attendu : à Montmartre, où je me transportai d'abord, au lieu d'un clocher ouvert de toutes parts, où l'on avait pu, en 1740, observer du centre tous les objets environnants, je ne trouvai qu'une tour écrasée, moins haute que le faîte de l'église, et dans laquelle il était impossible de faire la moindre observation. Quelques estampes publiées en 1735 me donnèrent le mot de cette énigme : on y voit très distinctement, sur le toit de l'église, une assez belle flèche, dont la base était une lanterne ouverte où La Caille avait pu se placer. Obligé de renoncer à ce point si favorablement placé, je tournai mes vues vers le Panthéon : on m'avertit qu'on se disposait à changer la partie supérieure de ce dôme. J'imaginai de me servir d'un belvédère nouvellement construit à l'extrémité de Montmartre; j'y fis toutes les observations qui devaient être nécessaires; mais, vu de Dammartin, ce belvédère se confondait avec les maisons voisines. Je le remplaçai par les Invalides, sur l'assurance, qui me fut donnée par un astronome, que de ce dôme on voyait tous les objets que je comptais observer; il me fut impossible d'apercevoir les Invalides de Saint-Martin-du-Tertre, et je me vis obligé, après bien des tentatives inutiles, d'en revenir au Panthéon.

La tour de Monthléry était dans le même état que du temps de Picard et de La Caille, mais elle est trop grosse et trop irrégulière pour être un bon signal; j'en fis placer un à 6 toises de la tour : il fut détruit le même jour et rétabli par les soins de la municipalité, ce qui n'empêcha pas que quelque temps après il fut renversé et mis en pièces.

Malvoisine n'avait éprouvé aucun changement depuis 1740, mais des arbres voisins rendaient presque impossible l'observation de la cheminée que La Caille avait prise pour signal, en remplacement du pavillon observé par Picard et qui n'existait plus depuis longtemps. Après ce qui nous était arrivé, à Méchain et à moi, à Essonnes et à Monthléry, je ne jugeai pas prudent d'élever un signal sur le toit de la maison, comme j'ai fait depuis; je fis hausser la cheminée de 6 pieds.

Le clocher de Brie était entièrement changé; l'ancienne construction ressemblait à celle du clocher de Montmartre : du centre de la lanterne, base de l'ancienne flèche, on avait pu observer le signal de l'Observatoire de Paris. Le nouveau clocher est une longue flèche entièrement fermée, et, quoiqu'elle ait 10^T ou 60 pieds de hauteur, c'est avec beaucoup de peine que j'ai pu en voir la girouette de la terrasse de l'Observatoire.

La tour de Montjai, du temps de Picard, était en si mauvais état, qu'il n'avait pas osé y remonter pour vérifier un angle sur lequel il craignait de s'être trompé de 10″. La Caille y était monté 70 ans après, et j'avais formé la résolution de l'imiter; mon signal était commandé et les mesures prises pour n'en descendre de 10 jours si la station eût exigé ce temps : des paysans armés de fusils s'opposèrent à ce que mon signal fût placé; on verra plus loin comment je remplaçai cette tour, et ce qui m'en arriva.

Le clocher de Saint-Martin-du-Tertre, quoique rebâti en 1745, menaçait ruine, au point que l'on en avait descendu les cloches, à la réserve d'une seule qu'on ne pouvait sonner sans ébranler la charpente et la maçonnerie d'une manière qui nous effraya plus d'une fois; le mauvais temps nous y retint 17 jours.

Celui de Dammartin était plus solide, mais il devait moins durer encore; l'église était vendue, on se disposait à l'abattre, ce qui me fit prendre la résolution de commencer par les stations qui environnent Dammartin; et dans ce clocher, où je fus obligé de revenir après avoir abandonné les Invalides pour le Panthéon, le temps me fut si contraire, qu'à deux reprises différentes cette station m'occupa plus d'un mois. Le 10 août j'avais envoyé Le Français Lalande, aujourd'hui mon confrère à l'Académie, pour allumer un réverbère dans le belvédère de Montmartre; j'ignorais ce qui se passait à Paris; Le Français y put entrer, mais on n'en laissait sortir personne; il s'adressa à l'Académie pour obtenir une permission de passer la barrière, on lui dit qu'il fallait être fou pour vouloir continuer l'opération dans des circonstances aussi orageuses; il connaissait ma résolution de ne point interrompre volontairement une opération commencée et qu'on ne reprendrait probablement jamais, si une fois elle était abandonnée. Le Français insista, il obtint la permission; le 11 il alluma le réverbère; le 12 et le 13 je ne pus rien voir : je passais tous les soirs dans le clocher. Le 10 je n'avais rien vu, que la lueur des maisons qui brûlaient dans la cour des Tuileries. Le 14 le réverbère fut allumé de nouveau, la lumière en était fort tremblante et l'observation eût été fort incertaine : pour la faire il nous aurait fallu deux réverbères semblables à celui de Montmartre; heureusement nous ne les avions pas : on ne peut savoir quelles eussent été les suites d'observations si intempestives.

Pour remplacer la tour de Montjai j'avais fait choix de Belle-Assise. Le château offrait un beau pavillon, bien régulier, en pyramide tronquée; le sommet, trop large pour faire un bon signal, pouvait recevoir facilement une pyramide temporaire qui ne m'eût laissé rien à désirer. Mais, après ce qui était arrivé à Montjai, je sentais la nécessité de dérober autant que possible mon opération à tous les yeux. Je venais d'achever cette station sans être remarqué des villages voisins, lorsqu'un hasard malheureux nous amena la garde nationale de Lagni, qui ne songeait pas à nous, mais qui, nous reconnaissant pour ceux qui avaient voulu établir un signal à Montjai, nous jugea de bonne prise et nous emmena prisonniers à Lagni, où nous n'arrivâmes qu'à minuit, après avoir été traînés six heures par une pluie effroyable à travers champs. Là nous fûmes consignés dans une auberge, sous la garde de deux fusiliers, jusqu'à ce que nous eussions pu faire venir de Meaux les ordres qui nous rendirent la liberté. Elle ne fut pas de longue durée; le lendemain nous étions arrêtés à chaque pas; on délibérait devant nous s'il était prudent de nous laisser passer et s'il ne valait pas mieux s'assurer de nos personnes. A travers tant d'obstacles nous arrivâmes pourtant de Lagni à Saint-Denis, où nous fîmes renouveler nos passeports; mais en les signant on nous avertit que nous pourrions fort bien être arrêtés avant d'avoir fait un quart de lieue; et, en effet, à Épinai nous nous vîmes en plus grand danger que jamais : après plusieurs heures de débats inutiles on nous ramena prisonniers à Saint-Denis. Les magistrats, bien intentionnés pour nous, tremblaient du sort qui nous menaçait malgré leur protection, et ne purent nous sauver qu'en affectant une grande sévérité. On mit nos instruments sous le scellé; on envoya à l'Assemblée législative un procès-verbal de notre arrestation. L'Assemblée rendit aussitôt un décret pour assurer la tranquillité de nos opérations, et en effet elles furent par la suite assez tranquilles; mais le décret se fit attendre deux jours. J'avais passé la nuit au milieu des administrateurs du district et dans le lieu de leurs séances; à la pointe du jour je m'étais réfugié dans une auberge : là finirent nos traverses, et nous n'eûmes plus à lutter que contre les mauvaises saisons et le manque d'argent, car on ne nous donnait que des assignats dont personne ne voulait.

Les stations de Monthléry et de Torfou furent très pénibles, mais seulement à cause du froid; le clocher de Mespuy était devenu invisible de Malvoisine, quoique je l'eusse fait exhausser d'une pyramide de 8 à 10 pieds. Je le remplaçai par Forêt-Sainte-Croix où, sur la fin de décembre, je passai huit jours sans rien voir. A la Chapelle-la-Reine, pendant huit autres jours, il me fut impossible d'apercevoir Boiscommun : jamais je ne pus l'observer qu'après le coucher du Soleil et dans le crépuscule, quand la réfraction terrestre l'avait fait lever sur mon horizon.

J'étais pressé de rentrer à Paris pour la station du Panthéon, parce qu'elle exigeait deux signaux qui ne pouvaient durer longtemps, le clocher de Dammartin, qui fut abattu quelques mois après, et la cheminée de Malvoisine qui fut en effet renversée par les vents, en sorte que je fus obligé d'y substituer une pyramide sur le toit même. Les constructions commencées au Panthéon nécessitèrent celle d'un observatoire temporaire; nos observations, commencées le 10 février, n'y furent terminées que le 28; ainsi en huit mois, sans avoir perdu volontairement un seul instant, nous n'avions pu terminer que quatre stations, tandis que Méchain en Espagne, favorisé par le plus beau ciel, et ne recontrant que les obstacles qui tiennent à la nature du travail, avait pu faire neuf stations en moins de deux mois. Il avait ensuite déterminé avec tout le succès possible la latitude de Montjouy et la direction des côtés de ses triangles avec la méridienne. Les trois étoiles qu'il avait choisies pour la latitude sont α et β de la petite Ourse et α du Dragon ; elles lui donnèrent trois résultats dont les extrêmes ne diffèrent pas de o″,2 ; ζ de la Grande Ourse, à 7°30′ de hauteur, lui donnait 4″ de moins, et ce résultat l'inquiétait beaucoup, quoiqu'il fut évident que la faute en était uniquement aux réfractions de Bradley. Il essaya, de plus, β du Taureau et Pollux, pour lesquelles il était obligé d'emprunter des déclinaisons, qui ne sont jamais sûres à 1″ ou 2″ près ; ces observations employèrent les mois de décembre, janvier et février. Au commencement de mars, Méchain détermina l'azimut du signal de Matas par les observations du Soleil levant et couchant et par les distances de la Polaire à un réverbère placé sur le pic de Las Agujas.

Avant de reprendre le chemin des Pyrénées, où il avait deux stations à faire sur la frontière, il s'était occupé d'un projet de prolongation de notre méridienne jusqu'aux Baléares. Dès le mois de novembre 1792, Tranchot lui avait remis des angles observés au graphomètre sur la Sierra-Morella, à la Chapelle Saint-Jean, au Montsia, dans la course qu'il avait faite jusqu'à Tortose, pour reconnaître les points qui devaient servir à la jonction de Mayorque à la côte de Catalogne ; et, le 2 avril 1793, Méchain avait pris 16 distances de la plus haute des montagnes de Mayorque au zénith de Montjouy. Après cette observation on voit, dans ses manuscrits, une lacune de cinq mois, occasionnée par un accident terrible dont les suites le retinrent cinq mois au lit et le privèrent pendant un an de l'usage du bras droit. Il fit pourtant, au solstice d'été 1793, un effort pour observer l'obliquité de l'écliptique ; mais ce pénible essai lui prouva qu'il était hors d'état de reprendre la suite de ses travaux, et il alla prendre les douches de Caldas. Le bonheur qui l'avait accompagné pendant neuf mois parut l'avoir abandonné pour toujours, et les quatre années qui suivirent son accident offrent une continuité de contretemps, de traverses et de chagrins qui le rendirent extrêmement malheureux. Je n'ai connu, dans toute mon opération, aucun de ces excès ni de bonne, ni de mauvaise fortune. Le seul risque réel que j'aie couru fut dans la journée du 4 septembre à Saint-Denis, et je n'en fus pas si effrayé, à beaucoup près, que le procureur de la commune.

Dès le mois de mars je voulais rentrer en campagne; il me fallait de nouveaux passeports et je ne pouvais les obtenir. Le ministre Garat n'osait me recommander à la municipalité, qui était toute puissante; une première demande, portée à l'Assemblée générale, fut rejetée d'une voix unanime. Pendant six semaines je sollicitai assez inutilement le procureur de la Commune, pour qu'il voulût bien la reproduire : il le fit à la fin d'assez bonne grâce. J'ignorais que mon confrère Cousin, de l'Académie des Sciences, tînt à la Commune, comme membre du comité des subsistances; le hasard l'amena à l'Assemblée comme on lisait ma pétition; il l'appuya fortement, elle fut octroyée aussi unanimement qu'elle avait été refusée d'abord. Je ne pus obtenir l'expédition des passeports que le 3 mai à midi; deux heures après j'étais sur la route de Dunkerque, et j'y observais dès le 18. Les stations de Watten, de Cassel, Fiefs, Béthune, Mesnil, Bonnières, Sauty, Beauquène, Mailli, Vignacourt, Amiens, Villers-Bretonneux, Bayonvillers, Sourdon, Arvilliers, Noyers, Coivrel et Jonquières étaient terminées le 6 octobre, c'est-à-dire 19 stations en moins de cinq mois.

Nous trouvions partout des signaux tout faits dans les clochers dont tout ce pays est si bien garni; cet avantage avait bien aussi ses inconvénients particuliers, tel que la difficulté de pénétrer, de s'échafauder et d'observer dans des clochers embarrassés de charpente et auxquels il fallait faire nombre d'ouvertures dans la direction des objets que l'on y doit observer. Toutes ces difficultés prennent au moins autant de temps que la recherche des stations et l'établissement des signaux dans les pays montueux.

Dans cette partie la plus boréale de notre arc, tous les centres des stations furent généralement les mêmes qu'en 1740; il faut en excepter Watten, où nous mîmes notre signal sur un petit clocher au lieu d'observer le milieu de la tour; Mesnil, où je ne pus me placer au point qu'occupait autrefois le signal de Rébreuve. Le clocher de Sauty a été rebâti, d'une forme un peu différente, mais à la même place que l'ancien. A Beauquêne, nous n'avons pu apercevoir Villers-Bretonneux, quoique nous fussions plus élevés de 7 pieds qu'en 1740 ; ce clocher nous était caché par un bois, et, ce qu'il y a de plus singulier, c'est que de Villers-Bretonneux nous avons très bien vu la flèche de Beauquêne et l'endroit où nous avions observé ; réciproquement, de Beauquêne nous aurions dû voir la place du cercle à Villers-Bretonneux et 4 à 5 toises qui s'élevaient encore au-dessus du cercle. Je n'imaginai pas alors d'attendre le crépuscule pour voir si la réfraction pourrait nous rendre visible au moins la girouette ; c'était dans le mois de juillet et les réfractions étaient sans doute moins considérables qu'en janvier à Chapelle-la-Reine.

Pour remplacer Villers-Bretonneux, j'observai subsidiairement le clocher de Bayonvillers.

Le clocher de Coivrel, incendié par la foudre quelques années auparavant, avait été rebâti à la même place.

A Clermont, la belle flèche observée en 1740 avait été brûlée ; il n'en restait que la maçonnerie, qui est une tour carrée, à l'un des angles de laquelle est un tourillon cylindrique, terminé en cône tronqué, que nous avons été obligés de prendre pour signal, quoiqu'il ne s'élevât que de 8 à 9 pieds au-dessus de ce qui reste de la balustrade en pierre : il fut très difficile à observer, d'autant plus qu'il se projetait sur des montagnes peu distantes, au-dessus desquelles s'élevait l'ancienne flèche.

A Jonquières nous avions placé un signal à 7 toises de distance du moulin qui avait servi en 1740 et qui depuis a été brûlé.

Le clocher de Saint-Christophe a été rebâti à la même place que l'ancien, mais beaucoup moins haut.

Celui de Noyers a été rebâti à 6$^\mathrm{T}$ de distance de l'ancien, mais de 2$^\mathrm{T}\frac{1}{2}$ plus court.

Celui de Saint-Martin-du-Tertre a pareillement changé de place.

Au Panthéon, notre observatoire temporaire en charpente a été remplacé par un observatoire en maçonnerie, détruit quelques années après pour la construction d'une lanterne pareille à l'ancienne.

Les signaux de Melun et Lieursaint, aux deux extrémités de la première base, avaient 13 toises de hauteur.

Sur le clocher de Torfou j'avais fait élever une poutre verticale ;

je ne pus guère faire autrement, mais en général j'aurais peu de confiance aux signaux de cette espèce ; j'ai été fort mécontent de celui que j'avais placé sur la tour de Croy, qui fut déplacé peu de tems après et qui n'a point été employé. Nous avons déjà parlé des autres clochers jusqu'à celui de Boiscommun.

A Pithiviers, l'impossibilité absolue d'apercevoir la Courdieu, observée en 1740, mais alors cachée entièrement par les arbres de la forêt, m'a forcé, après bien des recherches inutiles, à élever un signal de $10^T,667$ au haut de Châtillon, dans la forêt d'Orléans. Cette station, faite en janvier, fut très pénible : j'y reçus la première nouvelle d'un arrêté du Comité de Salut public qui me prescrivait de cesser à l'instant mes observations ; je pris sur moi de les continuer jusqu'à Orléans et Châteauneuf, clochers qu'on était sûr de retrouver en tout temps.

Lavoisier était l'un des membres les plus distingués et les plus laborieux de la Commission des poids et mesures. En sa qualité de fermier général, il était prisonnier comme tous ses collègues, pour travailler à la reddition du compte général des fermes. Pour n'être pas privée de son secours et de ses lumières, la Commission avait demandé au Comité de Salut public que Lavoisier pût sortir tous les matins avec un gendarme, pour continuer les travaux qu'il avait commencés : cette faveur s'accordait assez communément à des hommes moins célèbres et sur des motifs plus ou moins spécieux. Le Comité de Salut public répondit à notre pétition par un arrêté qui portait que *Borda, Lavoisier, Laplace, Coulomb, Brisson et Delambre cesseraient à compter de ce jour* (23 déc. 1793) *d'être membres de la Commission des poids et mesures, et remettraient de suite, avec inventaire, aux membres restans, les instruments, calculs, notes, mémoires et généralement tout ce qui est entre leurs mains de relatif à l'opération des mesures.* Il était en outre ordonné que *les membres restans feraient connaître au plus tôt au Comité de salut public les hommes dont elle aurait un besoin indispensable pour la continuation de ses travaux, afin de donner le plus tôt possible l'usage des nouvelles mesures à tous les citoyens, en profitant de l'impulsion révolutionnaire.* Les motifs de cet arrêté étaient que pour *l'amélioration de l'esprit public* il était important de ne *donner de mission qu'à des hommes dignes de confiance par les vertus républicaines et leur haine pour les rois.* La raison secrète était que *Prieur de la Côte d'Or,* membre du Comité de Salut public et *homme tout à fait digne de la confiance* du gouvernement. dont il faisait partie, avait pris quelque part aux premiers travaux de la Commission, qu'il avait même présenté une nomenclature pour le nouveau Système décimal, et qu'il assistait à toutes les réunions qui avaient lieu chez Lavoisier; qu'à la suite de ces conférences il arrivait souvent qu'on parlât de politique; qu'il s'était élevé des débats assez animés entre ceux qui ne *méritaient plus aucune confiance* et le membre de la Convention qui s'était signalé *par sa haine pour les rois;* que dans ces discussions Prieur se trouvait le plus souvent seul contre tous et que la force des raisons qu'il avait à opposer à ses adversaires ne réparait pas suffisamment le désavantage du nombre; en conséquence il nourrissait un ressentiment profond contre Lavoisier surtout et ceux de ses confrères qui s'étaient montrés les plus ardens, les plus spirituels ou les plus piquants dans la dispute, comme Borda et Coulomb. Tels furent les motifs qui dictèrent à Prieur l'arrêté qu'on vient de lire et que, pour la forme, il fit revêtir de la signature de ses collègues, Barrère, Robespierre, Billaud-Varenne, Couthon, etc. dont les noms se lisaient après celui de Prieur de la Côte d'Or.

En transcrivant cet arrêté textuellement aux pages 49 et 50 de la *Base du système métrique,* tome I, par égard j'ai supprimé les signatures de ceux qui vivaient alors, me réservant de ne rien déguiser, si quelque jour j'avais une occasion de faire l'histoire entière de notre Mesure. Je ne vois qu'une chose raisonnable dans cet arrêté, le désir de profiter à l'impulsion révolutionnaire pour accélérer l'établissement toujours si difficile d'un nouveau Système métrique; mais le moyen le plus efficace, pour arriver à ce but, n'était certainement pas celui qu'on avait pris de se priver des lumières de tant d'hommes recommandables, qui s'étaient consacrés à ce grand travail et de Borda surtout, qui en avait rédigé le plan et fourni tous les moyens d'exécution. En se débarrassant de ces hommes, dont on redoutait l'influence qu'ils pouvaient avoir sur l'opinion publique, il était visible qu'on voulait changer le plan ou du moins le simplifier beaucoup, et déjà on avait l'idée d'un Mètre provisoire qu'on songeait à rendre définitif; on n'avait plus besoin de la mesure du méridien et c'est ce qui me valait l'honneur de voir mon nom associé à ces noms fameux. On ne parla point de Méchain, parce qu'il était en Espagne et qu'on craignait qu'il ne prît le parti de s'y fixer avec ses instruments, ses registres et les fonds qu'il avait emportés de France.

Le Président qui venait de succéder à Borda, Lagrange, me prévint de notre destitution par une lettre pleine d'amitié, dans laquelle il me témoignait son étonnement de se voir excepté de la mesure; je reçus cette nouvelle à l'instant où je montais pour la première fois, le 4 janvier 1794, sur le signal de Châtillon. Je n'en dis rien à personne, je fis cette rude station, malgré la neige et les vents qui fréquemment ébranlaient notre frêle signal; je me hâtai de me débarrasser des stations de Châteauneuf et d'Orléans, qui par là se trouvaient liées à Dunkerque par une chaîne non interrompue de triangles. Je les terminai le 24 janvier, et le 31 j'étais de retour à Paris. Les membres restants, qui m'avaient permis de prolonger mes observations pendant quelques semaines, consentirent de même à me laisser mes registres, mes calculs et mes instruments.

Après la saison des eaux, Méchain se rapprocha des Pyrénées pour les stations de Camellas et de la Estella, par lesquelles il devait opérer la jonction des triangles espagnols aux triangles français.

En 1792 on lui avait conseillé de remettre ces deux stations à des temps plus tranquilles; ces temps n'étaient point arrivés, la guerre était même ouvertement déclarée : mais Méchain était connu et estimé du général espagnol et des administrateurs de Perpignan. Il fit lui-même la station de Camellas; Tranchot, plus hardi et plus entreprenant, se chargea de la Estella : des miquelets vinrent l'enlever et le conduisirent garrotté à la ville voisine, d'où il fut envoyé d'une manière un peu plus convenable à Perpignan; les deux stations furent terminées le même jour, 3 décembre 1793.

Méchain se hâta de demander des passeports pour rentrer en France; le général espagnol les refusa, pour la raison que les connaissances acquises par Méchain et ses adjoints dans les Pyrénées pouvaient être préjudiciables aux Espagnols dans leur guerre avec la France. Il voulait donc que Méchain fût retenu en Espagne jusqu'à la paix, en lui permettant de choisir le lieu qu'il voudrait habiter. Il choisit Barcelone, parce qu'on lui avait retiré la permission de séjourner et même de reparaître au fort Montjouy.

Ce fut de cette ville que, le 10 janvier 1794, il écrivit à Borda, qu'il croyait encore président de la Commission, pour l'instruire de sa position : il lui donnait la carte de ses triangles d'Espagne, avec le Tableau de tous les angles observés et tout ce qu'il avait fait pour la latitude de Montjouy. Borda se crut obligé de renvoyer cette lettre à la Commission, mais il désira qu'avant de se dessaisir j'en prisse copie, et j'ai regretté longtemps de n'avoir pas gardé la lettre même; mais ce n'était encore qu'une copie : aujourd'hui nous avons les originaux.

Pour rendre sa détention utile, Méchain se mit à observer avec soin la hauteur solstitiale du Soleil pour en déduire l'obliquité de l'écliptique; il avait besoin de la latitude de son nouvel observatoire, il y répéta toutes les observations qu'il avait faites à Montjouy et, pour les comparer les unes aux autres, il détermina trigonométriquement la différence de latitude entre le centre de la tour de Montjouy et le point où il venait d'observer à Barcelone.

La vie qu'il menait en Espagne était extrêmement triste, depuis que sa mission terminée ne lui fournissait plus de distractions assez puissantes pour l'empêcher de se livrer aux inquiétudes que lui causaient sa femme et ses enfants, dont les lettres ne lui parvenaient que tard et à de longs intervalles. Ce que les journaux lui annonçaient des scènes sanglantes qui se passaient à Paris, augmentait encore ses alarmes; ce qui lui restait de fonds, demeuré entre les mains de banquiers espagnols, était séquestré comme propriété française; une loi sévère défendait qu'on fît sortir de France aucune somme d'argent monnayé, et sa femme trouvait difficilement les moyens de lui faire passer quelques faibles secours. Il n'avait pour perspective qu'une captivité qui paraissait devoir durer autant que la guerre. A toutes ces causes qu'il pouvait avouer, et qui suffisaient pour expliquer la mélancolie profonde dans laquelle il paraissait plongé, se joignait une inquiétude secrète, dont il n'a jamais parlé, dont nous connaîtrons bientôt la cause, et qui, plus que tout le reste, le rendait extrêmement malheureux.

Telle était sa situation lorsque le comte Ricardos mourut. Celui qui lui succéda dans le gouvernement de Catalogne se montra moins difficultueux : Méchain demanda des passeports pour l'Italie, n'espérant pas en obtenir pour la France; ils lui furent accordés, il s'embarqua pour Livourne et se rendit à Gênes dans les derniers jours de 1794.

En France on ne paraissait pas fort empressé de lui voir reprendre ses opérations; on ne songeait nullement à me donner un successeur. Le général Calon, membre de la Convention, directeur du Dépôt de la guerre, et qui dans sa jeunesse avait été employé comme ingénieur à la carte de Cassini, conçut l'idée d'une opération géodésique qui devait servir de fondement à une carte des nouveaux départements de France. Il nous engagea, Méchain et moi, à nous charger des triangles principaux, en attendant que nous pussions reprendre et terminer ceux de la méridienne; il écrivit à Méchain, me fit chercher; il avait demandé à l'artiste Lenoir en quelle prison j'étais pour m'en faire sortir; on lui répondit que j'étais libre et tranquille à la campagne. Il nous donna le titre d'Astronomes du Dépôt de la guerre; je n'eus pas de peine à lui persuader que, pour la plus parfaite exécution de son projet, il fallait d'abord terminer la méridienne; il goûta mes raisons, obtint pour nous un arrêté du Comité de salut public, et tant qu'il fut à la tête du Dépôt général de la guerre ce fut lui qui nous procura tous les secours nécessaires.

La loi du 18 germinal an III (7 avril 1795), *rendue sur le rapport de Prieur,* vint bientôt ranimer toutes les parties de l'entreprise, qu'il avait lui-même fait interrompre; elle apporta quelques changements au plan de l'Académie et changea presque entièrement la nomenclature des poids et des mesures, dont Prieur ne conserva guère que le nom de *mètre* qui était de Borda, et les trois subdivisions décimètre, centimètre et millimètre dont Prieur avait eu la première idée, adoptée depuis avec quelques modifications. On objecta que centimètre doit signifier *à cent mètres* comme *Centimanus Gyas* chez Horace signifie Gyas *aux cent mains* et non au *centième de main;* mais l'objection n'est pas d'une grande importance.

D'après la nouvelle loi, dont l'exécution était confiée à Prieur, Borda et Brisson furent chargés de diriger la fabrication du mètre provisoire.

Méchain et Delambre furent chargés de la mesure des angles, de celle des bases et des observations astronomiques; et à cette occasion Prieur crut devoir m'adresser un long discours pour me démontrer la nécessité de mettre dans ces observations toute la célérité possible. Je riais intérieurement de voir tant d'éloquence prodiguée sans nécessité. Borda s'impatientait et, malgré tous mes efforts pour le calmer, je ne pus l'empêcher de demander assez brusquement à Prieur qui donc avait, depuis 16 mois, réduit à l'inactivité l'astronome qui avait montré tant de zèle et de persévérance.

Delambre, Laplace et Prony étaient chargés de déterminer l'emplacement d'une base près de Paris; elle nous fut indiquée par Jollion, depuis conseiller d'État et ci-devant l'un des administrateurs du département à Melun.

Avant de reprendre ses triangles, Méchain devait se rendre à Paris pour se concerter avec ses collègues sur l'ordre à suivre dans les opérations, et informer le Comité d'Instruction publique de la durée probable des opérations.

Méchain n'était pas pressé de se rendre à Paris. Il était encore à Marseille le 31 juillet 1795, malgré les sollicitations souvent importunes de son adjoint Tranchot, qui était pressé de terminer. Cédant momentanément à tant d'instances, il avait permis à Tranchot d'aller louer, à tant par jour, un cabriolet qui devait les conduire à Perpignan; mais, le marché conclu, il avait refusé de partir; il finit par s'embarquer et se rendit à Vendres vers le commencement de septembre. En 1799, quand tout fut terminé, le loueur du cabriolet vint à Paris demander à Méchain le loyer de la voiture à 10ᶠʳ par jour pendant plus de 4 ans. Méchain effrayé, brouillé d'ailleurs avec Tranchot, vint me prier d'obtenir que son ancien adjoint s'entremît pour obtenir un arrangement moins onéreux, et le propriétaire consentit à recevoir pour tout loyer un peu plus que la valeur du cabriolet. Je ne cite cette anecdote que pour prouver la situation de l'âme de Méchain et l'horreur inexprimable que lui inspirait la seule idée qu'il serait obligé de rentrer à Paris quand ses observations seraient terminées : il ne cessa depuis de nous donner des preuves de cette malheureuse disposition, dont nous apprendrons la cause véritable.

J'étais parti pour Orléans le 28 juin 1795, dans l'intention de choisir les stations jusqu'à Bourges; j'y trouvai trop de difficultés; je me rendis à Bourges pour observer les azimuts, comme j'avais fait à Watten vers l'extrémité nord. J'eus beaucoup de peine à retrouver les anciens signaux de Méry et d'Ennordre, termes d'une base mesurée en 1740, et, quand je les eus découverts, je fus obligé de me placer ailleurs, parce qu'on n'y voyait presque plus rien de ce qu'on avait alors observé. La montagne de Michavant n'était plus visible, même des nouvelles stations de Méry et Ennordre; il fallut la remplacer par celle de Morogues, et recommencer la station d'Ennordre.

L'intervalle entre la Loire et Bourges est la partie de la méridienne qui à le plus exercé La Caille en 1740; trois fois il fut obligé de le parcourir dans toute son étendue avant de trouver une disposition de triangles qui pût le satisfaire. La chose était devenue bien autrement difficile depuis l'incendie du clocher de Salbris, dont la flèche s'élevait considérablement au-dessus de l'église. Il fallait la remplacer, et je ne voyais rien qui convînt : ce n'est pas que les clochers manquent, mais ils sont si mal placés qu'on n'en saurait tirer presque aucun parti. Les montagnes ne manquent pas non plus, mais elles sont presque toutes de la même hauteur et toutes couvertes de bois, en sorte que partout l'horizon est très borné. Il eût fallu, pour de semblables recherches, avoir trois signaux qu'on pût monter et démonter avec facilité pour les transporter successivement à tous les sommets qui auraient donné quelque espérance. Je ne doute pas que par tous ces moyens on eût pu former une suite bien plus belle de triangles; mais un pareil équipage eût été fort dispendieux; nous n'avions que des assignats tombés dans un furieux discrédit. Nos trois derniers signaux nous avaient coûté 8000^{fr}. Méchain en même temps les payait 3000^{fr} chacun. Mes fonds étaient épuisés, et, faute de l'argent nécessaire pour payer une charrette, qui eût transporté nos instruments à Dun, je fus forcé de rester un mois à Bourges, où, pour ne pas perdre mon temps, j'observai les réfractions.

Après bien des essais, dont aucun ne réussit complètement, je fus forcé d'en revenir à quelques-uns des triangles de 1718, Orléans, Vouzon, Chaumont, d'où Sainte-Montaine et Soême me conduisirent à Ennordre, Méri, Morogues et Bourges, stations toutes neuves à l'exception de Bourges.

Toutes ces difficultés me retinrent jusqu'au 6 décembre 1796. Le temps était pluvieux, une maladie épidémique régnait à Vouzon; dans ce village comme à Soême on refusait de nous recevoir pour des assignats.

.Méchain n'était pas plus heureux : ses signaux étaient abattus par les malveillants ou emportés par les ouragans; il avait commencé trop tard, il l'avoue, mais ne dit pas que c'était une suite de son inaction à Marseille. Il arriva pourtant jusqu'à Carcassonne, il trouva une base des 6000 toises sur le chemin de Narbonne à Perpignan, et en fixa les termes, qu'il lia à ses triangles principaux par des triangles subsidiaires.

Je ne pus arriver à Dunkerque qu'à la fin de décembre; il fallut trouver un lieu propre aux observations astronomiques. Après plusieurs essais je me déterminai pour un des corps de logis de l'*Intendance*. Je ne pus y prendre que 174 distances zénithales de la Polaire supérieure et 138 de son passage inférieur. J'aurais pu en être satisfait, si quelques observations malheureuses de β de la petite Ourse n'avaient un peu altéré la confiance que je pouvais donner à la Polaire. Malgré tout, j'étais bien persuadé que ma latitude ne pouvait être en erreur d'une seconde. J'avais d'ailleurs un moyen pour confirmer cette latitude, ou m'en passer, si elle se trouvait défectueuse : j'ai depuis employé ce moyen et il m'a tout à fait rassuré. Enfin, nous verrons que cette latitude a depuis été confirmée par les observations que M. Mudge a faites à Dunkerque, avec le beau secteur de Ramsden, auquel on accorde aujourd'hui une confiance qu'on lui avait refusée d'abord. En général, dans les circonstances difficiles et sans exemple où je me suis trouvé si souvent, il m'est arrivé plus d'une fois de faire des observations dont je n'avais pas lieu d'être satisfait; sans l'obstination que j'ai mise à observer continuellement et en dépit de tous les obstacles, l'observation n'eût jamais été terminée. J'ai noté soigneusement toutes les circonstances pour qu'on pût apprécier les observations et en faire un choix, si l'on n'aime mieux prendre le résultat moyen entre toutes; celles qui seront inutiles pour notre mesure ne le seront pas pour l'histoire et pour la consolation de ceux qui observeront après nous. Enfin, je puis dire que jamais je n'ai quitté une station quand il pouvait me rester quelque doute.

En avril 1796 je repris mes triangles à Bourges. Ce point, ainsi que Morlac et Dun, sont les mêmes que dans l'opération de La Caille. Le belvédère de Charost, que je fus obligé de substituer au signal des Préaux, m'exerça beaucoup par les phases, que j'avais calculées d'avance et qui pouvaient aller à $\pm 11''$. Je l'observai dans tous ses états différents et dans les circonstances où l'erreur devait être nulle, comme dans celles où elle pouvait être la plus grande. Les signaux de Cullan, de Saint-Saturnin et de Laage, quoique portant des noms anciens, ne sont pas précisément aux mêmes points. J'en dis autant de Sermur et d'Orgnat; le clocher d'Arpheuille est le même ainsi que celui d'Hermant. Evaux, les Bordes, La Fagitière, Bordes, Bort, Meimac, Auvassin ou Ovassins, Violan, La Bastide, Mont Salvy, ont changé plus ou moins ou sont entièrement neufs; Rieupeyroux et Rodez sont anciens.

A Rodez j'espérais rencontrer Méchain. Je fis courir une circulaire dans toutes les communes de l'Aveyron; malgré tous leurs soins, les administrateurs ne purent m'en donner de nouvelles. Je rencontrai du moins Tranchot, son adjoint, qui venait de le quitter après avoir posé les derniers signaux à Cambatjou et à La Gaste. Méchain avait passé l'hiver à Carcassonne où il avait observé la Polaire et les azimuts pendant que je déterminais la latitude d'Evaux par α et β de la petite Ourse avec le plus grand accord. Pour lui *le mauvais état de sa santé,* ou la crainte de voir finir l'opération, lui firent perdre le reste de l'année. Après m'avoir offert de venir à ma rencontre jusqu'à Bourges même, si j'éprouvais quelque obstacle qui m'arrêtât, il me laissa venir jusqu'à Rodez, mais il ne me permit pas d'aller plus loin et me signifia que jamais il ne rentrerait à Paris si j'empiétais sur sa portion et s'il ne pouvait la terminer lui-même. Je retournai donc à Paris pour y compléter plus librement quelques stations où j'avais trouvé des obstacles alors insurmontables. Je passai les mois d'octobre et de novembre à Melun pour préparer la mesure de la base; je fis dresser deux grands signaux que je liai à mes triangles principaux par deux triangles subsidiaires terminés le 6 mars 1798; la base fut mesurée dans le mois de mai. Avant de la commencer j'avais invité Méchain à terminer promptement ses triangles, ce qui n'aurait dû l'occuper que six semaines au plus, et je lui promettais de lui porter à Perpignan les règles pour qu'il pût mesurer lui-même la seconde base, ainsi qu'il en avait souvent manifesté le désir. Il ne me répondait plus; quand j'arrivai à Perpignan, il était encore à Carcassonne dont il n'était pas sorti et où il avait perdu le printemps et l'été. Borda, inquiet et affligé de cette inaction, avait prié Mme Méchain d'aller à Carcassonne pour le stimuler.

Elle s'y rendit en effet, et n'en voulait pas sortir avant qu'il n'eût repris la mesure de ses triangles; lui, ne voulait se mettre en campagne que quand elle serait partie. Elle fut obligée de céder et vint à Perpignan me conter ses chagrins. Je mesurai donc la base et j'annonçai qu'aussitôt qu'elle serait finie j'irais achever les triangles qui ne seraient pas encore mesurés. Méchain fut obligé de s'en occuper. Le jour où je venais de finir la base, il m'envoya les derniers triangles, auxquels il manquait seulement le troisième angle. Son courrier, qui ne resta que quelques instants auprès de moi, lui porta ma base dont je venais d'achever le calcul. Je lui faisais dire en même temps que je restais à quelques lieues de lui pour le suppléer en cas de maladie. Je restai ainsi 10 jours à Narbonne et puis 40 jours à Carcassonne; enfin il y vint lui-même apporter ses derniers angles; mais, au lieu de revenir à Paris avec moi, il s'obstinait à retourner en Espagne : il me fallut 3 jours de sollicitations pour vaincre sa résistance, dont je ne pouvais deviner les motifs.

Nous étions impatiemment attendus par les savants étrangers qui étaient venus de tous les pays alors en paix avec la France, pour prendre connaissance de toutes les parties du travail et en sanctionner les résultats. La plupart des étrangers avaient prévenu l'instant fixé pour le rendez-vous général; plusieurs étaient à Paris dès le mois d'août, et nous n'arrivâmes qu'à la fin de novembre. J'avais profité de mon séjour prolongé à Narbonne et à Carcassonne pour achever tous les calculs, et j'apportais le mètre déterminé.

On commença par exposer aux yeux de la Commission les instruments qui avaient servi aux mesures de tout genre. Borda lut les Mémoires sur le pendule et sur la dilatation des règles; on fit le simulacre d'une mesure de base.

Ces savants étrangers étaient MM. *Ænea* et *Van Swinden*, députés bataves; M. *Balbo*, de Piémont, remplacé depuis par M. *Vassalli Eandi*; MM. *Bugge*, de Danemark; *Ciscar* et *Pedrayès*, espagnols; *Fabbroni*, de Toscane; *Franchini*, de Rome; *Mascheroni*, de Milan; *Multedo*, de Gênes, et *Trallès*, député de la république helvétique. En France la Commission avait éprouvé quelques changements : Berthollet et Monge étaient en Égypte; ils étaient remplacés par *Darcet* et *Lefèvre-Gineau*.

Tous les calculs furent refaits par Trallès, Van Swinden, Le Gendre et moi; chacun y employait ses propres méthodes, et, comparaison faite, on convenait des résultats qui devaient servir aux calculs subséquents. Comme je savais que Méchain n'était pas prêt, je prolongeais ces conférences, je produisais tous mes journaux, j'expliquais mes méthodes, je les faisais imprimer pour les distribuer à tous les membres. Toutes les nuits nous observions, Méchain et moi, la latitude de Paris; chaque matin je portais à la Commission le travail de la nuit précédente. Ces savants me reprochaient un trop grand luxe d'observations et, en effet, depuis longtemps le résultat restait stationnaire. Méchain éprouvait à son tour ce qui m'était arrivé à Dunkerque; il supprimait les observations qu'il appelait *maudites,* mais les autres, en nombre encore fort considérable, s'accordaient avec les miennes pour la latitude du Panthéon. Dans l'origine, Méchain voulait être le seul à déterminer cette latitude; Borda le lui avait promis, mais je ne résistai point à l'invitation des étrangers et je n'aurais, dans aucun cas, négligé de l'observer moi-même, sauf à n'en point parler si on l'eût exigé, comme j'observai l'été suivant les azimuts qu'on ne me demandait pas. Méchain employa cet été à vérifier sa latitude, qui confirma celle que j'avais trouvée, et sur laquelle les commissaires firent leur travail, parce que Méchain ne s'était pas assez rassuré sur les anomalies qui le tourmentaient.

La Commission spéciale pour le quart du méridien était composée de Van Swinden, Trallès, Laplace, Le Gendre, Ciscar et moi; elle fit, par l'organe de M. Van Swinden, son rapport le 25 avril 1799.

La Commission des règles et des toisès était composée de Multedo, Vassalli, Coulomb, Mascheroni et Méchain; son rapport est du 10 mai 1799.

Fabbroni s'était joint à Lefèvre-Gineau pour la fixation de l'unité de poids. Trallès, Vassalli, Coulomb, Mascheroni et Van Swinden formaient la Commission. Trallès fit le rapport le 30 mai.

En juillet, la Commission présenta au Corps législatif les étalons du mètre et du kilogramme en platine qui furent déposés aux Archives.

Il ne restait plus qu'à imprimer tous les détails de l'opération. J'avais imprimé en 1800 toutes les observations des triangles depuis

Dunkerque jusqu'à Rodez ; Méchain me fit attendre *cinq ans* la partie qui s'étend de Rodez à Barcelone ; ce volume parut en 1806. Il avait plusieurs fois manqué aux rendez-vous donnés par la Commission qui, désespérant de le faire venir, avait pris le parti d'aller tenir chez lui ses séances. Il fut obligé de leur montrer ses registres qu'on trouva dans le plus bel ordre ; mais ce n'étaient que des copies incomplètes ; il y avait omis toutes les observations dont il était mécontent, et dont il ne pouvait s'expliquer les écarts. Partout il avait consciencieusement donné le résultat le plus probable qu'on pouvait déduire de la totalité de ses observations ; mais, après avoir ainsi satisfait aux règles de la plus exacte probité, il crut qu'il devait lui être permis de se montrer sous un jour plus favorable, sans songer qu'en satisfaisant ainsi un amour-propre assez mal entendu, il faisait peser sur moi le soupçon de maladresse ou de peu de soin. Bugge m'en fit la remarque : Comment se fait-il, me disait-il un jour, que les registres de Méchain nous montrent partout cette régularité et cette exactitude qu'on est en droit d'attendre du cercle répétiteur, tandis que dans les vôtres on aperçoit des anomalies auxquelles on ne s'attendait pas ? Pour adoucir le reproche il ajoutait : Sans doute il faut s'en prendre aux clochers, qui sont plus nombreux dans la partie Nord, tandis que (dans) la (partie) méridionale (on) n'a presque employé que des signaux plus réguliers et moins volumineux. C'est sur ces registres qu'après son départ pour l'Espagne je fis imprimer ces observations choisies de Méchain, ne doutant pas alors que la totalité ne m'eût été remise ; et je le croirais encore sans ce voyage dont il faut dire les motifs.

On a vu que, dès 1792, Méchain avait eu l'idée de prolonger notre méridienne jusqu'aux Baléares. Tranchot avait été choisir et reconnaître toutes les stations. Le Bureau des Longitudes désira que l'on pût reprendre ce projet que la guerre avait fait abandonner. Méchain, qui depuis bien longtemps demeurait à l'Observatoire, était à portée, plus que personne, de rendre utile un établissement dont il était de fait le directeur. On l'y trouvait trop bien placé pour adopter facilement l'idée qu'il pût s'en absenter. On avait jeté les yeux sur l'astronome Henry pour exécuter cette prolongation, dont le plan était tracé. Méchain réclama cette mission avec une vivacité qui nous étonna. Il prétendit que ce projet était sa propriété que personne ne pouvait lui disputer ; il fit valoir les connaissances locales qu'il avait acquises et qui contribueraient à la célérité comme à la bonté de la mesure. On ne put lui résister; il partit; il avait conduit ses triangles jusqu'à Tortose, il avait reconnu les stations jusqu'à Cullera, il avait trouvé dans le royaume de Valence un emplacement pour une base de 6000 toises sur les bords de l'Albufera, il en avait fait une mesure provisoire; il paraissait avoir retrouvé son activité; encore 6 ou 7 triangles, il conduisait sa mesure au puy nommé *los Masons* dans Ivice. Trois mois devaient suffire à ces travaux; il devait faire pendant l'hiver les observations astronomiques à l'extrémité du nouvel arc; au mois de mars il aurait mesuré sa base; à son retour il comptait observer le pendule à 45°, et nous rapporter dans l'été ce beau complément de tant de travaux. Une fièvre épidémique, les fatigues extrêmes qu'il avait endurées avec une constance qu'on ne peut s'empêcher de déplorer en l'admirant, l'arrêtèrent dans sa course : il nous fut enlevé le 20 septembre 1804.

Voilà ce que j'imprimais au mois de décembre suivant : c'était tout ce que je savais alors; il avait emporté avec lui tous ses manuscrits, dont une faible partie lui était réellement nécessaire; il ne les perdait pas de vue, et, dans le délire occasionné par une fièvre ardente, il les redemandait sans cesse; et l'on était obligé de les mettre sur son lit pour le calmer. Après sa mort ils me furent rapportés fidèlement; il était trop tard pour ajouter à ce que j'avais publié dans le premier Volume de mon Ouvrage, d'autant plus qu'après le plus mûr examen je ne trouvais rien ou presque rien à changer aux moyennes qu'il avait adoptées, et qu'ainsi, tous les calculs de la Commission subsistaient. Mais ces originaux me fournissaient une excellente réponse à la question que Bugge m'avait adressée et qu'il aurait pu, avec plus de justice, adresser aux mânes de mon collègue.

A la station de Ricupeyroux il se servait d'un cercle tout semblable à mon n° 1. A quelques stations de Catalogne il avait fait usage d'un autre cercle, divisé en 360°, que dans son voyage d'Italie il a cédé aux astronomes de Milan. Dans toutes ses réductions il a tenu compte de l'excentricité de la lunette inférieure qu'il dit être de 20 *lignes environ pour ses deux cercles;* il a même partout employé 20 $\frac{5}{8}$ lignes. Étonné de cette différence entre ses cercles et les miens, où elle n'est pas tout à fait de 18 lignes, j'ai exprès été à l'Observatoire pour mesurer l'excentricité du n° III de Méchain, et je n'ai trouvé que 17 ½ lignes ou 18 lignes tout au plus; ainsi toutes ses réductions sont en excès de ⅙; mais, comme la plus forte est de 0″,24, l'erreur la plus grande sera de 0″,04, et c'est ce qui m'avait fait négliger entièrement cette réduction qui m'a toujours paru parfaitement illusoire.

[Voici les résultats réellement obtenus par Méchain, de Rieupeyroux à Barcelone (¹)] :

Page 294. (*Rieupeyroux.*) — Outre les deux distances zénithales de la station de Rodez, observées à 5ʰ30ᵐ du soir, j'en trouve une troisième observée à midi, plus forte que les autres de 37″ et 32″ (²), et qui pourrait bien mériter la préférence, puisqu'elle suppose une réfraction moins forte.

Page 296. (*Rieupeyroux.*) — **Entre La Gaste et Rodez : je trouve une série de 24 angles plus faible de 4″,6 et de 8″ que les séries imprimées (³).**

Page 297. (*Rieupeyroux.*) — **Entre Puy-Saint-Georges et La Gaste: outre les trois séries imprimées qui finissent par 45″,141 — 44″,65 — 47″,17, j'en trouve trois autres qui finissent par 50″,4 — 52″,9 — 50″,46; voilà encore 8″ de différence.**

Page 297. (*Rieupeyroux.*) — **Entre Puy-Saint-Georges et Rodez : au lieu de 26″,50 je trouve par les deux angles partiels 25″,75, qui ne diffèrent de l'angle total que de 0″,75, au lieu de 3″,45, que Méchain a imprimé pour motiver le choix qu'il avait fait dans les observations partielles.**

(¹) Nous avons entre les mains un exemplaire du Tome I de la *Base du Système métrique* provenant de Delambre, qui a écrit la note suivante au bas de la page 294 :

« M. Méchain n'a pas imprimé toutes les observations qu'il a faites; les ayant retrouvées dans ses manuscrits je les ai mises en marge d'un exemplaire de ce premier Volume et je les ai fait copier sur celui-ci. Pour faire mieux accorder différentes séries M. Méchain a fait quelquefois des modifications aux angles observés; j'ai rétabli en marge les observations originales. A l'ordinaire l'angle moyen entre plusieurs séries n'est pas changé sensiblement. Je ne trouve aucun inconvénient à montrer quelques anomalies qu'on ne peut attribuer à l'observateur.

Delambre. »

Les corrections indiquées sur les marges de cet exemplaire concordent généralement avec celles du manuscrit que nous imprimons dans le texte, en petits caractères; mais comme elles sont d'ordinaire plus explicites nous les donnons parfois dans les notes, en les distinguant par la lettre A.

Pour plus de clarté nous avons dû modifier la disposition typographique et même parfois le texte de Delambre, par exemple ajouter en italique, entre ( ) les noms de la plupart des stations; mais naturellement nous avons respecté scrupuleusement ses chiffres. (G. B.)

(²) Une troisième série, 90° 18′42″.—Vapeurs (A).

(³) Une série de 24 angles, 40°0′36″,09. Vapeurs, brumes, vent (A).

Page 298. (*Rieupeyroux.*) — Entre La Gaste et La Rogière, angle inutile : je trouve 12″ de plus que l'angle imprimé ([1]).

Page 301. (*Rodez.*) — Entre Montsalvy et Rieupeyroux, par une série de 30 angles, non imprimée, Méchain trouve 5″,6 de plus que je n'ai donné page 288.

Page 303. (*Rodez.*) — Entre Rieupeyroux et La Gaste : une série de 24 angles donne 2″,9 de plus que l'imprimé ([2]).

Page 317. (*Puy-Saint-Georges.*) — Entre Cambatjou et La Gaste : une autre série diffère de 4″,8 en moins du résultat publié ([3]).

Page 318. (*Puy-Saint-Georges.*) — Entre Montredon et Cambatjou : les deux séries imprimées n'existent pas, mais quatre autres, dont le plus grand écart est de 6″,4, donnent à 0″,4 près la moyenne imprimée ([4]).

Page 322. (*Puy-Cambatjou.*) — Entre La Gaste et Saint-Georges : deux séries finissant par 54″,65 et 39″,66 donnent pour moyenne 47″,15 au lieu de 47″,177, moyenne imprimée; l'une de ces séries est du matin et l'autre du soir. Les objets étaient éclairés différemment; la différence de 15″ était un fait bon à connaître : j'avais éprouvé quelque chose de semblable à Bonnières, page 48, mais ma différence n'était que de 4″.

Page 322. (*Puy-Cambatjou.*) — Entre Puy-Saint-Georges et Montredon : deux autres séries de 24 angles chacune donnent 17″,79 et 8″,47; milieu : 13″,1; — milieu adopté : 11″,28.

Page 323. (*Puy-Cambatjou.*) — Entre Montredon et Montalet : une troisième série de 28 angles donnait 46″,05 au lieu de 50″,14 et 49″,01.

Pages 329 et 330. (*Montredon.*) — Angles entre Saint-Pons et Montalet, Nore et Saint-Pons : la somme de ces deux angles est moindre de 3″,43

([1]) Une autre série de 6 angles : 56°2′1″,32 (A).

([2]) Une (série) de 24 donne 94°21′9″,25. Méchain la rejette pour la raison que la place n'a pas été assez exactement déterminée. La réduction au centre n'est que de 2″,92. Ainsi une erreur dans les distances n'a pu produire l'excès de cette série sur les trois autres. La construction de la tour ne permet guère d'ailleurs qu'on change beaucoup la place de l'instrument pour un même angle (A).

([3]) Une autre (série) de 24 angles : 60°3′52″,8. Signaux dans l'ombre. Les vapeurs rendent les signaux difficiles à observer (A).

([4]) Les deux séries imprimées n'ont pas été observées tout à fait comme elles sont dans l'imprimé. Les quatre séries donnent :

24 angles	49.43.23,452 dans l'ombre, vapeurs
24 angles	21,866
24 angles	18,626
28 angles	25,082

Méchain en tire les deux (qui sont imprimées) et qui donnent à 0″,4 près le même résultat moyen (A).

que l'angle total 61°6'56",8, observé par un très beau temps; lorsque les signaux se voyaient très nettement et ne présentaient que les côtés non éclairés.

Page 334. (*Montalet.*) — Pour Montredon : distance zénithale plus forte de 19",7 que le milieu imprimé (¹).

Page 336. (*Montalet.*) — Entre Cambatjou et Montredon : une troisième série de 24 angles donne 3",2 de plus que les deux autres (²).

Page 344. (*Saint-Pons.*) — Entre Montalet et Montredon : une quatrième série donne 4" de moins (³).

Page 345. (*Saint-Pons.*) — Entre Nore et Alaric; voici les observations originales :

VEND. 17		22.43,09
18		49,83 modifié
19		49,27 exact
22		46,23 modifié
26		47,19

Page 355. (*Nore.*) — Entre Saint-Pons et Montredon (⁴) :

VENDÉM. 18	82.27.33,255 **			
20	26,82 **		Milieu	27'32",48
BRUMAIRE 2	29,52 *		Imprimé	31",407
3	32,78			
19	36,83 **			
FRIMAIRE 8	35,68 *			

Les suppressions et modifications n'ont produit que 1" de différence sur la moyenne (⁵); je suis très persuadé que Méchain a bien choisi, mais il ne devait pas nous laisser ignorer des différences qui vont jusqu'à 10".

Page 356. (*Nore.*) — Entre Carcassonne et Alaric :

VENDÉM. 19	45. 1.55,506 *		Milieu	4'53",6
30	54,777 **		Imprimé	50",211
BRUMAIRE 20	50,49 *			

(¹) 3 vendémiaire, matin, à 8ʰ35ᵐ : 91°14'29,72 (A).

(²) 3 vendémiaire, de 10ʰ50ᵐ à 11ʰ42ᵐ (série de 24 angles) : 44°52'30",754 (A); La moyenne publiée est 44°52'27",548.

(³) Quatrième série (de 24 angles) : 58°42'43",095 (A). La moyenne adoptée est 58°42'47",160.

(⁴) Les séries marquées d'un astérisque (*) sont des séries publiées, mais non conformes au manuscrit. Celles qui portent deux astérisques (**) sont des séries non publiées.

(⁵) En falsifiant une série et en supprimant trois autres on a diminué l'angle de 1" (A).

Page 367. (*Alaric.*) — Entre Saint-Pons et Nore :

Vendém.	13 (1)...	34°.50′.56″,05*	Milieu..... 50′53″,57
	17......	53,23	
	22......	52,52	Imprimé... 52″,93
	27......	54,74**	

Page 368. (*Alaric.*) — Entre Bugarach et Tauch :

Frimaire	22 (2)...	41°.53′.47″,15	Milieu..... 53′49″,73
	22......	53,11**	
Nivose	1......	47,30	Imprimé... 47″,209
	1......	51,37**	

Page 374. (*Carcassonne.*) — Entre Alaric et Nore :

V. Brumaire	4 (3).	86°.46′.33″,39**	
	12....	43,15	
	12....	40,63	
	28....	41,74**	
	30....	42,29	Milieu..... 46′40″,91
Floréal	27....	46,31**	Imprimé... 41″,44
	28....	39,99	
	28....	40,64	
Prairial	8....	41,33	
	24....	39,67**	

Le résultat (imprimé) est, je crois, le plus certain ; mais pourquoi nous cacher une différence de 13″?

Page 374. (*Carcassonne.*) — Entre Bugarach et Alaric : une série supprimée donne 7″,8 de plus que le milieu auquel on s'est arrêté.

Page 386. (*Tauch.*) — Entre Bugarach et Forceral :

Nivose	6.....	82°.53′.26″,241*	Milieu..... 53′29″,64
	7.....	33,349**	
	8.....	31,29 *	Imprimé... 28″,966 (4)
	10.....	27,67 *	

---

(1) Les dates que nous donnons ici et dans la suite ne se trouvent pas dans le manuscrit de Delambre, excepté pour la page 386 de la *Base.*

En outre, ce manuscrit donne 54″,74 — 50″,45 — 53″,23 — 52″5. Les dates et les angles sont donnés d'après (A).

(2) Le manuscrit donne seulement : 53″,11 — 51″,37.

(3) Le manuscrit donne seulement : 33″39 — 41″,74 — 46″,31 — 39″,67 — 41″,33.

(4) La série du 6 nivôse a été corrigée d'un bout à l'autre et le résultat définitif est ici de 2″ plus fort que dans l'original, et chaque multiple augmente progressivement.

Le 7 nivôse les deux signaux étoient dans l'ombre, mais il y avoit de l'ondulation à Bugarach.

Le 8 nivôse la série a été corrigée d'un bout à l'autre et diminuée enfin de 1″. Le milieu qu'on a pris est moindre de 0″,674 que celui des observations (A).

Page 388. (*Tauch.*) — Entre Forceral et Saint-James : l'angle observé est 33° 11′30″,9165 et non 29″,972 comme on l'a mis par une faute de calcul.

Page 396. (*Forceral.*) — Entre Bugarach et la Estella :

VENDÉM.	16.....	93. 4.31,222**	Milieu.....	4′30″,261
	17.....	26,618*	Imprimé...	29″,270 (1)
	19.....	32,943*		

Page 397. (*Forceral.*) — Entre Tauch et la Estella :

La série entière est de 50 angles..... 148. 6.14,397
Les 30 premiers donnent............ 16,236
Les 20 derniers donnent 11,638 (2)

Page 397. (*Forceral.*) — Entre la Estella et Cameillas :

FRUCTIDOR	27.....	45.26.50,008**	Milieu.....	26′50″,75
	28.....	51,664**	Imprimé...	48″,512 (3)
VENDÉM.	17.....	50,65 *		
	22.....	50,76 *		

Page 398. (*Forceral.*) — Entre le Vernet et Espira :

NIVOSE	28......	55.33.34,988*	Milieu.....	33′32″,772
	30......	32,152*	Imprimé...	33″,771 (4)
PLUVIOSE	1......	31,207*		

Page 398. (*Forceral.*) — Entre Perpignan et Tauch : le manuscrit donne 105°27′5″,575, au lieu de 3″,672.

Page 399. (*Forceral.*) — Entre Perpignan et Espira : le manuscrit donne 63°55′42″,951 (au lieu de 41″,979).

Page 399. (*Forceral.*) — Entre Cameillas et Perpignan :

VENDÉM.	20.....	60°52′52″,59*	Milieu.....	52′50″,75
	20.....	47″,60**	Imprimé...	50″,49 (5)

---

(1) On a corrigé ces trois séries et la moyenne se trouve diminuée de 1″ (A).

(2) Je ne vois rien qui m'indique comment on a fait pour trouver 6′17″,519 (A).

(3) Voilà quatre observations bien d'accord qui donnent, par un milieu, 2″,25 de plus que le milieu présenté et imprimé; on ne voit pas pourquoi ces changements aux observations originales (A). Les deux séries non publiées sont indiquées, dans (A), comme faites par Tranchot.

(4) La série du 28 nivôse est ici donnée avec un changement de 1″,05; les différentes parties en ont été un peu changées dans la copie.

Celle du 30 est augmentée de 1″ dans son résultat définitif et proportionnellement dans ses différentes parties.

Celle du 1er pluviôse a été corrigée d'un bout à l'autre et augmentée de 3″ (A).

(5) La série du 20 a été corrigée de manière à devenir moyenne entre ce qu'elle a été observée ce jour-là par Méchain et le 27 fructidor par Tranchot. (A).

Page 405. (*Espira.*) — Entre Tauch et Forceral :

NIVOSE   21...... 96.36. 6,1 **   ) Milieu..... 36' 0",7
         25......   35.56,15*   ) Imprimé... 35'59",6([1])
         26......   35.59,95*   )

Encore une différence de 10" ([2]).

Page 405. (*Espira.*) — Entre Forceral et le Vernet :

NIVOSE   21...... 67.57.11,178*   ) Milieu..... **57'13",382**
         22......   14.985*   ) Imprimé...   13",804([3])
         22......   13,804   )

Page 406. (*Espira.*) — Entre le Vernet et Salces :

NIVOSE   21...... 57.42.42,50**   )
         22......   45,54*   ) Milieu..... **42'45",59**
         24......   46,68*   ) Imprimé...   47",63
         25......   47,63   )

Page 412. (*Vernet.*) — Entre Espira et Forceral :

VENTOSE   4...... 56.29.20,76**   ) Milieu entre les
         8......   24,98*   )   trois autres.. **22",67**
      12 ([4])..   14,89**   ) Imprimé....... 23",64
        25......   22,28*   )

On a bien fait de rejeter l'observation du 12, trop faible de 10".

Page 412. (*Vernet.*) — Entre Salces et Espira :

VENTOSE   4...... 43.27.33,795*   )
       17......   30,386*   ) Milieu..... **27'33",11**
       24......   30,994*   ) Imprimé...   32",83
       25......   37,271*   )

Page 419. (*Salces.*) — Entre Espira et Perpignan :

         86.32.19,93 *   )
            25,197*   ) Milieu..... **32'21",77**
            20,175**?   ) Imprimé...   21",61

([1]) La première série n'a pas été produite par la raison qu'elle donne un angle trop grand; on voit en note au crayon ...0,038 qu'il faudrait retrancher de l'angle total, qui est de 30 (A).

([2]) Le manuscrit porte bien 10" au lieu de 1".

([3]) Seconde série modifiée; angle augmenté de 3",03 pour le faire accorder avec le suivant (A).

([4]) On rejette l'observation du 12 ventôse parce que les signaux étoient diffus et que les mouvemens du cercle étoient difficiles, le froid ayant gelé les huiles (A).

Page 429. (*Perpignan.*) — Entre Tauch et Forceral : le manuscrit donne 41°22′17″,05, au lieu de 41°21′15″,146 ([1]).

Page 433. (*La Estella.*) — Toute cette station est conforme à un manuscrit de Tranchot qui l'a faite, mais son manuscrit n'est pas l'original.

Page 442. (*Camellas.*) — Entre Estella et Notre-Dame-du-Mont. La (première) série était de 32 angles.

Les 8 premières donnaient 83.35.12,99
Les 32 donnaient 8,52
Imprimé 7,00

Page 452. (*Notre-Dame-du-Mont.*) — Entre Puig-se-Calm et Roca-Corva :

24 angles supprimés 56. 4.56,48
Puis avec des réverbères 50,025
Imprimé 51,60

Page 462. (*Puig-se-Calm.*) — Entre Notre-Dame-du-Mont et la Estella.

32 observations . . . . 43″1′11″,35 (Tranchot)

Cette série n'aurait pas besoin de correction pour le Soleil.

Page 468. (*Roca-Corva.*) — Entre Puig-se-Calm et Matagall.

Autre série de 32 angles . . . . 62°10′23″,32

On dit qu'il faut retrancher 6″ pour l'épaisseur du fil ([2]).

Page 477. (*Puig-Rodòs.*) — Entre Mont-Serrat et Matas :

Deux séries . . . . 61°33′25″,88
                                                    27″,92

Page 483. (*Mont-Matas.*) — Entre Mont-Serrat et Valvidrera :

Correction . . . . +3″, imaginée après coup

Page 488. (*Mont-Serrat.*) — Entre Valvidrera et Matas :

Série supprimée . . . . 27°24′41″,77

Nous n'avons, de Valvidrera, que des copies au net.

Nous venons de terminer une revue pénible, mais nous n'avons pas cru devoir supprimer des faits dont le hasard nous a procuré la preuve matérielle, et nous n'avons pu nous dispenser de dévoiler des infidélités dont on nous avait en quelque sorte rendu le complice. Mais, après tout, qu'en résulte-t-il? quelques changements de 1″ ou 2″ qui auraient pu altérer d'autant la somme des trois

---

([1]) D'après A, c'est par une erreur d'impression que l'on a 21′, au lieu de 22′.
([2]) Par la même raison que le 18 (septembre) (A).

Fig. 16.

Fig. 17.

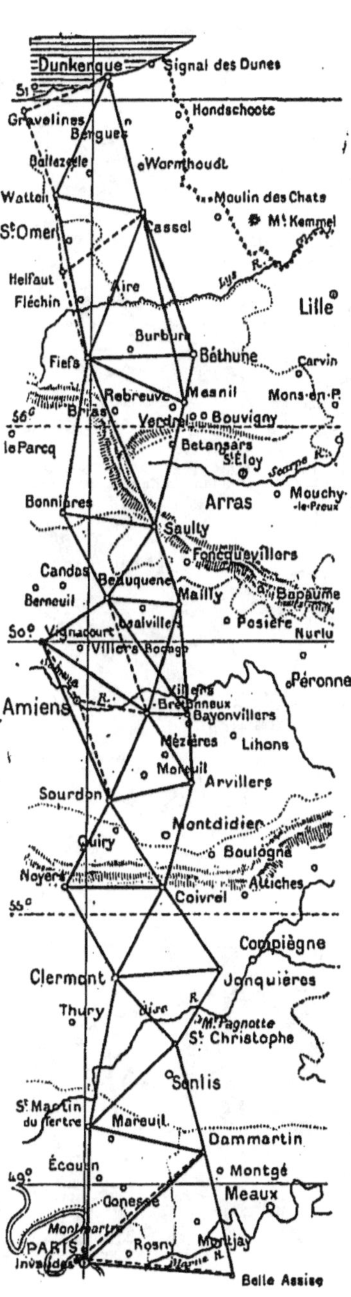

Carte des triangles de DELAMBRE

Les lignes en ponctué sont relatives à des triangles

Fig. 18.

Fig. 19.

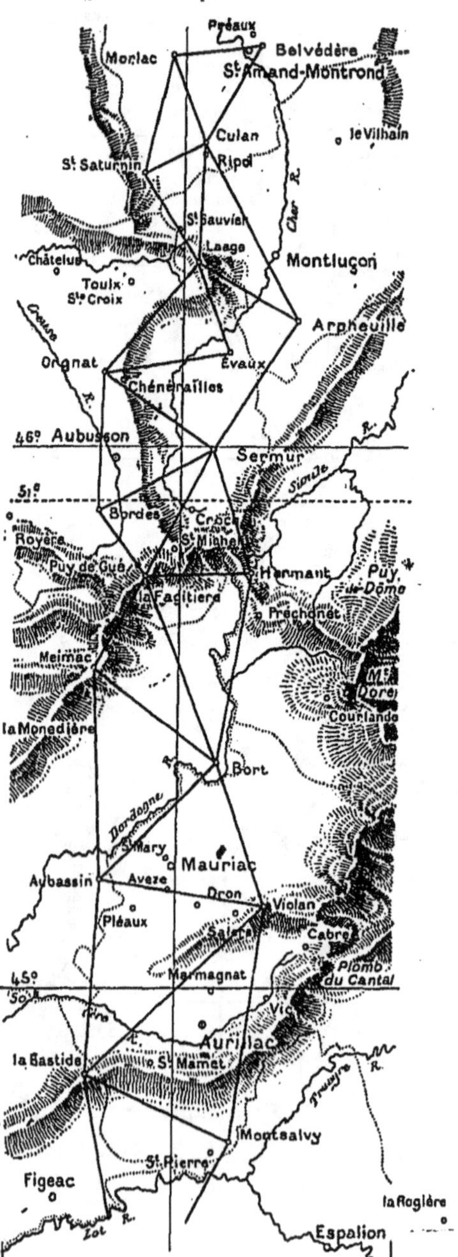

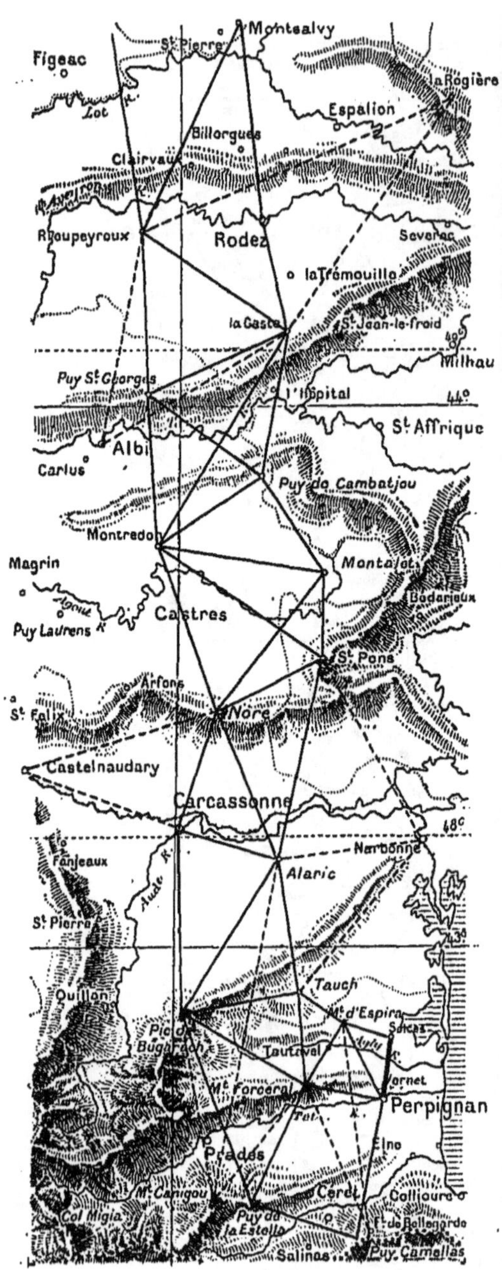

MÉCHAIN, *de Dunkerque aux Pyrénées.*
secondaires, à des triangles de vérification).

angles d'un triangle dont elles auraient augmenté les erreurs. Mais après la réduction à la somme de 180°, qu'en résultera-t-il pour chaque angle? Ces inexactitudes ne suivent aucune loi, elles auront agi en sens différents. Quel en sera l'effet sur la longueur totale de la méridienne? Il sera sans doute absolument insensible. Il est donc inutile de recommencer les calculs; mais ces faits sont intéressants pour la partie historique de l'Astronomie. Ils feront la consolation des observateurs qui pourront être un jour chargés d'opérations semblables; ils les désabuseront de l'idée d'une chimérique perfection que jamais encore les hommes n'ont pu atteindre, et que probablement ils n'atteindront jamais. Ces irrégularités tiennent sans doute aux déviations du rayon lumineux, que l'on suppose, contre toute vraisemblance, aller dans tous les cas en ligne droite, comme si les mêmes raisons qui augmentent les hauteurs ne pouvaient agir un peu obliquement, augmenter ou diminuer les angles. Elles tiennent encore aux phases des signaux, dont on avait bien quelque idée vague, mais qu'on pourrait calculer d'une manière au moins très approchée. On était communément fort peu scrupuleux sur les réductions au centre des stations où l'on observait; on l'était moins encore pour les réductions à l'axe du signal observé : nous ne les avons jamais négligées; partout nous avons déterminé d'avance les dimensions et les directions des faces de nos signaux; toujours nous avions les éléments de ces autres réductions; toujours nous connaissions les azimuts de toutes les faces de nos signaux; l'Astronomie nous donnait ceux du Soleil et, pour les tours rondes, nous pouvions à chaque instant déterminer la partie visible, ainsi que la partie éclairée directement par le Soleil. Avec des attentions pareilles, il n'y a pas de doute que Méchain n'eût pu diminuer sensiblement les irrégularités qu'il a trouvé plus court de dérober entièrement à notre connaissance. D'après cela jugeons des angles observés dans les mesures plus anciennes, observés le plus souvent une seule fois, dans une circonstance dont on n'a pris aucune note. Songeons à toutes les corrections presque arbitraires dont on a disposé sans nous avertir, et nous conviendrons que, La Caille excepté, dont nous avons les originaux, il n'est aucune mesure ancienne qui nous offre, à cet égard, la moindre garantie. Heureusement les erreurs possibles sont assez bornées; c'est ce qui doit nous rassurer jusqu'à un certain point sur toutes les observations géodésiques dont nous avons rendu compte jusqu'ici.

Pour qu'on puisse se faire une idée de nos opérations, plaçons ici les erreurs sur la somme des trois angles dans tous nos triangles :

Erreurs +.				Erreurs —.	
Numéro.	ε.	Numéro.	ε.	Numéro.	ε.
12 ([1])..	2,15	74	1,48	1	1,18
14	2,76	75	4,35 ([5])	3	0,90
17	0,02	77	2,34	6	1,08
20	4,69 ([2])	78	2,57	11	1,24
21	3,66	79	0,12	13	2,14
26	2,96	81	1,97	18	0,18
27	1,10	82	1,12	19	2,35
28	0,56	84	0,53	23	3,45
29	1,18	85	1,12	24	1,14
30	3,69	87	1,04	25	1,94
31	1,24	90	2,40	35	1,28
32	1,12	91	2,26	43	0,08
33	0,25	92	0,89	44	3,23
36	0,87	93	1,69	47	2,58
38	0,13	94	2,74	53	2,59
39	0,58	95	1,85	54	2,62
41	0,07	96	0,51	55	0,33
42	0,20	97	2,31	56	0,42
48	0,71	98	0,68	57	0,00
49	1,58	100	0,52	64	1,62
52	1,84	101	1,22	73	0,19
56	0,42	103	0,06	76	0,69
57	0,94	105	0,15	80	1,23
58	4,20 ([3])	106	2,15	83	0,74
63	1,12	108	3,96	86	0,43
65	0,20	110	0,61	88	1,66
66	1,51	111	0,56	89	0,33
69	2,75	112	0,82	99	0,45
70	2,47	113	3,65	102	0,34
71	2,90	115	1,96	104	0,00
72	4,69 ([4])	Σ_+	$+100,19$ ([6])	107	0,61
		Σ_-	$- 38,54$	109	0,15
				114	1,37
				Σ_-	38,54

Total pour 94 triangles : $\dfrac{119'',71}{94} = 1'',286.$ Erreur moyenne : **1'',286**.

Et avec la distinction des signes : $\dfrac{22'',66}{94} = \mathbf{0'',24}.$

([1]) Nous ajoutons les numéros que portent les triangles dans le Tableau des pages 513 et suivantes de la *Base du Syst. métr.*, t. I (G. B.).

([2]) Bayonvillers.

([3]) Soême.

([4]) Belvédère.

([5]) Arpheuille.

([6]) Le manuscrit porte 91'',17, de sorte que les erreurs calculées doivent être augmentées.

Triangles secondaires.

Numéro.	ε.
4	+ 8,14
5	+ 9,64
8	+ 8,00
16	+ 1,00
19	+ 0,65
15	— 2,30
	30,73
Moyenne	5,54

Ainsi l'erreur moyenne est............................ 1,26

Et l'erreur probable est............................ +0,24

Dans les triangles secondaires, l'erreur moyenne est... 5″ ou 5,5

Pour ne parler que de mes erreurs, les deux plus fortes, 4″,69 et 3″,66, sont dans deux triangles de vérification; une autre, de 4″,69, tient au belvédère, dont les phases étaient les plus fortes que j'aie observées. Par le choix que j'avais fait, l'erreur était de 3″,54, et j'aurais pu la faire disparaître totalement en n'employant que des angles observés.

A Arpheuille l'erreur tint à un arbre qui masquait le clocher, et que je répugnais à faire ébrancher parce que c'était à l'ombre de ce gros arbre que les paysans dansaient le dimanche.

Mais, sans chercher d'excuse, ma plus forte erreur ne va pas à 4″,70, et il n'y en a que 3 qui passent 4″. Les plus fortes de Méchain sont 3″,96 et 3″,65; il est vrai qu'en rétablissant les angles véritables on approcherait quelquefois de 5″; mais enfin, en mettant tout au pis, 5″ sont la limite que jamais nous n'avons passée. Il est bien sûr que dans ce cas les angles observés sont trop forts; en les réduisant à 180° pour le calcul, les erreurs diminuent nécessairement. Je puis ajouter que je ne connais aucune opération où ces mêmes limites ne soient outrepassées; nous pouvons donc établir qu'on ne peut absolument répondre toujours de 5″ sur la somme des angles, ou de 1″,7 à 2″ sur un angle particulier; heureusement ces erreurs, beaucoup diminuées dans le calcul, sont de nature à admettre des compensations presque nécessaires. Voilà donc où nous en sommes jusqu'ici. Voyons par quels moyens nous y sommes parvenus.

Dans toutes les opérations qui ont précédé la nôtre, l'erreur moyenne était de 10″ à 13″ : dans la nôtre elle est 1″,3, dix fois moindre ; les plus fortes erreurs allaient à 40″ : dans la nôtre elles ne vont pas à 4″,7 ; c'est moins que ⅛ ; tel est au moins l'avantage du cercle de Borda, soigneusement employé, sur les anciens quarts de cercle ; mais une partie de ce succès est due aux attentions de l'observateur.

Le cercle de Borda est maintenant trop répandu pour qu'il soit nécessaire de reproduire ici la description que nous en avons donnée dans la *Base du Système métrique;* il nous suffira de dire que la première idée en est due à Mayer, du moins pour ce qui concerne les opérations géodésiques ; mais cette idée a été bien perfectionnée par Borda, et c'est à ce savant qu'on doit de le voir heureusement appliqué aux opérations les plus délicates de l'Astronomie. Par la répétition indéfinie des angles, sur plusieurs circonférences, on peut, à volonté, atténuer les erreurs de la division, qui finiraient par être insensibles, sans les erreurs du pointé, sans celles des phases toujours changeantes des signaux, et sans les déviations éprouvées sans cesse par les rayons lumineux dans leur route, que nous sommes obligés de supposer rectiligne.

Le réticule de nos cercles pourrait s'incliner à 45″ ou se placer à l'ordinaire, de manière que l'un des fils fût horizontal et l'autre vertical. Je préférais la première de ces deux manières ; Méchain paraît avoir penché vers la seconde. Au reste j'ai quelquefois été obligé de recourir à la seconde pour des signaux très courts, que que je ne pouvais observer qu'en les cachant sous le fil vertical. Méchain a été plus d'une fois obligé de préférer la première ; le choix peut être assez indifférent quand les signaux ont une certaine longueur. Il m'a paru qu'un signal pyramidal, qui se pointe renversé dans la lunette, se place avec avantage entre les fils à 25° ; on place le sommet du signal à l'intersection des fils et par le vide que laisse la pyramide entre les deux fils voisins, et par l'égalité des deux intervalles, on peut estimer fort juste si le sommet est véritablement à l'intersection. Excepté dans le cas où les deux signaux que l'on compare sont à des distances sensiblement inégales du zénith, les signaux sont toujours verticaux à l'horizon ; mais ils sont obliques au plan du cercle qu'il faut amener sur les deux sommets ; dans ce cas assez rare les théodolites, qui sont toujours placés horizontalement, pourraient avoir quelques avantages, rachetés il est vrai par d'autres inconvénients. Nous avions le projet d'employer les réverbères, au moins dans les occasions difficiles : les circonstances nous ont interdit cette ressource que j'ai peu regrettée, parce que je les avais vus sujets, autant et plus que les signaux ordinaires, à des oscillations continuelles. Il m'avait semblé, par l'examen des diverses stations de Méchain en Espagne, que les séries n'étaient pas plus régulières que celles qu'il avait faites sur des signaux ordinaires. On les emploie maintenant dans la description de la perpendiculaire, mais jusqu'ici les observateurs en sont peu satisfaits, et l'un des deux avait proposé d'y renoncer : je l'ai invité à ne pas se décourager et à poursuivre ses expériences, pour qu'on pût, à la fin, savoir à quoi s'en tenir sur cette question. Je donnais à mes signaux une hauteur telle que de la station la plus éloignée ils sous-tendaient toujours un angle de 3o″ à 31″, en sorte que si D est la distance, la hauteur H du signal était

$$D \sin 31'' = 0,00015 \ D.$$

Je leur ai donné la forme de pyramide tronquée, parce que j'avais éprouvé de bonne heure que la pointe des clochers trop aigus était rarement visible. Méchain n'avait rien de bien arrêté sur ce point en Espagne; en France il adopta la pyramide tronquée, dont les faces étaient couvertes de planches, et quelquefois de paille, quand le bois était rare. Quand ils devaient se projeter sur un bois ou sur des bâtiments voisins, je les faisais peindre en blanc; quand ils devaient se voir dans le ciel, je le faisais noircir : à Montlhéry je les fis blanchir, et on peignit en noir la partie de la tour sur laquelle ils se projetaient.

Pour savoir sur quel objet un signal devait se projeter, je prenais les distances zénithales des deux points de l'horizon dans les plans de verticaux où devaient se trouver les signaux environnants : si la somme des deux distances opposées surpassait 180°4′, j'en concluais que le signal se verrait dans le ciel; si elle était de 180° ou moindre, j'en concluais qu'il se projetterait en terre, et j'examinais s'il devait se projeter sur un objet visible : alors il devait être difficile à voir, il fallait le blanchir; si l'horizon était éloigné, le mal n'était pas si grand : jamais je n'ai été trompé dans cette petite attention.

Pour les réductions à l'horizon, soient H et h les hauteurs des deux signaux sur cet horizon, A l'angle observé ; la réduction r est

$$r = \frac{\sin\frac{1}{2}(H + h)\, \text{tang}\,\frac{1}{2}A - \sin\frac{1}{2}(H - h)\, \cot\frac{1}{2}A}{\cos H \cos h \sin 1''}.$$

Le plus souvent on peut négliger $\cos H$ et $\cos h$; les termes suivants seraient toujours tout à fait insensibles ; j'avais mis cette formule en Tables commodes :

$$d = \tfrac{1}{2} d(H + h)\sin(H + h)\, \text{tang}\,\tfrac{1}{2}A - \tfrac{1}{2} d(H - h)\sin(H - h)\cot\tfrac{1}{2}A,$$

formule qui prouve que, pour une erreur de $1'$ dans chacune des hauteurs, l'erreur de réduction irait à $1'',44$; or dans les observations de distances zénithales faites le soir, la réfraction terrestre peut varier de $2'$ à $3'$; ainsi jamais je n'observais ces distances ni trop matin ni trop tard ; dans quelques circonstances rares, où $\frac{1}{2}(H + h)$ était considérable, j'observais les distances zénithales immédiatement avant et après l'observation de l'angle ; et jamais je n'ai eu à craindre l'effet de ces réfractions irrégulières. Nous nous bornions ordinairement à répéter la mesure dix fois, et, en cas d'incertitude, nous faisions deux séries pareilles à des jours différents.

Les angles entre les signaux étaient d'une tout autre importance : ils étaient mesurés par chacun des observateurs, l'un après l'autre, quelquefois simultanément. Quand tous mes aides m'eurent abandonné, excepté Bellet qui m'a tenu fidèle compagnie jusqu'au dernier jour, nous observions tous deux ensemble, l'un à la lunette supérieure, l'autre à la lunette inférieure ; dans les clochers étroits nous changions de lunette pour nous épargner l'embarras de changer de place.

Les séries ordinaires étaient de 20 angles ; on les prolongeait dans les circonstances douteuses, et presque toujours on les recommençait à des jours différents.

Le désœuvrement, l'ennui, le désir de faire des essais, m'ont souvent fait observer par les temps les plus défavorables, quand j'eusse aimé mieux faire autre chose. Mais, quand une observation était faite, elle devenait une chose sacrée : bonne ou mauvaise elle a été fidèlement publiée, en notant toutefois les circonstances qui pouvaient servir à l'apprécier. Cette fidélité m'a nui quelquefois par la résolution, prise en général par la Commission, de prendre la moyenne entre tous les angles observés, en dépit des notes qui auraient dû les faire rejeter : c'est à cette résolution que tiennent les plus fortes erreurs, qu'il aurait toujours été facile d'atténuer par un choix entre les observations; souvent même on aurait pu les faire entièrement disparaître, et réellement elles étaient sensiblement améliorées par la réduction à 180°. Chaque soir je copiais toutes les observations par ordre dans un registre et, après les avoir exactement collationnées, je les faisais signer par tous les témoins, avant d'entreprendre le moindre calcul. En outre je conservais tous les originaux, qui sont aujourd'hui déposés à l'Observatoire, avec les registres au net et tous ceux des calculs. J'y ai joint les originaux de Méchain, du moins tous ceux qui me sont parvenus, car il y a quelques stations espagnoles dont je n'ai vu que des copies, notamment les stations où Méchain n'a pas été lui-même.

La réduction au centre de la station est un objet dont tous les auteurs, depuis Picard, ont parlé, mais aucun n'en a donné les éléments : tous se sont contentés de méthodes expéditives et peu sûres. La Caille est le seul qui se soit fait des règles positives qu'il a démontrées et constamment suivies. ·

Soient :

C, la correction de l'angle observé O ;

D, la distance de l'objet à droite ;

G, celle de l'objet à gauche ;

y, l'angle entre l'objet à gauche et le centre de la station ;

r, la distance du centre du cercle à celui de la station :

$$C = \frac{r \sin(O + y)}{D \sin 1''} - \frac{r \sin y}{G \sin 1''}.$$

Cette formule est bien simple et suffit toujours; personne ne s'en était avisé, et Méchain, à qui je l'avais remise à son départ pour l'Espagne, n'en a fait usage que depuis son retour à Paris, quand il ressentit la nécessité de montrer ses registres; il fut donc obligé de recommencer tous ses calculs et la copie de ses registres : et c'est une des causes qui a fait qu'on les a attendus si longtemps. J'ai vu tous les calculs qu'il avait faits en Espagne et dans le midi de la France; ils étaient faits suivant la méthode employée par Cassini dans la jonction des Observatoires de Paris et de Greenwich, dont nous parlerons plus loin. Ma formule, en nommant $2r$ l'excentricité de la lunette, et en faisant

$$O + y = y, \qquad 90° = y,$$

donne

$$\text{correction d'excentricité} = \frac{r}{D \sin 2''} - \frac{r}{G \sin 2''};$$

pour rendre la correction nulle, faites

$$\frac{\sin(O + y)}{D} = \frac{\sin y}{G},$$

vous en tirez

$$\tan y = \frac{G \sin O}{D - G \cos O} = \frac{\sin O}{\dfrac{D}{G} - \cos O}.$$

Placez donc un cercle de manière que l'angle entre l'objet à gauche et le centre soit égal à y, trouvé par cette formule, et la réduction sera nulle quelle que soit la distance r, qui ne peut jamais être bien grande. Sur les montagnes, où l'espace est libre, je plaçais ainsi le cercle du second observateur; nous prenions l'angle simultanément, ces angles étaient égaux et la correction se trouvait nulle.

J'avais une autre formule de réduction sans erreur sensible et en un seul terme,

$$C = \frac{r \sin O \sin(A - y)}{D \sin A \sin 1''}.$$

A est l'angle du triangle dont le sommet est l'objet à droite. On voit qu'il suffit de faire $y = A$ pour rendre la correction nulle.

On peut encore faire

$$y = 180° + A.$$

J'ai appliqué ces formules aux huit cas différents énoncés par La Caille, et j'en ai tiré des formules générales pour faire, sans figures, toutes les réductions de la *Méridienne vérifiée* : dans tous les exemples que j'ai calculés ainsi, j'ai toujours trouvé la vérification des nombres de La Caille.

Si le centre du signal était inaccessible et invisible, pour déterminer y et r j'ai donné des moyens toujours suffisants et toujours faciles, mais qu'il serait trop long d'exposer ici. (Voyez *Base du Système métrique*, t. I, p. 128 et suivantes.)

Quand les signaux sont obliquement éclairés et qu'on ne voit pas distinctement la partie obscure, le point observé, qui est le milieu de la face éclairée, n'est point dans l'axe du signal; l'angle a besoin d'une réduction que j'appellerai *réduction de l'axe;* personne que je sache n'y a eu égard.

Soient :

P, la perpendiculaire menée de l'axe sur le milieu de la face éclairée;

D, la distance de l'observateur au centre du signal qu'il observe;

A, l'angle que fait cette distance avec le rayon visuel de l'observateur;

C, la correction cherchée.

On a

$$C = \left(\frac{P}{D}\right) \frac{\sin A}{\sin 1''} + \left(\frac{P}{D}\right)^2 \frac{\sin 2A}{\sin 2''} + \ldots$$

Le premier terme suffit toujours; la correction est additive si le point observé est dans l'angle entre les axes des deux signaux observés, elle est soustractive s'il est hors de cet angle.

J'ai toujours eu soin d'orienter tous mes signaux et de mesurer la perpendiculaire P; j'avais donc tous les éléments de la réduction et elle eût été parfaitement exacte si le point observé eût toujours été le milieu de la face; mais, quand le signal était faiblement éclairé et le temps brumeux, le sommet du signal était invisible, le point milieu apparent était un peu au-dessous du véritable et un peu plus loin de l'axe, la correction un peu trop faible, jamais trop forte, mais l'erreur est toujours insensible.

Pour les tours rondes, soient x l'azimut de l'observateur et z celui du Soleil pour le centre de la tour, D la distance :

$$C = \frac{d \sin^2 \frac{1}{2}(x - z)}{D \sin 1''} = \left(\frac{\text{demi-diam. de la tour}}{\text{distance} . \sin 1''}\right) \sin^2 \frac{1}{2} \text{ diff. d'azimut.}$$

P étant l'angle horaire, $D_\odot$ la déclinaison (du Soleil), H la hautour du pôle, vous aurez

$$\cot z = \sin H \cos P - \frac{\cos H \, \tang D\odot}{\sin P};$$

z est pris extérieurement au triangle sphérique.

On peut trouver $x - z$ par l'observation : mettez les deux lunettes sur zéro et dirigez-les sur la tour, tournez l'autre lunette jusqu'à ce qu'elle soit dans le vertical du Soleil; le chemin fait par la lunette sera

$$180° - (x - z);$$

la correction est additive si le Soleil et l'objet auquel on compare la tour sont du même côté, et soustractive dans le cas contraire.

Si le Soleil et l'observateur sont l'un à l'est et l'autre à l'ouest du méridien de la tour, z change de signe et la différence d'azimut est $(x + z)$.

Réduction à l'horizon. — Soient A l'angle observé :

$$n = \tang \tfrac{1}{2} A \sin \tfrac{1}{2} (H + h) - \cot \tfrac{1}{2} A \sin \tfrac{1}{2} (H - h);$$

H et h sont les deux hauteurs; la réduction x est

$$x = n \, \séc H \, \séc h - \frac{1}{2} n^2 \séc^2 H \, \séc^2 h \cot A \sin 1''$$
$$+ \frac{1}{2} n^3 \séc^3 H \, \séc^3 h \left(\frac{1}{3} + \cot^2 A \right) \sin 1'' + \ldots;$$

n par lui-même est déjà du second ordre; n^3 est donc du sixième ordre et il est évident que les termes ultérieurs seraient insensibles.

On aura encore, mais en négligeant le quatrième ordre,

$$x = \frac{\tang \tfrac{1}{2} A \, \tang H \, \tang h}{\sin 1''} - \frac{2 \cot A \sin \tfrac{1}{2} (H - h)}{\sin 1''};$$

mais, si l'on néglige le quatrième ordre, autant faire

$$x = n \, \séc H \, \séc h.$$

A étant l'angle observé, $(A + x)$ sera l'angle réduit à l'horizon;

soit $(A + x - y)$ l'angle des cordes; vous aurez

$$y = \left[-\sin^2 \tfrac{1}{2}(a+b)\,\mathrm{tang}\,\tfrac{1}{2}(A+x) + \sin^2 \tfrac{1}{2}(a-b)\cot(A+x) \right]$$
$$- (\text{terme précédent})^2 \cot(A+x)\sin i'';$$

a et b sont les deux demi-arcs terrestres ou les deux côtés qui contiennent l'angle réduit à l'horizon.

J'ai de même réduit ces corrections en Tables.

Les trois corrections d'un même triangle composeront, par leur somme, ce qu'on nomme *l'excès sphérique :* ce que la réunion des trois angles réduits à l'horizon donnera de plus ou de moins sera l'erreur du triangle. J'ai déterminé directement cet excès par l'expression finie et rigoureuse

$$\mathrm{tang}\,\frac{1}{2}E = \frac{\mathrm{tang}\,\frac{1}{2}C'\,\mathrm{tang}\,\frac{1}{2}C''\sin A}{1 + \mathrm{tang}\,\frac{1}{2}C'\,\mathrm{tang}\,\frac{1}{2}C''\cos A},$$

où C' et C'' sont les deux arcs qui comprennent l'angle A, et par la série

$$\frac{1}{2}E = \left(\mathrm{tang}\,\tfrac{1}{2}C'\,\mathrm{tang}\,\tfrac{1}{2}C''\right)\frac{\sin A}{\sin 1''} - \left(\mathrm{tang}\,\tfrac{1}{2}C'\,\mathrm{tang}\,\tfrac{1}{2}C''\right)^2 \frac{\sin 2A}{\sin 2''}$$
$$+ \left(\mathrm{tang}\,\tfrac{1}{2}C'\,\mathrm{tang}\,\tfrac{1}{2}C''\right)^3 \frac{\sin 3A}{\sin 3''} - \ldots$$

Dans le triangle quelconque partagé en deux triangles par la

Fig. 20.

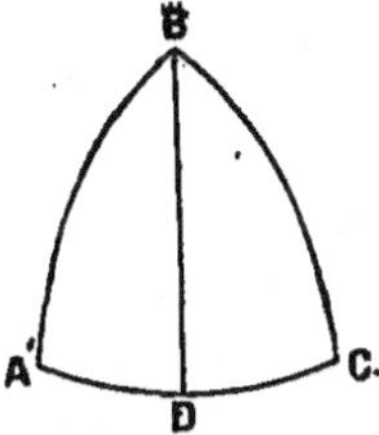

perpendiculaire BD abaissée du plus grand angle B, on aura l'excès en deux parties par les formules finies

$$\mathrm{tang}\,x = \frac{\mathrm{tang}^2\,\frac{1}{2}\,AB\sin 2A}{1 + \mathrm{tang}^2\,\frac{1}{2}\,AB\cos 2A}, \qquad \mathrm{tang}\,y = \frac{\mathrm{tang}^2\,\frac{1}{2}\,BC\sin 2C}{1 + \mathrm{tang}^2\,\frac{1}{2}\,BC\cos 2C},$$

$$E = x + y,$$

ou

$$(A + B + C - 180'') = \tang^2 \frac{1}{2} AB \frac{\sin 2A}{\sin 1''} - \tang^4 \frac{1}{2} AB \frac{\sin 4A}{\sin 2''} + \ldots,$$
$$+ \tang^2 \frac{1}{2} BC \frac{\sin 2C}{\sin 1''} - \tang^4 \frac{1}{2} BC \frac{\sin 4C}{\sin 2''} + \ldots$$

Il suffit toujours de deux termes principaux ; on peut négliger les $\tang^4 \frac{1}{2}$ arc, car

$$(A + B + C - 180°) = 0'',00000.00048.313 \, (AB)^2 \sin 2A$$
$$+ 0'',00000.00048.313 \, (BC)^2 \sin 2C,$$
$$= 0,00000.00096.626 \, (AB)^2 \frac{\sin A \sin B}{\sin (A+B)},$$

les côtés sont exprimés en toises ; ou

$$\log E = 1,9850955 + 2 \log AB + \log \sin A + \log \sin B - \log \sin (A + B),$$
$$= 1,9850955 + \log AB + \log AC + \log \sin A ;$$

le log constant est celui de

$$2 \left(\frac{1800''}{\text{degré en toises}} \right)^2 \sin 1'' = \left(\frac{1800''}{\text{degré en toises}} \right)^2 \sin 2''.$$

Il nous est arrivé quelquefois de ne pouvoir prendre les distances au zénith à l'étage ou au lieu où nous avions mesuré les angles. Soient N la distance zénithale observée, dN la correction dont elle a besoin, dH la différence de hauteur :

$$N + dN = N - \left(\frac{dH}{D} \right) \frac{\sin N}{\sin 1''} + \left(\frac{dH}{D} \right)^2 \frac{\sin 2N}{\sin 2''} + \ldots ;$$

D est la distance de l'objet observé.

Si l'on avait observé N en un lieu plus bas, dH changerait de signe et le premier terme serait additif.

Quelquefois, au lieu de monter ou de descendre pour mesurer N, nous avons été obligé de nous rapprocher de l'objet à observer. Alors

$$N + dN = N + \left(\frac{dD}{D} \right) \frac{\cos N}{\sin 1''} + \ldots ;$$

$\cos$N est négatif si N $>$ 90.

La formule qui dépend de dH sert encore à réduire la distance zénithale au sommet du clocher ou signal, ou au sol au-dessus duquel l'instrument était élevé.

. Dans les clochers très élevés, comme celui d'Amiens, il était impossible de mesurer $d\mathrm{H}$ ou la partie du clocher qui était au-dessus de l'instrument : dans ce cas on observait, des stations environnantes, la distance zénithale du sommet et celle de la naissance de la flèche ; alors

$$d\mathrm{H} = \frac{\mathrm{D}\sin(\mathrm{N} - \mathrm{N'})}{\sin \mathrm{A}}.$$

L'angle A que forme l'axe du clocher avec le rayon visuel dirigé à la base de ce clocher diffère très peu de 90° ; on peut supposer

$$\sin \mathrm{A} = 1.$$

Telles sont les formules que je m'étais faites pour mettre dans toutes les réductions une exactitude dont nos prédécesseurs avaient cru pouvoir se dispenser. Méchain me paraît les avoir adoptées généralement, au moins dans sa rédaction définitive ; il avait aussi employé parfois des moyens à peu près équivalents : ainsi toute la partie géodésique est présentée d'une manière uniforme.

Mon premier Volume est terminé par le Tableau général des triangles. On y trouve :

Les angles véritablement observés, et arrêtés par la Commission qui s'était chargée d'examiner nos registres ;

L'excès sphérique de chaque angle et la somme des trois réductions qui compose l'excès total, duquel se déduit la somme des erreurs de chaque triangle ;

Les angles sphériques corrigés pour le calcul, et réduits à la somme 180° + excès total ;

Les angles des cordes corrigés du tiers de l'erreur ;

Enfin les angles moyens, c'est-à-dire réduits suivant le théorème de Legendre en partageant par tiers entre les trois angles l'excès total du triangle.

Avec ces angles on peut calculer l'arc du méridien de trois manières :

1° Par la trigonométrie sphérique ;

2° Par la trigonométrie rectiligne en employant les angles des cordes ;

3° Par les angles moyens et la trigonométrie rectiligne.

Ces diverses méthodes, que j'ai employées toutes trois, seront développées par la suite.

Les notes qu'on trouve au bas de chaque page contiennent des réflexions sur le choix de la Commission et les raisons que j'aurais eues pour faire un choix un peu différent.

On y trouve encore la comparaison de nos angles avec ceux qu'a pu nous fournir la *Méridienne vérifiée*. Nous prenons ici dans la Méridienne comme dans nos triangles les angles réduits à 180° pour le calcul.

	Mérid. vérifiée.	Delambre.	Diff.
Dunkerque	46.52. 0	0,3	+ 0,3
Cassel	75.53.30	9,0	—21,0
Béthune	37.29. 0	18,3	+18,3
Helfaut	66.37.30	32,7	+ 2,7
Fiefs	34.32.52	50,9	— 1,1
Sauty	54.45.11	8,17	— 2,8
Bonnières	90.41.57	0,9	+ 3,9
Bonnières	51.56.57	49,4	— 7,6
Sauty	64.36.44	51,7	+ 7,7
Beauquêne	63.26.19	19,2	+ 0,2
Sauty	52.57. 7	12,9	+ 5,9
Beauquêne	59. 3.33	27,6	— 5,4
Mailli	67.59.20	19,5	— 0,5
Mailli	78.53.24	28,4	+ 4,4
Villers-Bretonneux	35.10.40	33,4	— 6,6
Beauquêne	65.55.55	58,3	+ 3,3
Villers-Bretonneux	35. 4.55	56,5	+ 1,5
Vignacourt	65.14.49	49,7	+ 0,7
Beauquêne	79.40.16	13,8	— 2,2
Villers-Bretonneux	99. 5.45	50,0	+ 5,0
Vignacourt	31.50. 0	57,5	— 2,5
Sourdon	49. 4.15	12,5	— 2,5
Villers-Bretonneux	60.20.49	43,3	— 5,7
Sourdon	52. 0.46	55,8	+ 9,8
Arvillers	67.38.25	20,9	— 4,1

	Mérid. vérifiée.	Delambre.	Diff.
Villers-Bretonneux ([1])	49.27.40″	35,1	— 4,9
Arvillers	28.11.10	27,0	+17,0
Bayonvillers	102.21.10	57,8	—12,2
Villers-Bretonneux ([1])	75. 0.54	2,8	+ 8,8
Sourdon	44.26.58	3,5	+ 5,5
Amiens	60.32. 8	53,7	—14,3
Villers-Bretonneux ([1])	24. 4.46	48,6	+ 2,6
Vignacourt	25.11. 4	55,4	— 8,6
Amiens	130.44.10	16,0	+ 6,0
Arvillers	60.29.18	18,6	+ 0,6
Sourdon	69.17.34	27,8	— 6,2
Coivrel	50.13. 8	13,6	+ 5,6
Sourdon	62.31.53		
Coivrel	57.11.15		
Noyers	60.16.52		
Saint-Christophe ([2])	62.34.36		
Saint-Martin	56.22.26		
Dammartin	61. 2.38		
Chapelle ([3])	35.32.20	38	—42
Pithiviers	29.55.40	18	—22
Bromeille	114.32. 0	4	+64
Chapelle	31.58.47	52,9	+ 5,9
Pithiviers	91.55.13	5,7	— 7,3
Boiscommun	56. 6. 0	1,4	+ 1,4
Châteauneuf	73.48.24	13,6	—10,4
Orléans	58.27.14	25,1	+11,1
Vouzon	47.41.22	21,3	— 0,7
Orléans ([4])	22. 7.43	34,7	— 8,3
Vouzon	87.38.44	39,7	— 4,3
Chaumont	70.13.33	45,6	+12,6
Bourges	40.27.29	25,9	— 3,1
Dun	101.48.16	15,9	— 0,1
Morlac	37.44.15	18,1	+ 3,1

([1]) Triangle subsidiaire.
([2]) Subsidiaire en 1740.
([3]) Subsidiaire dans les deux opérations.
([4]) Subsidiaire en 1740.

Ainsi Morlac n'a pas changé de position depuis 1740; en avait-il changé entre 1718 et 1740?

Là se bornent les objets de comparaison.

Total des 25 différences en —	137,6
Total des 25 différences en + ...	144,3
Différence	6,7
Les 50 281,9	Moyenne..... 5″,638

Erreur probable d'un angle en particulier..... +1″,34

Autre raison pour appuyer ce que nous avons déjà dit, qu'il n'existe aucune opération qui ait été si fidèlement exposée, si sévèrement examinée et si complètement justifiée que celle de La Caille.

Le second Volume de la *Base du Système métrique* commence par la mesure des deux bases.

Nos règles étaient au nombre de quatre, toutes marquées de leur numéro, pour qu'elles fussent toujours placées dans le même ordre; les pièces de bois qui les soutenaient et les recouvraient étaient peintes de couleurs différentes qui dispensaient de regarder les numéros; leur longueur était de 2 toises.

Elles sont de platine et recouvertes d'une autre règle de cuivre, plus courte de 6 pouces à peu près.

La règle de cuivre est fixée à celle de platine par 3 vis à l'une de ses extrémités; elle est libre d'ailleurs et par sa dilatation relative elle peut avancer plus ou moins le long du platine. Cette dilatation relative était indiquée par un vernier, dont chaque partie répondait à 0ᵀ,00009245 de dilatation absolue du platine. L'extrémité qui n'est pas recouverte de cuivre est garnie d'une languette ou petite règle de platine, glissant à léger frottement entre 2 coulisses. Cette languette est divisée en dix-millièmes de toise; un vernier tracé sur l'une des coulisses donne les cent-millièmes et au microscope nous estimions les millionièmes : la partie saillante de la languette mesurait la distance qu'on laissait entre chaque règle et la suivante, pour éviter tout choc et toute variation.

Chacune de ces règles était portée sur une pièce de bois bien dressée sur laquelle elle était contenue entre de petites montures qui l'empêchaient de s'écarter de la ligne droite sans gêner en rien

la dilatation; un toit recouvrait la règle, sans la dérober tout à fait
aux regards.

Chacune des pièces de bois portait sur deux trépieds de fer très
peu élevés et que l'on calait au moyen de trois vis; ces trépieds
portaient à leur tour sur des soles de bois, dont la surface inférieure était armée de trois pointes de fer qui, enfonçant en terre,
les empêchaient de glisser et maintenaient tout l'appareil dans une
position invariable, à moins que le vent ne fût excessif; et dans
ce cas on interrompait la mesure.

Pour aligner les règles, on avait implanté dans le toit, vers les
deux extrémités, deux pointes verticales de fer, dont l'axe, prolongé dans la partie inférieure, aurait coupé en deux également la
largeur de la règle : ainsi, quand les deux pointes étaient dans
l'alignement de la base, on était sûr que la règle de platine y était
pareillement et en entier; et quand les quatre règles étaient ali-
gnées, la première des huit pointes cachait exactement les sept
autres, ce dont je m'assurais par un examen attentif, dans lequel
j'étais aussitôt remplacé par Tranchot. Outre les deux pointes
verticales, chacun des toits portait deux supports de cuivre sur
lesquels on posait le niveau qui devait, par le retournement, donner
la double inclinaison de la règle; ce niveau donnait les minutes :
les fractions étaient inutiles.

Nos deux bases étaient brisées vers le milieu, où les deux parties faisaient un angle fort approchant de 180°.

Soient b et c deux parties de la base, A l'angle peu différent
de 180°, d la ligne droite opposée à l'angle A :

$$x = \frac{4\,bc\cos^2\frac{1}{2}A}{(b+c)^2},$$

$$d = (b+c)\left(1 - \frac{1}{2}x - \frac{1}{2}\frac{1}{4}x^2 - \frac{1}{2}\frac{1}{4}\frac{3}{6}x^3 - \frac{1}{2}\frac{1}{4}\frac{3}{6}\frac{5}{8}x^4 - \dots\right);$$

le premier terme $\frac{1}{2}x$ a toujours suffi,

$$\log d = \log(b+c) - \frac{1}{2}K\left(x + \frac{1}{2}x^3 + \dots\right).$$

De cette formule, dans laquelle j'ai supposé $b = c = 3000^T$
et A $= 2°5'30''$, j'ai conclu, par un calcul fort simple, qu'il n'était

pas impossible que d'anciennes bases aient été trop longues d'une toise. Dans cette formule,

$$K = \frac{1}{\log \text{hyp. } 10}.$$

Pour aligner mes bases je suis parti du point où la ligne devait être brisée : les signaux placés aux deux extrémités étaient assez élevés pour être partout visibles. Avec le cercle vertical je dirigeais la lunette sur l'un des signaux, et sous la croisée des fils je faisais marquer sur le terrain des points où l'on enfonçait des (piquets) à fleur de terre, à 100 toises de distance les uns des autres : sur ces piquets on plaçait un signal mobile qui servait à diriger les quatre règles.

En partant du premier terme de la base on s'assura, par un fil à plomb, que la première règle était en avant de ce premier terme d'une épaisseur de fil ; à la dernière règle le fil à plomb tombait en avant du dernier point de la mesure d'une épaisseur de ce même fil : les deux erreurs se détruisaient ainsi complètement. Quand on s'arrêtait, à la fin d'une journée, on faisait tomber un fil à plomb sur un piquet enfoncé de quelques pouces au-dessous du sol et recouvert d'une plaque de plomb ; le lendemain on plaçait la même règle de manière que le fil à plomb tombât sur le même point que la veille : on était encore indépendant de l'épaisseur du fil. Nous avons laissé en place tous les piquets sous terre et je ne doute pas qu'ils n'y soient encore. Pour peu que l'air fût agité, on s'entourait de toiles afin que le fil à plomb n'éprouvât aucun dérangement.

Supposons quatre règles, dans la direction de la base. Je présentais le niveau dans les deux sens opposés ; Tranchot et Pommard écrivaient, chacun sur un registre, les deux nombres marqués par le niveau. Je faisais de même pour les trois règles suivantes, après quoi, lorsque rien ne pouvait plus déranger les règles, je lisais le vernier de la languette. Pommard et Tranchot écrivaient l'observation et l'un des deux venait voir au microscope s'il retrouverait exactement ce que j'avais dicté. Je donnais aussi le nombre thermométrique, qui était inscrit et vérifié de la même manière. A chaque règle qu'on déplaçait j'en dirigeais l'alignement, que Tranchot venait vérifier après moi ; alors on procédait à l'opération du niveau, à celle de la languette et du thermomètre, qui subissaient les mêmes vérifications : les deux registres étaient collationnés à chaque nombre qu'on y inscrivait.

Dans tous les déplacements, Bellet se chargeait d'amener autant que possible à un même niveau les deux extrémités voisines de deux règles, ou plutôt celle de la languette avec la règle suivante; de toutes les opérations de la mesure des bases, celle-là était, sans contredit, la plus difficile et la plus pénible pour l'observateur. Rigoureusement, il aurait fallu que la surface inférieure de la languette se trouvât au niveau de la surface supérieure de la règle suivante; il était impossible et dangereux de tenir trop exactement à cette condition mathématique, dont on se rapprochait autant qu'il était possible; il en résultait, pour les règles différemment inclinées, une cause d'erreur que j'ai soumise au calcul : le résultat fut qu'en supposant toutes les erreurs au maximum, et dans le même sens, la base pourrait être de $4\frac{1}{3}$ lignes trop longue. Mais cette supposition est impossible; c'est beaucoup si pour cette cause elle est trop longue de 2 à 3 lignes.

En évaluant et forçant les erreurs possibles de l'alignement, la somme n'ira pas à 3 lignes. Voilà donc en somme une erreur de 4 à 5 lignes dont il nous est impossible de répondre.

Une cause d'erreur particulière à nos règles est l'erreur sur le zéro de la languette. Suivant les expériences de Borda, la correction moyenne du vernier serait — $0^T,0000015$; suivant celles que j'ai faites avant la mesure de Melun elle serait de — $0^T,0000003644$; au retour de Perpignan elle était de — $0^T,0000066$. On pourrait attribuer cette dernière variation de $0^T,0000003256$ au fréquent exercice des languettes dans la mesure des deux bases; entre mes expériences et celle de Borda je ne puis deviner la cause de la variation $0^T,0000002144$.

Pour Melun, j'ai employé la correction — 3644; pour Perpignan, la correction — 66.

L'incertitude qui peut résulter de cette cause ne monte guère qu'à un pouce pour chacune des deux bases. Au reste Borda lui-même n'a jamais prétendu qu'on puisse arriver à une précision plus grande sur des bases de 6000 toises.

J'ai donné avec tous ses détails la première page de chacune des mesures de nos bases.

Pour abréger les calculs des réductions j'avais fait des Tables étendues où les corrections se prenaient à vue, ainsi que les différences de niveau entre chaque règle et la suivante.

Par ce moyen mes calculs étaient au courant chaque soir. J'avais eu des précautions analogues pour les mesures des angles de position, de distances zénithales, d'azimut et de latitude; ainsi chaque matin avant de commencer les observations j'avais le résultat de toutes les observations précédentes. On peut voir dans l'Ouvrage le détail de ces opérations, dont les originaux sont à l'Observatoire. Les différences de niveau servaient pour la réduction au niveau de la mer, qu'on aurait pu faire en particulier pour chaque règle; mais il suffisait de la faire toutes les fois que le niveau avait changé un peu sensiblement. J'ai fait cette réduction sur la base entière, sur les deux demi-bases, sur la base divisée en 15 ou 17 parties; les différences étaient insensibles.

Toute réduction faite, y compris celle des inclinaisons, des languettes, des thermomètres et du niveau, la base de Melun s'est trouvée de $6075^{\mathrm{T}},900$; celle de Perpignan de $6006^{\mathrm{T}},25$.

A Perpignan, Méchain avait été forcé de placer les signaux hors de la route et dans les champs voisins, mais au bord du fossé qui séparait la route des terres cultivées; la base, mesurée sur la route, n'aboutissait donc réellement à aucun des deux termes : une opération trigonométrique, sans calcul et de la plus grande simplicité, a donné les réductions nécessaires, dont l'erreur ne peut être d'une ligne. Enfin, pour donner une idée de l'exactitude à laquelle nous nous flattons d'être parvenus, par tous les moyens imaginés par Borda, et par l'attention la plus scrupuleuse dans tous les détails, nous allons rapporter ce qui nous est arrivé à Perpignan.

Le 8 fructidor un vent impétueux venait à chaque instant déranger les règles. Malgré leur poids et le frottement qu'elles éprouvaient sur leur trépied de fer, nous ne pouvions les conserver longtemps dans la direction de la base; le vent les faisait charrier sur leurs supports, en sorte qu'après avoir lutté une partie de la journée contre ces difficultés nous prîmes le parti d'interrompre la mesure, que nous recommençâmes en entier le 11, par un temps beaucoup plus calme : la différence sur 137 toises fut de $\frac{8}{10}$ de millimètre ou $0^{\mathrm{l}},266$, à peu près $\frac{1}{4}$ de ligne, entre deux mesures dont l'une nous avait parfaitement contentés et dont l'autre nous avait paru si incertaine que nous nous étions crus obligés de la recommencer en entier.

A Melun le tracé nous avait occupés 5 jours et la mesure 40 jours; total 45 jours.

A Perpignan le tracé a duré 7 jours et la mesure 42 jours; total 49 jours.

J'aurais désiré faire une seconde mesure de ces bases, en sens contraire, ainsi que l'ont pratiqué tous nos prédécesseurs : le temps ne le permit pas, et ce soin, à vrai dire, me paraissait bien inutile; l'ordre que nous avions invariablement suivi rendait impossible toute erreur, si ce n'est celle de la lecture des deux verniers, et cette lecture avait toujours été vérifiée par l'un des deux assistants.

D'ailleurs je réservais aux savants étrangers, dès lors convoqués, et à Méchain à son retour, la seconde mesure de la base de Melun; je leur en fis la proposition, il ne s'éleva pas une seule voix pour l'accepter : il fut unanimement décidé que c'était un soin bien superflu.

Outre les deux registres originaux des mesures des bases, j'ai déposé à l'Observatoire deux copies collationnées, faites l'une par Tranchot et l'autre par moi : les pages de ces divers registres n'étaient pas de même hauteur et n'avaient pas le même nombre de lignes; toutes les réductions ont été calculées sur ces divers registres, page à page; chaque page offrait des nombres différents d'un registre à l'autre, et les sommes totales ont montré l'accord le plus parfait.

Les deux termes de la base de Melun sont assurés par des constructions d'une solidité jusqu'ici sans exemple. Les termes de la base de Perpignan sont moins sûrs et moins durables. Méchain s'était contenté d'un massif de briques au centre duquel est enfoncé perpendiculairement un pieu recouvert d'une plaque métallique sur laquelle est marqué le pied de l'axe du signal.

En faisant découvrir momentanément ces deux termes pour la mesure, je les ai trouvés dans un état satisfaisant de conservation. Ils doivent courir peu de risques, à moins que la pluie ne vienne à filtrer malgré le ciment à travers les faces de la pyramide écrasée qui les recouvre. A Melun tout est de pierres de taille, assises sur le roc, et le recouvrement est d'une pierre unique. Pour conserver les termes de Perpignan, Méchain avait donné les dessins de deux pyramides, qui auraient pu être construites en marbre du pays, sans augmenter la dépense; elles n'ont jamais été exécutées, mais en recouvrant les termes, après notre mesure, nous avons redoublé de soins pour leur future conservation.

Comme celles de Melun, les pyramides de Perpignan ont été recommandées aux préfets des deux départements. Pour les détails ultérieurs nous renverrons à la *Base du Système métrique,* t. I ou II.

Azimuts.

L'ordre nous amène aux observations azimutales. Pour plus grande sûreté dans les observations et plus de facilité, soit dans les observations, soit dans les calculs, j'aurais préféré de beaucoup des instruments de passages; mais deux raisons s'y opposaient : nous n'en avions pas, et l'on ne voulait pas nous en donner; on voulait que tout fût fait avec nos petits cercles. Une autre raison à laquelle nous n'avions pas songé, c'est que les fonds nous manqueraient, et un instrument de plus eût multiplié les frais de transport et d'établissement, au lieu qu'avec du temps et du calcul, qui ne coûtent rien aux ordonnateurs, nous pouvions sans frais suppléer à tout.

La première chose était de régler l'horloge pour avoir le temps vrai. Nous n'avions pour cela que les hauteurs absolues prises avec le cercle; mais ce cercle ne les donne que doubles : nous prenions 20 distances zénithales ou 10 distances doubles et conjuguées; chacun de ces couples nous donnait une distance moyenne et un temps moyen arithmétique entre les deux temps marqués par la pendule; ces moyennes, traitées comme des observations réelles, nous donnaient l'heure vraie et la correction de la pendule.

Avec dix observations conjuguées nous avions dix fois la correction de la pendule; le milieu entre les dix corrections était la correction qui répondait à l'instant qui tenait le milieu entre toutes les observations.

C'était supposer qu'entre deux observations conjuguées, c'est-à-dire dans un intervalle de 60 ou 90 secondes au plus, le changement de hauteur avait été uniforme et proportionnel au temps écoulé.

Il est certain que la supposition n'est pas rigoureuse; mais on conçoit facilement que l'erreur est insensible, et nous pouvons en donner la démonstration.

De cette manière on emploie toutes les observations; les erreurs doivent se compenser et disparaître presque entièrement du résultat définitif; on a, de plus, cet avantage que l'on voit d'un coup d'œil si les dix corrections partielles suivent la marche de la pendule, si elles vont en augmentant ou en diminuant, selon que la pendule avance ou retarde.

La seule objection que l'on puisse faire contre cette méthode est la longueur des calculs, qui exigent la résolution de dix triangles; mais il est à remarquer qu'en faisant marcher de front les dix calculs, on n'a pour chacun que quatre logarithmes à chercher, et qu'on les trouve à la suite les uns des autres et presque aux mêmes pages. L'opération n'est donc pas si longue qu'elle le paraît d'abord à ceux qui sont peu familiarisés avec les calculs astronomiques; les erreurs y sont comme impossibles, puisque la marche des angles et des logarithmes rendrait sensible à l'instant une faute commise dans l'un des dix calculs.

Malgré ces facilités et ces avantages, j'ai désiré savoir s'il n'était pas possible de diminuer considérablement la longueur des calculs, sans leur rien faire perdre de leur précision. Il m'était démontré que, par le fait, d'un triangle au suivant les petites discordances ne venaient que des observations, et non pas de la méthode; en effet, les observations ne sont jamais d'une précision extrême; avec deux observations, les petites erreurs de la division ne peuvent être assez atténuées; il est difficile d'estimer bien juste l'instant du contact dans une lunette qui grossit peu; le mouvement en hauteur est bien plus lent que le passage par les fils d'une lunette méridienne, où l'on n'essaie pas même d'estimer les fractions au-dessous d'une demi-seconde de temps, et souvent on se trouve fort heureux quand on obtient la seconde exacte.

D'après ces considérations, après avoir calculé les observations deux à deux, j'essayai de les réunir quatre à quatre, et le résultat était sensiblement le même; puis six à six, et la différence était légère; à huit et à dix, la différence était croissante; enfin en les réunissant toutes en un seul groupe j'avais des différences de $2''$ à $3''$. Ces différences croissent comme les carrés des temps; si j'avais une incertitude de 2″ pour dix observations doubles, je n'avais à craindre (que) 0″,02 pour deux observations réunies : il m'est donc arrivé souvent de me borner au calcul des observations quatre à quatre, qui ne m'exposait qu'à une erreur d'un dixième.

Quelquefois je partageais le tout en deux groupes de 6 et deux groupes de 4; et les discordances étaient encore d'un ordre inférieur à celui des observations.

J'ai cherché des moyens plus rigoureux, et j'en avais obtenu plusieurs; mais, les trouvant plus pénibles que le calcul des dix triangles, je les ai rejetés sans en faire aucune mention : on a la somme de deux distances consécutives (N, N′); on a les angles horaires (P et P′) des deux instants d'observation, car on sait toujours à peu près l'erreur de la pendule; on a donc $\frac{1}{2}(P + P')$ avec assez d'exactitude quand même on ignorerait l'erreur de la pendule, ce qui ne peut arriver que le premier jour et pour le premier couple d'observations. On a dans tous les cas, sans erreur, $\frac{1}{2}(P - P')$ par l'intervalle entre les deux observations. Or, par une formule démontrée (*Astr.*, t. I, p. 573), on a exactement

$$\sin\tfrac{1}{2}(N - N') = \frac{\sin\frac{1}{2}(P - P')\cos H \sin\frac{1}{2}(P + P')\cos\frac{1}{2}(D' + D)\cos\frac{1}{2}(D' - D)}{\sin\frac{1}{2}(N + N')}$$
$$+ \frac{\tan\frac{1}{2}(D' - D)}{\sin\frac{1}{2}(P' + P)\sin\frac{1}{2}(N + N')}$$
$$\times \left[\tan H - \tan\tfrac{1}{2}(D + D')\cos\tfrac{1}{2}(P + P')\cos\tfrac{1}{2}(P - P')\right];$$

on aura donc $\frac{1}{2}(N + N')$ et $\frac{1}{2}(N - N')$ et par conséquent N et N′; on pourra donc calculer séparément chacune des deux observations conjuguées; mais il faudrait faire 10 fois l'application de cette formule et résoudre 20 triangles : le procédé serait exact, mais bien pénible.

Mais d'abord, le mouvement en déclinaison en 1 heure n'est jamais de 1′; en 1 minute de temps il n'est pas 1″; en 2 minutes, intervalle le plus long entre deux observations, $\frac{1}{2}(D' - D)$ n'est pas de 1″ de degré.

On pourrait le plus souvent négliger $\tan\frac{1}{2}(D' - D)$; on pourrait toujours supposer $\cos\frac{1}{2}(P - P') = 1$, $\cos\frac{1}{2}(D' - D) = 1$, et faire

$$\tfrac{1}{2}(N - N') = \frac{\frac{1}{2}(P - P')\cos H \sin\frac{1}{2}(P + P')\cos\frac{1}{2}(D + D')}{\sin\frac{1}{2}(N + N')}$$
$$+ \frac{\frac{1}{2}(D' - D)}{\sin\frac{1}{2}(N + N')\sin\frac{1}{2}(P + P')}\left[\tan H - \tan\tfrac{1}{2}(D + D')\cos\tfrac{1}{2}(P + P')\right].$$

D.

$\frac{1}{2}$ (P — P') et $\frac{1}{2}$ (D — D') sont proportionnels au temps; $\frac{1}{2}$ (N — N') le serait sans les facteurs variables qui multiplient $\frac{1}{2}$ (P — P') et $\frac{1}{2}$ (D' — D); mais en 2 minutes de temps ces facteurs ne varient pas assez pour que l'effet de la variation soit sensible sur $\frac{1}{2}$ (N — N').

Il en résulte qu'on peut calculer les 10 triangles en assemblant les observations 2 à 2, en prenant les moyennes des distances et les moyennes des temps, sans qu'il en résulte d'erreur sensible sur l'angle horaire calculé, ni sur la correction de la pendule.

Les parties négligées seront du second ordre et croîtront comme les carrés des temps; les erreurs deviendront 4 fois plus fortes en assemblant les observations 4 à 4, ce qui aura d'ailleurs cet avantage que les erreurs de la division de l'instrument seront réduites à moitié de ce qu'elles étaient : ainsi l'erreur ne sera que doublée.

L'expérience a prouvé que les observations 2 à 2 et 4 à 4 conduisaient au même résultat, preuve que les erreurs étaient insensibles.

On pourrait encore les assembler 6 à 6 en se bornant à 18 observations; ou, en les portant à 24, on pourrait, en supposant 20 observations, faire les deux premiers groupes de 6 et les deux derniers de 4 : tout cela m'a réussi et je m'y tiens.

M. Soldner, dans les Éphémérides de Berlin pour 1818, a traité le problème d'une manière différente : il remarque qu'en rapportant tout à l'instant qui tient le milieu entre toutes les observations, on rend inutile le premier et le plus considérable des termes de la série qui exprime le rapport entre le changement de la distance zénithale et le changement de l'angle horaire. En effet, ce terme, proportionnel à première puissance du temps et de l'angle, est nécessairement positif dans la première moitié et négatif dans la seconde; et comme la somme des intervalles est égale de part et d'autre, ce terme disparaît. Le même raisonnement s'applique à deux observations rapportées à l'instant moyen. Les autres termes de la série restent, mais il n'y a que le second qui soit sensible. Le troisième est fort petit, il est proportionnel aux cubes des temps, et la différence des signes le réduit à presque rien. Alors le problème ressemble beaucoup à celui qui réduit au méridien une suite de distances observées avant et après le passage : le terme unique est de même forme dans les deux problèmes et se calcule par les mêmes Tables, que j'ai données dans la *Base du système métrique,* et, avec plus d'étendue encore, dans la *Connaissance des Temps* et dans mon *Astronomie.* Mais ces mêmes Tables prouvent que, pour des intervalles de 4^m de distance au milieu, la correction est encore $o^s,oo2$ à multiplier par un facteur fractionnaire. Il en résulte qu'on peut assembler les observations 4 à 4, ce qui donne 2^m pour le plus grand intervalle, ou 6 à 6, ce qui donne 3^m environ. Si dans ces différentes combinaisons on trouve quelque légère différence, elle est de l'ordre des erreurs inévitables des observations, et ne prouve rien; mais il ne serait pas assez exact d'assembler les observations 8 à 8 ou 10 à 10, encore moins de les réunir toutes 20 en un seul groupe : on risquerait alors des erreurs de 2^s à 3^s; pour 10 observations réunies, l'erreur serait le quart, ou $o^s,5$ et $o^s,75$; pour les réunions de 6 l'erreur pourrait (être) $o^s,1$ environ : il n'en faut pas demander davantage.

J'ai discuté cette méthode de M. Soldner, j'ai prouvé qu'elle est toujours aussi exacte que celle par laquelle j'assemble les observations 2 à 2 et qu'elle est un peu plus courte, qu'elle ne l'emporte pas assez sur la méthode qui les assemble 4 à 4 pour dédommager de l'incommodité de recourir à des Tables qu'on n'a pas toujours sous la main, d'employer une formule spéciale qu'on n'est pas sûr de retenir dans sa mémoire, et qu'il vaut mieux, toutes choses égales d'ailleurs, n'employer que les Tables logarithmiques ordinaires et la formule bien connue qui donne l'angle horaire par les trois côtés du triangle. Voyez au reste la *Connaissance des Temps* de 1820, pages 337 et 397.

Par l'un ou l'autre de ces moyens on fera le Tableau de la marche de la pendule en temps vrai pendant tout le temps que dureront les observations d'azimut.

Les oscillations très fréquentes de la tour de Dunkerque auraient altéré le mouvement de la pendule; je trouvais plus sûr de faire les observations sur la tour plus solide de Watten.

A Paris je pus choisir à mon gré les circonstances : je répétai les observations dans trois saisons différentes, je comparai quatre clochers de Paris au Soleil levant et couchant; j'étais pour cela fort commodément sur la terrasse de mon observatoire de la rue de Paradis.

A Bourges je ne pus encore observer que le Soleil couchant :

les 180 distances du Soleil au clocher de Vasselai, que je mesurai en trois jours, s'accordèrent aussi bien qu'on peut l'attendre de mesures de ce genre; j'observais sur la tour, et la tourelle de l'escalier renfermait la boîte de ma pendule.

Méchain observa sur la tour de Saint-Vincent, à Carcassonne. Il paraît qu'il ne fut pas d'abord assez content de ses observations, car il a supprimé plusieurs séries dont il ne reste que des fragments, desquels il résulterait un azimut différant d'une seconde de celui que Méchain a préféré (c'est par une faute d'impression qu'on lit *une minute* dans *Base du système métrique*, II, p. 64).

Les observations faites à Montjouy sont moins nombreuses :

Un premier essai avait donné à une *minute* l'azimut de Matas; deux autres séries également supprimées m'ont donné 15″ de moins que le résultat auquel Méchain s'était arrêté.

Voici maintenant le calcul des azimuts :

Azimut de Gravelines, sur l'horizon de Watten.

	N. Obs.		N.	
1793. MAI 30..........	16	20.20.54″,9 (¹)		
30..........	8	20.54,0 (¹)	54	20.21′.15″,5
JUIN 1..........	18	21.24,9 (²)		
1..........	12	21.48		
3..........	20	21.23,9		
3..........	20	21.24,0		
3..........	16	21.13,9		
3..........	16	21.20,3	104	21.14,8
3..........	16	21. 1,8		
3..........	8	21.16,0		
3..........	8	21. 3,5		
5..........	4	21.16		
5..........	14	21.11	24	21.11,6
5..........	6	21. 6		

Moyenne générale, en nombre rond... **20.21.15**

(¹) Vent incommode.
(²) Le vent avait arrêté la pendule, dont un ouvrier avait ouvert la boîte. On la remet en mouvement et l'on observe des hauteurs.

Pour calculer ces observations, outre la méthode ordinaire j'ai encore employé les formules suivantes :

$$P = \text{angle horaire vrai,}$$
$$C = \text{distance polaire de l'astre,}$$
$$H = \text{hauteur de l'équateur,}$$
$$B = \text{distance zénithale vraie de l'astre,}$$
$$p = \text{la parallaxe,}$$
$$r = \text{la réfraction,}$$
$$B' = \text{la distance apparente au zénith.}$$

$$\tan a = \frac{\cot\frac{1}{2}P\,\cos\frac{1}{2}(C-H)}{\cos\frac{1}{2}(C+H)}; \qquad \tan b = \frac{\cot\frac{1}{2}P\,\sin\frac{1}{2}(C-H)}{\sin\frac{1}{2}(C+H)};$$

$$\sin\frac{1}{2}B = \frac{\sin\frac{1}{2}P\,\sin\frac{1}{2}(C+H)}{\cos b}.$$

$$B' = B + p - r;$$

$$\text{azimut} \odot \text{ compté du nord} = (a+b) = z;$$
$$\text{azimut} \odot \text{ compté du midi} = 180° - (a+b) = z''.$$

Soit maintenant D la distance du centre du $\odot$ au signal terrestre :

$$R = \frac{A+B'+D}{2} - A, \quad R' = \frac{A+B'+D}{2} - B', \quad \sin^2\frac{1}{2}z' = \frac{\sin R \sin R'}{\sin A \sin B'},$$

$$\text{azimut de l'objet} = z - z'.$$

C'est à l'angle z' qu'il faut appliquer la réduction au centre $\frac{r\sin(O+y)}{D\sin 1''}$ si l'objet est à droite de l'astre, et $-\frac{r\sin y}{G\sin 1''}$ si l'objet est à gauche.

Cette solution suppose l'objet terrestre entre l'astre et le point nord de l'horizon; elle donne l'azimut compté du point nord. Si l'objet terrestre était entre le Soleil et le point midi de l'horizon, z' changerait de signe.

Ou bien, calculez pour chaque observation la distance apparente de l'astre au signal avec une valeur approchée x de l'azimut cherché.

Soit z l'azimut de l'astre : vous aurez pour la distance D de l'astre au signal :

$$\cos D = \cos(x - z)\sin A \sin B' + \cos A \cos B',$$

d'où

$$dD = \frac{d(x - z)\sin(x - z)\sin A \sin B'}{\sin D}$$

$$= \frac{dx \sin(x - z)\sin A \sin B'}{\sin D} = a\,dx.$$

Vous aurez $dD = a\,dx$; nommez Σa la somme de tous les a ainsi calculées, ΣD la somme des distances calculées, $\Sigma D'$ la somme des distances observées :

$$dx = \frac{\Sigma D' - \Sigma D}{\Sigma a}.$$

Pour des distances zénithales qui servent à régler la pendule, on aurait

$$a = \frac{\sin P \sin H \sin C}{\sin B'}, \qquad dP = \frac{\Sigma D - \Sigma B'}{\Sigma a}, \qquad dT = \frac{\Sigma D - \Sigma B'}{15\,\Sigma a}.$$

Observatoire de la rue de Paradis (Azimut du Panthéon).

Matin.		Soir.
29.12.42		29.12.38
29.12.30		29.12.54
29.12.41		29.12.31
29.12.11		29.12. 1
29.12.41		29.12.23
29.12.31	Soir.....	29.12.29,4
	Matin ...	29.12.31
396 observations..........		**29.12.30**

J'avais donné $29°12'28'',7$ (*Base du système métrique*, t. II, p. 129); une réunion m'a donné $1'',3$ de plus, correction fort indifférente.

On voit que le matin et le soir c'est à peu près la même chose; ainsi les azimuts qui n'ont été observés que le soir, comme ceux de Watten et de Bourges, n'en sont guère moins sûrs. La grande difficulté est d'avoir le temps absolu; et l'erreur du soir, si la pendule n'a pas varié, ne corrige pas celle du matin. Mais l'erreur de la pendule, dans tant d'observations en trois saisons différentes, n'a pu être la même, ce qui donne lieu à des compensations.

Bourges. — *Azimut de Vasselai.*

1705.	N. Obs.	
JUILL. 8....:	60	5. 6.52,6
9.....	68	43,0
10.....	60	42,5
	178	5. 6.46,0
En réunissant....	**5. 6.44**	} Je m'en suis tenu au résultat général sans distinction de journée.
Réduction........	+ 35	
	5. 7.19	ou 174.52.41
		205.41.59,7

Azimut de Dun.................. 329.10.41,3 — 0,397 d (pendule)

Carcassonne. — *Azimut de Nore.*

1707.	N. Obs.		Matin.	Soir.
MAI 12......	6	21.19. 3,3(1)		
14.....	16	18.58,3(1)		
15.....	64	19. 0,3	21.18.60,3	21.18.63,3*
16.....	48	18.59,2	57,5	58,9*
17.....	36	18.57,5	58,5*	59,2
17.....	20	18.58,5(2)		54,9
24.....	56	18.54,2	58,8	58,9

Les séries marquées d'un astérisque avaient été rejetées par Méchain.

Montjouy. — *Azimut de Matas.*

1797.	N. Obs.		
DÉC. 14, soir....	4	27.39. 7(3)	} 27.39.32,5
15........	4	39.28	
MARS 2, matin..	»	39.47,3	} 39.49,1, ou, sans distinction,
2, soir....	»	39.51,0	} 27.39.48,6
7, Polaire.	»	39.59,84	
9........	»	39.55,30	

---

(1) Je n'ai retrouvé que les calculs.

(2) Rejetées par Méchain, à cause d'un dérangement qui m'a fait laisser de côté 8 observations.

(*) Un angle de près de 90°, que Méchain avait calculé par son sinus et qu'il avait fait aigu au lieu de le faire obtus, avait produit une erreur de 2' que j'ai corrigée. Méchain avait rejeté la série comme défectueuse.

Les meilleurs de a Polaire donnent........... 27.39.55,3
Les meilleurs du Soleil donnent 39.49,0
Milieu préféré **27.39.52,1**

Toutes ces quantités, sauf la première ligne, sont copiées fidèlement des manuscrits de Méchain, où elles ne sont accompagnées d'aucune figure, ni d'aucune formule.

Tâchons de deviner les méthodes de l'auteur.

Soient (*fig.* 21) Z le zénith de Montjouy, ZR la distance de ce zénith au réverbère de Las Agujas, P le pôle, PR la distance

Fig. 21.

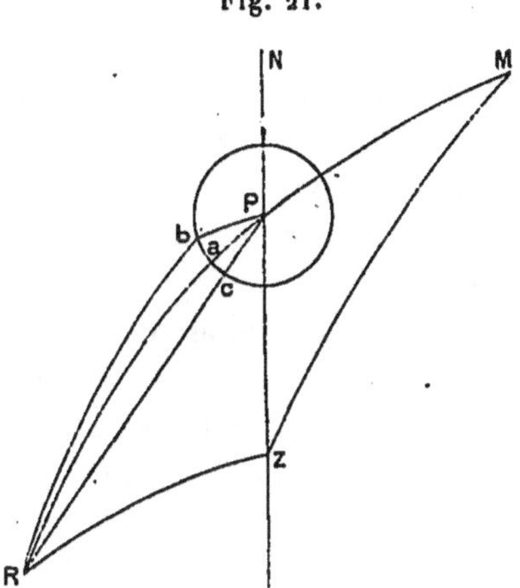

polaire du réverbère, *bac* le parallèle de l'étoile polaire : R*a* sera la plus courte distance de l'étoile au réverbère.

On conçoit qu'en suivant l'étoile. pendant quelque temps on a pu reconnaître, à fort peu près, la distance R*a*; on avait donc R*a* et RP', on connaît PZ et ZR. Avec les trois côtés, on calculera PRZ ou l'angle horaire de la plus courte distance.

Les observations du Soleil avaient fait connaître PZM, azimut de Matas; on avait mesuré la différence azimutale MZR; on connaissait donc, à fort peu près, PZR qui est l'azimut du réverbère.

Ainsi

$$PZM = 27.39.50''$$
$$MZR = 134.49.32$$
$$PZR = 107.\ 9.42$$

d'ailleurs

$$PZ = 48°38'16'',$$
$$ZR = 89° 5'34'';$$

on en déduit

$$ZPR = 77°47'0''$$

et

$$PR = 102° 10'45''.$$

Les observations subséquentes ont donné

$$ZPR = 77° 47'8''$$

et

$$77° 45'50''.$$

La différence $77°47'$ convertie en temps donne $5^h 11^m 8^s$. C'est l'angle horaire de l'étoile quand elle est dans le méridien du réverbère. L'horloge était réglée sur le temps moyen, il fallait calculer le temps moyen du passage de l'étoile par le méridien et y ajouter $77°47'$ converti en temps moyen.

Quand l'étoile était en c, il fallait commencer à mesurer les distances au réverbère et continuer ces mesures jusqu'à ce que l'étoile fût arrivée en b, en sorte que ca et ab fussent à peu près égaux. Toute distance autre que aR avait besoin d'une réduction, car $Rb > Ra$.

Pour calculer cette réduction, soient

B la distance polaire Pa,
D la distance polaire PR,

nous aurons

$$Ra = (D - B) = \text{plus courte distance.}$$

Soit

$$Rb = (D - B + u);$$

$$\cos(D - B + u) = \cos RPb \sin D \sin B + \cos D \cos B$$
$$= \cos(D - B) - 2 \sin D \sin B \sin^2 \tfrac{1}{2} RPb,$$

$$\cos(D - B) - \cos(D - B + u) = 2 \sin D \sin B \sin^2 \tfrac{1}{2}(P - p),$$
$$2 \sin \tfrac{1}{2} u \sin(D - B + \tfrac{1}{2}u) = 2 \sin D \sin B \sin^2 \tfrac{1}{2}(P - p),$$

d'où

$$u = \frac{2 \sin D \sin B \sin^2 \tfrac{1}{2}(P - p)}{\sin(D - B + \tfrac{1}{2}u)}.$$

Je vois, par les calculs de Méchain, qu'il faisait

$$u = \frac{2 \sin D \sin B \sin^2 \tfrac{1}{2}(P - p)}{\sin(D - B)},$$

en négligeant $\tfrac{1}{2}u$ au dénominateur, suivant l'exemple que lui en avait donné Borda, pour calculer les réductions de la polaire au méridien.

P est l'angle horaire de l'étoile pour chaque observation; il est donné par la pendule.

$$p = RPZ = 77^{\circ}47'.$$

La solution que nous venons d'indiquer suppose que l'étoile décrit le parallèle vrai *cab*, mais la réfraction altère les angles

Fig. 22.

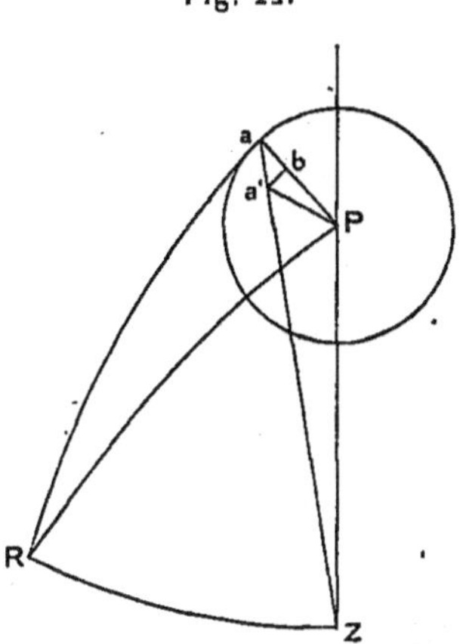

horaires, ainsi que les distances des étoiles, soit au zénith, soit au réverbère, et ces circonstances exigent des réductions.

Soit Za (*fig.* 22) le vertical de l'étoile; la réfraction l'élève de a en a'; or

$$aa' = 57'' \tan g(Za - 171'' \tan g Za) = 57'' \tan g Za - \frac{0''047 \, \tan g Za}{\cos^2 Za}.$$

On peut négliger le dernier terme qui, à Monjouy, ne passe jamais $0'',1$.

Du lieu apparent menez $a'b$ perpendiculaire sur Pa et vous aurez

$$a'b = a'a \sin a = 57'' \tan g Za \sin a.$$

Or

$$\sin Z a : \sin P : \sin PZ : \sin a = \frac{\sin P \sin PZ}{\sin Z a} = \frac{\sin P \cos L}{\sin Z a};$$

donc

$$a'b = \frac{57'' \tang Z a \sin P \cos L}{\sin Z a}$$

$$= \frac{57'' \cos L \sin P}{\cos Z a} = \frac{57'' \cos L \sin P}{\cos P a \sin L + \sin P a \cos L \cos P}$$

$$= \frac{57'' \cos L \sin P}{\cos B (1 + \tang B \cos L \cos P)} \quad (B = Pa);$$

$$= \frac{57'' \cos L \sin P}{\cos B} (1 - \tang B \cot L \cos P + \ldots)$$

$$= \frac{57'' \cot L \sin P}{\cos B} - \frac{57'' \cot^2 L \sin B \sin P \cos P}{\cos^2 B},$$

$$ab = a'a \cos a = 57'' \tang Z a \cos a = 57'' \tang Z a \left(\frac{\sin L - \cos B \cos Z a}{\sin B \cos Z a} \right);$$

$$= \frac{-57''}{\sin B \cos Z a} (\sin L - \cos B \cos Z a) = \frac{57'' \sin L}{\sin B \cos Z a} - 57'' \cot B = -dB.$$

La réfraction diminue l'arc B.

Le triangle R bp (*fig.* 21) donne

$$\cos R b = \cos b \; PR \sin Pb \sin PR + \cos Pb \cos PR,$$

ou

$$\cos M = \cos(P - p) \sin B \sin A + \cos B \cos A,$$

$$- dM = - \frac{d(P - p) \sin A \sin B \cos(P - p)}{\sin M} + \frac{dB \sin A \cos B \cos(P - p)}{\sin M}$$

$$- \frac{dB \cos A \sin B}{\sin M}.$$

Mettons dans cette formule les valeurs

$$L = 41°21'44'', \qquad B = 1°47'43'', \qquad A = 100°22'23'';$$

à cause des angles constants et de P, qui diffère peu de 90°,

$$- dM = \frac{13'',38 - 1'',72}{\sin 100°22'} = \frac{11'',66}{\sin M} = 11'',93 \qquad \text{ou} \qquad 12'' \text{ à peu près.}$$

Ainsi la réfraction diminue les distances du réverbère à l'étoile de 12'' environ; il faudra donc ajouter 12'' à toutes les distances observées ou à la distance Ra conclue des observations.

Cette méthode n'est point celle de Méchain, qui paraît beaucoup plus longue et simplement approximative; mais elle conduit aux mêmes résultats.

On peut faire sur ces observations quelques questions bonnes à éclaircir :

1° Quelles sont les circonstances les plus favorables?

2° Vaut-il mieux observer la polaire que le Soleil?

Soient

$$a = Z - Z', \quad da = dZ - dZ', \quad \sin Z = \frac{\sin P \sin C}{\sin B};$$

$$\cos D = \cos Z' \sin A \sin B' + \cos A \cos B'.$$

En différentiant ces deux équations, on trouve

$$da = dP \cot P \tang Z + dC \cot C \tang Z - dB \cot B \tang Z - \frac{dD \sin D}{\sin A \sin B' \sin Z'}$$
$$- dA \cot A \cot Z' - dB' \cot B' \cot Z' + dA \cot B' \cosec Z' + dB' \cot A \cosec Z'.$$

Le terme $dP \cot P \tang Z$ est le plus important, et il prouve qu'il faut éviter les observations aux environs du premier vertical où $Z = 90°$. Mais ce terme sera nul à 6^h où $\cot P = 0$, ce qui montre qu'à 6^h ce terme change de signe et qu'il est fort petit près du cercle de 6^h.

Pour l'étoile polaire, $\tang Z$ serait un facteur de peu d'importance. A cet égard la polaire serait préférable, mais, son ascension droite étant moins sûre que celle du Soleil, tout est à peu près égal.

dC serait moindre pour l'étoile, mais $dC \cot C$, qui n'est presque rien pour le Soleil, est très considérable pour l'étoile; et à cet égard le Soleil mérite la préférence.

$dC \cot B$ est moindre pour le Soleil, mais $dB \tang Z$ est moindre pour l'étoile, et la chose est à peu près égale.

Tous les autres termes dépendent de $\cosec Z'$ et de $\cot Z'$; on voit qu'il faut faire Z' le plus approchant qu'on pourra de $90°$:

$$dA \cot A \text{ sera nul si } A = PR = 90°.$$

$dA \cot B' \cosec Z'$ avertit de ne pas observer un astre trop élevé : à cet égard aussi le Soleil mérite la préférence.

De ces remarques et de quelques autres semblables, j'ai conclu :

1° Que le Soleil est au moins aussi sûr que l'étoile; et comme il est plus commode, je m'en suis contenté;

2° Qu'il faut observer l'astre avant et après le passage au cercle de 6ʰ; ·

3° Qu'il faut placer le signal aussi près de l'horizon qu'il est possible, ce qui se trouvera tout naturellement;

4° Qu'il faut le placer de manière que la distance à l'astre diffère peu de 90°;

5° Pour faire évanouir les erreurs dC et dB, il faut observer alternativement le matin et le soir.

Telles sont les règles que je m'étais faites. Dans la pratique on fait ce qu'on peut, mais il est bon de connaître ces remarques pour s'y conformer autant qu'il sera possible.

En général il paraît qu'on pourrait compter sur nos azimuts à 0ˢ,5 près en temps ou 5″ en degré; si les différences observées passent 1″, il faudra en chercher d'autres causes.

Vérifications du cercle.

La première chose est de rendre les axes optiques parallèles au plan du cercle; c'est ce qui se fait bien facilement avec la lunette d'épreuve.

Soient (*fig.* 23)

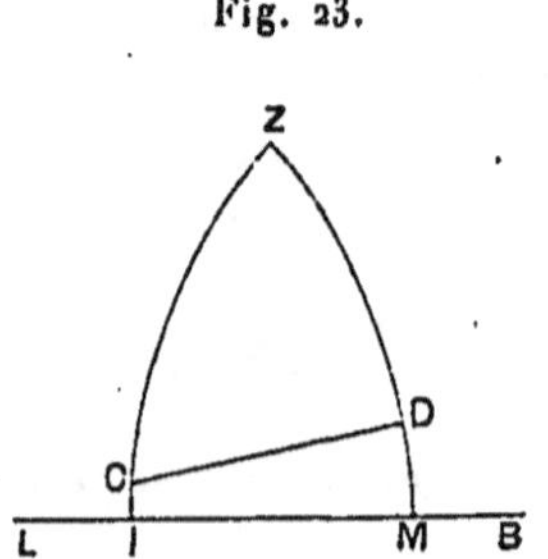

Fig. 23.

LIMB le limbe,

IC $= a$ et MD $= b$ les inclinaisons des deux axes optiques :

CD sera l'angle vrai,

IM l'angle donné par l'instrument et par la formule qui donne l'angle des cordes,

A l'angle observé.

$$y = -\sin^2\tfrac{1}{2}(a+b)\,\tang\tfrac{1}{2}\,A + \sin^2\tfrac{1}{2}(a-b)\,\cot\tfrac{1}{2}\,A.$$

Les inclinaisons a et b passèrent rarement $1'$; supposons par impossible

$$a = 5' \quad \text{et} \quad b = 4';$$

nous aurons

$$y = -0,017\,\tang\tfrac{1}{2}\,A + 0,000\,\cot\tfrac{1}{2}\,A;$$

soit A égal à $20°$ ou $160°$:

$$y = -0,017 \times 3'',64 = -0'',062 \quad \text{et} \quad y = -0,017 \times 117'' = -1'',99.$$

Ces corrections décroissent comme les carrés; si $a+b = 3'$, ce qui est encore bien fort, $y = -0'',007$ et $-0'',22$, ce qui est insensible.

Si les inclinaisons sont dans le même sens, le second terme sera insensible et la réduction se réduira à

$$-\sin^2\tfrac{1}{2}(a+b)\,\tang\tfrac{1}{2}\,A.$$

Nous n'avons jamais mesuré d'angle qui fût de $140°$, et dans ce cas même y serait $-0'',96$ pour $a+b = 9'$, et $0'',11$ pour $a+b = 3'$; d'où il suit qu'à défaut de lunette d'épreuve il suffirait d'amener les deux lunettes sur le même objet horizontal pour être sûr ou que les deux inclinaisons sont nulles, ou qu'elles sont égales.

Mais voici un moyen que j'ai essayé par curiosité et qui m'a réussi très suffisamment.

Placez l'instrument dans le vertical du Soleil; observez l'instant où le Soleil sera dans le plan du cercle, ce que vous verrez à 2^s ou 3^s près par l'instant où l'ombre du bord convexe couvrira le bord concave presque en entier, et quand les deux petits filets de lumière seront bien égaux, observez le passage des deux bords au fil vertical de la lunette pour en conclure le passage du centre. Supposez que ces deux passages coïncident à 4^s près; l'inclinaison de l'axe sera de $1'$. Je l'ai toujours trouvée plus petite. Ce moyen serait déjà meilleur que celui de Bouguer. Si l'une des inclinaisons est nulle ou si vous n'observez qu'avec une lunette, comme dans les distances zénithales, faites $b = 0$ et

$$y = \sin^2\tfrac{1}{2}\,a\,(\cot\tfrac{1}{2}A - \tang\tfrac{1}{2}A) = 2\sin^2\tfrac{1}{2}\,a\cot A = \tfrac{1}{2}a^2\sin\iota''\cot A;$$

pour les objets terrestres $\cot A$ est toujours une petite fraction, et l'erreur est nulle.

Pour une étoile à 5° du zénith, comme la Chèvre à Barcelone, 3′ d'inclinaison feraient une erreur qui pourrait aller à 2″,5; pour 1′ elle ne serait que 0″,28, erreur qui serait encore bien diminuée par la réduction ordinaire au méridien, car alors la distance aurait été mesurée avant ou après le passage. L'inclinaison de nos axes n'était pas d'un quart de minute; ainsi cette erreur est nulle dans toutes nos observations.

Manière de placer le cercle dans les observations des angles terrestres.

Soient (*fig.* 24)

HORI l'horizon,

M et N les deux objets entre lesquels on veut prendre l'angle MN,

Fig. 24.

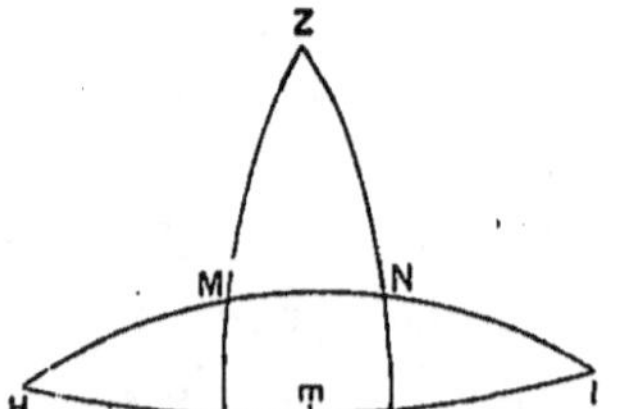

ZMO et ZNR les deux verticaux.

$$\sin HO : \sin HR :: \tang MO : \tang NR$$

ou

$$\sin x : \sin(x + A) :: \tang a : \tang b;$$

$$\sin x = \frac{\tang a}{\tang b}\sin(x + A) = \frac{\tang a}{\tang b}(\sin x \cos A + \cos x \sin A)$$

$$= \frac{\tang a}{\tang b}\cos A \sin x + \frac{\tang a}{\tang b}\sin A \cos x;$$

$$\tang x = \frac{\tang a}{\tang b}\cos A \tang x + \frac{\tang a}{\tang b}\sin A;$$

$$\tang x - \frac{\tang a}{\tang b}\cos A \tang x = \frac{\dfrac{\tang a}{\tang b}\sin A}{1 - \dfrac{\tang a}{\tang b}\cos A} = \frac{\tang a \sin A}{\tang b - \tang a \cos A}.$$

Si $a = 0$, $x = 0$, le plan du grand cercle qui passe par les deux objets coupe l'horizon en O, et c'est à ce point qu'il faut diriger l'axe de rotation et les vis latérales.

Si $b = 0$,

$$\tang x = \frac{\tang a \sin A}{- \tang a \cos A} = - \tang A, \qquad x = - A;$$

c'est au point R qu'il faut diriger l'axe de rotation.

Si $b = a$,

$$\tang x = \frac{\sin A}{1 - \cos A} = \frac{2\sin\frac{1}{2}A\cos\frac{1}{2}A}{2\cos^2\frac{1}{2}A} = \cot\tfrac{1}{2}A,$$

$$x = 90° - \tfrac{1}{2}A; \qquad \mathrm{II}\,m = m\mathrm{I};$$

l'axe de rotation doit être parallèle à la corde MN ou OR.

Si $b = - a$,

$$\tang x = \frac{\sin A}{- 1 - \cos A} = - \frac{\sin A}{2\cos^2\frac{1}{2}A} = - \tang\tfrac{1}{2}A;$$

$$x = - \tfrac{1}{2}A = O\,m;$$

il faut diriger l'axe vers m ou vers le milieu de l'arc OR.

Hors ces cas, qui sont infiniment rares, on aura recours à la formule générale, que j'avais mise en table. On peut construire la formule

$$\frac{\left(\dfrac{\tang a}{\tang b}\right)\sin A}{1 - \dfrac{\tang a}{\tang b}\cos A} = \frac{\dfrac{m}{n}\sin A}{1 - \dfrac{m}{n}\cos A}$$

par un triangle rectiligne dont les côtés sont $m = \tang a$, $n = \tang b$ et dont l'angle compris est A.

On commence par déterminer grossièrement l'angle A et les distances zénithales qui donneront les deux hauteurs; on porte tang a et tang b dans les directions As et Ar de la colonne de l'instrument aux objets de gauche et de droite; le troisième côté sr sera la ligne à laquelle l'axe de rotation doit être parallèle.

Si l'une des tangentes est négative, on la porte sur le prolongement de As ou Ar en s' ou r'.

La droite des tangentes As pourrait être tracée sur l'alidade qui tourne au centre azimutal; une seconde alidade mobile porte-

Fig. 25.

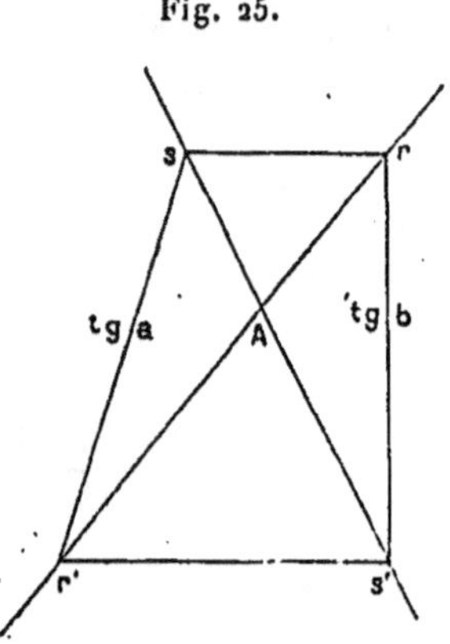

rait la seconde ligne Ar. Chacune aurait son prolongement As' et Ar' divisé de même en ligne de tangentes. Une droite sr, ou rs', ou sr', indiquerait, à vue, la position à donner à l'axe de rotation et aux deux vis latérales du pied. On éviterait par là bien des tâtonnements, lorsque les deux objets ont des hauteurs différentes; quand elles sont à peu près les mêmes, ce qui est le cas le plus ordinaire, on n'a pas besoin de tant de précautions. Dans les observations d'azimut, on dirige les vis latérales et l'axe de rotation dans le vertical de l'objet terrestre, qui est sensiblement à l'horizon, parce qu'alors a ou b est zéro, du moins relativement. Si l'astre change rapidement de hauteur, la position de l'axe de rotation devrait, en rigueur, changer à chaque observation; mais la règle n'a pas besoin d'être rigoureusement observée; elle donnera toujours un *à peu près* suffisant, et au besoin on s'aidera des vis du pied pour faire passer le plan du cercle par les deux objets.

Pour rendre le plan bien vertical, on dirige la lunette supérieure au zénith. Le plus près que l'on peut de cette lunette, on attache une pince portant un fil à plomb qui doit couvrir un trait délié tracé sur une pince inférieure, placée de même auprès de la lunette : ce trait et le point de suspension sont, par construction, à égale distance du limbe ; ces pinces et ce fil sont pour le plan du limbe ce que la lunette d'épreuve est pour l'axe optique : le principe est le même.

Avant de commencer une série de distances au zénith, on vérifie ainsi la verticalité ; on la vérifie de même en finissant, et si le cercle est dans un observatoire fixe, comme lorsqu'il sert pour les étoiles, on laisse les pinces en place, et le lendemain on le retrouve dans la même situation ; ainsi, à Évaux et à Paris, mon cercle n° I est resté des mois entiers dans la même situation sans que j'aie senti le besoin de rétablir la verticalité ; ce qui prouve encore que pendant une série entière l'axe restait le même ou n'éprouvait que de bien légères variations, puisqu'elles se rétablissaient d'elles-mêmes avec tant d'exactitude. Au reste, dans notre manière d'observer, peu importait que l'axe eût porté vers le Nord ou vers le Sud ; il nous suffisait qu'il ne penchât ni vers l'Est ni vers l'Ouest. On commençait d'abord par s'assurer que le fil couvrait toujours le trait inférieur dans toutes les positions azimutales, depuis $0°$ jusqu'à $360°$; mais dans le cours d'une série on lui donnait parfois avec la vis du milieu un petit mouvement dans le sens du méridien, tantôt dans un sens et tantôt dans l'autre, ce qui était sans aucun inconvénient.

La colonne porte à sa partie supérieure un petit niveau bien rectifié. Pendant toute la série, celui qui cale le niveau de la lunette inférieure a souvent les yeux sur la bulle du petit, et Bellet m'a assuré qu'il la voyait immobile. La bulle de ce petit niveau n'est pas, à la vérité, très sensible, mais j'ai eu soin de constater le rapport qui existe entre un mouvement perceptible de ce petit niveau et le mouvement correspondant du fil à plomb ; j'ai calculé l'erreur qui pouvait résulter d'un mouvement trop petit pour être aperçu, et j'ai vu avec satisfaction qu'elle était sans conséquence ; c'est à cette occasion que j'ai cherché la série

$$x = 2 \sin^2 \tfrac{1}{2} I \cot D - 2 \sin^4 \tfrac{1}{2} I \cot^3 D + \tfrac{4}{3} \sin^6 \tfrac{1}{2} I \cot^3 D + 4 \sin^6 \tfrac{1}{2} I \cot^5 D + \ldots,$$

dont le premier terme suffit toujours. I est l'inclinaison, D la distance au zénith, x l'erreur; le premier terme est celui que nous avons trouvé ci-dessus, pour l'inclinaison de l'axe optique, par une voie toute différente.

Pour les objets terrestres, cot D est presque zéro; pour le Soleil il est ordinairement peu de chose.

Dans les observations de distances au zénith, il est souvent impossible de mettre l'étoile exactement à la croisée des fils; on la met sous le fil horizontal, le plus près qu'il est possible du fil vertical et toujours du même côté, entre le fil et le limbe.

J'avais conçu quelques doutes sur la fidélité du niveau à revenir exactement sur le même point, après quelques oscillations qui naissent infailliblement du mouvement azimutal. Voici l'épreuve qui a dissipé ces doutes :

Après avoir bien calé le grand niveau de la lunette inférieure, je dirigeais la lunette supérieure sur un objet bien distinct à l'horizon. Je donnais à l'instrument un mouvement azimutal bien rapide de 360°; ce mouvement imprimait à la bulle des oscillations très sensibles; quand elles avaient cessé je retrouvais la bulle exactement au même point si le fil horizontal de la lunette supérieure coupait encore bien exactement l'objet horizontal; si la bissection n'était pas parfaite, la bulle était pareillement dérangée, mais, en rétablissant la bissection par la vis je voyais aussitôt la bulle reprendre la place qu'elle avait occupée.

Chaque partie de mon niveau valait 4″; l'estime pouvait donner 1″.

J'ai tenté d'évaluer l'épaisseur du brin de soie qui était au foyer de la lunette : je n'ai jamais trouvé moins de 8″, quelquefois 10″ et davantage. Il m'a paru que ces évaluations péchaient toutes par excès. Méchain l'estimait de 6″ et le suppose ainsi partout dans ses observations imprimées, mais nulle part il n'a donné les fondements de sa détermination : en général il ne donne que peu de renseignements et aucune formule.

La nuit, ce fil coupe en deux l'étoile qui déborde de part et d'autre. Le jour, ou dans le crépuscule, l'étoile paraît comme un point imperceptible qui disparaît à l'approche du fil. Quand elle avait totalement disparu, il m'était impossible de répondre qu'elle fût exactement sous la moitié du fil; l'erreur pouvait donc être de 3″; dans ce cas je la faisais entrer tantôt d'un côté, tantôt de l'autre, pour avoir une chance de plus de compensation : c'est ce qui fait que je préférais les observations nocturnes. Je connais des observateurs qui préfèrent les observations diurnes; sans doute ils sont persuadés que l'étoile ne pourrait s'écarter du milieu du fil sans reparaître au Nord ou au Sud; comme cette opinion ne me paraît pas démontrée, je n'oserais en répondre; au reste, dans ces cas chacun fait de son mieux, suivant sa vue, sa lunette et son fil, et l'on s'en remet au hasard des compensations.

Nous avons dit que les observations faites près du méridien avaient besoin de correction. Soient

$$a = \cot(H - D) = \cot(\text{hauteur du pôle} - \text{déclinaison de l'astre}),$$

$$b = \frac{\sin^2 \frac{1}{2} P \cos H \cos D}{\sin(H - D)}.$$

La correction sera

$$x = 2b - ab^2 + \left(\tfrac{1}{3} + 4a^2\right) b^3 + \ldots$$

$$= \frac{2 \sin^2 \frac{1}{2} P \cos H \cos D}{\sin(H - D) \sin 1''} - \left(\frac{2 \sin^2 \frac{1}{2} P \cos H \cos D}{\sin(H - D) \sin 1''}\right)^2 \cot(H - D) \sin 1'' + \ldots$$

Le reste est insensible.

Borda négligeait le second terme pour la polaire; j'en ai tenu compte partout.

Si la déclinaison était australe, D changerait de signe et l'on aurait (H + D).

Pour les étoiles qui passent entre le zénith et le pôle on mettrait (D — H), parce que D > H.

Dans ces deux cas la correction x est soustractive; au-dessous du pôle elle devient additive et l'on écrit (H + D).

Voilà des formules toujours suffisantes et bien faciles à calculer; mais, pour plus de commodité, à chaque station je formais une Table de x pour chaque étoile dans ses deux passages; la correction se prenait à vue et sans jamais risquer la moindre erreur : pour la démonstration et bien des détails que je supprime, voyez la *Base du Système métrique*, tome II, pages 195 et suivantes. J'y donne aussi des moyens pour faciliter la construction des Tables soit générales, soit particulières; à la page 215 on verra les moyens dont je me servais pour ramener plus aisément l'étoile dans le champ de la lunette.

Pour chaque station je formais d'avance le Tableau de la position apparente de l'étoile pour chaque jour de la durée présumée de la station; ma pendule était réglée sur le temps sidéral; alors P est l'angle horaire vrai de l'étoile; l'ascension droite apparente de l'étoile en temps donne l'instant du passage; la différence du moment de l'observation au passage calculé donne l'angle P qui sert à trouver la réduction.

La moyenne des réductions, retranchée de l'arc moyen de distance, est la distance méridienne affectée de la réfraction; la réfraction se trouve avec la distance apparente moyenne au zénith.

Méchain se donnait la peine, fort inutile, de déduire de ses observations la distance particulière à chaque moment; pour chacune de ces distances il cherchait la réfraction, il faisait une somme de toutes ces réfractions particulières et la divisait par leur nombre; il arrivait ainsi par un long détour à ce qu'il aurait trouvé par une opération unique et bien plus sûre. Je lui prouvai, dans une de mes lettres, que les réductions étaient toujours fort petites : il prenait toutes ses réfractions dans l'étendue d'un même degré par de simples parties proportionnelles; — qu'il était bien plus court de prendre en une fois la réfraction pour la hauteur moyenne. Il eut de la peine à changer son système, et la résolution qu'il prit enfin, à son retour, d'adopter toutes mes méthodes et de recommencer les réductions de tous les angles terrestres et célestes contribua sans doute à tous ces délais qui ont plus d'une fois impatienté les savants étrangers.

Méchain, moins pressé par le temps, consacrait un cercle différent à chaque étoile dans un même passage. Je l'imitai d'abord à Dunkerque; mais l'un de mes deux cercles, le n° IV, allant bien moins à ma vue, à Évaux aussi bien qu'à Paris, je me bornai uniquement au n° I, préférable à tous égards. L'instrument restait en place, immobile pendant toute la station; j'observais à la suite les uns des autres deux ou trois passages dans chaque nuit : le travail était plus facile et avançait bien plus rapidement. Je ne vois à ce parti aucun inconvénient, ainsi que je le prouve page 228. Tous deux nous nous servions des réfractions de Bradley, mais je les calculais :

$$\tang \gamma = \sin n \, \mathrm{R} \, \tang Z$$

et

$$\tang \tfrac{1}{2} nr = \tang^2 \tfrac{1}{2} n \, \mathrm{R} \, \tang \tfrac{1}{2} \gamma,$$

ou

$$\log \operatorname{tang} y = 8,75881 + \log \operatorname{tang} Z$$

et

$$\log r = 3,29531 + \log \operatorname{tang} \tfrac{1}{2} y;$$

je corrigeais ensuite cette réfraction moyenne d'après le baromètre et le thermomètre.

Dans les calculs d'azimut, où je devais employer la tangente de la distance vraie V, je faisais

$$\operatorname{tang} u = 0,0662437 \operatorname{tang} V$$

et

$$r = 1709'',36 \operatorname{tang} \tfrac{1}{2} u.$$

J'ai donné dans le plus grand détail les observations avec toutes leurs circonstances, leurs réductions diverses et la latitude qui résultait, soit des séries isolées, soit des séries successivement accumulées : il suffit de répéter ici les Tableaux définitifs (¹).

Lieux.	Étoiles.		Dates des observations.	Pages.
Dunkerque.	Polaire,	P. S.	1796 janv. 17-24	276
	Polaire,	P. I.	1796 janv. 8-22	281
	β Petite Ourse,	P. S.	1796 févr. 12-mars 18	292
	β Petite Ourse,	P. I.	1796 janv. 15-févr. 2	293
Paris,	Polaire,	P. S.	1798 déc. 9-31	317
Delambre,	Polaire,	P. I.	1799 janv. 4-mars 2	326
rue de Paradis.	β Petite Ourse,	P. S.	1799 janv. 16-mars 26	334
	β Petite Ourse,	P. I.	1798 déc. 9-1799 janv. 19	344
Paris,	Polaire,	P. S.	1799 juill. 25-août 23	382
Méchain,	Polaire,	P. I.	1799 mai 17-juin 15	391
Observatoire.	β Petite Ourse,	P. S.	1799 mai 17-juin 21	402
	β Petite Ourse,	P. I.	1799 août 29-sept. 24	409
Évaux,	Polaire,	P. S.	1796 déc. 11-1797 janv. 21	469
	Polaire,	P. I.	1797 janv. 21-mars 22	469
	β Petite Ourse,	P. S.	1797 janv. 22-févr. 22	470
	β Petite Ourse,	P. I.	1797 janv. 2-févr. 7	471
Carcassonne.	Polaire,	P. S.	1797 janv. 2-17	488
	Polaire,	P. I.	1797 mars 20-24	488

(¹) Dans son manuscrit, Delambre donne en effet, ici, ces Tableaux empruntés au Tome II de la *Base du système métrique*, où ils portent ce titre : *Résume des passages* (supérieur ou inférieur) de telle étoile. Au lieu de répéter ici ces longues colonnes de chiffres, nous indiquerons seulement les pages de la *Base* (t. II) où on les trouve (G. B.).

Perpignan.	β Petite Ourse,	P. S.	1796 juin 30-juill. 16	502
Montjouy.	Polaire,	P. S.	1792 déc. 15-31	558
	Polaire,	P. I.	1792 déc. 27-1793 janv. 6	558
	β Petite Ourse,	P. S.	1793 févr. 7-26	559
	β Petite Ourse,	P. I.	1793 janv. 21-30	559
	α Dragon,	P. S.	1793 janv. 22-31	560
	α Dragon,	P. I.	1793 janv. 13-20	560
	ζ Grande Ourse,	P. S.	1793 janv. 7-20	561
	ζ Grande Ourse,	P. I.	1793 janv. 3-11	561
	β Taureau, au Sud		1793 févr. 4-24	562
	Pollux, au Sud		1793 mars 25-avril 2	562
Barcelone.	Polaire,	P. S.	1793 déc. 15-20	611
	Polaire,	P. I.	1793 déc. 27-1794 janv. 1	611
	β Petite Ourse,	P. S.	1794 janv. 30-févr. 9	612
	β Petite Ourse,	P. I.	1794 janv. 19-29	612
	ζ Grande Ourse,	P. S.	1794 janv. 5-18	613
	ζ Grande Ourse,	P. I.	1793 déc. 24-1794 janv. 4	613
	La Chèvre		1794 févr. 15-mars 25	614
	Pollux		1794 mars 25-avril 18	614

A Dunkerque, β de la Petite Ourse a été observée avec un cercle qui n'a jamais été à ma vue, quoique dans le cours des observations j'aie fait limer le tube pour enfoncer un peu plus l'oculaire. On peut voir, page 261, mes autres remarques sur ces observations plus que suspectes. Voyez aussi les lettres de Méchain sur des anomalies de ce genre, qu'il a observées à Paris et qu'il a soigneusement supprimées.

Quand j'ai quitté Dunkerque, où les observations étaient devenues impossibles, il ne me restait réellement aucun doute sur ma latitude : on verra par la suite ce que j'ai fait pour lever tout scrupule à cet égard.

Pour Paris, la Commission a fait tous ses calculs sur la latitude que je lui avais donnée pour le Panthéon : Méchain n'avait pas terminé; il avait même supprimé toutes ses observations d'hiver après en avoir présenté les résultats à la Commission.

On n'a pu retrouver, ni le passage inférieur de la Polaire, ni le passage supérieur de β de la petite Ourse.

Nous n'avons ici tenu compte que des observations que Méchain voulait publier; j'ai donné, page 410, un Tableau de 800 observations qu'il avait supprimées.

A Carcassonne, Méchain n'a observé que la Polaire. Il m'a paru d'abord peu vraisemblable que Méchain fût resté oisif du 17 janvier au 20 mars. Je pensais qu'il ne nous avait donné que les observations dont il avait été pleinement satisfait, et qu'il avait impitoyablement proscrit toutes les autres pour quelques irrégularités dont il n'avait pu se rendre raison. Il est singulier surtout qu'il n'ait pas tenté une seule fois d'observer β de la petite Ourse. Tranchot, que j'ai interrogé, n'a pu me rien dire de satisfaisant : il tenait le niveau dans toutes les observations, mais Méchain ne lui faisait d'ailleurs aucune confidence et le chargeait seulement de mettre au net les registres qu'il avait rédigés lui-même. Au reste, je crois fermement que nous avons les manuscrits originaux de la Polaire.

Tranchot, qui était peu satisfait de Méchain, et qui l'avait quitté entre Perpignan et Rodez, sous le prétexte que ses affaires le rappelaient à Paris, oublia ces affaires dès qu'il m'eut rencontré près de Rodez; il a toujours parlé de Méchain avec la plus haute considération, sans se plaindre même de ses réserves, ni de l'ignorance où il affectait de le tenir dans toutes les choses où il n'avait pas besoin d'aide; il ne se plaignait que de l'inaction où Méchain le retenait en perdant lui-même un temps si considérable. Je ne lui cachai rien, il vit tout, prit part à tout, et je trouvai en lui l'aide le plus intelligent et le plus actif; il ne me quitta que quand tout fut terminé. Il fut alors chargé de la Carte des nouveaux départements, travail auquel le jury des prix décennaux avait adjugé le prix de Géodésie. Il est mort d'une attaque d'apoplexie à Linas, près de Montlhéry, occupé d'une grande triangulation qui devait fournir des bases plus sûres au cadastre.

Bellet, qui ne m'a pas été moins utile, ne m'a pas quitté un seul jour, depuis le commencement jusqu'à la fin de l'opération; il est ingénieur constructeur au Dépôt général de la Guerre.

Méchain, en partant la première fois pour l'Espagne, me priait de prendre pour adjoint un astronome connu (¹), son ami; je lui offrais de lui céder son ami et de prendre Tranchot; mais il sentait combien Tranchot lui serait utile dans ses recherches des stations; il ne lui rendit sa liberté que quand le dernier de ses signaux fut posé à Cambatjou.

(¹) C'était Dangos (G. B.).

L'ami de Méchain ne put venir me joindre. Lefrançais de Lalande me seconda pendant une année entière : c'était un observateur très exercé, un calculateur sûr quand on lui avait fourni une méthode, qu'il n'aurait pu trouver lui-même. Son oncle le redemanda au bout de l'année; je le remplaçai par Plessis, bon géomètre, mort depuis au Dépôt général de la Guerre. Il trouva auprès de moi trop de travail à faire, quoique je ne l'employasse qu'à répéter mes calculs, à transcrire mes registres et à compter à la pendule quand j'observais le Soleil ou les étoiles. La véritable cause qui le dégoûta fut la mauvaise chère qu'il faisait avec moi, dans les auberges, au temps des assignats discrédités.

Entre Lefrançais et Plessis, d'Arras à Orléans, j'avais eu le libraire Duprat pour calculateur en second et pour copiste : il avait été professeur de Géométrie élémentaire dans un collège de l'Oratoire; à l'interruption de l'opération, ordonnée par Prieur, je l'avais donné à Prony, comme calculateur, pour les grandes Tables trigonométriques dans le système décimal; depuis il fut libraire, ce qui l'empêcha de me suivre à la reprise des opérations.

Entre Plessis et Tranchot je n'eus plus d'adjoint, parce que les avantages que je pouvais leur procurer ne les tentaient pas. A Melun et à Perpignan, je trouvai un aide jeune et intelligent en Pommard, fils de Mme Delambre, mort depuis à Naples, où l'Empereur l'avait envoyé en qualité d'auditeur.

Pour Perpignan, je n'ai pu retrouver les originaux, ni des observations, ni des calculs, mais seulement trois copies des calculs. L'ascension droite moyenne de l'étoile est supposée de 14^{h}51^{m}27^s le 1er janvier 1796, et la déclinaison 74°59′19″,3 (¹).

La latitude de Montjouy a été conclue des trois premières étoiles : ζ de la grande Ourse offre trop d'incertitude à raison des réfractions à 82°½ de distance zénithale, et les deux dernières supposent des déclinaisons dont il est impossible de répondre à 1″ ou 2″ près. Au reste, on voit que le milieu entre toutes est le même que le milieu entre les trois premières, ce qui arrive presque toujours quand on a un nombre suffisant d'observations.

Latitude réduite au centre de la tour : 41°21′44″,90.

(¹) Dans la *Base du système métrique,* t. II, p. 493, on dit que cette déclinaison a été supposée de 74°59′19″,65 (G. B.).

Ces observations sont d'autant plus authentiques qu'elles avaient été envoyées avant que Méchain songeât à les recommencer à Barcelone.

La différence de latitude entre Montjouy et la *Fontana de Oro* de Barcelone est de 59″,53 dont la Fontana est plus septentrionale.

Toutes les observations de Barcelone, telles que je les ai imprimées, ont été scrupuleusement comparées avec l'original, écrit le plus souvent au crayon par Méchain, et quelquefois recouvert d'une encre qui laisse voir le trait original; puis avec une copie qui est en entier de la main de Méchain; et troisièmement enfin à la copie qui m'avait été remise par lui pour l'impression. Ces trois copies sont sur des feuilles volantes. La feuille qui contenait les calculs du 20 décembre, de la main de Méchain, ne s'est pas retrouvée. En général, j'ai refait tous les calculs des observations de Barcelone, revu et complété ceux de Montjouy.

A Montjouy, la Chèvre, quoique au Sud, donne à peu près la même latitude que les observations directes.

On a pensé que les cercles de Méchain, à Montjouy, pouvaient avoir le même défaut que quelques cercles à axes fixes qui donnent des erreurs différentes au Nord et au Midi. Cela serait possible d'un même cercle; il y a moins d'apparence pour deux; or les deux ont servi à Montjouy et à Barcelone pour α et β de la petite Ourse et pour ζ; à Montjouy et à Barcelone β des Gémeaux a été observée avec le cercle de 360°.

Ce même cercle de 360° a servi à Barcelone pour la Chèvre, et la Chèvre rend, à $+ 0″,7$ près, la latitude de Montjouy : tout cela n'est pas aussi clair qu'il serait à désirer.

Mais ce qui est incontestable, c'est la différence $+ 3″,4$ que l'on trouve entre l'observation directe de Montjouy et l'observation réduite de Barcelone. Cette différence, dont Méchain a fait mystère à la Commission, ainsi qu'à moi, est la cause pour laquelle il voulait retourner en Espagne. Cette même cause a produit la vivacité avec laquelle il s'est opposé au projet du Bureau des Longitudes qui voulait envoyer Henry pour prolonger la méridienne jusqu'aux Baléares. C'est encore la cause qui lui avait fait emporter en Espagne tous ses manuscrits; c'est celle qui les lui faisait demander avec tant de chaleur dans son délire. Il n'avait parlé qu'en passant des observations de Barcelone à la Commission; il

en parlait comme d'observations moins directes et moins dignes de
confiance. Comme elles ne lui avaient pas été demandées, qu'elles
n'étaient pas dans son premier plan et qu'il ne les avait faites que
pour employer le temps de sa détention, il a cru pouvoir en disposer à son gré. Au reste il avait déjà supprimé une partie des
observations de Paris, il avait supprimé les observations terrestres
qui s'écartaient trop des moyennes ; il ne pouvait plus prendre la
moyenne entre Montjouy et Barcelone, puisque les observations
de Montjouy nous étaient envoyées depuis longtemps. Il ne restait donc plus d'autre parti à prendre que de supprimer entièrement les observations de Barcelone, à moins de les modifier de
manière à établir la concordance.

On voit que Méchain avait une malheureuse ressemblance avec
Bouguer, c'est-à-dire la faiblesse de vouloir dissimuler tout ce
qui pouvait diminuer la réputation qu'il ambitionnait, d'observateur d'une adresse et d'une exactitude supérieures à celles de tout
autre astronome. Bouguer fut extrêmement sensible à l'indiscré-
tion de La Condamine qui venait de révéler ce qu'il voulait cacher
à tous, et même à Verguin son adjoint ; l'humeur qu'il en conçut
le porta à des attaques imprudentes qui empoisonnèrent ses jours
et en hâtèrent probablement le terme. Méchain était maître de son
secret ; il ne pouvait craindre aucune révélation ; il voulut, pour
plus de sûreté, être chargé de la prolongation jusqu'aux Baléares ;
et ce voyage, qui lui fut si fatal, mit au jour ce qu'il croyait avoir
tant d'intérêt à dérober à tous les regards. Il partageait l'idée exagérée qu'on avait alors de la perfection et de la sûreté des cercles ;
il aurait voulu que tout s'accordât jusqu'au dixième de seconde.
Il prenait au sérieux les menaces que Borda lui faisait en plaisan-
tant, s'il ne réussissait pas, pour les latitudes, avec cette perfection que l'on s'accorde aujourd'hui à regarder comme purement
idéale. Borda désirait que nous observassions ensemble la latitude
d'Évaux. Quand Méchain sut que j'y étais établi, il prit le parti
de passer l'hiver à Carcassonne. Il voulait observer seul la latitude
de Paris ; Borda le lui avait promis ; il n'osa pas résister au désir
de la Commission, et il n'observa de son côté qu'avec répugnance.
On ne peut que le plaindre sincèrement d'une faiblesse qui l'a
rendu si malheureux et qui lui a coûté la vie. Ce qu'il devait
craindre surtout était l'exécution du plan primitif, d'après lequel

les deux astronomes iraient se remplacer mutuellement aux deux extrémités de l'arc pour en vérifier l'amplitude. Par deux années perdues dans l'inaction il parvint à rendre impossible l'exécution de cette idée, que j'ai depuis recommandée à M. Mudge, par une lettre très détaillée où je développais tous les motifs qui nous faisaient désirer qu'il vînt avec le secteur de Ramsden vérifier la latitude de Dunkerque; nous verrons plus loin ce qui est résulté de ce voyage.

Après l'exposition complète des observations et des méthodes de calcul, je montre que la différence des réfractions de Bradley à notre Table moderne ne produit que $0''{,}6$ environ d'incertitude sur l'arc total entre Barcelone et Dunkerque, et que nos observations ne fournissent aucun indice de parallaxe.

Avant de passer au calcul des triangles, je rassemble toutes les formules que j'ai cherchées pour toutes les parties de l'ellipsoïde terrestre. Nous citerons dans l'occasion celles qui seront nécessaires pour l'intelligence de ce que nous aurons à dire. Je montre qu'il n'y a aucune différence sensible entre les angles à la surface de l'ellipsoïde et à la surface de la sphère osculatrice, et que l'aplatissement n'a introduit aucune erreur dans nos bases.

On a

$$\text{corde arc } A = A - \frac{1}{2.4} A^3 ; \qquad \sin A = A - \frac{1}{6} A^3 ;$$

$$\text{corde } A - \sin A = \frac{1}{8} A^3 .$$

Soit

$$x = \frac{\sin A}{A},$$

vous aurez

$$\log x = \frac{1}{3} \log \cos A,$$

ou

$$x = \cos^{\frac{1}{3}} A = \frac{\sin A}{A},$$

donc

$$\sin A = A \cos^{\frac{1}{3}} A,$$

$$\log \tan g\, A = \log A + \frac{2}{3} \log \sec A$$

et

$$A = \frac{\sin A}{\cos^{\frac{1}{3}} A}.$$

Au moyen de ces diverses formules on peut changer un arc terrestre en corde, en sinus ou en sa tangente. Avec une corde on peut calculer les triangles des cordes de Dunkerque à Barcelone par la trigonométrie rectiligne. La base, qui est un arc, étant changée en sinus, on peut calculer par la trigonométrie sphérique tous les sinus de ces mêmes triangles considérés comme sphériques. Les formules qui servent à ces conversions supposent la valeur du degré en toises ou celle de la normale; je donne les Tables nécessaires pour faciliter toutes ces conversions, afin que l'on puisse choisir.

Je choisis la trigonométrie sphérique comme le moyen le plus simple, contre les idées reçues; je prends pour unité le sinus encore inconnu de la distance de Cassel à Dunkerque et je vais de triangle en triangle jusqu'à ce que j'arrive à la base mesurée. Je compare la mesure hypothétique au sinus de la base de Melun et j'ai le logarithme constant à ajouter à tous les sinus des triangles précédents. Ce logarithme est 4,148.857.075.8; car j'ai fait tous ces calculs avec des logarithmes à 10 décimales, quoiqu'il me fût démontré que 7 décimales étaient bien suffisantes.

Jusqu'ici j'ai adopté dans mes calculs les angles arrêtés par la Commission; les changements que j'aurais pu y faire, d'après les connaissances locales et ma conviction intime, étaient trop peu de chose après la réduction à $180° + E$; mais, arrivé à la base de Melun, il se présentait une légère difficulté; par trois autres calculs de l'arc entier, faits par d'autres méthodes, il était avéré que la base de Perpignan était plus longue de $0^T,14849$ ou $10^{po}8^{li},3$ que par le calcul tiré de la base de Melun. Au lieu d'augmenter de $0^T,074$ la base de Melun et de diminuer d'autant celle de Perpignan, comme avait fait La Condamine, la Commission jugea qu'il valait mieux calculer l'arc de Dunkerque à Évaux sur la base de Melun et le reste de l'arc sur la base de Perpignan : il en résultait cet inconvénient assez léger que la distance d'Orgnat à Sermur, près d'Évaux, aurait ainsi deux longueurs qui différeraient à peu près de 20 pouces, et que l'accord des angles et des azimuts serait un peu troublé.

Pour rétablir l'harmonie j'ai cru qu'il me serait permis de faire aux angles entre Melun et Perpignan des changements très légers qui accorderaient les deux bases. La Caille en avait donné l'exemple dans la *Méridienne vérifiée* : il retranchait 5″ d'un angle pour les ajouter à un autre angle du même triangle ; il me suffisait de retrancher 0″,1 à l'un des angles et d'ajouter 0″,05 à chacun des deux autres ; ces changements sont imperceptibles, mais agissent toujours dans le même sens, et produisent l'effet que j'avais en vue, celui de faire disparaître la différence des bases, que je crois plus sûres encore que nos angles. Je n'eus pas même besoin de ces corrections jusqu'à Perpignan ; le 95ᵉ triangle est le dernier où elles aient été de cette force ; au 96ᵉ les corrections étaient — 0″,05 ; + 0″,05 et 0″,00 ; aux triangles 98, 99 et 100, elles étaient — 0″,01 ; + 0″,01 et 0″,00. J'aurais pu faire ces changements sans en rien dire et sans craindre qu'on s'en aperçût, en réduisant tous les angles aux dixièmes de seconde, mais je n'ai voulu rien me permettre dont je ne rendisse le compte le plus scrupuleux. D'ailleurs on a les calculs de la Commission, et je trouvais cet avantage à conserver les centièmes de seconde que mes angles sphériques approchaient plus près de leur véritable valeur et devaient me fournir plus d'accord entre les calculs que je ferais par différentes méthodes.

Tous les calculs ont été faits par les logarithmes de Vlacq et réduits d'un système à l'autre sans employer un seul nombre naturel.

Outre les calculs des quatre commissaires, j'avais pour ma part quatre autres calculs entiers de l'arc du méridien par différents procédés et différentes Tables de logarithmes. Méchain avait de son côté fait trois calculs, qui n'ont jamais été entièrement achevés. Un de mes calculs, fait suivant l'ancienne méthode de répartir également entre les trois angles l'excès total sur 180°, m'avait présenté un accord remarquable avec les calculs faits par des méthodes plus rigoureuses, ce qui me conduisit à chercher l'expression analytique de l'erreur de l'ancienne méthode : en ne négligeant (que) les termes décidément insensibles, je trouvai que l'erreur du côté AC calculé était

$$\frac{1}{6}\overline{AC}^3 - \frac{1}{6}\overline{BC}^3\frac{\sin B}{\sin A},$$

ou, ce qui revient au même,

$$AC - \frac{1}{6}\overline{AC}^3 = \left(BC - \frac{1}{6}\overline{BC}^3\right)\frac{\sin B}{\sin A},$$

ou

$$\sin AC = \frac{\sin BC \sin B}{\sin A},$$

ce qui me donna une démonstration inattendue du théorème de Légendre, et me prouva que de tout temps on s'était conformé d'avance, sans le savoir et comme par instinct, à ce théorème remarquable, que pour avoir droit de traiter le triangle sphérique comme rectiligne, il faut distribuer également l'excès sphérique par tiers sur chacun des trois angles.

On peut donc se borner à la trigonométrie rectiligne tant qu'il s'agit uniquement de calculer les côtés des triangles. Si l'on veut en conclure l'arc intercepté du méridien, ce n'est plus tout à fait la même chose : ce moyen, expéditif au premier abord, *augmente ensuite* de beaucoup les embarras.

Pour déterminer les hauteurs différentes des stations, il faut commencer par réduire les distances zénithales observées à celles qu'on aurait observées du haut ou du pied du signal, selon qu'on veut avoir la hauteur au-dessus de la mer soit pour le haut, soit pour le pied du signal.

Nous avons donné ci-dessus les formules fort simples qui servent à ces réductions : je donne la Table de toutes les distances observées ainsi réduites.

Si la Terre était sphérique, deux objets seraient de niveau quand ils seraient dans une même surface sphérique concentrique à la Terre, quel que fût d'ailleurs le rayon de cette surface.

Sur le sphéroïde de révolution deux objets seront de niveau quand ils seront à la surface d'un sphéroïde concentrique et semblable au sphéroïde terrestre.

Soient δ et δ' les distances zénithales réciproques de deux signaux vus l'un de l'autre.

Je commence par changer δ en δ'',

$$\delta'' = \delta' - x \cos Z = \delta' - e^2 \sin dL \cos^2 L \cos Z = \delta' - e^2 K \cos^2 L \cos^2 Z :$$

K est la distance rectiligne des deux signaux, e l'excentricité de l'ellipse terrestre, L la latitude, Z l'azimut du signal : cette correction ne change jamais de signe.

Les distances δ et δ'' sont diminuées par la réfraction terrestre; on la suppose égale pour les deux stations, ce qui pourrait être vrai si les observations de δ et δ' étaient simultanées.

On a, comme on sait,

$$\delta + r + \delta'' + r = 180^\circ + C,$$

C étant l'arc de distance des deux stations formé par le concours des deux normales, d'où

$$2r = 180^\circ + C - (\delta + \delta''); \qquad r = \tfrac{1}{2} C - \tfrac{1}{2} (\delta + \delta'' - 180^\circ);$$

$$n = \frac{r}{C} = \frac{1}{2} - \frac{1}{2} \left(\frac{\delta + \delta'' - 180^\circ}{C} \right)$$

$$= \text{rapport de la réfraction à l'arc de distance C.}$$

Ainsi $r = n\,C$.

J'allais du Nord au Midi; j'ai nommé δ la première distance observée qui était au Midi et δ' la distance réciproque de l'objet qui était au Nord.

J'ai démontré que les termes dépendants de l'ellipticité sont bien moindres que les erreurs inévitables de l'observation : ainsi la différence de niveau peut se calculer comme si la Terre était sphérique, et la différence de niveau sera :

$$dN = \frac{K \sec\tfrac{1}{2} C \tan g\tfrac{1}{2}(\delta' - \delta)}{1 + \tan g\tfrac{1}{2} C \tan g\tfrac{1}{2}(\delta' - \delta)}$$

et

$$\tfrac{1}{2}(\delta' - \delta) = \left(\frac{dN}{K} \right) \frac{\sin(90^\circ - \tfrac{1}{2} C)}{\sin 1''} - \left(\frac{dN}{K} \right)^2 \frac{\sin\tfrac{1}{2}(90 - \tfrac{1}{2} C)}{\sin 2''} + \dots$$

La première formule donne la différence de niveau quand on connaît δ et δ' et l'autre la différence $(\delta' - \delta)$ quand on connaît dN et l'une des deux distances δ ou δ'.

Il reste à examiner le cas où l'un des signaux est à l'horizon apparent, comme lorsqu'on observe l'horizon de la mer : alors dN, ou l'élévation de l'observateur au-dessus de la mer, est

$$dN = \frac{\tfrac{1}{2} R \tan g^2(\delta - 90^\circ)}{(1 - a \sin^2 L)(1 - n)^2} (1 - 2a \cos^2 L \cos^2 Z),$$

ou

$$dN = \frac{\tfrac{1}{2} R \tan g^2(\delta - 90^\circ)}{(1 - a \sin^2 L)(1 - n^2)},$$

sans erreur sensible.

Par 189 comparaisons des distances deux à deux j'ai trouvé $n = \dfrac{r}{C} = 0,079$; mais ce rapport est trop variable[1].

L'horizon de la mer a donné $0,0783$ et les écarts extrêmes pour la mer sont $0,070$ et $0,098$.

Les valeurs négatives n'ont eu lieu que par des temps humides et chauds : les plus petites (valeurs) positives ont été obtenues en été et les plus fortes en hiver.

Par les distances réciproques δ et δ' nous avons déterminé les hauteurs au-dessus de la mer Méditerranée de Montjouy à Rodez d'une part et de Dunkerque à Rodez de l'autre : Nous avons trouvé la même hauteur pour Rodez au-dessus des deux mers; ce ne peut être qu'un hasard heureux. Chaque hauteur en particulier a été conclue de plusieurs comparaisons dont les résultats diffèrent quelquefois de 1, 2, 3 et 4 toises et même de 6 : ces deux dernières sont excessivement rares et même celles de 3 toises; les autres sont plus fréquentes.

Quand on veut la différence de niveau pour un objet dont on a observé la distance zénithale,

$$dN = K \cot(\delta - 0,42\,C) + K \tan\tfrac{1}{2}\,C \cot(\delta - 0,42\,C),$$

$$dN = K \cot\delta + \frac{0,00000.01284\,K^2}{\sin^2\delta} = K \cot\delta + 0,00000.01284\,K^2 \text{ environ.}$$

Les Tables qui précèdent le Tableau général des triangles sont :

I. *Différences entre le logarithme du sinus et celui de l'arc terrestre.* — Argument : côtés en toises; les logarithmes ont 11 décimales.

II. *Table de* $\log \dfrac{A}{\sin A}$. — Argument : $\log \sin A$; les logarithmes sont à 12 décimales; A est l'arc en toises.

III. *Différence de l'arc à la corde,* en toises.

Le *Tableau complet des triangles* contient les colonnes suivantes :

1. Noms des stations.
2. Angle sphérique qui a son sommet à la station.
3. Excès sphérique de chaque angle : la somme des trois excès forme l'excès sphérique.

---

[1] Le manuscrit donne ici, en un Tableau informe, les valeurs du coefficient n que l'on trouve aux pages 771-772 de la *Base du Système métrique,* t. II (G. B.).

4. Logarithme sinus des angles, à 10 décimales.
5. Logarithme sinus du côté opposé à l'angle.
6. Logarithme du côté opposé.
7. Côté opposé en arc et en toises.
8. Côté opposé en toises.
9. Hauteur au-dessus de la mer, pour le sommet du signal.
10. Hauteur du sol.
11. Distance vraie des signaux, dans un plan incliné.
12. Côté opposé en arcs et en mètres

Le mètre n'est pas encore trouvé : nous avons ajouté d'avance cette dernière colonne. Nous avons donné ensuite quelques triangles secondaires pour la géographie de l'Espagne.

Notre deuxième Volume a paru en juillet 1807; le troisième n'a pu paraître qu'en 1810, par une raison qu'on verra plus loin. L'avertissement donne les titres des parties différentes qui composent le Volume; nous n'en extrairons que le passage suivant, relatif à une question encore douteuse :

J'ai dit que la mesure de La Caille jouissoit de toute la précision qu'on pouvoit attendre des instrumens qu'il employoit; je crois pouvoir affirmer que la nôtre a toute celle que pouvoient donner les cercles de Borda et les règles qu'il avoit imaginées pour la mesure des bases. Il ne s'est encore élevé aucun doute sur ces règles; les cercles répétiteurs sont toujours regardés comme une invention très précieuse pour l'astronomie et la géographie : mais la construction primitive de l'inventeur a reçu nouvellement quelques changemens que *Borda n'eût point approuvés,* et que je voudrois pouvoir qualifier d'améliorations. Celles qu'ont exécutées des artistes étrangers d'un grand mérite, ne me sont pas assez connues pour les pouvoir juger; celle qu'a imaginée Lenoir, et que Fortin a suivie en la modifiant encore, peut avoir ses avantages pour la célérité des observations, pour la commodité des observateurs; mais elle a certainement l'inconvénient très grave de rendre l'astronome moins indépendant du talent et des soins de l'artiste. C'est à ceux qui ont observé avec les premiers et les derniers cercles, à décider. Je ne puis avoir d'avis; je n'ai jamais observé qu'avec les cercles de Borda.

Voilà textuellement ce que j'imprimais il y a 13 ans. Depuis ce temps les cercles de Fortin ont été portés à Dunkerque; on n'a encore aucune connaissance précise de ce qu'ils ont produit, mais les observateurs y ont reconnu un défaut qui les a forcés de choisir des étoiles au Nord et au Sud, pour avoir la latitude exacte par un milieu entre les observations de deux espèces; ils ont dit qu'apparemment le cercle dont je me suis servi n'avait pas ce défaut; ils ont pensé que ce même défaut pouvait exister dans le cercle de Fortin qui a servi à Formentera, et qu'on ne pouvait répondre à $2''\frac{1}{2}$ près de la latitude de ce point. Voilà ce qui a été avoué dans une séance du Bureau des Longitudes. Le même astronome a dit, dans une séance de l'Institut, que l'idée d'un axe fixe substitué au niveau mobile pouvait n'être pas une idée très heureuse : on commence à s'en défier. M. Schumacher parle d'un cercle répétiteur de 18 pouces avec une lunette de 2 pieds d'une nouvelle construction, et le premier de ce genre : il est monté sur un axe vertical; cet axe porte un *niveau fixe;* mais en même temps ce cercle est encore pourvu d'un *second niveau mobile,* de sorte qu'on peut se servir de cet instrument à volonté :

1° comme cercle répétiteur à axe et à niveau fixe;

2° comme cercle de Borda, avec le niveau mobile maintenu par un aide;

3° comme cercle répétiteur à deux niveaux fixe et mobile. On cale ce dernier dans l'observation *impaire* et l'on tient compte de ses écarts dans l'observation *paire.* C'est ainsi qu'il s'est toujours servi de ce cercle, et les deux niveaux se contrôlaient admirablement (17 décembre 1819). Les deux niveaux avaient la même marche, voilà ce que je crois entendre par ces derniers mots. En résulte-t-il d'une manière bien certaine que l'écart de ces niveaux fût exactement celui de l'axe? ne serait-il pas plus sûr encore de rétablir par les moyens ordinaires le niveau dérangé par le retournement et de le ramener à la situation primitive? Je ne propose que des conjectures et je dis comme en commençant que la question est encore douteuse. M. Schumacher ne paraît pas très éloigné de cette manière de voir, puisqu'il ajoute que son instrument lui a donné les résultats les plus satisfaisants à *Lyssabel,* mais qu'*il attend la fin de ses observations de cet hiver avant d'en publier quelque chose.* A Paris je portais chaque matin à la Commission les résultats de la nuit précédente, et je me mettais par là dans l'heureuse impuissance d'altérer ou de modifier le moins du monde mes résultats partiels. Je prenais, à Dunkerque et à

Evaux, des précautions équivalentes, et partout l'authenticité des observations était à l'abri du moindre soupçon. On a pu croire autrefois ces précautions bien superflues : des exemples en ont démontré l'absolue nécessité.

Je crois pouvoir garantir l'authenticité de toutes les observations de Méchain, telles que je les ai publiées, par la raison que nous avons les originaux sur des carrés de papier, et souvent au simple crayon. Mais avons-nous tous les originaux? Je n'en puis répondre et même je ne le crois pas.

Calcul de l'arc terrestre.

La première idée qui a dû se présenter à l'inspection d'une chaîne de triangles, traversée dans toute sa longueur par un arc du méridien, est sans doute celle de calculer par la trigonométrie rectiligne les triangles que les différentes parties de la méridienne formaient avec les côtés mesurés.

Lorsqu'on n'employait aucune des corrections dues à la figure de la Terre, ce calcul devait paraître assez simple; il semble qu'on s'est accordé cependant à le trouver encore trop compliqué; en effet, depuis Picard et à son exemple, tous les astronomes qui ont donné des mesures de degré ont préféré la méthode des perpendiculaires abaissées sur la méridienne, et, choisissant les côtés qui approchaient le plus de la direction Nord et Sud, ils en faisaient les hypoténuses de triangles rectilignes rectangles dont les bases étaient les parties consécutives de la méridienne.

Pour déterminer les angles que faisaient ces hypoténuses avec leurs bases, ils supposaient les méridiens parallèles dans toute l'étendue de leur arc, dont ils trouvaient ainsi la longueur par le plus simple des calculs. Cette méthode n'était pas rigoureusement exacte.

En effet, soient (*fig.* 26) MER le méridien principal, BC un côté incliné qu'il s'agit de réduire à ER; on abaissait les deux perpendiculaires BE, CR et l'on calculait BD = BC cos CBD : jusqu'ici l'erreur n'était pas considérable. Pour estimer ensuite celle que l'on commettait en supposant BD = ER, cherchons la différence de ces lignes :

Prolongeons les arcs EB et RD jusqu'à leur rencontre en A;

nous pourrons considérer BD comme un angle entre deux signaux dont la hauteur au-dessus de l'horizon est égale et qu'il s'agit de

Fig. 26.

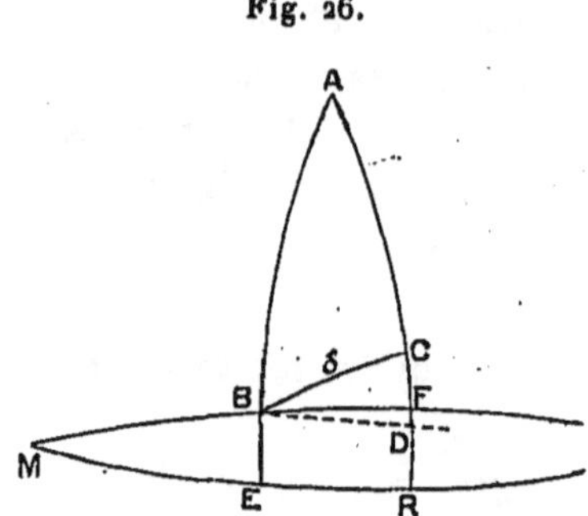

réduire à l'horizon ER. A cause de H et h notre formule de réduction nous donnera

$$\text{erreur} = \tang^2 H \, \tang \tfrac{1}{2} A.$$

Soit H $= 3o'$; BD $= 4o'$ et R le rayon de la terre ou de la sphère osculatrice; l'erreur sera R $\tang^2 3o' \tang 2o' = 1^T,452$. Mais ces suppositions sont forcées; en réduisant à moitié H et BD, l'erreur sera réduite à $\frac{1}{8}$ ou $o^T,181$, environ 2 pieds; souvent même elle était encore plus petite, bien au-dessous par conséquent des erreurs d'observation, et ç'eût été un scrupule assez déplacé que de chercher dans cette partie des calculs une précision à laquelle ne répondaient pas les opérations exécutées avec les instruments dont on pouvait alors disposer.

L'avantage que nous avions, de mesurer les angles et les bases avec des instruments beaucoup plus exacts, nous imposait la loi de faire aussi tous les calculs avec des attentions plus rigoureuses. Si nous voulions conserver la méthode des perpendiculaires, nous pourrions nous servir des formules suivantes, qui n'allongeraient pas beaucoup le calcul :

$$\cos MB \, \tang M = \cot MEB = \cot ABF = \tang FBD = \tang x,$$

$$\sin y = \sin BE = \sin M \cos L = \sin \text{diff. longitude} \times \cos \text{latitude},$$

$$ABC = 9o^o - CBD = 9o^o - CBF - FBD = 9o^o - (Z + x),$$

$$\tang ER = \tang A = \frac{\tang \delta \, \sec y \, \cos(Z + x)}{1 - \tang \delta \, \tang y \, \sin(Z + x)},$$

ou

$$\tan g\, ER = \tan g\, \delta \, \sec y \, \cos(Z + x)$$
$$+ \tan g^2\, \delta \, \sec y \, \tan g\, y \, \sin(Z + x) \cos(Z + x) + \ldots$$

Or il est évident que $(Z + x)$ est l'azimut que l'on trouve en supposant les méridiens parallèles; ainsi la méthode ancienne négligeait la sécante du petit arc y, ainsi que la différence entre les deux arcs et leurs tangentes. Cette partie de l'erreur se détruisait d'elle-même, mais le terme qui dépend de $\tan g^2\, \delta$, dans les cas extrèmes, pouvait surpasser une toise; il est vrai qu'on est presque toujours le maître de choisir les côtés de manière à n'avoir que des erreurs beaucoup moindres.

Soit donc $Z' = (Z + x)$; nous aurons, en faisant

$$\log K = 9,6377843$$

et

$$\log\left(\frac{K}{R^2}\right) = 6,60892,$$

$$\log A = \log \delta + \log \cos Z' + \left(\frac{K}{R^2}\right) y \, \delta \sin Z'$$

$$+ 3 \log\frac{y}{\sin y} + 2 \log\left(\frac{\delta}{\sin \delta}\right) - 2 \log\left(\frac{A}{\sin A}\right).$$

Mes Tables subsidiaires donnent

$$\log\left(\frac{y}{\sin y}\right), \quad \log\left(\frac{\delta}{\sin \delta}\right), \quad \log\left(\frac{A}{\sin A}\right);$$

il reste à déterminer y : d'abord à Dunkerque $y = o$; à la station suivante $y' = y + \delta' \sin Z''$; à celle qui vient ensuite

$$y'' = y' + \delta'' \sin Z'''.$$

A ces valeurs successives de $y, y', y'', \ldots$, il faut ajouter encore le petit terme $+ \dfrac{y A^2}{2 R^2}$, toujours additif, à y^n quel que soit le signe de y. Dans un cas extrême, où $y = 66848^T$, j'ai trouvé pour ce petit terme $o^T,079$, mais bien rarement dans une mesure de Méridienne on aura $y = 66848^T = 1°\frac{1}{5}$ (t. III, p. 190). Cette formule est incomparablement plus expéditive que le calcul des triangles obliquangles, et elle est tout aussi exacte. Pour m'en assurer j'ai calculé l'arc du méridien entre Dunkerque et Bourges : l'arc total différait à peine de $0^T,1$ de celui que je connaissais ; l'erreur de la méthode ancienne, à 225562^T de Dunkerque, n'était encore que de $1^T\frac{1}{2}$.

A la méthode des perpendiculaires, Legendre a substitué le calcul des triangles obliquangles ; la méthode a, comme la précédente, l'avantage de ne supposer que les données immédiates de l'observation et des premiers calculs ; elle a l'inconvénient d'exiger toujours deux corrections successives et différentes pour le même angle. La méridienne, à chaque point d'intersection avec les côtés des triangles principaux, forme deux angles opposés au sommet. Ces angles sont égaux, mais, appartenant à des triangles inégaux en surface, il leur faut des corrections inégales ; à chaque triangle nouveau on est obligé de calculer l'excès sphérique : la formule est fort simple, mais peu commode à mettre en tables ; il faut un calcul direct. Après ces corrections, il faut revenir aux angles sphériques pour former les triangles suivants ; ces alternatives diminuent considérablement la simplicité de la méthode et peuvent occasionner des méprises : ajoutons que le calculateur est continuellement obligé à suivre une figure exacte de tous ces triangles partiels.

Si nous employons les cordes, nous pourrons calculer tous les triangles comme rectilignes et déterminer, par une formule commode, sans figure, et par un calcul invariablement uniforme, toutes les différences de parallèle dont la somme sera l'arc du méridien. Il faut, à la vérité, calculer en même temps les différences de longitude et d'azimut, et ce dernier calcul nous force également de recourir aux angles sphériques ; mais nous les avons tous donnés dans le tableau général des triangles, et de toute manière il faut calculer ces différences de longitude et de latitude : il importe donc fort peu par où l'on commence et quel ordre on suit ; et je persiste, après une expérience répétée de toutes les méthodes, à regarder cette dernière comme bien moins embarrassante et bien plus expéditive.

Enfin après avoir calculé deux fois l'arc entier par la méthode de Legendre et deux fois par ma méthode des cordes, je l'ai calculé de nouveau tout entier en me servant uniquement des angles sphériques, tels qu'ils sont dans le Tableau des triangles qui termine le second Volume; et ce sont les derniers calculs que je donne en entier, page 7 et suivantes du troisième Volume.

Par les moyens que je donne, tous les calculs sont faciles, même avec des logarithmes à 10 décimales; mais ils sont longs : pour reconnaître et corriger les erreurs inévitables, j'ai tout fait en double, et le second calcul ne renfermait rien qui fût entré dans le premier.

Il résultait cependant de cette manière double un inconvénient : c'est que pour avoir partout deux suites qui n'eussent rien de commun, j'étais obligé quelquefois de partager les triangles primitifs en triangles partiels, par une division qui n'était pas la plus naturelle; mais l'exactitude n'était pas moins grande; seulement le travail était plus long.

	T
La première série avait donné pour l'arc entier.	551.583,765
La seconde donna..........................	551.583,512
Milieu......................................	551.583,6385
La commission avait trouvé.................	551.584,72

par un milieu entre les calculs de quatre commissaires, qui avaient travaillé séparément. Ainsi une petite correction que, d'après des calculs plus exacts, j'ai faite à la base de Melun pour une réduction qui avait été omise par distraction, et les changements imperceptibles que j'ai faits aux angles pour faire accorder ensemble deux bases, n'ont opéré qu'un changement également imperceptible dans la longueur de l'arc total, que définitivement je suppose de 551 584^T; car on pense bien que jamais nous n'avons eu la prétention, ni les uns ni les autres, de répondre d'une fraction de toise.

J'ai trouvé sensiblement la même chose en faisant le calcul entier avec 8 décimales, et j'en étais d'avance persuadé; mais il fallait, dans une circonstance aussi rare et aussi importante, faire plus que ce qui m'était démontré devoir être suffisant. Ceux qui calculeront désormais des opérations de même genre peuvent très bien y employer les Tables de Callet au lieu de celles de Vlacq : ils y gagneront beaucoup de temps et s'épargneront bien des dégoûts.

Dans les calculs de l'arc, ayant les logarithmes de sin P et sin Q, j'ai eu besoin souvent d'en conclure log sin (P $\pm$ Q) sans déterminer ni P ni Q.

Je faisais :

$$\log \sin(P \pm Q) = \log \sin P + \log \left(1 \pm \frac{\sin Q}{\sin P} \right)$$

$$= \log \sin P \mp \frac{K}{2\,R^2} \sin P \sin Q \qquad \log \frac{K}{2\,R^2} = 6,30845.$$

A l'ordinaire, dans les triangles partiels on connaît deux angles et un côté ; il m'est arrivé deux fois de connaître seulement deux côtés et l'angle compris A ; je faisais alors :

$$\tang\tfrac{1}{2}(B - C) = \frac{\tang\tfrac{1}{2}(B + C)\left(1 - \dfrac{\sin AB}{\sin AC}\right)}{\left(1 + \dfrac{\sin AB}{\sin AC}\right)} = \frac{\tang\tfrac{1}{2}(B + C)(1 - \tang x)}{1 + \tang x}$$

$$= \tang\tfrac{1}{2}(B + C) \cot(x + 45^\circ).$$

J'avais $B + C = 180^\circ - A +$ excès sphérique.

Avec l'azimut Z d'une station quelconque on avait l'azimut Z' de la station suivante :

$$Z' = 180^\circ + Z - \frac{\delta \sin Z \sin\left(L - \tfrac{1}{2}dL\right)}{\cos(L + dL)}$$

$$= 180^\circ + Z - \delta \sin Z \tang L' - \tfrac{1}{2}\delta \sin\delta \sin Z \cos Z.$$

Mon point de départ était Dunkerque et les latitudes L allaient sans cesse en diminuant. Les azimuts Z étaient comptés du point sud de l'horizon.

$$Z' = (180^\circ + Z) - \tang\tfrac{1}{2}\delta\left[\tang(45^\circ + \tfrac{1}{2}L) - \tang(45^\circ - \tfrac{1}{2}L)\right]\sin Z$$
$$+ \tfrac{1}{2}\tang^2\tfrac{1}{2}\delta\left[\tang^2(45^\circ + \tfrac{1}{2}L) + \tang^2(45^\circ - \tfrac{1}{2}L)\right]\sin 2Z$$
$$- \tfrac{1}{3}\tang^3\tfrac{1}{2}\delta\left[\tang^3(45^\circ + \tfrac{1}{2}L) - \tang^3(45^\circ - \tfrac{1}{2}L)\right]\sin 3Z$$
$$+ \tfrac{1}{4}\tang^4\tfrac{1}{2}\delta\left[\tang^4(45^\circ + \tfrac{1}{2}L) + \tang^4(45^\circ - \tfrac{1}{2}L)\right]\sin 4Z - \ldots$$

Soit

$$M = \frac{\tang\tfrac{1}{2}\delta}{\sin 1''}\tang(45^\circ + \tfrac{1}{2}L)\sin Z - \frac{\tang^2\tfrac{1}{2}\delta}{\sin 2''}\tang^2(45^\circ + \tfrac{1}{2}L)\sin 2Z$$
$$+ \frac{\tang^3\tfrac{1}{2}\delta}{\sin 3''}\tang^3(45^\circ + \tfrac{1}{2}L)\sin 3Z - \ldots,$$

$$N = \frac{\tang\tfrac{1}{2}\delta}{\sin 1''}\cot(45^\circ + \tfrac{1}{2}L)\sin Z + \frac{\tang^2\tfrac{1}{2}\delta}{\sin 2''}\cot^2(45^\circ + \tfrac{1}{2}L)\sin 2Z$$
$$+ \frac{\tang^3\tfrac{1}{2}\delta}{\sin 3''}\cot^3(45^\circ + \tfrac{1}{2}L)\sin 3Z + \ldots;$$

alors

$$P = \text{différence de longitude} = M + N \qquad \text{et} \qquad Z' = 180^\circ + Z - M + N.$$

Au moyen de ces formules, d'une exactitude indéfinie, on aura P et Z′ avec les seules données du problème : il suffira presque toujours de deux termes pour M et autant pour N; le quatrième sera toujours insensible; mais dans tous les cas, lorsque les premiers termes sont calculés, il n'en coûte presque rien pour ajouter ceux que l'on juge nécessaires, et c'est l'avantage de ces séries régulières sur ces formules hérissées de termes du même ordre et qu'on ne pourrait prolonger sans augmenter encore la confusion.

Alors soit

$$\operatorname{tang} x = \operatorname{tang} \delta \cos Z;$$
$$\log x = \log \operatorname{tang} x + \tfrac{2}{3} \log \cos x; \qquad \lambda = L - x;$$

x sera la distance au pied de la perpendiculaire abaissée du lieu inconnu sur le méridien du lieu connu.

Cherchez

$$= \left(\frac{\operatorname{tang}^2 \tfrac{1}{2} P}{\sin 1''} \right) \sin 2\lambda - \left(\frac{\operatorname{tang}^4 \tfrac{1}{2} P}{\sin 2''} \right) \sin 4\lambda + \ldots,$$

et vous aurez

$$L' = L - x - y = \lambda - y.$$

Le premier terme suffira toujours, même en supposant $\delta = 1^\circ$, ce qui n'aura jamais lieu dans ces opérations. On a encore :

$$d\mathrm{L} = - \sin \delta \cos Z - \sin \delta \sin Z \sin L \operatorname{tang} \tfrac{1}{2} P + \tfrac{1}{6} d\mathrm{L} \sin^2 d\mathrm{L}$$

et

$$d\mathrm{L} = - \delta \cos Z - \tfrac{1}{2} \delta^2 \sin^2 Z \operatorname{tang} L + \tfrac{1}{6} \delta^3 \sin^2 Z \cos L + \tfrac{3}{6} \delta^3 \sin^2 Z \operatorname{tang}^2 L.$$

Soient m la distance d'un signal à la méridienne de l'autre, et p la distance à la perpendiculaire :

$$\sin m = \sin \delta \sin Z \qquad \text{et} \qquad \operatorname{tang} p = \operatorname{tang} \delta \cos Z.$$

Ces diverses formules suffiraient si la Terre était sphérique. On peut toujours négliger la correction d'azimut qui a pour expression

$$\tfrac{1}{4} e^2 \delta \operatorname{tang} \delta \sin^2 Z \cos^2 L.$$

La correction de latitude sera

$$+ e^2 \sin \delta \cos Z \cos^2 L - \tfrac{1}{2} e^2 \sin^2 \delta \cos^2 Z \sin L \cos L + \ldots.$$

Le premier terme suffit toujours : ce terme se retranche de la latitude L′ calculée pour la sphère.

L'aplatissement ne donne aucune correction pour la différence de longitude, mais l'effet de l'ellipticité est fort sensible dans l'évaluation de l'arc δ en secondes. Soit δ'' l'arc δ en secondes :

$$\log \delta'' = 8,8003666 + \log \delta - a\,K \sin^2 L \, ;$$

a est l'aplatissement ;

$$\log K = 9,6377143.$$

Différence des parallèles, en toises =

$$= (K \cos\tfrac{1}{2}\delta \cos Z) + (K \cos\tfrac{1}{2}\delta \cos Z)\, \mathrm{tang}\tfrac{1}{2}\delta \sin Z \, \mathrm{tang}\, Z \, \mathrm{tang}\, L$$
$$- 2(K \cos\tfrac{1}{2}\delta \cos Z)\sin\tfrac{1}{2}\delta\, \mathrm{tang}\tfrac{1}{2}\delta \sin^2 Z \, \mathrm{tang}^2 L$$
$$+ \tfrac{2}{3}(K \cos\tfrac{1}{2}\delta \cos Z)\sin^2\tfrac{1}{2}\delta \cos^2\tfrac{1}{2}\delta \cos^2 Z$$
$$+ \left(\begin{array}{c}\text{Somme des trois}\\ \text{premiers termes}\end{array}\right)^3 \left(\frac{1 - e^2 \sin^2 L}{6\,R^2}\right)$$
$$- (K \cos\tfrac{1}{2}\delta \cos Z)\, \mathrm{tang}\, Z \; dZ \sin 1''.$$

On calculera par cette formule la différence en toises entre chacun des signaux et le signal suivant, et en ajoutant ainsi ces différences les unes aux autres on aura la différence entre les parallèles extrêmes, c'est-à-dire l'arc du méridien, qu'on aura de deux manières indépendantes, se servant mutuellement de vérification.

Azimuts.

Dans toutes les opérations passées et à venir les azimuts seront toujours la partie la moins exacte, la plus difficile à bien déterminer, et heureusement la moins importante, celle dont les erreurs sont moins sensibles ; et par conséquent il serait aussi vrai de dire que, de toutes les parties qui concourront au résultat final, les azimuts sont ce qui laisse le moins à désirer.

On a vu qu'une observation isolée pourrait laisser une incertitude d'une demi-minute ; on a vu, d'un autre côté, qu'un grand nombre d'observations du matin comparées à un grand nombre d'observations du soir s'accordent à $1''$ ou $2''$ près de degré ; qu'en passant, par le calcul trigonométrique, d'un azimut à un azimut éloigné, l'azimut conclu doit avoir, outre sa propre erreur, celle de l'azimut premier et la résultante des erreurs de tous les angles intermédiaires des triangles. Ainsi l'azimut du Panthéon déduit de celui de Watten peut être en erreur de 5″ pour l'azimut de Watten, de 5″ pour celni de Paris et de 13″ pour la somme des erreurs possibles et moyennes de dix angles intermédiaires, ce qui ferait environ 23″; mais on a la chance des compensations. Ainsi à Paris la différence n'a été trouvée que de — 6″,8.

De Dunkerque à Bourges,   la diff. a pu être 5″ + 20″ + 5″ = 30″; trouvé + 32″,6;
De Dunkerque à Carcassonne, la diff. a pu être 5″ + 37″ + 5″ = 47″; trouvé — 39″;
De Dunkerque à Montjouy,   la diff. a pu être 5″ + 45″ + 5″ = 55″; trouvé +23″.

Bourges et Carcassonne paraîtraient lés azimuts les plus incertains; ils s'accordent entr'eux à 6″,3; Bourges et Montjouy s'accordent à 9″.

Supposons qu'on n'eût observé qu'à Dunkerque et à Montjouy : par un milieu l'erreur ne serait que de 11″ à 12″. Supposons qu'on n'eût observé qu'à Dunkerque, on aurait eu sur l'arc total une différence — 0^T,846. Si l'on n'eût observé qu'à Montjouy on aurait eu + 0^T,846

$$d\,\text{arc} = dz \sin (\text{dist. dernier signal au mér. du premier}) \cos \text{arc entier}$$
$$(1 - \text{tang arc entier tang lat. de Montjouy.}$$
$$= \frac{dz \sin (\text{dist. du dernier signal au } 1^{er} \text{ mérid.}) \cos \text{lat. boréale}}{\cos \text{latit. australe}}.$$

Tableau général de l'opération.

	Latitudes.	Intervalles.	En toises.	Degrés.	Lat. moy.	Arc de 1″.	Diminution pour 1°.
Dunkerque	51. 2. 9,20						
		2.11.19,83	124944,8	57082,63	49.56.29,30	15,856283	
Panthéon.......	48.50.49,37						5,5
		2.40. 6,83	152293,1	57069,31	47.30.45,91	15,852586	
Évaux.........	46.10.42,54						32,4
		2.57.48,24	168846,7	56977,80	44.41.48,37	15,827167	
Carcassonne ...	43.12.54,30						12,9
		1.51. 9,34	105499,0	56946,68	42.17.19,60	15,818508	
Montjouy.......	41.21.44,96						
Arc total	9.40.24,24		551583,6				

La première chose qu'on remarque dans ce Tableau c'est qu'il n'est aucun de nos quatre arcs qui n'indique un aplatissement.

La seconde est que la diminution des degrés est assez irrégulière et n'est pas celle que donnerait la courbure elliptique du méridien.

On voit d'abord une diminution de 13^T,32 pour $2°25'43″$,39, ce qui ne ferait que 5^T,5 par degré.

Ensuite une diminution rapide de $91^T,51$ pour $2°48'57'',54$, ce qui fait $32^T,4$ par degré.

Enfin $2°24'28'',75$ de diminution dans la latitude donnent $31^T,17$, c'est-à-dire environ $12^T,9$ par degré.

De ces trois diminutions, la dernière est celle qui s'éloigne le moins des idées qu'on a communément sur la figure de la Terre; mais il n'en serait pas de même si l'on augmentait de $3'',4$ la latitude de Montjouy pour satisfaire aux observations de Barcelone; l'arc serait de $1°51'6''$, le degré de 56974, la diminution de $3^T\frac{1}{2}$ ou moins de $1^T\frac{3}{4}$ par degré.

Si l'on supposait à Carcassonne quelque chose de semblable à ce qui est arrivé à Barcelone, ce degré serait de 56995^T, la diminution de $26^T,3$ entre Evaux et Carcassonne, et de $8^T,6$ entre Carcassonne et Montjouy : on aurait une diminution lente aux deux extrémités de l'arc et une diminution plus rapide au milieu.

Cette irrégularité frappante vers le milieu de l'arc pourrait donner quelque soupçon sur la latitude d'Evaux, si l'on ne veut pas rejeter ces anomalies sur la figure de la Terre et sur les inégalités locales. Cette latitude d'Evaux a été déterminée par plus de 1200 observations faites avec ce même cercle n° I qui a réussi à Dunkerque et surtout à Paris; ces observations ont donné pour la Polaire, à $0'',11$ près, la déclinaison, telle que Méchain la trouvait en même temps à Carcassonne; à Evaux les deux étoiles ont donné exactement le même résultat.

Il ne paraît guère possible de supposer la moindre erreur à Paris, où 4800 observations, deux étoiles, deux saisons, deux observateurs, donnent à peine $0'',5$ de différence, sans parler des observations plus nombreuses qu'on a faites depuis douze ans avec un grand cercle de Reichenbach, et qui ne donnent qu'une petite fraction de seconde de différence quand on se sert des mêmes Tables de réfraction.

Les observations de Dunkerque sont moins nombreuses, mais laissent à peine $0'',5$ à diminuer, ce qui augmenterait de bien peu la variation du degré.

La latitude de Montjouy semblerait ne rien laisser à désirer si celle de Barcelone, observée avec le même soin et les mêmes instruments, ne donnait pas $3'',4$ de plus que Montjouy : cette différence, entre deux points éloignés seulement de 900^T, paraît une preuve évidente des irrégularités de la Terre. Les inégalités beaucoup moins fortes qu'on remarque dans le milieu de l'arc doivent être attribuées à la même cause, et nous trouverons bientôt des irrégularités bien plus frappantes. Laplace et Legendre ont cherché quel aplatissement conviendrait le mieux à l'ensemble de ces degrés et supposerait les moindres erreurs aux observations : ils ont trouvé $\frac{1}{150}$ et $\frac{1}{148}$; nous trouverons ci-après un aplatissement bien moins fort par une méthode que nous croyons moins incertaine.

Sans faire aucune hypothèse sur la courbure des méridiens j'ai cherché la formule d'interpolation qui représenterait exactement tous ces arcs, et j'ai trouvé, en nommant A' et A deux arcs partiels quelconques de notre grand arc, L' et L les latitudes extrêmes :

$$A' - A = 3348538^{T} \sin 1''(L' - L) + 1218098^{T} \sin(L' - L)\cos(L' + L)$$
$$+ 41798^{T} \sin 2(L' - L)\cos 2(L' + L)$$
$$+ 141587,5 \sin 3(L' - L)\cos 3(L' + L).$$

Tous ces coefficients sont positifs; et, si le méridien était elliptique, le deuxième et le quatrième devraient être négatifs. Ces coefficients sont aussi beaucoup plus considérables que dans l'hypothèse elliptique; mais ils sont tels qu'il faut pour représenter nos arcs terrestres et nos latitudes; cette formule ne vaudrait rien pour un arc autre que le nôtre, mais elle est un moyen d'interpolation commode pour les points intermédiaires de notre chaîne de triangles.

J'en ai tiré deux Tables qui donnent l'une les latitudes de 1000 en 1000 toises pour tous les points de notre méridienne depuis Dunkerque jusqu'à Barcelone, l'autre qui, pour toutes les latitudes de minute en minute, donne les arcs du méridien en toises : ce sont les Tables VI et VII, pages 269-286.

La latitude qui en résulte pour Perpignan s'accorde beaucoup mieux avec les observations de Barcelone qu'avec celles de Montjouy.

Notre objet principal était de déterminer le mètre.
Soit
$$C = \frac{0,00008.64(1,57079.63267.95)}{\sin 1''} = \frac{0,00004.32\pi}{\sin 1''};$$

le mètre en lignes sera

$$\mu = C\,\frac{A'-A}{L'-L} + C\,\frac{A'-A}{L'-L}\,\frac{(\tfrac{3}{4}e^2 + \tfrac{3}{8}e^4)\sin(L'-L)\cos(L'+L)}{(L'-L)\sin 1''}$$

$$-\,\frac{9}{16}\,e^4 C\,\frac{A'-A}{L'-L}\,\frac{\sin^2(L'-L)\cos^2(L'+L)}{(L'-L)^2\sin 1''}$$

$$-\,\frac{15}{128}\,e^4 C\,\frac{A'-A}{L'-L}\,\frac{\sin 2(L'-L)\cos 2(L'+L)}{(L'-L)\sin 1''}$$

$$=C\,\frac{A'-A}{L'-L} + C\,\frac{A'-A}{L'-L}\,\frac{\tfrac{3}{2}a(1+\tfrac{1}{2}a)\sin(L'-L)\cos(L'+L)}{(L'-L)\sin 1''}$$

$$-\,\frac{15}{32}\,a^2 C\,\frac{A'-A}{L'-L}\,\frac{\sin 2(L'-L)\cos 2(L'+L)}{(L'-L)\sin 1''}$$

$$-\,C\,\frac{A'-A}{L'-L}\left[\frac{\tfrac{3}{2}a(1+\tfrac{1}{2}a)\sin(L'-L)\cos(L'+L)}{(L'-L)\sin 1''}\right]^2\sin 1''.$$

Le dernier terme est insensible en France, et, d'après l'arc entier

$$\mu = 443'',39271 - 27'',70019\,a + 378'',6942\,a^2;$$

a est l'aplatissement; dans les hypothèses les plus probables j'ai trouvé les valeurs suivantes :

Aplatissement.	Mètre.	Aplatissement.	Mètre.
1 : 150	443,22566	1 : 310	443,30744
1 : 200	443,26401	1 : 320	443,30999
1 : 250	443,28819	1 : 330	443,31238
1 : 300	443,30574	Sphère	443,39271

Mètre de la Commission..   1 : 334   443^T,295936

Dunkerque à Évaux :

$$\mu = 443,8176 - 83,5043\,a + 317,4893\,a^2$$

Évaux à Barcelone :

$$\mu = 443,0053 + 28,47194\,a + 440,3108\,a^2$$

d'où

$$a = \frac{0,8123}{111,9762} - \frac{122,9217}{111,9762}\,a^2 = 0,00725\,4233 - 1,09775\,a^2 = b - ca^2$$

$$a^2 = b^2 - 2bc\,a^2 + c^2 a^4 \qquad \text{et} \qquad a^4 = b^4$$

$$a = b - b.bc + b.bc.2bc - b.bc.2bc.2bc = 0,007197370 = \frac{1}{139}.$$

Le mètre serait $\mu = 443,2331$, beaucoup trop court.

Par la comparaison de l'arc entier avec celui de Bouguer, la Commission avait trouvé $a = \frac{1}{334}$; mais en calculant de nouveau le degré de Bouguer et La Condamine j'ai trouvé $a = \frac{1}{308,6}$; plusieurs autres degrés mesurés depuis ont ramené à $\frac{1}{308}$ ou à très peu près, et la Géométrie, qui finit toujours par démontrer ce que l'Astronomie a constaté, a trouvé aussi la même chose. Je trouve encore que le mètre aurait dû être fixé à 443ˡⁱ,328 ou 443ˡⁱ,3076 : j'avais proposé le nombre rond 443ˡⁱ,30, si facile à retenir et qui n'aurait pas affecté une précision bien illusoire.

La Commission, qui n'avait aucun soupçon des anomalies de Barcelone, et qui supposait $\frac{1}{334}$, a fait un mètre trop court, qui au lieu de répondre à zéro de température répond à 8°,445367 ou 6°,759736 de Réaumur.

Prolongation de notre arc jusqu'à Greenwich.

Nous parlerons bientôt avec plus de détail de l'opération trigonométrique exécutée par le général Roy pour la jonction de l'Observatoire de Greenwich à la côte de France et à l'Observatoire de Paris. Il avait mesuré, avec des soins infinis, deux bases, l'une à Hounslow-Heat et l'autre à Romney Marsh. On lui avait reproché d'avoir fait à ses angles des corrections arbitraires et d'avoir calculé tous ses côtés comme si tous ses triangles étaient dans le même plan. J'ai réduit aux cordes tous les angles observés, j'ai distribué la petite erreur sur tous les angles également : par ces changements les deux bases se sont accordées à 6ᴾᵒ sur 4755ᵀ ou 7ᴾᵒ¼ pour 6000ᵀ. Les deux bases sont jointes l'une à l'autre par 20 triangles ; les deux nôtres sont séparées par plus de 50 triangles, et leur différence n'est pas de 11ᴾᵒ ; — la distance en latitude n'était que de 26′, la nôtre est près de 6° ; l'accord de nos bases est donc tout au moins aussi remarquable.

En adoptant le rapport 1,06575 de la toise du Pérou au fathom ou toise anglaise, déterminé par Maskelyne et suivi par tous les anglais, je trouve :

De Dunkerque à Cassel	14088ᵀ,15
Par la base de Melun	14088,29
Différence 10ᴾ environ ou	0,14

Quand la différence serait beaucoup plus forte, on pourrait l'attribuer aux triangles de la côte anglaise, qui offrent quelques incertitudes : à Blanc-Nez, près de Boulogne, Cassini et Legendre ont trouvé l'angle de $12'',7$ plus petit qu'il ne résulterait des deux autres angles du triangle de Roy ; dans le triangle suivant on a fait à Douvres une correction de $3''$, motivée sur ce que la flèche de Calais pourrait pencher vers Blanc-Nez : j'ai bien examiné cette flèche du bas de l'église et n'ai point aperçu d'inclinaison sensible ; la distance de Douvres à Calais est de 21495^{T} : à cette distance un angle de $3''$ est soutendu par un côté de $0^{\mathrm{T}},31$; il faudrait donc une inclinaison de plus de 2 pieds, qui serait très sensible dans une flèche aussi courte. Il est bien vraisemblable que la différence de $3''$ est venue de ce qu'on n'aura pu voir la pointe de la flèche et que l'on aura visé à un point d'une des faces de la pyramide, qui était à deux pieds de l'axe, ce qui est fort ordinaire dans les observations des clochers de cette forme.

La plupart de ces triangles sont fort obliques ; dans tous on voit un et quelquefois deux angles conclus ; pour comparer deux bases entr'elles, si l'on était le maître du choix on ne le ferait pas tomber sur des triangles de cette espèce, puisqu'on les évite autant qu'on peut dans les opérations géodésiques.

D'après la petitesse des différences entre mes calculs et ceux de Roy, j'aurais pu adopter sa différence des parallèles de Greenwich et Dunkerque, qu'il fait de $25238^{\mathrm{T}},55$; mais il a calculé cet arc dans l'ancienne méthode des perpendiculaires ; par cette méthode, corrigée ainsi que nous avons dit ci-dessus, j'ai trouvé $3^{\mathrm{T}},2$ de plus que Roy.

$$\text{Diff. de longitude } P = \frac{y+y'}{\cos L.\,\text{normale}} = \frac{y+y'}{\cos L}\left(1 - c^2 \sin^2 L\right)^{\frac{1}{2}}$$

$$= \frac{y+y'}{\cos L} - \frac{y+y'}{\cos L}\, a \sin^2 L.$$

$a.$	Diff. longit.	En degrés.	Long. de Greenwich en temps.
0,00321	9.31.24	2.22.51	9.21.52
1 : 230	9.31. 0	2.22.45	9.21.28
1 : 150	9.30.12	2.22.33	9.20.40

D.

Le mètre, par Greenwich et Montjouy (en lignes),

$$= 443,4273 - 32,6372\,a + 391,22\,a^2$$
$$= 443,3330 \quad \text{pour} \quad \frac{1}{334}$$
$$= 443,3263 \quad \text{pour} \quad 0,00321$$
$$= 443,3255 \quad \text{pour} \quad 0,00324.$$

Par Dunkerque et Montjouy

$$= 443^l,328.$$

Il est donc assez indifférent d'employer ou Dunkerque ou Greenwich.

J'ai supposé, dans ces calculs, la latitude moyenne entre les observations de Montjouy et de Barcelone et, pour Greenwich, la latitude $51°28'40''$ avec Maskelyne. Bradley supposait $39'',5$ et le mètre serait $443^l,3315$.

Hornsby, en corrigeant les solstices de Bradley et se servant de l'étoile polaire, trouvait $39'',95$, à peu près comme Maskelyne.

L'arc entre Barcelone et Greenwich est coupé en deux par le parallèle de $46°25'$; pour avoir le mètre indépendant de l'aplatissement il faudrait qu'il fût coupé par celui de $45°3'$ environ : c'est l'avantage que nous procurera la prolongation jusqu'à Formentera.

Dans tout ce qui va suivre nous supposerons le mètre de la commission, $443^l,295936$; toutes nos déterminations en toises seront trop faibles et devront être augmentées dans le rapport $1 : 1,00003711$.

Soient m et n les deux demi-axes :

$$\log m = 6,80388.01230 + K\left(\frac{1}{2}a + \frac{1}{16}a^2 - \frac{1}{48}a^3\right)$$

$$K = 1 : \log.\ \text{hyperb.}\ 10$$

$$\log n = 6,80388.01230 - K\left(\frac{1}{2}a + \frac{7}{16}a^2 + \frac{17}{48}a^3\right)$$

$$\log\frac{n}{m} = \log(1 - a) = - K\left(a + \frac{1}{2}a^2 + \frac{1}{3}a^3 + \frac{1}{4}a^4 + \ldots\right).$$

Ainsi,

Aplat.	$\log m.$	$\log n.$	$\log\frac{m}{n}.$
$\frac{1}{334}$	6,80453.05074	6,80322.82744	9,99869.77670
0,00321	6,80457.7449	6,80318.11176	9,99860.36727
0,00324	6,80458.39646	6,80317.45662	9,99859.06016

Soient :

Q le quart du méridien,

A un arc du méridien commençant à l'équateur :

$$A = \frac{2Q}{\pi} \left[L \sin 1'' - \left(\frac{3}{4}\, a + \frac{3}{8}\, a^2 + \frac{15}{128}\, a^3 \right) \sin 2L \right.$$
$$\left. + \frac{15}{62} \, (a^2 + a^3) \sin 4L - \frac{35}{384}\, a^3 \sin 6L \right];$$

pour les arcs en mètres,

$$Q = 10\,000\,000 \text{ mètres};$$

en toises,

$$Q = 5\,131\,111 \frac{a}{y}.$$

Soient :

Π la parallaxe équatoriale,

π celle de la latitude L

$$\Pi - \pi = \Pi - \Pi\, a \sin^2 L - \Pi\, a^2 \sin^2 L \cos^2 L.$$

La correction de latitude, suivant l'idée de Du Séjour, dans nos trois systèmes d'aplatissement, est

$$L - l = \left(\frac{m - n}{m + n} \right) \frac{\sin 2L}{\sin 1''} - \left(\frac{m - n}{m + n} \right)^2 \frac{\sin 4L}{\sin 2''} + \cdots$$
$$= 5'\ 9'',24 \ \ \sin 2L - 0'',232 \sin 4L$$
$$= 5'13'',164 \sin 2L - 0'',267 \sin 4L$$
$$= 5'34'',72 \ \ \sin 2L - 0'',272 \sin 4L.$$

Angle de la verticale avec la normale :

$$L - \lambda = \left[\frac{(2 - a)a}{2 - (2 - a)a} \right] \frac{\sin 2L}{\sin 1''} - \left[\quad \right]^2 \frac{\sin 4L}{\sin 2''}$$
$$= 10'17'',56 \sin 2L - 0'',925 \sin 4L$$
$$= 11'\ 3'',18 \sin 2L - 1'',066 \sin 4L$$
$$= 11'\ 9'',39 \sin 2L - 1'',086 \sin 4L.$$

Nous donnons (ensuite) les Tables suivantes :

Table I. Pour faciliter le calcul des triangles sphériques et sphéroïdiques : valeurs de log *arc*, log *sinus*, log *tangente*, log *sécante*.

Table II. Conversion des mètres en toises.

Table III. Conversion des toises en mètres.

Table IV. Azimuts de tous les points de la Méridienne sur l'horizon où ils ont été observés.

Table V. Distances à la méridienne et à la perpendiculaire.

Table VI. Latitudes des différents arcs de la Méridienne, d'après nos mesures.

Table VII. Différences des parallèles en toises, d'après nos mesures.

Table VIII. Arcs du méridien pour toutes les latitudes de Dunkerque à Montjouy, ellipse $\frac{1}{3o8,6}$.

Table IX. Rayons de la Terre pour les parallaxes ($a = $ o,oo32$\frac{}{}$).

Table X. Normales ($a = $ o,oo324).

Au moment où je rédige cet extrait (avril 1820) la prolongation de la méridienne jusqu'à Formentera n'a point encore paru. D'après la courte Notice publiée par M. Biot, la latitude de Formentera est de 38"39'56", 11.

Entre Formentera et Greenwich : 73o.43o^{T},67.

$$\text{Mètre} = 443'',31788;$$

le changement [par rapport au résultat] ci-dessus

$$443'',3255 \qquad \text{ou} \qquad 443'',3280,$$

est imperceptible.

Nous revenons toujours au même résultat, soit que nous nous en tenions aux latitudes de Dunkerque et de Montjouy-Barcelone, soit que nous ajoutions l'arc entre Dunkerque et Greenwich, soit enfin que nous prolongions l'arc jusqu'à Formentera.

Dans ce dernier cas nous faisons concourir les travaux des anglais avec les nôtres. Notre arc, qui traverse la totalité de la France, se termine d'une part sur le territoire anglais, et de l'autre sur le territoire espagnol; les extrémités sont dans deux îles, au lieu d'être sur le continent.

Nous tirons de là deux conséquences qui nous paraissent extrêmement probables.

La première, que le mètre 443^{l},32, et peut-être 443^{l},322, est déterminé avec toute la précision qu'il nous est permis d'espérer : c'est pour aider la mémoire que nous préférerions 443,322.

La seconde est que la latitude de Dunkerque n'a besoin que d'une correction légère, et cette conséquence est devenue plus probable encore par les observations de M. Mudge à Dunkerque.

L'arc entre Greenwich et Dunkerque est de $25241^T,9$ qui répondent à une amplitude de $26'30'',8$; le degré sera donc de

$$25241^T,9 \times \frac{60'}{26'30'',8} = 57122^T,74,$$

à la latitude moyenne de $51°15'25''$; mais il est de $57082^T,63$ à la latitude moyenne de $49°56'29''$. Il diminue donc de $40^T,11$ pour $1°18'56''$, de $30^T,61$ pour un degré, à peu près comme au milieu de notre arc : c'est sans doute beaucoup trop.

Augmentons l'arc céleste de $0'',7$, ce qui peut se faire de deux manières, ou en ajoutant $0'',35$ à la latitude de Greenwich, ou en les retranchant de celle de Dunkerque; mais comme on croit la latitude de Greenwich plus susceptible de diminution que d'augmentation, retranchons $0'',7$ de la latitude de Dunkerque qui deviendra $51°2'8'',5$ et nous rapprochera de la 2° de nos étoiles.

Le degré de Greenwich sera

$$25241^T,9 \times \frac{60'}{26'31'',5} = 57097^T,22;$$

le degré suivant sera $124.944,8 \times \frac{60}{131'19'',13} = 57087,70$; la diminution sera de $9^T,52$ pour $1°18'56''$ ou de $7^T,23$ pour $1°$. Cette diminution sera un peu trop faible; ainsi la valeur la plus probable de la latitude de Dunkerque sera entre $51°2'9'',2$ et $51°2'8'',5$, c'est-à-dire à peu près la moyenne entre nos deux étoiles ou $51°2'8'',85$.

En ajoutant de même l'arc entre (Montjouy et) Formentera, le Tableau de la page 300 deviendra :

	Latitudes.	Lat. moy.	Arcs célestes.	Arcs terrestres.	Degrés.	Diminution pour 1°.
Greenwich......	51.28.40,00					
Dunkerque......	51. 2. 8,50	51.15.24	0.26.31,51	25241,9	57097,22	7,23
Panthéon.......	48.50.49,37	49.56.29	2.11.19,13	124944,8	57087,66	8,40
Évaux..........	46.10.42,54	47.30.46	2.40. 6,83	152293,1	57069,31	32,40
Carcassonne	43.12.54,30	44.41.48	2.57.48,24	166846,7	56977,80	12,31
Montjouy seul...	41.21.44,96	42.17.20	1.51. 9,34	105499,0	56946,68	—2,00
Formentera.....	38.59.56,11	40. 0.50	2.41.48,85	153605,77	56999,84	

- 310 -

De Montjouy à Formentera le degré augmentera au lieu de diminuer, irrégularité qui n'a lieu dans aucune autre partie. Il paraît donc qu'à Montjouy il vaut mieux ajouter le milieu $1'',62$ entre Montjouy et Barcelone (on pouvait même ajouter $1'',7$), et nous aurons :

	Latitudes.	Lat. moy.	Arcs célestes.	Arcs terrestres.	Degrés.	Diminution pour 1°.
Greenwich......	51.28.40,00					
		51.15.24	0.26.31,51	25241,9 T	57097,22 T	
Dunkerque......	51. 2. 8,50					7,23 T
		49.56.29	2.11.19,13	124944,8	57087,70	
Panthéon.......	46.50.49,37					8,41
		47.30.46	2.40. 6,83	152293,1	57069,31	
Évaux..........	46.10.42,54					32,40
		44.41.48	2.57.48,24	168846,7	56977,80	
Carcassonne.....	43.12.54,30					9,36
		42.17.21	1.51. 7,72	105499,0	56960,46	
Montjouy Barc..	41.21.46,58					9,03
		40. 0.52	2.51.50,47	153605,77	56946,29	
Formentera.....	38.39.56,11					

Tous nos degrés iront en diminuant, mais toujours d'une manière trop inégale. Cherchons les moyens de rétablir l'uniformité sans trop nous écarter des observations.

Nous avons trouvé

$$(A'-A)\frac{\pi}{2Q} = (L'-L) - \left(\frac{3}{2}a + \frac{3}{4}a^2\right)\sin(L'-L)\cos(L'+L)$$
$$+ \frac{15}{32}a^2\sin 2(L'-L)\cos 2(L'+L).$$

Soit

$$n = \frac{1}{3},$$

on aura sans erreur sensible :

$$\sin(L'-L) = (L'-L)\cos^n(L'-L),$$

$$(A'-A)\frac{\pi}{2Q} = (L'-L)\left[1 - \left(\frac{3}{2}a + \frac{3}{4}a^2\right)\cos^n(L'+L)\cos(L'+L)\right.$$
$$\left. + \frac{15}{16}a^2\cos^n 2(L'-L)\cos 2(L'+L)\right],$$

$$\frac{A'-A}{L'-L}\frac{\pi}{2Q} = 1 - \left(\frac{2}{3}a + \frac{3}{4}a^2\right)\cos^n(L'-L)\cos(L'+L)$$
$$+ \frac{15}{16}a^2\cos^n 2(L'-L)\cos 2(L'+L);$$

$$1 - \frac{A'-A}{L'-L}\frac{\pi}{2Q} = \left(\frac{3}{2}a + \frac{3}{4}a^2\right)\cos^n(L'-L)\cos(L'+L) - \ldots.$$

Mettons les valeurs connues de toutes les lettres ; nous en déduirons pour a les valeurs suivantes :

	a.
Greenwich-Dunkerque......................	0,006046
Dunkerque-Panthéon......................	0,007629
Panthéon-Évaux........................	0,008301
Évaux-Carcassonne......................	0,017733
Carcassonne-Montjouy Barcelone............	0,005991
Montjouy Barcelone-Formentera............	0,004215
Milieu................................	$0,008301 = \dfrac{1}{120}$

Soit

$$L' - L = 1^{\circ};$$

$$d(\Lambda' - \Lambda) = \frac{2Q}{\pi}(3600)^2 \sin 3'' \left[a\left(1 + \frac{1}{2}a\right)\cos^n 1'' \sin 2L \right.$$
$$\left. - \frac{5}{4}a^2 \cos^n 2'' \sin 4L \right],$$

$$= 2985_{T,1}\left[a\left(1 + \frac{1}{2}a\right)\sin 2L - \frac{5}{2}a\sin 4L \right].$$

Mettons pour a différentes valeurs, et nous aurons, pour la diminution à 45° :

a.	a.	Diminution.	a.	a.	Diminution.
		T			T
0,0080.....	1 : 125	24,0	0,0050.....	1 : 200	15,0
71.....	143	21,0	48.....	208	14,4
68.....	147	20,4	46.....	217	13,8
66.....	151	19,8	44.....	227	13,2
64.....	156	19,2	42.....	238	12,6
62.....	161	18,6	40.....	250	12,0
60.....	167	18,0	38.....	263	11,4
58.....	172	17,4	36.....	278	10,8
56.....	$178\frac{1}{2}$	16,6	34.....	294	10,2
54.....	185	16,2	32.....	312	9,6
52.....	192	15,6	30.....	333	9,0
50.....	200	15,0	28.....	357	8,4

Dans toute l'étendue de notre arc le second terme est insensible par la petitesse de $\sin 4L$.

$\sin 2L$ diffère peu de l'unité, car le minimum est 0,978 ; ainsi tous nos arcs partiels devraient donner à fort peu près la même différence entre deux degrés consécutifs.

Pour corriger les latitudes de manière à trouver le méridien elliptique, la formule ci-dessus nous donne un moyen fort simple et fort direct :

$$L'-L = \frac{(A'-A)\frac{\pi}{2Q}}{1-\left(\frac{3}{2}\,a+\frac{3}{4}\,a^2\right)\cos''(L'-L)\cos(L'+L)+\dots}.$$

Dans une première recherche on peut négliger a^2 et faire

$$L'-L =(A'-A)\frac{\pi}{2Q}\left[1+\frac{3}{2}\,a\cos''(L'-L)\cos(L'+L)\right].$$

Commençons par le plus fort applatissement qu'on ait jamais supposé, c'est-à-dire $0,00563 = \frac{1}{177,62}$.

De Dunkerque au Panthéon, nous aurons :

$$
\begin{aligned}
&\text{L}'-\text{L}\dots\dots\dots\dots\dots\dots\dots\dots\dots\quad 2°11'18'',39\\
&\text{Observation}\dots\dots\dots\dots\dots\dots\dots\quad 2°11'19'',83\\
&\text{Correction à faire à cet arc}\dots\dots\dots\quad \overline{1'',44}
\end{aligned}
$$

Cette correction peut se faire de diverses manières : je retranche $1'',2$ de Dunkerque, j'ajoute $0'',2$ à Paris, et en cherchant $L'-L$ pour les autres arcs, je trouve, pour l'applatissement $\frac{1}{177,6}$:

	Corr. Lat.	Deuxièmes corrections.	Troisièmes corrections.
Greenwich.	51.28.39,00	—1,0	0	—1,23
Dunkerque	51. 2. 8,00	—1,2	—0,2	—1,43
Panthéon.	48.50.49,60	+0,23	+1,23	0,00
Évaux.	46.10.40,27	—2,27	—1,27	—2,50
Carcassonne.	43.12.56,70	+2,40	+3,40	+2,17
Montjouy.	41.21.49,55	+2,97	+3,97	+2,74
Formentera	38.39.55,70	—0,41	+0,59	—1,64
Somme totale des corrections...		+0,72	+7,32	—4,43

Ainsi en diminuant de $1'',2$ la latitude de Dunkerque, je suis obligé de diminuer de $1''$ celle de Greenwich ; mes observations s'accordent donc avec celles de Bradley, dans le système d'applatissement.

— 313 —

Je suis obligé de faire une correction — 2″,27 à la latitude
d'Evaux : l'accord de deux étoiles ne me laisse pas croire à la possibilité de cette erreur.

J'ajoute 2″,40 à Carcassonne, que je croyais fort bonne, quoique
Méchain n'eût observé que la Polaire.

J'ajoute 2″,97 à la latitude moyenne de Montjouy-Barcelone
ou 1″,31 à Barcelone ou 4″,52 à Montjouy.

Je retranche 0″,41 de Formentera.

Les corrections se compensent à 0″,72 près.

Si l'on voulait conserver la latitude de Greenwich, on aurait la
colonne intitulée ci-dessus *deuxièmes corrections;* mes latitudes
n'auraient aucune erreur qui passât 1″,27; celles de Méchain
seraient trop faibles de 3″ à 4″.

La résultante des erreurs serait + 7″,32.

Si l'on veut s'assujettir à la latitude de Paris, on aura les *troi-
sièmes corrections,* qui ne sont pas plus fortes que les premières,
mais dont la résultante serait — 4″,43.

En nous assujettissant encore à la latitude de Paris, on obtient
le Tableau suivant des latitudes et des corrections pour divers
aplatissements :

Aplatissement.....	$\frac{1}{200}$.		$0,0044 = \frac{1}{227}$.		$\frac{1}{155}$.		$\frac{1}{174,75}$.	
	Latitudes.	Correct.	Latitudes.	Correct.	Latitudes.	Correct.	Latitudes.	Correc
Greenwich	51.28.40,41	+0,41	51.28.41,93	+1,93	51.28.36,35	—3,65	51.28.38,56	—1,4
Dunkerque........	51. 2. 9,06	—0,14	51. 2.10,27	+1,07	51. 2. 5,83	—3,20	51. 2. 7,52	—1,6
Paris.............	48.50.49,37	0,00	48.50.49,37	0,00	48.50.49,37	0,00	48.50.49,37	0,0
Evaux............	46.10.39,22	—3,32	46.10.38,41	—4,13	46.10.41,31	—1,22	46.10.40,17	—2,3
Carcassonne.......	43.12.56,30	+2,01	43.12.55,56	+1,46	43.12.58,83	+3,85	43.12.57,13	+2,8
Montjouy-Barc....	41.21.49,62	+3,11	41.21.49,52	+2,98	41.21.50,01	+3,43	41.21.49,84	+3,2
Formentera	38.39.55,42	—0,69	38.39.58,76	+2,65	38.39.53,70	—2,41	38.39.55,77	—0,3
		+1,37		+5,96		—3,20		+0,3

L'aplatissement $\frac{1}{200}$ va presque aussi bien que $\frac{1}{177,5}$: il ne suppose à Greenwich, Dunkerque et Formentera que des erreurs très
possibles; les plus fortes sont à Evaux, Carcassonne et Montjouy.

L'aplatissement $\frac{1}{227}$ diffère peu de celui de Newton. Il n'est pas
impossible que les montagnes au sud d'Evaux aient rapproché le
zénith du pôle et augmenté la latitude; mais je n'ai rien remarqué

dans le temps qui fût assez fort pour me donner quelque inquiétude.

Avec l'applatissement $\frac{1}{155}$ et en partant de Paris, Dunkerque s'accorde toujours avec Greenwich, et il y a toujours 5″ de différence entre Evaux et Carcassonne, ce que le pays montueux rend admissible, mais sans que j'ose répondre de rien.

Le dernier aplatissement, $\frac{1}{174,75}$, rend la résultante presque nulle ; il diminue la latitude de Greenwich, ce qui ne s'écarte ni des idées de M. Pond, ni de M. Groombride. La correction de Montjouy paraîtra peut-être un peu forte.

On pourrait faire des calculs semblables en partant à volonté de l'une des latitudes ou de deux ; mais on n'aura jamais que des probabilités, et nulle certitude. Le système des irrégularités locales explique tout, et par conséquent il n'explique rien ; il rend tout possible, mais il rend tout incertain.

Dans tous ces calculs j'ai négligé les a^2. En les conservant et partant de la latitude du Panthéon, que je regarde comme la plus sûre, je trouve à retrancher 0″,9 de Greenwich, ce qui est admissible ; — 1″,2 à Dunkerque ; — à retrancher 3″,24 de la latitude d'Evaux, et j'y consens encore à cause des montagnes ; — à ajouter 1″,8 à Carcassonne, et nous retrouverons toujours 5″ entre Evaux et Carcassonne ; — ajouter 2″,5 à Montjouy ; ainsi la latitude déduite de Barcelone sera trop faible de près de 1″ et celle de Montjouy de 4″½, — enfin il faudra diminuer Formentera de 1″ ou 0″,96.

Les corrections des latitudes seront :

$$
\begin{array}{rr}
-0,98 & +1,8 \\
1,2 & +2,5 \\
3,24 & \overline{+4,3} \\
0,96 & -6,4 \\
\overline{-6,38} & \\
& -2,1
\end{array}
$$

Résultante...................... $-2,1$

Ce parti est moins extrême que l'idée d'un aplatissement $\frac{1}{150}$ ou $\frac{1}{148}$ qui suppose des erreurs de 5″. Nous avons vu que l'aplatissement $\frac{1}{151}$ ne donne pas d'erreur qui aille à 4″ ; on est familiarisé d'avance avec un aplatissement de $\frac{1}{178}$ ou $\frac{1}{177,62}$ qui n'en diffère guère; l'erreur la plus forte sera 3″,24 à Evaux, au milieu des montagnes; la résultante ne sera que 2″.

On pourrait multiplier les essais de ce genre, mais je crois que ce serait perdre son temps.

Ici s'est bornée la part que j'ai pu prendre à la mesure de la méridienne. Les règles imaginées par Borda, pour la mesure des bases, ne laissaient rien à l'observateur que le soin de les employer suivant les intentions de l'inventeur. J'ai eu l'attention de vérifier à diverses époques le zéro du vernier; avant le départ comme après le retour l'état des règles a été constaté. J'ai calculé soigneusement toutes les réductions et apprécié toutes les causes possibles d'erreur. Il me semble que ces bases peuvent inspirer toute confiance, et ce n'est pas là qu'on cherchera les erreurs qui ont pu se glisser dans une si longue opération.

Il restait plus à faire pour l'emploi du cercle : j'ai vérifié et démontré la règle donnée par Borda pour tenir compte de l'excentricité de la lunette inférieure; j'ai calculé les tables de cette réduction pour démontrer qu'elle est toujours insensible; j'ai donné des règles pour amener le plan du cercle à passer par les sommets des deux signaux; j'ai exprimé dans une formule simple et générale la réduction au centre de station et donné des moyens faciles pour avoir, dans tous les cas, les éléments de cette réduction; j'ai donné les éléments et les formules de la réduction à l'axe du signal dans tous les cas où elle peut-être sensible : personne encore n'avait eu cette attention. J'ai montré ce qu'il fallait faire pour réduire les distances zénithales au sommet, ou, si on le préfère, au pied du signal; j'ai donné des méthodes plus simples pour la réduction des angles à l'horizon; j'ai donné le premier des formules et des tables pour réduire les angles horizontaux en angles des cordes, déterminer l'excès sphérique et pour calculer tous les triangles, soit par la trigonométrie rectiligne, soit par la trigonométrie sphérique, sans en rien allonger le calcul. J'ai cherché avec plus de soin la valeur et les variations de la réfraction terrestre et donné les formules pour les différences de niveau dans tous les cas et particulièrement quand on a observé l'horizon de la mer. J'ai donné les hauteurs relatives de tous nos signaux par rapport au niveau des deux mers; j'ai donné les distances des signaux réduites à ce niveau, et les distances réelles et inclinées de tous les sommets des signaux. Pour les observations célestes, j'ai vérifié soigneusement la marche des niveaux et leur fidélité à revenir au même point après les oscillations qui leur sont imprimées; j'ai donné avec plus d'exactitude les formules et les tables des réductions au méridien; j'ai évalué exactement les effets de l'inclinaison, soit de l'axe optique soit du plan de l'instrument, et j'ai montré que ces deux causes n'ont pu produire aucun effet sensible. Pour des erreurs constantes, rien n'en a fait naître le soupçon : il eût été difficile d'y remédier. Il paraît qu'à Paris et à Dunkerque leur effet a été nul; on ne voit pas pourquoi il eût été plus à craindre à Evaux où j'ai observé après Dunkerque et avant Paris. J'ai refait tous les calculs des observations astronomiques de Méchain, pour les rendre conformes à ceux de mes propres observations; je crois donc pouvoir affirmer, avec plus de justice que Bouguer et même que Boscowich, que j'ai donné à toutes les parties une attention et des développements dont aucun de mes prédécesseurs n'avait donné l'exemple. Jamais les calculs de l'arc n'ont été faits de tant de manières et avec des résultats si uniformes. J'en ai fait cinq calculs pour ma part, et les commissaires trois. Aucune opération de même genre, dont nous avons eu à rendre compte jusqu'ici, ne peut lui être comparée, ni pour l'étendue, ni pour les moyens ou les méthodes; et peut-être même pourrait-on ajouter qu'elle n'a pas encore été surpassée à aucun égard : c'est ce dont nous pourrons juger par la suite.

Enfin j'ai rassemblé et déposé tous les manuscrits originaux, et ils existent à l'Observatoire, ainsi qu'il est constaté par deux procès-verbaux qui terminèrent le 3ᵉ volume.

Pour ce qui concerne les expériences de Borda et la détermination de l'unité de poids, *voyez* le tome III de la *Base du Système métrique.*

L'opération qui a suivi la nôtre de plus près est celle du cercle polaire par MM. Svanberg, Overbom, Holmquist et Palander, qui a paru sous ce titre :

Exposition des opérations faites en Lapponie, pour la détermination d'un arc du méridien, en 1801, 1802 et 1803, par MM. Öfverbom, Svanberg, Holmquist et Palander. Rédigée par Jons Svanberg ....., publiée par *l'Académie royale des Sciences de Stockholm*, 1805.

Melanderhielm avait conçu l'idée de cette nouvelle mesure. Trop avancé en âge pour l'exécuter lui-même, il rend ainsi lui-même le compte de ses motifs, dans l'avis au lecteur qu'il a mis en tête de l'Ouvrage :

En examinant la mesure de 1736, il n'avait pu s'empêcher de concevoir des doutes assez forts sur son exactitude. Il trouvait plus d'accord entre les pendules à diverses latitudes, quoique leurs variations soient aussi une conséquence de l'aplatissement. Sans accuser les géomètres et les astronomes de ce temps, il croit pouvoir s'en prendre à la rigueur du climat. Cette cause serait aujourd'hui la même, mais les astronomes pouvaient être plus habitués à la supporter; et en effet M. Svanberg est né à Torneå. Il en accuse encore la difficulté des chemins, qui a pu produire une flexion dans la lunette du secteur. Mais si la collimation 3′ 18″, relatée dans le manuscrit de Lemonnier, a été déterminée à Londres par Graham, comme elle s'est ensuite retrouvée la même à Amiens, on en conclurait que le secteur n'a subi aucune altération. Malheu_ reusement ni Lemonnier, ni aucun de ses compagnons, n'ont songé à nous éclaircir un point aussi essentiel. Nous avouerons même que nous pensons qu'au cercle polaire nos astronomes n'avaient aucune idée de cette erreur de collimation; mais s'ils l'ont ignorée, comment ont-ils pu tirer de leur instrument une latitude exacte de Torneå? Il en résulterait donc qu'ils ont déterminé cette latitude avec le quart de cercle. Alors c'est un pur hasard si elle s'est trouvée si exacte.

Quoi qu'il en soit, et malgré nos doutes, nous n'en concevons pas mieux une erreur de 12″ ou de 200 toises; enfin les soupçons de Melanderhielm se portèrent sur l'attraction des montagnes.

Ces idées, qui le tourmentaient depuis longtemps, se renouve- lèrent à la nouvelle de notre mesure et de ses résultats. Il pria Svanberg de visiter le local, pour estimer les anomalies qu'il avait pu produire. Il jugea que cet effet avait dû être très peu sensible : en effet les cartes de Maupertuis et celles de Outhier ne présentent aucune montagne remarquable près de Torneå ; à l'autre extrémité de l'arc, le secteur était placé au sommet d'une montagne peu élevée ; l'attraction devait être à peu près égale au nord et au sud. Svanberg trouva bien quelques différences entre les hauteurs des signaux et celles qu'on donne dans l'ouvrage de Maupertuis, mais il n'en résultera rien de bien important pour la longueur du degré. D'un autre côté, ne pouvant se résoudre à admettre, sans preuves bien convaincantes, l'irrégularité des méridiens, il vit qu'il n'y avait d'autre parti à prendre que celui d'une nouvelle mesure. Il consulta divers astronomes et leur avis unanime le détermina : il présenta le projet au Roi qui l'accueillit.

Melanderhielm, avec lequel j'étais en correspondance depuis plusieurs années, et qui m'avait souvent parlé de son projet, me chargea de demander à Lenoir un cercle pareil à celui dont je m'étais servi. Dès que l'instrument fut terminé, je l'examinai dans toutes ses parties. Je vis qu'on pouvait facilement assurer la verticalité de manière à lui faire accomplir une révolution azimutale de $360°$, sans que le niveau se dérangeât. Je promenai les quatre alidades sur les divisions du limbe, pour m'assurer que les quatre verniers donnaient toujours à fort peu près les mêmes sommes, ce qui prouvait l'égalité des divisions. Après plusieurs autres épreuves, j'embarquai le cercle sur la Seine et il arriva par mer à Stockholm, sans le moindre dommage. J'envoyai, par la même occasion, un mètre et une toise que j'avais vérifiés de concert avec Méchain. Les instruments arrivèrent à Stockholm en décembre 1801. Les académiciens se mirent en route en janvier 1802 et revinrent en 1803. L'année 1801 avait été employée à reconnaître et à préparer les stations. Ici se termine l'écrit de Melanderhielm ; ce qui suit est tiré du discours préliminaire de Svanberg.

Après un exposé lumineux de théories d'Huyghens, de Newton, de Clairaut, sur la figure de la Terre, il passe en revue les aplatissements $\frac{1}{322}$, $\frac{1}{330,78}$, $\frac{1}{327,02}$, $\frac{1}{304}$, $\frac{1}{320}$, $\frac{1}{335}$ que nous avions tirés, par un premier calcul, de l'arc de Bouguer, comparé avec le nôtre ; enfin $\frac{1}{320}$ que paraissaient alors exiger quelques phénomènes astronomiques.

Ici commence l'histoire de la nouvelle mesure : la base, en-

treprise le 22 février, ne fut terminée que le 11 avril. Mallôrn est
le point le plus méridional du nouvel arc, Pahtavara le plus septentrional (*voir* la carte de la p. 37). On a omis de nous donner
la situation de Mallôrn ; nous aurions désiré savoir si Mallôrn est
sur le continent ou dans une île. Ces deux points extrêmes sont
à fort peu près sur le même méridien, et ce méridien est en
entier en dehors du polygone formé par les triangles.

A Mallôrn les observations de la polaire commencèrent le 9 septembre. Les mois de juin, juillet et août avaient été employés aux
observations des triangles. Déjà l'on avait 260 observations de
distances au zénith ; on se défia de la pendule, on envoya chercher
celle qu'on avait oubliée à Torneä, avec laquelle les observations
recommencèrent le 5 octobre. On ne calcula de même que l'une
des deux observations d'azimut faites au même lieu. Pour familiariser d'avance le lecteur à la grande différence entre l'opération et
celle de 1736, on rapporte les différences que nous avons remarquées nous-mêmes ci-dessus en analysant les degrés du Pérou.
Mais il faut avouer qu'il y avait une grande différence entre les
secteurs du Pérou et celui de Graham.

La première section parle de la base. Les règles étaient de,
barres de fer de 6ᵐ environ de longueur et fortement écrouies,
recouvertes par les extrémités de lames d'argent ; sur ces lamess
des traits fins (*fig.* 27) marquaient les deux extrémités de chaque
règle ; deux règles contiguës se juxtaposaient, sans se toucher néan-

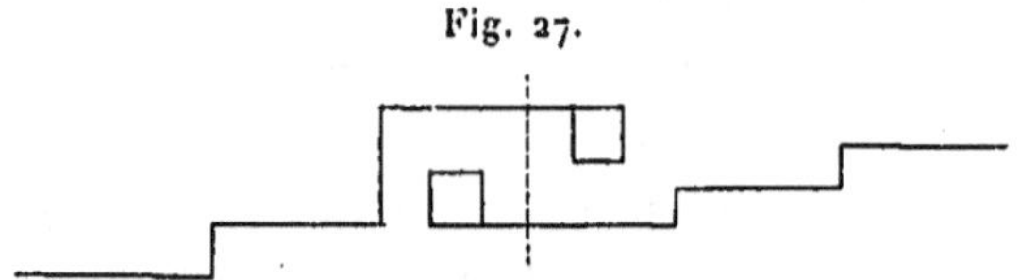

Fig. 27.

moins, et on les ajustait par rapport aux traits qui y étaient gravés.
Nous omettons les soins pris pour les étalonner, calculer leur flexion
d'après les propriétés de la chaînette. Les résultats des expériences et des calculs fut qu'on ne pouvait craindre que quelques
millimètres d'erreur sur la base entière. Les déviations de la base
sont évaluées au moyen de la spirale logarithmique ; l'inclinaison
était mesurée par un niveau garni d'un arc de cercle.

N'ayant pas le livre de Outhier, on ne put retrouver les termes
de la base ancienne. La longueur de la nouvelle, toute réduction
faite, fut de 14451^m,116 = 7414^T,4919; la réduction au niveau de
la mer a été de 0^m,11.

SECONDE SECTION. — *Triangles.*

Les signaux étaient des espèces de doubles girouettes tournant
autour d'un axe vertical et évidées par le milieu, en sorte qu'on
n'observait réellement pas le signal solide, mais le parallélo-
gramme vide qui était au milieu, ce qui pouvait être très bon
quand les signaux devaient se projeter dans le ciel; mais ce vide
se serait bien moins distingué sur un objet terrestre. Alors on
avait recours à la pyramide dont l'axe prolongé portait la girouette.

L'auteur cherche par le calcul intégral la manière la plus sûre
de tirer d'une série d'angles multiples la valeur la plus probable.
Le calcul a du moins cet inconvénient qu'il est horriblement long
pour un avantage fort petit et fort douteux. Laplace, qui a analysé
cette méthode, trouve que l'erreur est $\frac{2}{3}$ de l'erreur de la méthode
commune. Svanberg en convient, mais il trouve que dans certains
cas elle n'en est que $\frac{1}{3,85}$ ou $\frac{1}{3}$.

La réduction au centre est la mienne, présentée d'une manière
moins commode pour le calcul.

La réduction à l'horizon est la mienne, démontrée par la série
de Taylor. L'auteur adopte mon coefficient 0,08 pour la réfraction terrestre.

On trouve ensuite les observations des angles terrestres.

Les séries sont ordinairement fort longues, mais presque jamais
il n'y a qu'une série pour un même angle : l'auteur s'est persuadé
sans doute que, les signaux évidés n'ayant point de phases, les
circonstances atmosphériques ne pouvaient que rarement altérer
l'angle; mais les réverbères ont encore moins de phases, et cependant les angles varient sans cesse. Il est donc toujours plus sûr
d'observer le même angle à différents jours et à des heures différentes. Les angles observés, au nombre de 79, ne sont pas
toujours ceux qui entrent dans le calcul des triangles : on ne peut

avoir ceux-ci qu'en combinant par addition ou soustraction deux, trois, quatre et même cinq angles réellement observés.

On a négligé de nous donner les angles ainsi composés, et de nous montrer l'erreur sur la somme des angles. J'ai pris la peine de faire ces combinaisons; d'ailleurs on les trouvera dans la *Correspondance astronomique* de Gotha. —

L'erreur est............ 5 fois au-dessous de 1″
» .... 4 » 2
» .... 4 » 3
» .... 1 » 5
» .... 4 » 6
» .... 3 » 7
» .... 4 » 8
» .... 2 » 10

La plus forte est de 10″,2, à quoi il faut ajouter l'excès sphérique, car cette erreur de 10″,2 est soustractive, comme le plus grand nombre; ainsi, sans se donner la peine de calculer cet excès pour chacun des angles, on peut dire que l'erreur moyenne, sans distinction de signe, est 4″,3 au moins et que l'erreur probable d'un angle particulier est 2″.

Si ces erreurs passent un peu les limites où l'on croirait qu'elles devraient être renfermées quand on se sert du cercle répétiteur, on n'en sera guère surpris si l'on songe : au climat dans lequel ces observations ont été faites; à la nécessité où l'on s'est trouvé de former les angles par des sommes et des différences, et par d'autres combinaisons moins simples, d'angles réellement observés; à l'impossibilité dans laquelle on paraît s'être trouvé de répéter les observations à d'autres heures, et enfin au petit nombre d'observations dont parfois on a été obligé de se contenter. D'ailleurs ces erreurs, considérablement diminuées par la réduction à 180″, ne doivent avoir que bien peu d'influence sur le résultat définitif; et si l'on compare ces erreurs à celles qu'on a commises en 1736, et qui vont de 18″ à 40″, on sera convaincu que l'avantage est tout du côté de la nouvelle mesure. Ce qui prouve incontestablement le peu d'importance de ces petites erreurs, c'est que l'arc du méridien entre Kittis et Torneå, dans l'ancienne mesure, diffère à peine de 5 à 6 toises de ce qu'il est dans la nouvelle. Il résulte évidemment de cette comparaison que la mesure géodésique de 1736 était suffisamment bonne, et que la nouvelle est encore meilleure.

Voici les côtés communs aux deux opérations :

	Svanberg.	Outhier.	Diff.
	T	T	T
Base....................	7414,5	7406,8	»
Terme N.-Avasaxa.......	1186,0	1207,3	»
Terme S.-Avasaxa.......	7240,0	7242,8	»
Cuitaperi-Avasaxa.......	8656,9	8660,0	3,1
Cuitaperi-Horrilakero....	13396,1	13402,0	5,9
Kakama-Horrilakero.....	19066,5	19073,0	6,5
Kakama-Niemi..........	25017,0	25053,0	6,0
Horrilakero-Niemi.......	7028,4	7029,0	0,6
Horrilakero-Avasaxa.....	7447,9	7451,4	3,5
Pullingi-Avasaxa........	14271,0	14277,3	6,3
Pullingi-Horrilakero.....	11552,9	11558,5	5,6
Pullingi-Niemi..........	8757,6	8768,8	11,2
Pullingi-Kittis..........	10672,3	10676,0	3,7
Niemi-Kittis............	13449,1	13560,0	10,9

On voit que tous les côtés des nouveaux triangles sont plus courts que ceux des anciens, ce qui peut venir de plusieurs causes.

La base, mesurée comme en 1736, sur la neige qui recouvrait la surface glacée du fleuve, ne pouvait présenter d'inégalités bien considérables, si ce n'est vers les extrémités, où il fallait passer de la terre au fleuve ou remonter du fleuve à la terre. Ainsi dans les 300 premiers mètres l'inclinaison moyenne était de 3° et s'élevait quelquefois au-dessus de 6°. Remarquons en passant que Maupertuis ne fait aucune mention de cette pente, ni des réductions qu'elle nécessite. Il faut croire cependant que cette attention n'a pu échapper aux trois géomètres, Maupertuis, Clairaut et Camus : un astronome aurait donné les éléments de son calcul. Au reste la réduction totale, suivant Svanberg, n'est pas de 1^m,41, ce qui ne ferait que 11^m, ou de 5 à 6 toises sur le degré, et cette cause ne pourrait expliquer qu'une bien petite portion de la différence totale. La boule du thermomètre qui indiquait la température était d'autant plus nécessaire à connaître que le thermomètre est descendu jusqu'à 30° au-dessous de la glace.

Le terme méridional à Niemisby *fut marqué dans la pierre qui avait été employée pour la même chose par les académi-*

ciens français, et nous y fîmes graver une croix. Ces mots indiquent assez que l'intention de Svanberg était de faire commencer sa base au même point à très peu près que celle de 1736; et s'il n'y a pas mieux réussi c'est la faute de Maupertuis qui a négligé de donner les renseignements nécessaires. Les deux croix marquées par les académiciens français étaient des repères qui ne signifient plus rien, si l'on n'indique en même tems à quelle distance et dans quelle direction était le terme de la base. Or, d'après Outhier, le terme de la base était aussi le centre du signal, et ce centre était à 14ᵖⁱ1ᵖᵒ et 19ᵖⁱ3ᵖᵒ des deux croix, qui étaient à la droite de la base, quand on regardait l'extrémité septentrionale ou Poiki-Torneà. Or on voit par la *fig.* 26 du livre de M. Svanberg que son signal était à la droite des deux croix, et par conséquent les deux croix à la gauche de la base; d'où l'on peut conclure, par la comparaison des mesures d'Outhier et de Svanberg, que la base nouvelle devait être de ce côté plus courte de 4ᵖⁱ que l'ancienne.

Il n'y avait point de roc à l'extrémité boréale; les recherches qu'on fit pour retrouver quelques vestiges de l'ancien terme furent inutiles, parce que Maupertuis ne donne à cet égard aucun renseignement. On voit dans le livre de Outhier, page 216, que la base française avait pour terme le centre même du signal, comme au sud. Les marques faites par les Français étaient encore des croix, mais gravées sur l'écorce de quatre sapins, deux sur chaque arbre, l'une à hauteur d'homme, l'autre très près de terre. Imaginez un quadrilatère dont les quatre angles soient aux quatre sapins : l'intersection des diagonales sera le centre du signal; la petite diagonale avait 21 toises, la grande un peu moins de 33 toises; il est très possible que les sapins n'existent plus, mais l'un des quatre avait une position remarquable : placé près de la rive du fleuve, il touchait à une barrière qui formait la clôture d'un champ; or Svanberg nous dit qu'ils s'arrêtèrent à une clôture qui séparait les possessions de deux villages. Si cette clôture est celle que Outhier a dessinée dans son Livre, la nouvelle base serait de 10 à 12 toises plus courte que l'ancienne; supposons 11 toises; ajoutons-y les 4 pieds de l'autre terme, nous aurons environ 12 toises dont la base nouvelle devrait être plus courte : elle est au contraire plus longue de 8 toises; la clôture de 1802 ne paraît donc pas être celle de 1736; à moins qu'au lieu de s'arrêter à la partie qui était parallèle à la rivière, on ne se soit arrêté à celle qui fait avec la base un angle à peu près droit. Svanberg ne dit pas quelle était la distance de son signal à la rive; au reste, comme cette rive est fort oblique à la direction de la base, la moindre inclinaison entre les deux bases donnerait des différences assez fortes, et nous ne pourrions rien conclure de cette distance quand elle nous serait connue.

Nous soupçonnons que la nouvelle base était un peu moins oblique à la rivière, d'autant plus que la distance d'Avasaxa à son terme nord n'est que de 1186 toises, au lieu qu'elle était de 1207 toises en 1736; il est donc démontré qu'aucun des termes de la base nouvelle ne coïncide avec (ceux de) l'ancienne.

On voit encore, par la carte des triangles de Outhier, que l'ancienne base côtoyait une île vis-à-vis le mont Lupio, la laissant à gauche; qu'elle traversait une autre île plus grande, un peu plus loin, et qu'enfin elle passait sur le bord droit de la plus grande des deux îles qui sont vis-à-vis Oswer-Torneå. Pour éviter cette dernière, les Suédois auront pris un peu plus à droite que les Français; il n'est question d'aucune de ces îles dans l'ouvrage de Svanberg, non plus que dans celui de Maupertuis, dont le livre est, au total, bien moins curieux et bien moins instructif que celui de Outhier.

Suivant Maupertuis, la distance du terme sud au signal d'Avasaxa est de $7242^T,5$; suivant Svanberg, elle est de $7239^T,69$; ajoutez-y $0^T,8$ dont la base est raccourcie vers le sud, vous aurez $7240^T,5$ au lieu de $7242^T,5$; le signal d'Avasaxa était donc à fort peu de distance de l'ancien. Retranchez de la base de Maupertuis $0^T,7$ pour les réductions à l'horizon dont il n'est fait aucune mention, vous la réduirez à $7241^T,8$; retranchez encore $0^T,06$ pour la réduction au niveau de la mer, encore négligée par Maupertuis, vous aurez $7241^T,74$ au lieu de $7240^T,7$.

On ne trouve dans Outhier aucun renseignement bien précis sur Avasaxa, quoiqu'il y ait fait trois ou quatre voyages; il dit seulement que le signal était au sommet; mais d'après la carte, page 144, ce sommet était facile à reconnaître; ce point appartenant à cinq triangles, on a dû choisir l'endroit le plus élevé pour qu'il fût bien visible de six stations circonvoisines. Il ne doit donc y avoir aucun doute que Svanberg se sera mis à très peu près au même endroit; il en résulterait qu'il n'y a presque aucune différence entre les observations sur ce côté fondamental de tous les triangles, qui, vu l'excellente condition du triangle qui le joint à la base, doit être aussi certain que la base même. On peut donc regarder comme une chose démontrée que la différence entre le degré de 1802 et celui de 1736 ne tient nullement à la mesure des bases, et fort peu à l'opération géodésique. Il est à regretter que les astronomes suédois n'aient eu aucune connaissance du livre de Outhier, qui les aurait guidés dans leurs recherches et leur aurait fait presque infailliblement retrouver les deux termes de 1736. Maupertuis, qui ne voyait dans son opération que ce qu'elle pouvait avoir d'éclat, est trop avare de ces petits détails, qui deviennent extrêmement précieux quand on recommence une opération de ce genre; et Maupertuis n'est pas le seul auquel on puisse adresser ce reproche.

Il se pourrait que la base de Maupertuis fût trop longue de 2 toises environ pour les réductions qu'il a négligées, ou dont au moins il ne fait aucune mention : $\frac{2}{7100} = \frac{1}{3700}$ environ; c'est ce qu'on pourrait retrancher de son degré : ce seraient 15 toises à peu près.

D'après les comparaisons rapportées ci-dessus, il paraît probable que le nouveau signal de Pullingi était un peu au sud de l'ancien; ce qui paraît d'ailleurs assez possible par la carte de Outhier, page 84; il en est peut-être de même de celui de Kittis (voyez la carte de Kittis, page 109), mais la comparaison de ces côtés prouve encore que les deux opérations géodésiques n'offrent pas de différence bien importante.

Cette section est terminée par le tableau des distances réciproques entre les signaux.

La troisième contient les observations astronomiques. On y trouve d'abord des formules de précession calculées avec soin pour la polaire; des formules de nutation où l'auteur a cru devoir prendre pour argument le lieu vrai du nœud au lieu du nœud moyen, ce qui est à la fois et moins exact et plus embarrassant; des formules d'aberration où l'auteur fait avec raison entrer l'ellipticité de l'orbite terrestre, mais il y fait entrer la partie constante due à l'ellipticité, et j'avais prouvé que ce soin est inutile; en effet, pour réduire à 1802 la déclinaison moyenne de la polaire tirée de mes observations, il commence par la corriger de cette constante qu'il est ensuite obligé de rétablir quand il a besoin de la position apparente.

L'auteur passe à la réduction au méridien, qu'il tire du théorème de Taylor; dans mon Ouvrage sur la Méridienne, je la déduis d'une équation du second degré : l'auteur pousse la série jusqu'au cinquième terme, et nous nous accordons parfaitement.

Svanberg emploie encore ce même théorème dans le calcul des observations azimutales, pour réduire toutes les distances observées d'un astre à la distance qu'on aurait observée à l'instant qui tient le milieu entre tous les instants des observations; si l'astre n'avait aucun mouvement en déclinaison, l'application serait générale; s'il s'agit du Soleil, l'auteur la restreint au cas où les observations n'auraient duré qu'un quart d'heure au plus, et les miennes ont duré quelquefois plus de deux heures. Mais la méthode ne suppose-t-elle pas encore que l'effet de la réfraction sur la distance et sur la différence d'azimut sera la même avant et après l'instant moyen auquel on réduit toutes les observations? Cette objection n'a pas lieu pour les réductions des hauteurs observées près du méridien, parce que la réfraction se porte toute dans le sens de la hauteur, au lieu qu'elle affecte inégalement les distances et que, de plus, les hauteurs près du méridien variant fort peu, on peut supposer que la réfraction qui est moyenne arithmétique entre toutes les réfractions est égale à la réfraction pour la hauteur moyenne entre toutes les hauteurs. Il est donc à craindre que cette application ingénieuse de la formule n'ait pourtant pas dans la pratique toute l'exactitude nécessaire, et nous ne conseillerions pas d'employer ce moyen avant de l'avoir soumis à une épreuve rigoureuse.

L'auteur emploie encore le théorème de Taylor pour réduire en série la réfraction de Simpson. Cette nouvelle application est rigoureusement exacte, seulement le calcul est un peu long et l'on doit, ce semble, préférer l'expression finie

$$\tang y = \alpha \tang z \quad \text{et} \quad r = \mathrm{R}\,\tang\tfrac{1}{2}y,$$

dont l'erreur à l'horizon même n'est pas de 0,013;

$$a = \sin n\mathrm{R} \quad \text{quantité constante.}$$

Les distances de la polaire au zénith sont, comme toutes les autres, rapportées avec assez de détails pour que l'on puisse refaire tous les calculs. A la suite de l'arc parcouru on voit toujours la somme des réductions. On regrette que l'auteur n'ait pas mis l'angle horaire de l'étoile à côté des instants marqués par la pendule, et la réduction particulière qui dépend de cet angle. Nous avons donné ces éléments, et des tables où les réductions se prennent à vue, en sorte que la vérification est extrêmement facile, au lieu que personne probablement ne sera tenté de l'entreprendre pour les observations suédoises.

La déclinaison moyenne qu'il conclut de ses observations diffère de $0'',7$ de celle qui résulte de mes observations, et l'on trouvera cet accord fort satisfaisant si l'on considère que Svanberg n'a que deux jours d'observations; mais le thermomètre centigrade était à $-20'',4$ et $-27'',5$, tandis que pour le passage supérieur il était à $-11°,7$, $-9'',75$, $-13°,81$, $-21°$, $-20''$ et $-9''$; [nos thermomètres] ont été rarement à $-15''$; presque toujours ils étaient plus près de $0°$, souvent même au-dessus.

En définitive, la latitude de l'ahtavara était de.. $67.\ 8.49,830 = $ L'
Celle de Mallorn............................... $65.31.30,264 = $ L
L'amplitude est donc.......................... $1.37.19,566 = $ L'$-$L

L'arc terrestre était de $92777^{\mathrm{T}},981$, et le degré, à la latitude moyenne de $66°20'10''$, est de $57196^{\mathrm{T}},159$. On regrette encore ici de ne pas voir la latitude des deux termes telle qu'elle résulterait de chaque série particulière : ces comparaisons servent à juger de la confiance que l'on peut accorder aux observations. En général, l'ouvrage, riche d'analyse, est trop pauvre de détails astronomiques, qui étaient ici les plus importants. Chacun aime à calculer suivant ses propres formules; il est tout simple que Svanberg ait préféré celles qu'il s'était faites, et qu'il les ait démontrées en faveur de ceux qui voudront les préférer; mais rien ne remplace les données astronomiques, qui font la partie essentielle de l'opération.

A la fin de cette section on trouve que, le baromètre étant à $27^{\mathrm{p}}3^{\mathrm{li}},65$, le thermomètre à $-10'',56$ de Réaumur, le soleil à $16'14'',3$ de hauteur apparente, la réfraction était de $37'47'',6$;

et que le baromètre étant à 27^{P''}5^{li},51, le thermomètre à — 23°,2 R, le soleil à 54'54'', la réfraction était de 32'14'',15, ce qui surpasse de 4' à 6' ce que donnent nos tables. Au reste on n'en sera pas étonné quand on saura que d'un jour à l'autre, à Bourges, en été, j'ai vu la réfraction horizontale varier de 3' et 4'.

La quatrième section est intitulée *Théorie du sphéroïde*. Elle est tout analytique; on y trouve la différence des méridiens, celles des parallèles et des azimuts en fonction de la distance des deux signaux, de l'un des azimuts et de l'une des latitudes. En calculant, d'après sa formule, la différence des parallèles entre Mallörn et chacun de ses signaux, l'Auteur arrive à ce résultat remarquable que la latitude de l'église de Torneå se trouve précisément la même qu'en 1736. Nous avons vu que l'erreur ne tient pas à l'arc terrestre; tout le mal viendrait donc des observations de Kittis.

Remarquons pourtant que ces observations, d'après lesquelles on a déterminé cette latitude en 1736, n'ont point été faites au secteur, mais à deux quarts de cercle, l'un de 3 et l'autre de 2 pieds de rayon; et quoique les résultats s'accordent à 1'', il y a pourtant une différence de 13'',75 entre les quantités qui en résultent pour la distance polaire. Maupertuis croit que l'accord sur la latitude tient à des compensations, et il l'attribue encore en partie aux mouvements de précession et d'aberration pendant l'intervalle. Le mouvement de précession n'est que de 2'' et n'est susceptible d'aucune erreur sensible; le changement d'aberration est à peu près nul, et devait, ainsi que la précession, produire un effet contraire.

Le manuscrit de Lemonnier, dont j'ai déjà parlé, présente, à cet égard, les différences auxquelles on doit s'attendre dans l'usage de ces instruments, qui paraissent peu propres à décider un point aussi délicat. Parmi ces observations de la polaire, il s'en trouve une qui donne 57'36'' pour l'amplitude, à 3'' près telle qu'elle résulte des observations modernes; et c'est ce qui a déterminé les académiciens français, en mars 1737, à vérifier leur amplitude par α Dragon.

Prenons en effet, dans la table de Svanberg :

La latitude de Kittis.............................	74.23.24,245
Celle de Torneå étant de......................	73.16.48,380
La différence en degrés centésimaux sera ..	1. 6.35,865
ou en degrés sexagésimaux.................	57.39,01
Suivant Maupertuis par α Dragon.........	57.30,35
Suivant Maupertuis par δ Dragon........	57.26,9

D'où paraîtrait résulter une erreur de $10''$ à $12''$ dans l'arc de 1736, à moins qu'on ne dise que le nouveau signal de Kittis était dans une position très différente de l'ancien, ce qui ne paraît guère probable d'après l'arc terrestre ; il paraîtrait même, par la carte de Outhier et par les comparaisons ci-dessus, que le nouveau signal était au sud de l'ancien et qu'ainsi l'amplitude en devrait être diminuée de $1''$ ou $0'',67$.

C'est ce qui fait encore regretter que Maupertuis ait été si peu soigneux de donner les détails nécessaires, et que le livre de Outhier n'ait pas été connu de Svanberg ; on y voit (p. 80) :

Nous nous sommes assurés comme on avait fait par-tout du centre du signal, par différentes marques et allignemens des Arbres et des Rochers voisins, par des piquets solidement plantés pour pouvoir retrouver ce même centre, si par quelque accident, surtout d'incendie, notre signal venoit à être détruit.

Ces derniers mots donnent lieu de croire que les piquets étoient cachés en terre, et probablement ils y sont restés ; peut-être en fouillant les retrouverait-on, ainsi que la fondation du pilier qui portait la lunette : cette recherche vaudrait la peine d'un voyage, et quand Svanberg, qui est natif de Torneå, ira visiter son pays, cette excursion lui paraîtra sans doute assez intéressante pour y consacrer quelques journées, ainsi qu'à la recherche du terme septentrional de la base.

Après avoir ainsi déterminé les arcs céleste et terrestre, Svanberg calcule l'aplatissement qui résulte de ses degrés ; en le comparant à celui de Bouguer, il trouve $\frac{1}{324,205}$. C'est à fort peu près ce qu'avait trouvé la Commission, ce qui prouve que Svanberg n'a pas refait les calculs de Bouguer. En comparant son arc avec le nôtre, il trouve $\frac{1}{307,405}$ et, pour tout concilier, $\frac{1}{330,75}$. Comparé avec celui des Indes orientales, il lui donne $\frac{1}{307,167}$: l'aplatissement le plus probable lui paraît $\frac{1}{323}$ ou $\frac{1}{324}$.

L'ouvrage de Svanberg est écrit en français; toutes les distances y sont exprimées en mètres et les arcs en parties décimales du quart de cercle. Nous n'avons rien à ajouter au jugement que nous avons porté des différentes sections qui le composent : on pourrait dire en général qu'on y reconnaît le géomètre estimable plus que l'astronome bien exercé.

Exposé des opérations faites en France, en 1787, pour la jonction des Observatoires de Paris et de Greenwich; par MM. Cassini, Méchain et Le Gendre. Paris.

Cette opération fut, en quelque manière, le prélude des deux plus grandes et plus importantes mesures entreprises pour déterminer la grandeur et la figure de la Terre : celle de la méridienne de Dunkerque et la grande *Revue trigonométrique* que les Anglais ont conduite des rivages méridionaux de la Grande-Bretagne jusqu'au nord de l'Écosse et aux îles Shetland. On y fit le premier essai du cercle répétiteur de Borda, et elle fut encore célèbre par les instruments nouveaux imaginés par Ramsden pour la mesure des bases, celle des angles terrestres et des distances zénithales.

Cette opération était, à dire vrai, sans objet bien réel. Elle avait été provoquée par Cassini de Thury qui s'était imaginé trouver 11ˢ d'incertitude entre les méridiens de Paris et de Greenwich, et 15″ sur la latitude de ce dernier observatoire. Le Mémoire de Cassini fut renvoyé à l'examen de Maskelyne : il y répondit par un Mémoire lu à la Société royale le 22 février 1787.

On y voit que Bradley, après avoir tiré de la théorie la formule de réfraction, avait pu déterminer exactement la latitude de Greenwich, 51°28′39″,5 et la réfraction 57″ à 45°3′, le baromètre étant à 29,6 pouces anglais et le thermomètre à 50° F; il ajoute que dans ces calculs on avait supposé 10″⅓ pour la parallaxe du Soleil, et qu'avec une parallaxe de 8″,8 ou 8″¼ la réfraction ne serait plus que 56″½, et que la latitude deviendrait 51°28′40″ : c'est en effet celle qu'il a toujours supposée depuis. Ici il témoigne sa surprise de l'assertion de Cassini, qui avait pu connaître tous ces détails dès 1776, et rappelle que l'arc de 90° du quart de cercle de Graham était trop court de 16″; il donne ensuite deux déterminations de latitude (51°28′41″,3 — 40″,7) et s'arrête à 51°28′40″.

Pour celle de Paris il s'arrête à 48°50′14″, d'après les résultats suivants :

Picard, 10″; — La Hire, 12″; — Louville, 8″; — Maraldi, 14″ et 15″; — Cassini de Thury, 12″; — Lacaille, 14″. La différence de latitude sera donc 2°38′26″.

Par ses observations et celles de Lacaille : 2°38′25″,4 et 26″; milieu 25″,7.

Par celle de Bradley et de Lacaille : 2°38′24″,9 et 27″; milieu 26″.

La question est donc de savoir comment Cassini avait pu trouver son incertitude de 15″. Il trouve qu'elle ne peut être fondée que sur deux suppositions qu'on peut contester : l'une, l'exactitude des distances zénithales qui ont conduit à cette conclusion étrange; l'autre, que la Table des réfractions est exacte, tandis qu'il est évident que les réfractions sont beaucoup trop fortes.

« Mais on demandera peut-être si toutes les observations de ce grand astronome (La Caille), avec leurs résultats et les fruits de tant de travail et de tant de peine, doivent être regardés comme douteux ou perdre de son prix en raison de l'erreur de l'instrument ? Je me trouve heureux d'avoir à faire la réponse suivante : que la méthode ingénieuse dont il s'est servi pour déterminer ses réfractions, par la comparaison de diverses sommes de hauteurs à Paris et au Cap, avec les sommes des distances apparentes des étoiles qui passaient entre les deux zéniths, lui avait heureusement donné, sans qu'il s'en aperçût, les réfractions affectées de l'erreur de son instrument, et conséquemment très bonnes pour réduire ses propres observations; car si l'instrument était mal divisé, l'erreur des divisions sera rejetée tout naturellement sur les réfractions; et et si l'arc total est trop grand pour son rayon, les étoiles seront rapprochées du zénith par l'erreur des divisions aussi bien que par les réfractions. La Table donnera des réfractions trop grandes, mais appropriées à l'instrument, parce qu'il faudra ajouter aux distances zénithales une correction pour l'instrument et une autre pour la réfraction. La Table donne ces deux corrections réunies, et il est difficile de les séparer. La Table ne conviendra donc qu'à son instrument et ne pourra convenir à aucun autre. »

A ces réflexions, qu'il appuie de nouveaux calculs, je puis ajouter qu'ayant calculé sur les manuscrits de La Caille un grand nombre de déclinaisons, je n'ai pu en tirer rien de raisonnable tant que je me servais des réfractions de Bradley, et que tout se conciliait quand j'employais les réfractions de La Caille. Il en résulte une confirmation entière de la remarque de Maskelyne; il en résulte aussi que si par hasard l'instrument de Bradley avait ses erreurs, elles doivent se trouver de même dans sa Table, et voilà pourquoi probablement il n'a trouvé que 57″ et même 56″,5 pour la réfraction à 45″, que nous faisons aujourd'hui de 58″. Il en résulte encore qu'on ne peut compter à 1″ ou 2″ sur aucune latitude observée avec des instruments susceptibles de pareilles erreurs. Maskelyne en conclut que les réfractions de Bradley peuvent avoir leur erreur, mais qu'elles approchent plus de la vérité que celles de La Caille, parce que son instrument était mieux divisé.

Quant à la longitude, on la supposait généralement de 9ᵐ20ˢ,

Fig. 28.

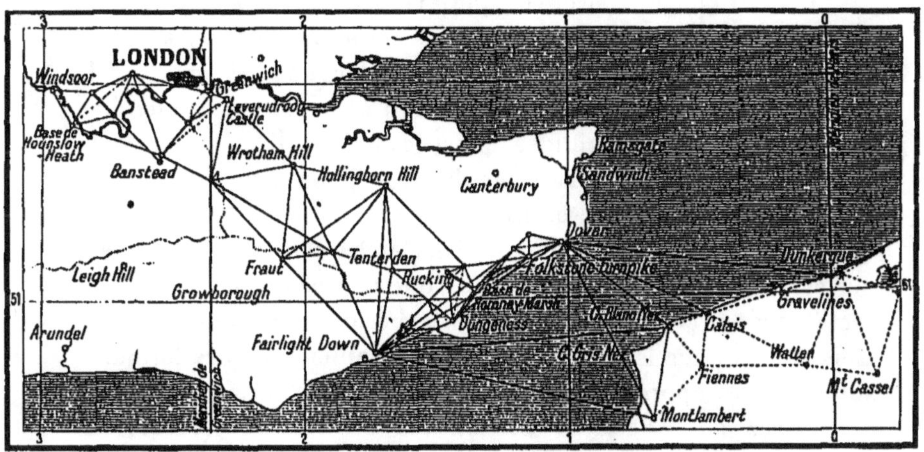

Carte de la jonction des Observatoires de Greenwich et Paris et des travaux géodésiques anglais à partir de 1784.

lorsque Lalande, d'après un passage de Mercure observé par Short, la réduisit à 9ᵐ16ˢ; mais La Caille, Du Séjour, Méchain, la trouvaient toujours de 9ᵐ20ˢ à 9ᵐ21ˢ, quelquefois 18ˢ ou 19ˢ. Maskelyne penchait pour la croire de $9^m 25^s$; mais elle n'est pas de $9^m 22^s$ et elle surpasse $9^m 20$.

Malgré ces déterminations, Maskelyne ne s'opposa point à la mesure proposée. Le major général Roy fut chargé de l'opération depuis Londres jusqu'à la côte; la besogne des astronomes français se bornait à placer quelques signaux et à mesurer quelques triangles de Calais à Dunkerque.

Après l'histoire de l'opération, commencée dans une saison très défavorable, Cassini décrit le cercle de Borda et enseigne la manière de s'en servir. Les angles surpassent 180° de $4'',3 - 1'',6 - 1'',4 - 1'',7 - 4'',5 - 2'',6$: il les réduit à 180°, puis à l'horizon, sans parler de l'excès sphérique.

Les réductions au centre se font par le calcul de deux triangles, et chaque observation est accompagnée de la figure de l'angle, où l'on voit la position du cercle et les deux petits triangles qui servent à la réduction. Entre le troisième angle conclu de deux angles mesurés en Angleterre et celui qu'il a directement observé, il trouve une différence de $- 12'',7$; et dans un second triangle, $+ 11'',0$. Il tâche de prouver que l'erreur n'est pas de son côté. Enfin il trouve, pour la différence des méridiens : $9^m 20^s,6$.

Ainsi cette opération nous apprit ce que nous savions sur la différence des méridiens; elle ne pouvait nous donner rien de bien précis sur les deux latitudes, pour lesquelles il faudra toujours s'en rapporter aux observations directes qu'on a faites ou qu'on fera dans les deux observatoires.

C'est à cette occasion que M. Le Gendre donna son théorème curieux sur les triangles sphériques, que l'on peut calculer comme rectilignes en distribuant l'excès sphérique par tiers sur les trois angles pour les réduire à 180°. Il donna aussi des formules suffisamment approchées pour la réduction à l'horizon, pour les différences de longitude, de latitude et d'azimut (*Mém. de l'Acad.*, 1787).

Méchain faisait partie de l'expédition; il y porta son quart de cercle pour en faire la comparaison avec le cercle répétiteur, dont on faisait alors le premier essai. Il m'a assuré qu'une série de vingt angles observés au cercle de Borda par Cassini et Le Gendre ne prenait guère plus de temps que l'angle unique qu'il mesurait avec son quart de cercle, parce qu'avant de pouvoir prendre cet angle unique il perdait un temps considérable à disposer la place du quart de cercle de manière que les deux signaux pussent se trouver exactement dans les deux lunettes à l'intersection des fils; mais quand il y était parvenu il pouvait observer les feux indiens qui servaient de signaux aux savants anglais et dont la durée, n'étant pas de deux minutes de temps, était beaucoup trop courte pour le cercle répétiteur, qui ne peut guère mesurer 20 fois un angle qu'en 40 minutes ou trois quarts d'heure, dans les circonstances les plus favorables.

Nous avons dit que l'opération anglaise avait été confiée au major général Roy; il en rendit un compte fort intéressant dans les *Transactions philosophiques* (¹); mais le plan du gouvernement ne se bornait pas à la jonction des deux observatoires; on voulait une description générale, une Carte exacte de toute l'Angleterre. A la mort de Roy, le capitaine William Mudge fut chargé de cette vaste entreprise; il en a publié l'histoire très détaillée et tous les matériaux dans un Ouvrage dont il a paru déjà trois Volumes in-4" et qui est encore loin d'être terminé. Nous y trouverons déjà la mesure de plusieurs degrés qui font suite aux degrés de France et d'Espagne, et la confirmation de nos idées sur les irrégularités des méridiens. Le titre général est :

An account of the operations carried for accomplishing a trigonometrical survey of England and Wales, from the commencement in the year 1784 to the end of 1796. By capitain WILLIAM MUDGE and ISAAC DALBY. Vol. I, 1799 (²).

On y trouve, réimprimé avec quelques améliorations, tout ce qui avait déjà paru dans les *Transactions philosophiques*. Le 16 avril 1784, Cavendish, Blagden et le président de la Société

(¹) *Voir* le Tome LXXVII, année 1787, p. 188-196 et 465-469 (G. B.).

(²) Cet Ouvrage a été analysé par Delambre dans *Connaissance des Temps* de 1818, pages 243-278. Il est, dit-il page 243, composé de 3 volumes in-4°, avec 43 planches et cartes, parus en 1799, 1801 et 1811. Les deux premières parties, parues d'abord dans les *Trans. phil.*, et réunies aujourd'hui en un corps d'Ouvrage, ont subi quelques modifications et des augmentations considérables.

Les Volumes des *Transactions* dont parle Delambre sont ceux de 1795 (p. 414-591), 1797 (p. 432-541) et 1800 (p. 539-728)   (G. B.).

royale, sir Joseph Banks, se transportèrent avec Roy sur le terrain de Hounslow-Heath qui avait paru propre à la mesure d'une base ; on reconnut qu'il fallait commencer par nettoyer la place et faire disparaître de petites inégalités qui auraient gêné la mesure. Des soldats, commandés par un sergent et un caporal, furent chargés de cette opération préliminaire et campèrent à proximité tant que dura la mesure effectuée. Nous n'eûmes pas cette peine et nous n'eûmes aucun besoin de pareils secours pour nos bases de Melun et de Perpignan, dont les routes étaient libres de tout obstacle.

Pour le premier tracé de cette base on se dirigea d'un côté sur le clocher de Banstead (*voir* la Carte de la page 332) éloigné de onze à douze milles, et de l'autre sur des tentes coniques de 15 à 25 pieds de hauteur, suivant les circonstances. Le travail des soldats ne fut terminé qu'à la fin de juillet.

Pendant ce temps, Ramsden préparait une chaîne d'acier de 100 pieds de long, qu'il construisait sur les mêmes principes que les chaînes de montre : tous les détails en sont fidèlement représentés dans la planche II. La première est le plan topographique de Hounslow-Heath : on y voit que la base traverse une petite rivière. On nous assure que cette chaîne excellente n'a éprouvé aucune altération ni aucune extension appréciables après toutes les fatigues et toutes les épreuves auxquelles elle a été soumise ; elle pesait 80 livres et se renfermait dans une boîte de 14 pouces de long sur 8 de large et d'épaisseur.

Cette chaîne n'avait été destinée qu'à une mesure en quelque sorte provisoire. On se procura des règles de bois de Riga ; on jugea plus prudent de les borner à une longueur de 20 pieds ; elles étaient garnies, à leurs extrémités, de pièces d'ivoire sur lesquelles étaient marqués deux traits à la distance de 20 pieds. On pouvait à volonté les mettre en contact immédiat ou les juxtaposer de manière à faire que leurs traits coïncidassent ; et comme elles ne portaient sur leurs supports que par leurs extrémités, pour prévenir toute flexion on les avait fortifiées de triangles isocèles obtus avec une pièce perpendiculaire abaissée du sommet sur la base, qui était la règle elle-même. Six autres pièces également perpendiculaires étaient à distances égales sur les différentes parties de la règle.

Pour vérifier ces règles on forma une règle étalon de cuivre. La Société royale possède un étalon de 42 pouces environ sur lequel sont marqués le Yard de la Tour, celui de l'Échiquier et la demi-toise de France. Une échelle que Roy avait achetée à la vente de Short fut trouvée de 36 pouces exactement sur l'étalon de la Société; celui de l'Échiquier était plus court de $\frac{1}{1000}$ de pouce. Ces mesures étaient prises par Ramsden avec son compas micrométrique.

Chacune des trois règles destinées à la mesure pesait 24 livres : on les renferma dans des boîtes artistement travaillées; 70 supports de 2^{pi} à $2^{pi}18^{po}$ de haut furent préparés; un bon niveau à bulle assurait l'horizontalité. La base était divisée en hypoténuses de 600 pieds chacune dont la différence de niveau était soigneusement déterminée. Chaque soir on fixait de la manière la plus solide le point où l'on s'était arrêté, et une sentinelle veillait toute la nuit à sa conservation.

Pour assurer les deux termes, on enterra de vieilles roues de carosse et l'on fit passer, à travers le moyeu, des cylindres de bois de six pieds de long et de 1 pied de diamètre.

Pour la première mesure avec la chaîne, Ramsden avait préparé un instrument des passages portatif et un excellent niveau à bulle. On tendait avec force, dans la direction, une corde de 200 yards de longueur. Une première section de 7800 pieds mesurée deux fois n'offrit qu'une différence d'un pouce et demi. La mesure dura quatre jours et le terrain allait en montant, dans les trois sections respectivement, de $10^{pi},555 — 8^{pi},580 — 12^{pi},130$. Total $31^{pi},265$. Pour la dilatation on ajouta $4^{pi},55$ à la mesure.

Une seconde mesure avec les règles, commencée de bonne heure en juin, ne fut terminée que le 15 juillet. En comparant les règles à l'étalon, on fut étonné de trouver un jour $\frac{1}{87}$ de pouce d'allongement et une autre fois $\frac{1}{30}$ de pouce. *Ce ne fut pas un léger désappointement* de trouver ces règles, les plus solides qu'on eut encore construites, si sensibles aux effets de la sécheresse ou de l'humidité. *On perdit l'espoir d'atteindre au degré de précision que l'on s'était proposé.* $\frac{1}{30}$ de pouce $= \frac{1}{360}$ de pied, à répartir sur 20 pieds, donne $\frac{1}{7200}$. Une base de 36 000 pieds serait donc altérée de $\frac{30000}{7200} = \frac{300}{72} = 5$ pieds; mais la dilatation ne sera pas toujours aussi forte, et pour la base entière de 27 404 pieds anglais on ne trouve que $24^{po},2227$ ou 4^{pi} environ. Il affirme donc que c'est par une erreur maintenant bien avérée que l'on s'était jusqu'alors persuadé que les fibres du bois n'étaient que peu ou point du tout altérées dans leur longueur par l'humidité de l'air; il croit en conséquence que personne n'osera plus employer les règles de bois à la mesure des bases. La Caille, en effet, n'avait employé que des règles de fer à la base de Juvisy, et c'est l'influence des académiciens qui avaient été au Nord qui lui avait fait changer de méthode pour les diverses bases qu'il a depuis mesurées en France.

Toute réduction faite, Roy trouve 27406^{pi},26 pour la base au niveau d'Hampton Poor House, à la température de 63° de Fahrenheit.

Pour confirmer l'idée du peu de confiance qu'on doit aux règles de bois, on mesura un espace de 300 pieds avec les règles dans un état parfait de sécheresse, puis on laissa ces règles exposées à la rosée toute la nuit. Le lendemain on les trouva tout humides excepté à la surface inférieure qui avait conservé son état de sécheresse. Alors on recommença la mesure, et les règles excédaient les 300 pieds de 0^{po},498 ou à peu près $\frac{1}{2}$ pouce, ce qui ferait un pouce environ pour 300 pieds ou 45^{po},485 pour la base entière. Enfin il est fort difficile de déterminer en combien de temps des règles imprégnées d'humidité pourraient revenir à leur longueur naturelle.

A ces règles si incertaines on substitua des tubes de verre, dont on nous donne une ample description, accompagnée des figures nécessaires. Ces tubes et leurs montures portaient sur quatre roues, deux vers chaque extrémité. On recommença la mesure avec la chaîne d'acier et les tubes concurremment; on acheva ensuite avec les tubes tout seuls. La double mesure, en tenant compte de la différente dilatabilité de l'acier et du verre, ne fut que de 0^{po},02062, ce qui donne 0^{pi},565 pour la base entière.

Roy décrit ensuite le pyromètre microscopique de Ramsden pour évaluer la dilatation. Une Table donne les résultats des expériences et une autre les différentes parties de la base avec leurs réductions particulières, et la longueur totale réduite au niveau de la mer, qui s'est trouvé de 27404^{pi},0137. Nous nous arrêtons aux résultats; on peut recourir à l'ouvrage pour les détails.

L'esprit est comme accablé du nombre de machines, d'inventions, d'artistes et d'observateurs qui ont coopéré à l'entreprise, dont personne ne voudra révoquer en doute le plein succès. Il nous semble que Borda, par des moyens plus simples et moins dispendieux, est arrivé à la même exactitude; et même il se pourrait que ses règles, dont il avait fait des thermomètres, donnassent à la partie des réductions de température une certitude qu'on attendrait en vain des moyens de Ramsden : la dilatation de chaque règle a été observée à l'instant même où elle était en place et couvrait une partie de la base.

Ramsden employa les premiers mois de 1787 à terminer l'instrument pour les angles terrestres; il a donné à cet instrument le nom de *Théodolite*, auquel il serait difficile d'assigner une étymologie satisfaisante; mais le nom importe peu : il suffit que le théodolite donne des angles exacts.

Les triangles avaient été commencés dans une saison trop avancée : on fut obligé de l'interrompre en novembre, parce que les vents impétueux rendaient impossible l'observation des feux indiens. On craignit d'exposer les tubes de verre au danger d'être brisés si on les transportait à Romney-Marsh où l'on voulait mesurer une base de vérification. On chercha donc à faciliter par de nouveaux moyens l'usage de la chaîne d'acier. La nouvelle base était de 28535^{pi}8^{po},128; elle faisait un angle de 58°28'56" au Nord-Ouest; celle d'Hounslow-Heath un angle de 44"41'49" aussi Nord-Ouest.

Le théodolite est représenté planche VIII et suivantes : il nous suffira de dire que c'est un cercle azimutal au centre duquel s'élève une colonne conique portant un instrument des passages qui se vérifie par les moyens ordinaires.

L'avantage de cette construction est qu'elle donne les angles réduits à l'horizon, c'est-à-dire les angles sphériques, sans qu'on ait besoin de mesurer à part les distances zénithales, que l'instrument donne d'une manière plus commode, mais aussi nécessairement moins exacte. Au reste on ne les emploie que pour les différences de niveau et pour la réfraction terrestre, objets tout à fait secondaires.

L'inconvénient est la nécessité de vérifier l'instrument des passages à chacun des angles qu'on veut mesurer, les soins et le temps que demande l'horizontalité du cercle azimutal qu'il faut établir ou vérifier à chaque instant.

On s'était muni d'échaffauds portatifs, de trépieds, de signaux et d'autres objets qu'il serait trop long de décrire, enfin de machines pour hisser le théodolite au haut des tours et des signaux. A chaque station on laissait des repères ou des cylindres enfoncés en terre pour retrouver le centre au besoin. L'instrument permettait de changer le zéro ou le point de départ avant de répéter un angle; cette attention eut demandé un temps plus considérable : on ne fit donc, au moins dans les premiers temps, aucun usage de cette faculté.

Dans les circonstances favorables *une bonne observation de jour est préférable à celle qu'on ferait la nuit avec les feux indiens*. Dans la première, l'observateur peut mettre le temps convenable, il peut s'attacher à couper en deux le signal qu'il observe, au lieu que le peu de durée des feux le force d'observer précipitamment; mais les feux sont préférables pour les stations où l'on n'observe que des objets très éloignés.

Pour calculer l'excès sphérique, on n'a employé que la surface du triangle, c'est-à-dire les deux côtés et l'angle compris, ce qui se réduisait à ajouter le logarithme constant 0,6732263 aux logarithmes de chacun des côtés en pieds anglais. Cette règle connue était suffisante.

Base de Hounslow-Heath.

Mesurée d'abord avec les tubes de verre.......... 27404,01 [pi]
Mesurée de nouveau avec la chaîne en 1791 27404,32

On s'arrête à 27404,2

Voici, pour les divers triangles, l'excès sphérique et l'erreur :

Triangle.	Excès sphérique.	Erreur.	Triangle.	Excès sphérique.	Erreur.
1	0,29	+1,29	14	1,35	—2,85
2	0,21	—0,61	15	0,81	+0,49
4	1,08	—1,83	16	1,22	—2,22
5	1,18	—0,13	23	0,21	—0,26
6	0,44	+0,56	24	0,09	—2,09
8	0,01	+1,90	25	0,29	+0,71
9	0,78	—0,83	30	0,06	—0,06
10	1,12	—0,12	31	0,13	—0,13
11	1,30	+0,15			

Dans les triangles 12, 13, 17, 18, 19, 20, 21, 22, 26, 27, 28, 29 on a conclu un angle.

Dans le 3ᵉ, on a conclu deux angles en formant un quadrilatère dans lequel on avait deux côtés et l'angle compris qui était obtus : on a conclu la diagonale.

Dans le 7ᵉ on a également conclu un angle, non qu'on eut négligé de l'observer, mais on ne fut pas content de l'observation; rien n'empêchait de la donner. Il paraît qu'on a ainsi rejeté le 3ᵉ angle quand l'erreur totale était de 3″ ou plus.

Dans deux triangles auxiliaires qui suivent le 13ᵉ, le troisième angle est conclu; un autre est formé par des combinaisons d'angle déjà employés; on en déduit la base de Romney-Marsh plus courte de 28 pouces que par la mesure. Le côté Hollingbourn Hill et Fairlight Down était de 141746ᵖⁱ; déduit immédiatement de Romney-Marsh, il est de 141758ᵖⁱ; milieu 141752. Cette distance moyenne servira de base aux triangles suivants. Il nous est donc impossible de déterminer l'erreur moyenne du théodolite sur la somme des trois angles.

Dans le 32ᵉ triangle, avec deux côtés et l'angle compris (152°15′25″,5) on calcule les angles 21°37′55″,42 et 6°6′39″,43.

Dans le 33ᵉ, par une combinaison de 7 angles on forme le premier; par une combinaison de deux autres on obtient le second et l'on conclut le troisième : 49°9′31″,9.

Combinaisons analogues dans les triangles 34, 35, 36 et 37.

Cela suffisait sans doute pour la jonction proposée; mais il faut avouer que pour joindre les triangles de l'Angleterre à ceux de la France ces derniers triangles sont à recommencer, et le projet en est formé depuis 1819; on a même déjà fait quelques dispositions.

	Triangles			
Distances.	anglais.	français.	Diff.	Il
De Douvres à Mont-Lambert......	168827ᵖⁱ	166806ᵖⁱ	—21ᵖⁱ	14ᵖⁱ
De Douvres à Blanc-Nez..........	116660	116648	—12	7
De Douvres à Calais.............	137455	137442	—13	7
De Mont-Lambert à Blanc-Nez....	77238	77228	—10	6

Par la base d'Hounslow-Heath seule, les différences eussent été celles de la dernière colonne. Au reste on a vu ci-dessus que ces deux bases s'accordent parfaitement avec notre base de Melun pour la distance de Dunkerque à Cassel, de 14098 toises.

On observa des azimuts à Greenwich et on en conclut ceux des autres sections : on n'en donne pas la comparaison avec une seule observation directe. (Il est reconnu que l'aplatissement ne change pas sensiblement les angles azimutaux ; en conséquence le triangle entre le pôle et deux points B et O, situés sur deux méridiens différents, donnera comme tous les triangles sphériques :

tang $\frac{1}{2}$ som. des *côtés* : tang $\frac{1}{2}$ diff. :: tang $\frac{1}{2}$ som. *angles opposés* : tang $\frac{1}{2}$ diff.,

si vous connaissez un azimut).

Par des calculs qui ne paraissent pas de la même certitude que les observations, on conclut que la latitude de Greenwich étant $51°28'40''$, celle de Paris sera $48°50'15''$ et celle de Dunkerque $51°2'11'',4$. On a vu que par nos observations elle n'est que de $9'',2$. On ajoute que le cercle répétiteur est ordinairement employé par les Français, mais on suppose que généralement ils ont peut-être un peu trop de confiance en cette invention ingénieuse. On a vu que si le reproche a quelque fondement il ne me regarde pas personnellement, car jamais je n'ai eu cette foi implicite. Je pourrais admettre que les secteurs sont meilleurs pour donner l'amplitude d'un arc par les étoiles, qu'on observe près du zénith, et que les cercles donnent mieux les latitudes absolues. Ceux-ci donnent en même temps les déclinaisons des étoiles, qu'avec les secteurs on est obligé de supposer et de prendre dans les Catalogues qui supposent la hauteur du pôle ; il y a donc cercle vicieux quand on détermine une latitude d'après le secteur. Il y a l'incertitude de la réfraction quand on détermine l'amplitude avec le cercle, mais on sait du moins à très peu près les bornes de l'incertitude ; avec le secteur on a l'incertitude des réfractions qui ont donné la latitude, supposée exactement connue.

On dit enfin que le premier artiste d'Angleterre croit que les cercles de Borda peuvent avoir des erreurs constantes, et qu'ainsi l'accord des observations ne prouve rien ; il pourrait avoir raison pour les cercles à axes fixes qui viendraient à se déranger, mais pour le cercle de Borda qui se retourne à chaque observation paire sans qu'on touche au niveau, je n'y vois pas plus d'erreur constante qu'au secteur, qu'on retourne chaque jour. On nous dit que Ramsden se proposait de publier ses remarques critiques : il n'en a rien fait; nous ne pouvons juger des raisons qu'il n'a pas données, et nous pouvons croire que son témoignage peut être suspect en cette affaire. On a accusé son secteur d'avoir donné une erreur de 5″ à Arbury, comme nous verrons bientôt; nous ne croyons pas plus au reproche qu'on lui a fait qu'à celui qu'il nous adresse; nous suspendons notre jugement.

Dans les incertitudes où nous sommes encore sur la véritable figure de la Terre, il est assez inutile de discuter les longitudes et les latitudes que l'auteur assigne à ses différentes stations, ainsi que la longueur de 60839 fath. qu'il donne au 50ᵉ degré de latitude et celle de 61177 fath. qu'il donne au degré perpendiculaire.

La théorie des réfractions terrestres n'offre rien de remarquable, et les déterminations particulières sont peu nombreuses et fort inégales : on trouve $\frac{1}{8}$ de l'arc ou $\frac{1}{15}$. L'horizon de la mer donne une réfraction insolite.

Le reste du Mémoire de Roy ne concerne que la topographie des environs de Londres.

An Account of the Trigonometrical Survey carried in the Years 1791, 1792, 1793 and 1794. By lieutenant-colonel W. MUDGE and ISAAC DALBY.

On avait conçu quelques soupçons sur la mesure exécutée avec les tubes de verre, et, malgré l'accord qu'on avait trouvé entre les deux méthodes, on résolut de recommencer la mesure de la première base, avec deux chaînes d'acier de 100 pieds chacune et un instrument des passages combiné avec un niveau télescopique : cet instrument était destiné aux alignements. La construction des chaînes était un peu modifiée; au lieu de 100 chaînons pour 100 pieds, les nouvelles n'en avaient que 40. On compara scrupuleusement les deux chaînes, on fit des expériences pour en connaître la dilatation, qu'on trouva de 0ᵖᵒ,0075 pour 1° de Fahrenheit. Nous avons donné ci-dessus le résultat de cette nouvelle mesure. On fixa les extrémités avec des canons de fer. Alors on put s'occuper de la triangulation pour le centre d'Angleterre. Aux feux indiens on substitua des lampes enfermées dans des caisses dont une des faces était de verre, pour avoir une lumière plus égale et plus uniforme; deux de ces lampes avaient 12 pouces de diamètre et la troisième en avait 22. Ramsden avait encore perfectionné son théodolite; généralement on ne se contenta plus d'une seule observation pour chaque angle; les angles observés plusieurs fois offrent des différences de

$$2'' - 4'',5 - 4'',0 - 4'',0 - 2'',3 - 3'',75 - 4'',0 - 4'',0 - 3'',5 - 4'',0;$$

nous ne parlons pas des différences moindres.

Les opérations de 1792 avaient fatigué l'axe du grand théodolite; Ramsden y fit les réparations nécessaires. Mon cercle n° I, bien autrement exercé pendant six ans, n'a jamais eu besoin de réparation.

En mars 1793 on transporta l'instrument dans l'île de Wight pour y déterminer la direction du méridien par les digressions de la polaire. Pendant les quatre minutes qui précèdent ou suivent cette digression, l'azimut ne varie que de 2''; on avait le temps de faire deux observations, et pour la seconde on retournait l'instrument pour éviter l'erreur de collimation; mais les deux observations n'ont jamais différé que de ces quantités légères dont il est impossible de répondre. On fit des observations à Chanctonbury-Ring, à Ditchling-Beacon, à Beachy-Head, après quoi on s'occupa d'une nouvelle base de vérification. Un petit accident exigea qu'on fit de nouvelles réparations au théodolite; la saison était avancée et l'on retourna à Londres.

Les angles observés cette année offrent les mêmes écarts à peu près qu'en 1792; aucun cependant n'est tout à fait de 4''. En 1794 on remarque, p. 251, un écart de 5'', un de 6'', un de 5'',25 (p. 252) et un de 4'',0 (p. 253).

La base fut mesurée dans la plaine de Salisbury avec une chaîne de 100 pieds, pendant l'été de 1794. Le terrain était plus inégal, mais de l'une des extrémités on découvrait la base tout entière, ce qui facilita le tracé de l'alignement. On mesura les inclinaisons; on les croit mesurées à $\frac{1}{4}$ de minute; la mesure dura 7 semaines; la longueur, après toutes réductions, fut trouvée de $36574^{\text{pi}},4$.

Pour le calcul des triangles on s'est servi de ma méthode pour réduire les angles sphériques observés aux angles des cordes; par

Carte des travaux géodésiques anglais à partir de 1793.

là tous les triangles deviennent rectilignes quelle que soit la figure de la Terre ; et la somme des trois angles ainsi réduite sera toujours de 180°, sauf les erreurs d'observation. Le calcul des trois réductions d'un même triangle fera connaître la somme des trois erreurs. De cette manière on a trouvé :

$$+1,79 \quad +3,13 \quad +0,24 \quad +0,15 \quad -0,1 \quad -0,45$$
$$+0,05 \quad -1,71 \quad -0,25 \quad -1,34 \quad -0,70 \quad +1,18$$
$$+1,2 \quad -3,85 \quad +0,12 \quad +0,75 \quad +1,61$$

On voit donc ici comme ailleurs qu'il est difficile de répondre de 4″ sur la somme des trois angles.

La base de Salisbury, calculée par les triangles, était de 36574^{pi},7 ; elle n'était que de 36574^{pi},3 par la mesure ; la différence est de 0^{pi},4 = 4^{po},8.

Nous avons dit ci-dessus que la base de Romney Marsh ne diffère guère que de 6 pieds du calcul fait sur la base de Hounslow-Heath, suivant la première mesure. Par celle de 1791 le calcul se trouve en excès de 28,44 pouces ; ainsi les changements qu'ont subis les calculs sont une preuve de la bonne foi des calculateurs, puisqu'ils ont diminué sensiblement l'accord des deux bases.

Les distances de Dunkerque à la méridienne et à la perpendiculaire de Greenwich, suivant les nouveaux calculs, sont

> 647057 pieds   et   152556 pieds,

ou

> 91176,33 fathoms   et   25426 fathoms,

ou, divisés par 1,06575,

> 85551,1 toises   et   23857,3 toises ;

suivant mes calculs

> 85550,879 toises   et   23857,7 toises.

> Diff.   —0,221   et   +0,4

En voyant cet accord entre mes calculs et ceux de la nouvelle rédaction j'espérais que nous nous accorderions de même sur la différence des méridiens entre Paris et Greenwich, que je faisais de $9^m21^s52'''$, $9^m21^s28'''$, $9^m20^s40'''$, suivant les trois aplatissements 0,00321, 1 : 230, 1 : 150. On voit que c'est toujours au moins 9^m21^s : la nouvelle rédaction ne donne que $9^m19^s51''''$, ce qui peut venir de la méthode de calcul, de la différence d'aplatissement supposé, ou enfin de la différence entre Dunkerque et Paris qu'on a prise dans les Mémoires de 1788 où elle n'a pu être donnée que d'après les mesures de Lacaille. Au reste, que la différence soit de 9^m20^s ou de 9^m21^s l'écart n'est pas d'une extrême importance, et l'on voit qu'elle dépend essentiellement de l'aplatissement. Roy trouvait $9^m21^s,9$ et Le Gendre la même chose à fort peu près.

En supposant la latitude de Dunkerque $51°2'9'',3$ (c'est la mienne à $0'',1$ près) le degré de latitude, à $51°15'\frac{1}{2}$, sera 60892 toises.

On trouve dans les deux premiers volumes un grand nombre d'observations de la réfraction terrestre : on y voit combien cette réfraction est variable en Angleterre, car on l'a trouvée de $\frac{1}{2}, \frac{1}{3}, \frac{1}{4}, \frac{1}{5}$ de l'arc intercepté et jamais je ne l'ai vue tout au plus que de $\frac{1}{6}$. En convertissant tous ces rapports en décimales je trouve pour la somme des 10, 20, 30, etc. premiers

	Somme.	Rapp. simple.		Somme.	Rapp. simple.
10	1,588	0,1588	80	7,342	0,0918
20	2,418	0,1209	90	7,848	0,0871
30	3,315	0,1105	100	9,003	0,0900
40	4,085	0,1021	110	9,673	0,0879
50	4,847	0,0969	120	10,535	0,0878
60	5,914	0,0986	130	11,354	0,0873
70	6,680	0,0940	136	11,714	**0,08606**

En France, par un milieu entre 189 obs., j'ai trouvé.... 0,08388

En rejetant les observations des temps de brouillard ou pluvieux (159 obs.)............................. 0,07876

17 observations de l'horizon de la mer (17 obs.)........ 0,0783

Voici l'erreur sur la somme des angles dans une autre suite de triangles :

$+0'',45$	$+1'',75$	$-0'',85$	$-1'',1$	$-3'',46$	$-3'',75$
$-0,5$	$+0,82$	$-1,24$	$-2,3$	$+0,35$	$-0,65$
$+0,05$	$-0,25$	$+1,8$	$+2,11$	$-2,5$	$-1,28$
$-1,46$	$-0,19$	$+3,35$	$-1,27$	$-0,26$	

On voit toujours que les erreurs de $3''$ sont rares.

Ces triangles fournissent quatre moyens pour trouver la distance de Dunnose, dans l'isle de Wight, à Beachy-Head le point le plus distant en longitude sur la côte sud de l'Angleterre ; voici les quatre valeurs qu'ils fournissent :

$$
\begin{aligned}
&339394\overset{\text{pi}}{,}6 \\
&339395,0 \\
&339399,2 \\
&\underline{339401,5} \\
\text{Moy}\ldots\ldots\ &\mathbf{339397,6}
\end{aligned}
$$

le plus grand écart est de 6,9 pieds et le milieu doit s'écarter peu de la vérité.

La distance la plus septentrionale que présente cette carte est celle de Shooter's-Hill à Nettlebod ; on l'a trouvée de 242370 et 242372 et l'on a pris la moyenne 242371 : ces distances sont presque perpendiculaires au méridien ; elles serviront pour le degré de longitude.

On trouve ensuite les élongations de la polaire pour déterminer l'azimut de Jevington ; on en donne cinq valeurs différentes dont les extrêmes ne diffèrent que de $3'',3$.

De tous ces calculs, on conclut le degré du grand cercle perpendiculaire au méridien, à $50''41'$ de latitude, de 61182,3 fathoms ou 57407,6 toises. Avec ce degré on cherche le rapport des deux axes de l'ellipsoïde. Nous pouvons tirer de nos formules des méthodes plus commodes pour trouver l'aplatissement d'après ces données.

En désignant le demi-grand axe par m, la latitude par H et l'excentricité par $\sin I$, la normale et le rayon du parallèle ont respectivement pour valeurs

$$
\frac{m}{(1-\sin^2 I \sin^2 H)^{\frac{1}{2}}} \quad \text{et} \quad \frac{m \cos H}{(1-\sin^2 I \sin^2 H)^{\frac{1}{2}}}.
$$

Si H n'est pas nul et si le plan considéré, sans être celui d'un parallèle, est perpendiculaire au méridien, les deux normales qui renfermeront ce degré seront :

$$
\frac{m}{(1-\sin^2 I \sin^2 H)^{\frac{1}{2}}} \quad \text{et} \quad \frac{m}{(1-\sin^2 I \sin^2 H')^{\frac{1}{2}}} ;
$$

elles différeront très peu, car les latitudes extrêmes ne différeront pas de 3o″, et l'on pourra prendre pour latitude commune

$$H'' = \tfrac{1}{2}(H + H').$$

Soient D le degré de l'équateur, M celui du méridien et P le degré perpendiculaire :

$$M = \frac{m\,D\cos^2 I}{(1 - \sin^2 I \sin^2 H'')^{\frac{3}{2}}}, \qquad P = \frac{m\,D}{(1 - \sin^2 I \sin^2 H'')^{\frac{1}{2}}},$$

$$\frac{P}{M} = \frac{1 - \sin^2 I \sin^2 H''}{\cos^2 I} = \frac{1 - \sin^2 I(1 - \cos^2 H'')}{\cos^2 I} = 1 + \tan g^2 I \cos^2 H'',$$

$$\frac{P}{M} - 1 = \frac{P - M}{M} = \tan g^2 I \cos^2 H'' \quad\text{et}\quad \tan g I = \sec H'' \left(\frac{P - M}{M}\right)^{\frac{1}{2}},$$

ici

$$P = 61\,182,3, \qquad M = 60\,851,0,$$

$$I = 6°38'32″,8, \qquad \sec H'' = 0,198\,1808\,(\text{demi-grand axe} = 1).$$

Aplatissement en parties du demi-petit axe....   1,00675848
Les auteurs trouvent........................   1,006751

c'est-à-dire

1 : 148,97 en parties du demi-grand axe,

1 : 147,97 en parties du demi-petit axe.

Cet aplatissement surpasse encore celui que nous trouvons en France.

On a donc l'aplatissement par un calcul facile, en supposant

Fig. 3o.

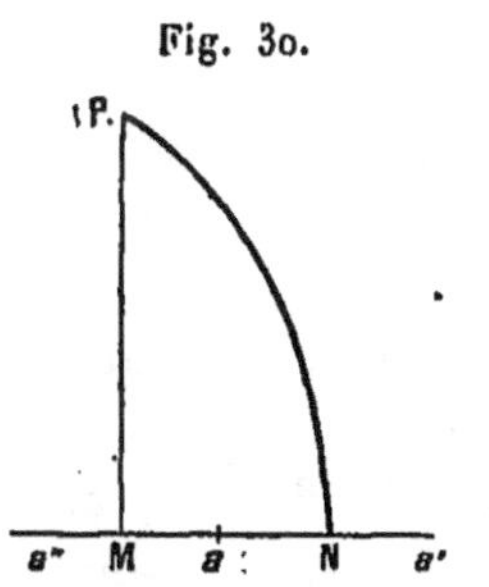

qu'on ait exactement le degré perpendiculaire. Le seul moyen direct d'avoir ce degré serait de porter le secteur en M (*fig.* 3o) et d'y observer dans le premier vertical une distance zénithale Ma

de l'étoile a; de transporter le secteur en N et d'y observer la distance zénithale Na dans le vertical, après avoir calculé l'angle PNM qu'il fait avec le méridien. Alors, toutes réductions faites, on aura

$$MN = Ma + Na.$$

Na changerait de signe si l'étoile était en a'; Ma en changerait si l'étoile était en a''.

On aurait donc l'amplitude MN, la valeur de l'arc terrestre et l'on conclurait le degré perpendiculaire.

Au lieu de cela, on avait MO (*fig.* 31) et PMO. On pouvait cal-

Fig. 31.

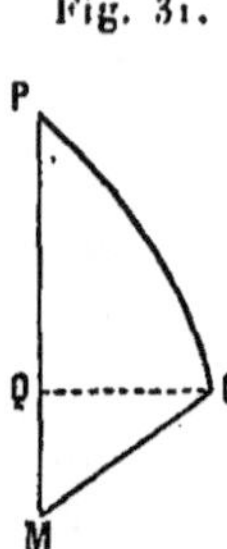

culer OQ et MQ : $\sin OQ = \sin MO \sin M$ ou $OQ = MO \sin M$, et $MQ = MO \cos M$. Alors on avait MQ, PQ et PO à fort peu près.

A la page 353 on trouve un effet curieux de réfraction terrestre : pour mesurer la base de Hounslow Heath on avait placé, à 100 pieds de distance l'un de l'autre, 30 piquets dont les têtes, vues dans la lunette, étaient toutes dans une même ligne droite. Le lendemain matin, par un temps extrêmement humide et par un soleil brillant, on remarqua que les têtes des piquets formaient une courbe concave, en sorte que les têtes des piquets plus éloignés s'élevaient au-dessus des plus voisins. L'après-midi la courbe avait disparu, tous les piquets étaient de nouveau en ligne droite.

A la page précédente on trouve un effet de mirage, mais observé à la vue simple.

Dans les angles observés en 1795 et 1796 on n'en trouve que

deux dont les écarts montent à 4″. Les erreurs des triangles sont :

+0,53	—0,74	+1,41	—0,02	—2,38	+0,59
+0,34	—0,87	+2,56	—0,21	+0,10	+1,02
—1,79	—0,80	—0,49	—1,21	+0,05	—1,17
+2,42	—0,82	+2,12	+1,26	+0,18	+1,43
—1,56	—0,27	0,00	+0,84	+1,17	

Nous omettons tout ce qui regarde les opérations secondaires et topographiques, dont les angles ont été observés avec un théodolite dont les dimensions n'étaient que moitié de celles du grand.

Les angles observés en 1797 (t. II, p. 11) offrent en général le même accord que les précédents. On y trouve cependant un angle dont le plus grand écart est de 6″,25, un autre où il est de 4″,75, deux où il est de 5″.

Les angles observés en 1798 offrent les écarts suivants : 8″,0, 4″,5 ; les autres sont moindres et souvent insensibles. Ceux de 1799 offrent les écarts :

$$5''\!,5 - 4''\!,5 - 4''\!,0 - 6''\!,25 - 5''\!,5 - 5''\!,25 - 9''\!,75 - 6''\!,74 ;$$

les autres sont peu de chose.

Pour la base de Sedgemoor, on fit construire une chaîne de 50 pieds que rendait nécessaire la nature du terrain, entrecoupé de fossés. La longueur de cette base est de 27680,1447 pieds : on s'en est tenu à 27680 pieds et l'on soupçonne qu'elle est trop longue de 6 ou 9 pouces. Le calcul fait sur la base de Salisbury s'accorde à un pied près.

Les erreurs des triangles suivants sont :

—0,31	+1,39	—0,32	—0,89	—2,68	+0,55
+2,50	+2,08	—1,52	0,0	—1,0	+1,25
—1,5	+1,0	+0,92	+1,55	+0,66	+0,17
+1,40	—0,21	—0,43	—3,24	+1,0	—1,24
+0,4	—3,63	+0,38	+4,33	—1,58	—0,04
—2,29	—3,43	—3,5	—0,86	—0,77	—0,07
—2,55	+0,42	—1,50	+4,92		

Dans la section seconde, p. 88, on trouve la direction du méridien de Black-Down déterminée par la polaire, et en partant de Dunnose on en déduit la position de Black Down ; puis, par des moyens semblables, pour les points suivants on trouve ainsi :

	Long. O. Gr.	Lat.
Dunnose.....................	1.11.36″	50.37. 7,3
Black-Down................	2.32.22,4	50.41.13,8
Rippintor.................	3.45.26,2	50.33.29,1
Butterton.................	3.52.47,5	50.24.45,3
Hensbarrow	4.48. 7,7	50.23. 3,3
Sainte-Agnès Beacon........	5.11.55,7	50.18.27

Tout cela suppose 50″28′40″ pour Greenwich, 48°50′14″ pour Paris et 60851 fathoms pour le degré moyen entre Greenwich et Paris. Les auteurs discutent les erreurs qu'on peut soupçonner dans les déterminations précédentes, et leur conclusion est que les erreurs sont légères. Les deux latitudes fondamentales sont à très peu près exactes; elles supposent les mêmes réfractions. Aujourd'hui on incline pour des réfractions plus fortes; les deux latitudes doivent être diminuées chacune de 1″ environ, et il n'en doit résulter que des changements à peu près pareils dans les latitudes conclues. Quand aux longitudes, elles dépendent de l'hypothèse d'aplatissement, et les erreurs ne peuvent être bien dangereuses.

Vieille église Saint-André, à Plymouth.

Latitude...........................	50.28.36″
Longitude..........................	4. 7.31,6 = 0.16.30,1 O. de Gr.
Longitude par deux chronomètres différents	0.16.28,55

Fanal de Lizard.

Latitude...........................	49.57.44
Longitude..........................	5.11. 4,8 = 0.20.44,3
Longitude, milieu entre 9 déterminations astronomiques...............	0.20.52,12

Mais les écarts extrêmes sont 28ˢ,4 et 43ˢ,5. Deux de ces calculs donnent 44,5 et 45,1.

Lizard point.

Latitude...........................	49°57′40″,6
Longitude..........................	5″11′46″

Observatoire de Blenheim.

	Lat.	Long. O. de Gr.
En partant de Dunnose............	51.50.28,3	1.21.15,9
En partant de Greenwich........	51.50.28,1	1.21.16

La différence est presque nulle; les auteurs préfèrent la première.

Observatoire d'Oxford.

	Latitude.	Longitude.
En partant de Dunnose..........	51.45.38	1.15.29,2
Hornsby trouvait................	51.45.39,5	1.15.22,5
Différence	+ 1,5	— 6,7

En partant de Greenwich au lieu de Dunnose on n'aurait que 0″,1 de différence.

A la page 182 on trouve un exemple curieux de réfraction terrestre qui ressemble beaucoup à ce que j'ai observé à Chapelle-la-Reine et à Bourges pour le clocher de Boiscommun et la tour d'Issoudun; au mois de juin 1795 la dépression de la tour de Glaston-bury-tor fut observée de 30′0″ et un peu après de 30′2″; l'objet était singulièrement distinct et l'observateur le considérant avec beaucoup d'attention, s'aperçut que le bâtiment s'élevait graduellement au-dessus du fil du micromètre; il monta ainsi de 10′45″, devint stationnaire et la nuit le rendit bientôt invisible. Le lendemain au soir la dépression fut trouvée de 29′50″. Il paraît que la variation n'a été observée qu'une fois. Celle de Boiscommun l'a été pour moi plusieurs fois, en deux années différentes et dans le mois de janvier. Celle de la tour d'Issoudun a de même été répétée plusieurs fois en été. A Boiscommun j'ai vu un phénomène pareil sur le clocher de Chapelle-la-Reine, qui, en outre, me parut singulièrement grossi : je le voyais dans le brouillard.

Aux pages 184 et suivantes on a fait des observations de dépression à différentes heures du jour; mais on n'y voit que des changements très ordinaires et dont le plus fort n'est que de 2′28″. On en a conclu le rapport de la réfraction à l'arc de distance, et l'on a trouvé : 0,0934 (9 obs.), — 0,1090 (7 obs.), — 0,0894 (2 obs.),

— o,o3oo (2 obs.), — o,ogi8 (1 obs.), — o,og43 (1 obs.),
— o,o8g3 (1 obs.).

La seconde partie du Volume II est consacrée à la mesure d'un
arc du méridien. Le secteur qui a servi est le dernier Ouvrage de
Ramsden, qui n'eut pas même le temps de le terminer; après la
mort de cet artiste célèbre, l'instrument fut achevé par Berge; il
n'y manquait guère que la division.

Le choix de Dunnose, dans l'île de Wight, pour le terme méridional, présentait plusieurs avantages : ce point, placé presque au
milieu d'une île assez petite (seulement un peu plus au Sud) ne
laissait craindre aucune attraction locale; on pouvait le joindre à
Dunkerque et à Paris d'un côté, de l'autre à Greenwich, et l'arc
pouvait être prolongé jusqu'à l'embouchure de la Tees.

M. Mudge, en commençant la description du secteur, déclare
son opinion, laquelle est que l'artiste a pleinement répondu à
l'espérance qu'il avait fait concevoir que cet instrument serait le
plus parfait en son genre. Ramsden s'était attaché à éviter les
inconvénients qu'on avait remarqués dans les secteurs précédents,
et avait considérablement diminué les erreurs inévitables dans la
construction; il a cherché les moyens d'unir le tube à son axe, de
manière à conserver la même longueur de rayon lorsqu'il est
dressé pour l'observation; il a employé des méthodes plus sûres
pour l'ajuster verticalement et des moyens aisés pour amener la
face de l'arc dans le plan du méridien. On remarquera surtout le
moyen ingénieux par lequel le fil à plomb passe précisément par
le point qui est le centre de l'arc divisé.

L'appareil qui le porte réunit la force à la simplicité de construction; il a la forme d'une pyramide tronquée dont la base est
un carré; le côté a 6 pieds de longueur et celui de la base du
tronc n'en a que la moitié; toutes les parties en sont assemblées
solidement.

Cet appareil extérieur en contient un autre de mahogany,
comme le premier, également solide et bien construit, auquel le
secteur est suspendu sur un axe biconique comme celui des
instruments des passages. Un cylindre, placé au haut de l'appareil
intérieur, donne les moyens de retourner le secteur de l'Est à
l'Ouest, et réciproquement. Un cercle azimutal sert à le fixer dans
une position demandée. Une lunette de 29 pouces, attachée au

côté du grand tube, à angles presque droits avec le rayon, peut se diriger sur un signal et assurer que l'arc divisé reste constamment dans le méridien ; en peu de minutes on peut amener cet arc dans un azimut quelconque et l'y arrêter pour l'observation.

Pour bien comprendre cette description, que nous sommes forcé d'abréger, il faudrait avoir sous les yeux les belles planches qui l'accompagnent et qui avaient déjà paru dans les *Transactions philosophiques*.

La lunette du secteur a près de 8 pieds de longueur ; l'objectif a 4 pouces de diamètre. L'un des bouts de l'axe porte une lentille, et près du tube une monture en cuivre porte une plaque mince, ronde et diaphane de nacre, au centre de laquelle on remarque un point qui est le véritable centre de l'axe conique, et conséquemment de l'arc divisé. Cette monture et le point central sont fixés si invariablement, qu'on n'y a jamais reconnu le moindre dérangement.

L'axe est creux. La lumière d'une bougie y pénètre, éclaire la nacre et présente à l'œil, qui l'observe par la lentille placée à l'autre bout, un cercle d'une lumière rouge dont le centre est marqué par un point bien terminé et excessivement petit. L'axe, ouvert dans sa partie supérieure et dans sa partie inférieure, laisse passer un fil à plomb tout près de la nacre, et qui paraît comme une ligne noire et fine partageant le cercle par le centre, qu'elle coupe également. Par une lunette, qui est garnie intérieurement d'un miroir incliné à 45° et d'un oculaire prismatique, l'image de la nacre, celle du point central et du fil est transmise à l'observateur qui est placé au pied de l'instrument. Le petit point, grossi par la lunette, paraît un petit cercle bien terminé dont l'aire est lumineuse, et l'on juge avec la dernière précision s'il est coupé bien également par le fil ; on n'a nulle parallaxe à craindre.

Les pivots de l'axe sont de métal de cloche ; la longueur de cet axe est de 2 $\frac{1}{2}$ pieds environ. Pour *empêcher la flexion*, l'artiste a placé quatre tubes creux tenant par un bout à l'axe même et par l'autre à la lunette ; des leviers et des contrepoids s'opposent encore à la flexion.

L'arc est de 15° ; il est divisé de 5′ en 5′ ; le micromètre fait le reste. Les points de division sont sur des épingles d'or, d'après le conseil donné par Maskelyne. Il faut voir dans l'Ouvrage les soins pris pour la division exacte du limbe.

Le secteur fut transporté à l'observatoire de Greenwich et y resta environ trois semaines, pendant lesquelles l'observateur put profiter des avis de Maskelyne. De là, le secteur fut porté à Dunnose et placé 6 $\frac{1}{2}$ pieds au sud du centre de la station. Un obélisque y était vu dans un azimut de 87° 42′33″. La lunette de côté, tournée sur cet objet, prouva que l'instrument ne variait pas de 30″ en plusieurs jours et que jamais il ne s'est écarté du méridien de plus de 4′. En ouvrant la porte et les trappes de l'observatoire quelque temps avant l'observation, on obtenait une égalité de température entre l'air intérieur et l'air extérieur. On avait, à l'ordinaire, deux thermomètres, l'un au-dedans, l'autre au dehors; un troisième, placé au milieu de l'intervalle, a toujours indiqué une température moyenne, et l'on a fini par s'en tenir aux deux premiers.

Supposons que la température, au haut de l'instrument, soit différente de celle qui a lieu dans l'arc, et qu'entre les deux hauteurs la température change d'une manière progressive; la longueur du rayon changera sans que l'arc change; il peut en résulter une erreur; on y a songé, et, dans un cas extrême et unique, la correction n'a été que de 0″,596.

L'arc de 7″10′ à gauche du zéro répondait à 430 *rév.* du micromètre + 38ᵖ,2.

L'arc de 7″10′ à droite du zéro répondait à 430 *rév.* du micromètre + 39ᵖ,2.

La valeur moyenne d'une révolution est donc de 59″,098; le cadran a été divisé en 59 parties qui valent chacune 1″. Une petite inégalité dans un des traits faisait, entre 17 et 19 de l'index, une erreur de 1″.

Vers la fin de juin, l'instrument étant porté à Clifton, extrémité nord de l'arc, le clocher de Langhten (dont la direction était 1°56′12″ Sud-Ouest) donna un excellent moyen de vérifier continuellement la position du secteur, et jamais la déviation n'a été d'une demi-minute.

De 27 étoiles observées à Dunnose, 17 le furent également à Clifton.

Le 7 septembre le secteur était à Arbury Hill, à 34 pieds nord et 28 à l'ouest du centre de la station. Des étoiles observées à Clifton, 12 le furent également à Arbury.

Le 4 octobre l'instrument fut trouvé, à Londres, dans le même état qu'au départ.

En 1801, une nouvelle base fut mesurée à Misterton-Carr, avec les mêmes soins et les mêmes instruments que les précédentes. L'opération dura 52 jours, à cause des mauvais temps. Les angles observés cette année n'offrent qu'un seul écart de 3″; les autres sont de 1″ ou 2″ à l'ordinaire, et souvent moindres. La longueur de la base était de 26342,712 pieds.

Les triangles ont les erreurs suivantes :

$$-3\overset{''}{,}75 \quad +1\overset{'}{,}18 \quad -0\overset{''}{,}7 \quad -1\overset{'}{,}34 \quad -0\overset{'}{,}43 \quad -3\overset{'}{,}24 \quad +0\overset{'}{,}4$$
$$-3,63 \quad +0,38 \quad +0,04 \quad -2,29 \quad -0,58 \quad +1,10 \quad -1,03$$
$$+0\overset{'}{,}77 \quad -0,20 \quad +0,65 \quad -1,93 \quad -2,37$$

Le dernier de ces triangles donne 117457,1 pieds pour la distance de Corley à Arbury-Hill; le 11ᵉ triangle donne 117463; la différence est de 5,9 pieds sur 19000 toises. Les bases de Hounslow-Heath et de Salisbury donnent pour celle de Misterton-Carr 1 pied environ de plus que la mesure. On peut réduire à 117460 pieds la distance de Corley à Arbury-Hill.

L'intervalle entre les parallèles de Dunnose et de
Clifton est de.. 1036334,4 [pi]
Par d'autres côtés................................... 1036339,9
On peut supposer.................................... 1036334

Mais à cause des excentricités des stations il faut ajouter 3 pieds, et l'arc du méridien sera 1036337 pieds.

La distance de Clifton à Arbury-Hill est 450047,5; il faut en ôter 30 pieds pour les excentricités, il restera 450017,5; en retranchant cet arc de l'arc total, il restera 586319,5 pieds pour la distance d'Arbury à Dunnose.

L'auteur donne en passant cette formule employée par Dalby et qui est d'Euler (*Voyez* LACROIX, *Traité du calcul différentiel*, t. I, 2ᵉ édition, p. 578) :

Soient :

O un arc d'un degré qui fait avec le méridien un angle A,

P le degré perpendiculaire au méridien,

M le degré du méridien qui a son origine au point A.

$$O = \frac{PM}{P - (P - M)\sin^2 A} = \frac{P}{\dfrac{P}{M} - \dfrac{P - M}{M}\sin^2 A}$$

$$= \frac{P}{1 + \tan g^2 I \cos^2 H - \tan g^2 I \cos^2 H \sin^2 A} = \frac{P}{1 + \tan g^2 I \cos^2 H \cos^2 A}.$$

Si $A = 90°$, l'expression se réduit à $O = P$, le degré perpendiculaire au méridien. On a donc

$$O = \frac{P}{M}\,\frac{M}{1 + \tan g^2 I \cos^2 H \cos^2 A} = \frac{M(1 + \tan g^2 I \cos^2 H)}{1 + \tan g^2 I \cos^2 H - \tan g^2 I \cos^2 H \sin^2 A}$$

$$= \frac{M}{1 - \dfrac{\tan g^2 I \cos^2 H \sin^2 A}{1 + \tan g^2 I \cos^2 H}}$$

$$= M\left[1 + \frac{\tan g^2 I \cos^2 H \sin^2 A}{1 + \tan g^2 I \cos^2 H} + \frac{\tan g^4 I \cos^4 H \sin^4 A}{(1 + \tan g^2 I \cos^2 H)^2} + \frac{\tan g^6 I \cos^6 H \sin^6 A}{(1 + \tan g^2 I \cos^2 H)^3} + \cdots\right],$$

$$O = M + M \tan g^2 I \cos^2 A \sin^2 A - M \tan g^4 I \cos^4 H \sin^2 A$$
$$+ M \tan g^6 I \cos^6 H \sin^2 A + M \tan g^4 I \cos^4 H \sin^4 A$$
$$- 2M \tan g^6 I \cos^6 H \sin^4 A + M \tan g^6 I \cos^6 A \sin^6 A, \qquad \ldots,$$

$$O = M + M \tan g^2 I \cos^2 H \sin^2 A - M \tan g^4 I \cos^4 H \sin^2 A(1 - \sin^2 A)$$
$$+ M \tan g^6 I \cos^6 H \sin^2 A(1 - 2\sin^2 A + \sin^4 A) + \cdots$$

$$= M + M \tan g^2 I \cos^2 H \sin^2 A - M \tan g^4 I \cos^4 H \sin^2 A \cos^2 A$$
$$+ M \tan g^6 I \cos^6 H \sin^2 A(1 - \sin^2 A)^2 + \cdots,$$

$$O = M + M \tan g^2 I \cos^2 H \sin^2 A - M \tan g^4 I \cos^4 H \sin^2 A \cos^2 A$$
$$+ M \tan g^6 I \cos^6 H \sin^2 A \cos^4 A, \qquad \ldots,$$

formule qui, dans le cas de $A = 90°$, se réduit à

$$O = P = M + M \tan g^2 I \cos^2 H = M(1 + \tan g^2 I \cos^2 H).$$

Ces formules sont extrêmement simples et plus exactes qu'il ne faut pour la pratique, en sorte qu'on peut s'en tenir en tout cas à

$$O = M + M \tan g^2 I \cos^2 H \sin^2 A.$$

D'après toutes les mesures, on aura pour les arcs du méridien terrestre

Clifton à Dunnose	1036367[pi]	Clifton à Arbury	450017[pi]
Dunnose à Arbury.....	586320	Clifton à Greenwich....	722641
Dunnose à Greenwich..	313696	Arbury à Greenwich ...	272624

Dans la section suivante, on trouve les observations des distances zénithales des étoiles aux différentes stations, l'instrument tourné tantôt vers l'Est et tantôt vers l'Ouest : N désigne le nombre d'observations, D la distance zénithale corrigée et c la collimation :

Étoiles.	Dunnose.			Clifton.			Arbury.			Greenwich.		
	N.	D.	c.	N.	D.	c.	N.	D.	c.	N.	D.	c.
Dragon..	14	1.50. 5,24	3,42	15	1. 0.17,84	3,78	14	0.13.45,82	2,71	4	0.58.33,13	4,07
Dragon..	13	0.53.56,63	3,64	15	1.56.26,64	3,30	15	0.42.22,73	2,92	5	0. 2.24,39	4,05
Dragon..	4	6.16.47,66	4,46	9	3.26.22,92	3,72	14	4.40.27,21	3,63	3	5.25.15,81	4,05
Dragon..	6	4.43.28,93	3,41	11	1.53. 6,25	3,47	18	3. 7. 9,30	3,21	»	»	»
ι Dragon.	6	2.28.44,05	3,40	9	0.21.38,12	4,15	16	0.52.24,42	2,89	3	1.37.14,15	3,81
Dragon..	11	4. 6.59,30	3,68	6	1.16.38,20	3,25	»	»	»	»	»	»
δ Dragon.	9	2 42.33,26	3,58	3	0. 7.51,25	3,40	»	»	»	»	»	»
χ Cygne.	6	2.23.22,86	3,80	9	0.27. 0,32	3,68	17	0.47. 2,92	3,22	2	1.31.51,87	3,74
Cygne....	6	0.41.40,68	3,15	12	2. 8.42,22	3,55	15	0.54.39,09	2,48	2	0. 9.49,60	4,44
Ourse...	13	4.10.36,23	3,02	»	»	»	4	2.34.11,88	4,08	4	3.19. 4,67	5,65
Ourse...	16	0.18.42,93	3,06	5	3. 9. 6,98	3,67	9	1.55. 4,68	2,80	2	1.10.15,07	3,70
Ourse....	10	5.20.35,66	3,76	5	2.30.10,37	3,37	4	3.44.12,36	3,00	»	»	»
Hercule..	5	4.30. 1,95	3,46	15	7.20.24,98	4,42	»	»	»	3	5.20.30,77	6,93
Hercule..	9	4. 1.33,24	3,35	[3	6.51.56,80	4,14]	»	»	»	»	»	»
Hercule.	11	4.17. 1,28	3,76	4	7. 7.25,45	4,04	»	»	»	»	»	»
Hercule..	14	3.49.37,10	3,16	6	6.40. 1,29	4,16	4	5.25.59,82	4,01	»	»	»
Hercule..	»	»	»	»	»	»	»	»	»	»	»	»
Persée...	»	»	»	5	4.18.36,06	2,28	9	3. 4.32,60	2,63	»	»	»
ièvre.....	10	4.50. 2,88	3,31	5	7.40.25,66	5,30	12	6.26.22,90	2,89	3	1.41.32,21	4,50

Les observations faites sur γ Dragon, par le duc de Marlborough (à Blenheim), réduites au 1ᵉʳ janvier 1794, donnent

$$0.19.17,32$$
$$17,70$$
$$17,51$$
$$17,48$$
$$17,32$$

Moy....... **0.19.17,46**

ou, pour 1802, 0° 19′ 23″,06.

Les observations de Greenwich sont, en général, moins nombreuses et moins précises; elles sont les plus anciennes de toutes : l'auteur les avait faites principalement dans la vue de se familiariser avec le nouveau secteur.

On remarquera d'abord que l'erreur de collimation n'a pas varié dans l'intervalle : les petites anomalies qu'on y aperçoit peuvent s'attribuer aux observations, dont elles sont les différences.

D'après les observations combinées on aura les amplitudes suivantes :

Étoiles.	Dunnose-Clifton.	Dunnose-Arbury.	Dunnose-Greenwich.
	° ′ ″	° ′ ″	° ′ ″
β Dragon............	2.50.23,08	1.36.19,42	0.51.32,11
γ Dragon............	23,27	19,36	32,24
d Dragon............	24,75	20,45	31,85
c Dragon............	22,69	19,63	»
51 Dragon..........	22,17	19,56	29,90
μ Dragon............	21,10	».	»
16 Dragon..........	24,51	»	»
1 × Cygne..........	23,18	19,94	30,99
ι Cygne............	22,90	19,77	30,28
γ Ourse............	22,70	»	31,56
η Ourse............	24,05	21,70	32,14
ζ Ourse............	25,29	»	»
ι Hercule..........	23,03	»	»
υ Hercule..........	23,56	»	»
52 Hercule.........	24,17	»	»
τ Hercule..........	24,19	»	»
Chèvre............	22,78	»	»
Moyenne......	2.50.23,38	1.36.19,98	0.51.31,19

On aura donc :

	Arc.	Distance.
	° ′ ″	pᵗ
Dunnose-Clifton............	2.50.23,38	1036337
Dunnose-Arbury............	1.36.19,98	586320
Arbury-Clifton............	6.14. 3,40	450017
Dunnose-Greenwich..........	0.51.31,39	313696
Greenwich-Clifton..........	1.58.51,59	722641
Arbury-Greenwich..........	0.44.48,19	272624
Blenheim-Clifton............	1.37. 3,69	589839

ce qui donne les degrés moyens suivants :

	Latitude moyenne.	Degrés moyens.
	° ′ ″	tath.
Arbury-Clifton...............	52.50.29,8	60766
Blenheim-Clifton.............	52.38.56,1	60769
Greenwich-Clifton............	52.28. 5,7	60794
Dunnose-Clifton.............	52. 2.19,8	60820
Arbury-Greenwich............	51.51. 4,1	60849
Blenheim-Dunnose............	51.13.18,2	60890
Dunnose-Greenwich...........	51. 2.54,2	60884

Ce Tableau présente un résultat bien singulier et bien inattendu. On savait bien que des degrés consécutifs pouvaient présenter des irrégularités, provenant soit des erreurs inévitables des observations ou des instruments, soit enfin des irrégularités de la Terre ; mais dans l'opération de France, les degrés allaient tous décroissant avec les latitudes. Ici c'est tout le contraire. Quelle en peut être la cause ? Les observations sont nombreuses et s'accordent, en général, autant qu'on peut le désirer. Si une pareille masse de distances, qui présentent un si bel accord, peut cependant conduire à des conclusions qui paraissent contraires à la théorie, il faut que la théorie soit contraire aux faits, ou il faudra dire du secteur de Ramsden ce que cet artiste disait du cercle de Borda : que des observations qui vont très bien ensemble peuvent conduire à des résultats erronés.

Mais ce qu'il a dit du cercle, il ne l'a point démontré ; et si l'on en voulait dire autant du secteur, il serait assez difficile d'en assigner la cause. M. Mudge, en terminant l'exposé de ses travaux, affirme qu'il est parfaitement convaincu de l'exactitude du tout, et qu'il ne peut douter un moment de la bonté des observations. En examinant ses journaux, en mesurant de nouveau les chaînes qui ont servi à la base de Misterton-Carr, il croit probable que l'erreur de l'arc entier n'est pas de cent pieds ou d'une seconde ; il est même persuadé qu'elle n'est pas de moitié. On ne pourrait attribuer d'erreur sensible aux distances zénithales qu'en disant que le plan du secteur n'était pas dans le méridien : ce soupçon ne tiendrait pas contre l'examen des méthodes et des observations qui ont servi à lui donner la position requise. D'ailleurs, les passages au méridien ont été vérifiés par des hauteurs correspondantes aussi éloignées l'une de l'autre que le permettait l'arc du secteur.

Si c'est une déviation du fil à plomb qui a produit l'erreur, il n'est pas probable que ce soit à Dunnose. L'auteur inclinerait plutôt à croire au contraire que le fil à plomb aurait été attiré vers le Sud à Arbury-Hill et surtout à Dunnose. S'il en est ainsi, et qu'il n'y ait eu de déviation ni à Dunnose, ni à Arbury, l'arc total doit être trop fort de 8″, ce qui ne ferait pas 2″ par degré. Il est vrai que 8″ c'est beaucoup, et l'on ne pourrait les expliquer qu'en supposant que la matière qui a produit la déviation s'étend dans la direction Sud au delà d'Arbury. Si, contre toute probabilité, on voulait que l'erreur fût à Dunnose, il faudrait qu'elle fût de 10″ par l'effet d'une attraction dans la direction Sud, tandis que le défaut de matière conduirait à une conséquence toute contraire.

Je sens bien, ajoute M. Mudge, qu'il est possible de faire une supposition qui expliquerait une déviation de cette force; ainsi, dans un pays où se trouve beaucoup de matière calcaire, comme dans la partie Sud du royaume, si l'instrument était placé juste à la limite de deux couches, dirigées vers l'Est et l'Ouest, l'une de chaux et l'autre d'une matière plus dense, on aurait les effets observés. Mais on ne peut appliquer ce principe à Dunnose, et aucune apparence extérieure n'indique que la supposition soit plus juste pour Arbury et Clifton.

Si l'on emploie l'arc terrestre entre Blenheim et Dunnose, avec l'arc céleste correspondant, à trouver l'arc céleste total, on trouvera 2°50′11″,80, ce qui donne 11″,79 de déviation à Clifton. Si l'on emploie au même calcul l'arc terrestre entre Dunnose et Greenwich, on trouvera 10″,3. En général, les observations conspirent à prouver que le fil a été attiré vers le Sud à toutes les stations, et cela, par des forces attractives qui augmentent à mesure qu'on va vers le Nord. Dans la suite des opérations, le secteur sera porté dans cette direction, et peut-être en tirerons-nous quelques lumières nouvelles dans une question de cette importance. Mais des opérations méridionales dans une île ne doivent pas conduire à des résultats aussi certains pour la longueur des degrés, que les mêmes opérations exécutées dans des pays éloignés de la mer.

D'après les opérations des Français, l'arc entre Clifton et Barcelone sera de 12°5′42″,79, un peu plus que 1 : 30 de la circonférence de la Terre; l'arc terrestre est de 4411968 pieds : on en conclut 60795 fathoms pour le degré à 47°24′.

En supposant la latitude de Paris 48°50′15″, l'arc entre Clifton et Paris sera 4°37′16″,59, l'arc terrestre 1686595 pieds, ce qui donne 60825 fathoms pour le degré de 51°9′ : il a été trouvé ci-dessus de 60887.

Nous avons transcrit les réflexions de l'auteur sans y rien ajouter, ni pour les appuyer, ni pour les combattre. On a déjà beaucoup disserté sur ce point, et l'on n'en est guère plus avancé.

Voici la comparaison à notre ellipse des arcs terrestres et célestes rapportés ci-dessous :

	Arc terrestre.	Arc céleste demandé.	observé.	Diff.
	T	o ′ ″	″	″
I. Dunnose–Clifton........	162071,5	2.50.22,22	23,38	+ 1,16
II. Dunnose–Arbury.......	91691,25	1.36.23,53	19,98	— 3,55
III. Arbury–Clifton.........	70375,60	1.13.58,64	63,40	+ 5,24
IV. Greenwich–Clifton......	113270,23	1.58.63,68	51,6	—12,08
V. Dunnose–Greenwich....	49526,30	0.51.34,65	31,39	— 3,26
VI. Blenheim–Clifton.......	92241,56	1.36.57,78	63,69	+ 5,91
VII. Greenwich–Arbury......	42634,62	0.44.49,10	48,19	— 0,91

I. Ce serait 1″,16 à retrancher d'un arc de près de 3° : l'erreur est dans les limites qu'on peut admettre. Il en résulte que les observations extrêmes sont également bonnes, ou qu'elles ont le même défaut.

II. Il faudrait ajouter à cet arc 3″,55, en diminuant de 1″,775 la latitude de Dunnose et en augmentant de la même quantité celle d'Arbury : il n'y a rien encore de bien excessif dans cette supposition.

III. Il faudrait diminuer cet arc de 5″,24 en supposant une augmentation de 2″,62 à Arbury et une diminution à Clifton ; ou bien il faudrait augmenter Arbury de 5″,24 si l'on voulait supposer nulle l'erreur à Clifton. Nous avons une augmentation de 3″,55 et une diminution de 5″,24. Total : diminution de 1″,69 : l'arc total en demandait seulement 1″,16. Si l'on suppose que l'erreur est nulle aux deux extrémités, il faudra supposer 5″,24 d'erreur à Arbury, ce qui paraît difficile à admettre.

IV. Il faudrait augmenter l'arc de 12″,08. Or on peut diminuer Greenwich de 1″ ou 2″ tout au plus ; il faudrait donc augmenter de 10″ à 11″ la latitude de Clifton, ce qui serait fort étrange.

V. Il faudrait augmenter l'arc de 3″,26 ; mais on ne peut augmenter Greenwich : il faudrait donc diminuer Dunnose de 3″,26 ; et nous trouvions, par le calcul précédent, qu'il fallait l'augmenter : tout cela est incompatible.

VI. Il faudrait retrancher 5″,91 à Clifton.

VII. Cet arc devait, au contraire, être augmenté de 0″,91. On peut retrancher 1″ de Greenwich : Arbury serait donc bon.

Pour accorder toutes les conditions, on aurait à résoudre un problème très indéterminé, et plus qu'indéterminé, car tout repose sur les suppositions de notre ellipse.

Cette grande et importante opération, à laquelle, malgré toutes ses anomalies, on ne peut refuser une grande confiance, est venue fort à propos pour répondre aux géomètres qui ne doutaient nullement que je me fusse trompé de 5″ à Évaux, et pour disculper Maupertuis et ses compagnons de l'erreur de 10″, qu'on leur reprochait assez généralement : il n'y a pas de raison pour que Mallorn et Pahtarava s'accordent mieux avec Tornea et Kittis que Dunnose, Arbury, Clifton avec Greenwich et Blenheim.

A ceux qui refuseraient d'admettre les inégalités de la Terre, nous demanderions quelle preuve ils ont de sa parfaite ellipticité ; et s'ils veulent absolument rejeter les anomalies sur les observations, nous les prierons d'imaginer des instruments plus parfaits que le cercle de Borda et le secteur de Ramsden.

On nous dira peut-être que l'opération de 1718 donnait un allongement, comme la nouvelle opération d'Angleterre, et qu'il a cependant été prouvé depuis, à deux époques bien différentes, que les degrés de France, mieux mesurés, démontraient un aplatissement. Nous convenons du fait; mais on nous permettra de croire que l'objection n'a pas le moindre poids. Nous avons démontré, par des raisonnements qu'on pouvait faire il y a cent ans comme aujourd'hui, que l'opération de 1718 n'a jamais pu faire une objection contre la théorie de Newton, qu'il était aisé de voir qu'elle ne pourrait jamais donner la moindre notion sur la figure de la Terre ; et même, en l'examinant de près, on y voit des vues systématiques qui ont pu influer sensiblement sur les résultats. Les premiers triangles au sud de Paris avaient fait concevoir l'idée d'un allongement, et même d'un allongement excessif. Le premier auteur de cet essai saisit avec empressement cette idée ; pour la mettre dans un plus beau jour, il se permit de défigurer l'opération de Picard pour diminuer le degré d'Amiens. A la manière dont furent conditionnés les triangles de Bourges à Perpignan et d'Amiens à Dunkerque, on était maître de donner aux arcs terrestres la longueur qu'on voulait; on s'écarta des idées de Picard dans la construction des secteurs, et l'arc céleste fut tout aussi peu sûr que l'arc terrestre.

Or on ne voit rien de pareil dans l'opération anglaise : partout on voit les attentions les plus scrupuleuses et les inventions les plus nouvelles employées pour assurer l'exactitude des résultats; une multitude d'étoiles, qui présentent l'accord le plus satisfaisant et qu'on fait toutes concourir; au lieu qu'en 1718, après avoir observé six étoiles, on les rejette toutes sans examen, pour choisir celle qui s'accordait mieux avec le système qu'on voulait faire prévaloir. S'il y a une partie un peu plus faible, ou qui n'ait pas obtenu un assentiment aussi général, c'est celle des calculs; et nous allons voir que l'espèce d'incertitude qui en peut résulter n'est pas d'une grande conséquence.

Le résultat que présentait la nouvelle mesure de degrés était trop extraordinaire et trop inattendu pour n'être pas sévèrement examiné; il le fut dans les *Transactions philosophiques* mêmes de 1812 par M. Rodriguez, savant espagnol; nous avons donné un extrait fidèle de son Mémoire dans la *Connaissance des Temps* de 1816 (¹). On y rend toute justice à la beauté et à la perfection des instruments, ainsi qu'à l'adresse et aux attentions scrupuleuses des observateurs; on convient que les observations géodésiques ont été conduites avec un degré d'exactitude difficile à surpasser; et quand on voudrait supposer, pour un moment, que les chaînes qui ont servi pour les bases ne seraient pas susceptibles d'une précision égale à celle des règles de platine employées en France, il n'en serait pas moins vrai que les soins apportés dans leur construction et dans leur usage, les peines qu'on a prises pour les vérifier, sont telles qu'on ne peut supposer dans ces bases une erreur assez forte, pour influer d'une manière sensible sur les côtés d'une chaîne de triangles qui ne s'étend pas à 3°.

On ajoute que la singularité des résultats porte à soupçonner quelques inexactitudes, soit dans les observations, soit dans les calculs. L'auteur anglais n'a pas dit quelles sont ses méthodes ou ses formules, mais on voit, par la disposition de son travail, qu'il a fait usage de la méthode des perpendiculaires, sans aucun égard à la convergence des méridiens; et quoique cette méthode ne soit pas rigoureusement exacte, on sait qu'elle ne peut être en erreur que d'un petit nombre de fathoms sur l'arc total, et que l'effet doit

---

(¹) *Additions*, p. 256-274 (G. B.).

être bien moindre encore sur chaque degré en particulier. Ainsi la supposition la plus vraisemblable est que, s'il y a quelque erreur, il faut la chercher dans les opérations astronomiques. Mais on déterminerait difficilement quelles peuvent être les erreurs, ou la partie de l'arc où elles se rencontrent, à moins de soumettre toute la partie géodésique au calcul le plus rigoureux. M. Rodriguez a fait choix des méthodes que nous avons exposées et employées les premiers dans la *Base du Système métrique.*

Dans ces méthodes, on n'a besoin de rien autre chose que des angles sphériques observés, corrigés seulement des erreurs de l'observation. On n'a aucun besoin des côtés des triangles : il suffit de leurs logarithmes ou des logarithmes des sinus des côtés et des angles.

On a déterminé l'arc entier par les stations occidentales et par les stations orientales : par un milieu entre les deux calculs, l'arc total s'est trouvé de 2"50'21",972 et le degré moyen de 57073,74 toises pour 52°2'20" de latitude. On trouve encore :

	Arc entier.		Degré.	Lat. moy.
	° ' "	T	T	° ' "
Arbury-Dunnose.....	1.36.23,34	91679,47	57065,42	51.25.21
Arbury-Clifton	1.13,58,673	70377,85	57080,70	52.30.31

En divisant l'arc total en deux parties égales, on aura :

Degré moyen.	Latitude moyenne.
T	° ' "
57068	51.25.20
57074	52. 2.20
57081	52.50.30

Entre ces calculs et ceux de M. Mudge, M. R. trouve + 1",38 pour l'arc total, + 4",77 pour Clifton et Arbury et enfin — 3",39 entre Arbury et Dunnose. Ci-dessus nous avons trouvé entre mon ellipse et les observations : + 1",38, + 5",24 et — 3"55. Pour les arcs terrestres, il trouve 10 toises pour l'arc total, 2 et 8 toises pour les arcs partiels, et attribue ces différences à la convergence des méridiens, qui a été négligée.

De là, il paraît résulter que c'est aux observations de latitude qu'il faut attribuer l'augmentation des degrés en allant vers l'équateur, et que c'est à la station d'Arbury qu'il faut supposer une erreur de 5″, malgré la bonté de l'instrument et le soin de l'observateur.

Pour démontrer son assertion, M. R. emploie nos formules. Dans l'état présent des choses, les éléments lui paraissent suffisamment connus. L'aplatissement et le rayon de l'équateur sont les seules quantités nécessaires pour le calcul. Il suppose le degré moyen de 57010,5 toises à $45°4'18″$: nous avons dit qu'il était entre 57008 et 57012 toises. Il considère les aplatissements suivants :

$$1 : 330$$
$$1 : 320$$
$$1 : 310$$

et l'arc entier sera

$$2.50.21″,972$$
$$2.50.21,974$$
$$2.50.21,976$$

On voit que l'incertitude est insensible. Il en conclut que les observations ne s'accordent avec la vraie théorie qu'à 1″,38, quantité dont on ne peut répondre avec aucun instrument.

M. R. s'appuie ensuite sur l'observation de Suède et sur celles nouvellement exécutées dans l'Inde. En appliquant les mêmes raisonnements à l'arc entre Greenwich et le Panthéon, il soupçonne une erreur d'observation de 4″ et il argumente de celle de 3″,24 qui se trouve entre Montjouy et Barcelone.

A cela nous avons répondu qu'à la vérité la différence, trouvée par M. R. sur les trois arcs anglais, pouvait faire naître quelque soupçon sur l'observation d'Arbury, que quelle que fût la courbure du méridien, il était peu probable qu'elle pût varier si rapidement; et nous venons de voir que nos calculs, dans une hypothèse peu différente, nous conduisaient à des résultats presque identiques; mais, au lieu de condamner tout d'abord l'observation intermédiaire, il paraîtrait plus juste de les supposer bonnes toutes trois successivement : alors on verrait si l'arc total s'accorde avec 1 : 330 ou 1 : 310; l'arc austral ne va pas moins bien avec 1 : 180. Il est vrai que l'arc boréal indiquerait un aplatissement presque nul : ce dernier résultat est fort invraisemblable, mais il n'est pas plus

probable que le même instrument, qui aurait donné si bien les distances (zénithales) aux deux extrémités, eût donné 5″ d'erreur dans
l'observation moyenne. Il n'est pas démontré que la courbe du
méridien soit une ellipse bien régulière, et que l'aplatissement
conclu de deux degrés très éloignés soit celui qui convienne à tous
les arcs intermédiaires. Enfin, si des instruments, tels que ceux qui
ont été employés en France et en Angleterre, peuvent être sujets à
des erreurs de 4″ et 5″, on ne voit pas bien comment on peut
jamais être certain ni d'aucune latitude, ni d'aucune amplitude
quelconque ; on conçoit plus facilement encore comment la Terre
pourrait avoir, soit vers la surface ou même à plus de profondeur,
des inégalités qui puissent changer diversement selon les lieux la
direction du fil à plomb. Revenons à l'opération de M. Mudge.

Le *troisième* (¹) Volume commence par les angles observés
depuis 1800 jusqu'à 1809. Outre les écarts ordinaires, qui sont peu
de chose, on en trouve dans les angles terrestres de

4″,0	4″,5	5″,75	8″,0	8″,2	6″,75	6″,0
4,5	4,25	5,25	6,5	4,25	4,0	4,75
4,5	6,25	4,0	5,5	4,0	4,25	6,25
5,75	6,5	4,0	4,5	6,0	9,5	6,75

En 1806, on mesura une nouvelle base à Rhuddlan-Marsh ; on se
servit des mêmes chaînes, après les avoir vérifiées. La longueur
totale fut de 24514,96 pieds : le calcul a donné 9,5 pieds de différence.

Les angles ont été mesurés avec le grand théodolite ; cependant
les écarts considérables paraissent plus nombreux : l'instrument,
par un long usage, aurait-il perdu de sa précision ?

Les signaux sont des lampes, qui ne peuvent avoir de phases et
qui n'offrent qu'un point, lumineux par lui-même. On ne peut
rejeter les écarts sur les erreurs de division, car l'angle est toujours
mesuré par le même arc du théodolite ; c'est toujours le même
degré, la même partie du micromètre à fort peu près ; sans doute
aussi le même jour, car nulle part on ne parle de différentes dates :
il ne resterait donc que les erreurs de lecture.

(¹) Analysé aussi par Delambre, dans les *Additions* de la Connaissance des
Temps pour 1818, p. 271-278 (G. B.).

Dans les nouveaux triangles, où beaucoup d'angles ont été conclus, on ne donne que les angles réduits, et dans aucun des triangles principaux on ne dit l'erreur totale; seulement on y voit parfois la différence de l'angle sphérique à l'angle des cordes. Mais, par ce que nous avons rapporté ci-dessus, on voit que malgré l'avantage des lampes ces erreurs égalent celles que nous avons eues quelquefois avec des clochers où nous avions, de plus, à craindre la petite erreur de la réduction au centre ou à l'axe. Nous pensons que ces erreurs, en Angleterre comme en France, et partout ailleurs, viennent de la déviation du point lumineux. On est forcé de supposer que ce rayon nous vient toujours en ligne droite; à la vérité l'écart est toujours peu sensible, mais à des jours et à des heures différentes ces écarts ont lieu très probablement dans des sens différents : de là, sans doute, les écarts extrêmes de $9''$ observés au théodolite ou au cercle répétiteur; de là aussi ces erreurs de $4''$ ou $4'',5$ sur la somme des angles. Heureusement ces erreurs sont toujours très rares, dans les triangles anglais comme dans les nôtres : nous en avons vu de $9''$ et plus dans les triangles de Suède.

La plus grande partie de ce Volume n'offre que des détails topographiques; mais à la page 312 on voit commencer une longue suite de distances zénithales des étoiles observées à Delamere Forest (par $53°13'20'',8$ de latitude, à $2°40'30'',8$ à l'ouest de Greenwich), et à Burleigh Moor (p. 316), par $52°35'45''$ de latitude; nous rapporterons seulement les collimations :

Delamere Forest.		Burleigh Moor.
$2'',28$	$1'',62$	$2'',88$
$2,25$	$1,96$	$3,58$
$1,91$	$2,20$	$3,06$
$2,32$	$3,26$	$3,42$
$2,11$	$3,62$	$1,80$
$0,89$	$3,45$	$2,64$
$1,42$	$2,29$	$3,61$
		$2,04$

Voici les amplitudes : N désigne le nombre d'étoiles et ε le plus grand écart autour de la moyenne :

	Amplitude.	N.	ε.
Dunnose-Delamere Forest...	$2°.36'.12'',2$	8	$1'',2$
Dunnose-Burleigh Moor	$3.57.13,1$	8	$1,26$

L'arc terrestre est de 1442852^{pi},5.

	fath.	Latitude.
Degré entre Dunnose et Burleigh.......	60823,8	52.35.45″
On a trouvé ci-dessus.................	60820	52. 2.19,8

Arc terr. entre les parallèles de Black-Down et Dunnose.	25005^{pi}
»　　　　　　　　　　　Black-Down et Delamere.	925184,6

Donc

Arc terr. entre les parallèles de Dunnose et Delamere...　950189,6

Nous avons ainsi deux portions du méridien qui, partant du même parallèle sud, s'étendent l'un à 3″57′13″,1 et l'autre à 2°36′12″,2. Si la surface de la Terre, dans le canton mesuré, est uniforme dans le sens du méridien, les arcs doivent être en raison des amplitudes, et nous aurons

$$1442852^{pi},51 : 3°57′13″,1 :: 950189^{pi},9 : 2°36′13″,2.$$

Pour le dernier de ces nombres, les observations ont donné 2°36′12″,2 : la différence n'est que de 1″, dont on ne peut répondre. Ainsi Mudge en conclut que les deux différentes mesures s'accordent autant qu'on pouvait le désirer, et que la longueur du degré, à 52°34′ de latitude, ne doit pas différer de 60823 fathoms.

Les stations principales auxquelles toutes les autres sont rapportées, par des parallèles ou des perpendiculaires, sont :

	Latitude.	Long. O. Gr.
Dunnose...................	50.37. 8″,6	1.11.36″
Clifton-Beacon.............	53.27.32,0	1.12.52,5
Burleigh Moor.............	54.34.21,7	1. 2. 4,4
Delamere Forest...........	53.13.20,8	2.40.30,8
Moor Rhyddlad.............	53.22.45,4	4.31.51,9

Les deux méridiens dont on a mesuré les arcs, celui de Dunnose et celui de Delamere Forest, diffèrent de 1°28′54″,8 en longitude.

Dans les deux arcs mesurés, on a la latitude de l'extrémité nord, et l'extrémité sud est commune; mais il a fallu ramener Black Down à Dunnose en calculant la différence des parallèles, qui n'est, à la vérité, que de 25005 pieds ou de 4000 fathoms environ.

On ne peut soupçonner aucune erreur bien importante dans la réduction, mais la vérification eût été plus complète si l'on eût aussi observé la latitude de Black Down; et l'auteur aurait pu dire alors, avec plus de justesse encore, qu'il avait *deux arcs absolument indépendants l'un de l'autre;* plus indépendants des attractions locales et plus propres à mettre tout à fait hors de doute la bonté du secteur. Voici les degrés moyens :

	Lat. moy.	Degré moy.
	$^{\circ}\quad{}'\quad{}''$	fath.
Dunnose-Clifton................	52. 2.30″	60823
Dunnose-Delamere Forest......	51.55.15	60830,3
Dunnose-Arbury-Hill...........	51.35.17	60864,0

Ces trois degrés vont encore en augmentant quand la latitude diminue, et le résultat d'Arbury n'en reste pas moins inexplicable, car on ne voit pas comment un secteur qui n'a point d'erreur sensible, ou qui a sensiblement la même erreur à Dunnose, Clifton et Delamere Forest, a pu contracter à Arbury une erreur de 5″.

Cette erreur dénoncée par Rodriguez a excité d'assez vifs débats dans les journaux anglais. J'avais conseillé aux parties intéressées de porter une seconde fois leur secteur à Arbury Hill, en leur annonçant que j'étais persuadé qu'ils y trouveraient de quoi confirmer leur première détermination et réduire les critiques au silence. Mais d'autres occupations plus urgentes ont fait ajourner une épreuve qu'on regardait comme superflue. En France, on était persuadé qu'on ne pouvait lever la difficulté qu'en envoyant à Arbury un cercle de Borda : ces savants oubliaient qu'avec un même cercle qui m'avait donné fort exactement les latitudes de Paris et de Dunkerque, ils accusaient mon cercle de m'avoir trompé de 5″ à Évaux, dans un temps qui tenait le milieu entre les observations de Dunkerque et de Paris. Depuis, M. Kater a porté un cercle répétiteur à Arbury-Hill, et il a trouvé la même chose que M. Mudge avec son secteur. Avant même cette vérification, dont nous n'avons pas encore les détails, on avait changé d'idée en France sur le secteur, et l'on demandait qu'il fût apporté à Dunkerque pour vérifier la latitude.—J'adressai moi-même la même demande à M. Mudge, qui dès lors avait conçu le projet de joindre son opération à la nôtre et de la prolonger jusqu'aux îles Shetland. Le secteur vint à Dunkerque, et tout ce que nous savons uniquement, par le témoignage unanime des observateurs anglais et français, est que ma latitude a été confirmée par le secteur et même par un cercle à niveau fixe, quand on eut pris la précaution d'observer des étoiles au Nord et au Sud, pour anéantir une erreur constante qui se manifestait en sens différent dans les deux positions. Ainsi l'irrégularité des méridiens paraîtrait constatée, du moins par tous les moyens dont on peut disposer dans l'état actuel de la Science.

La latitude de Blenheim est supposée ordinairement de $51°50'29''$; M. Mudge, tome II, p. 106, ne trouve que $51°50'27'',9$ en la déduisant de celle de Dunnose, qui suppose $51°28'40''$ pour Greenwich. J'aurais voulu déduire Arbury de Blenheim, qui n'en diffère que de $23'$, mais M. Mudge dit que ce n'est pas le moment de se livrer à cette recherche : *It will be improper to dwell on this matter at present.*

Outre la partie proprement astronomique, à laquelle nous nous sommes spécialement attachés, l'Ouvrage dont nous venons de présenter un extrait renferme encore une multitude de détails topographiques dont il nous est impossible de donner une idée. On y verra l'Angleterre et une partie de l'Écosse couvertes de triangles dans un espace de $6°$ en latitude. Ces triangles ont été observés avec des soins proportionnés à leur importance : tous les côtés sont scrupuleusement calculés, tous les sommets rapportés, par des coordonnées orthogonales, au méridien le plus voisin. On a donné les longitudes et les latitudes des objets les plus remarquables. Cette opération se distingue particulièrement par la multitude de machines ou d'instruments qu'elle a fait imaginer ou perfectionner, soit pour la mesure des angles dans le Ciel et à la surface de la Terre. Les rédacteurs ont exposé avec candeur les irrégularités qu'ils n'ont pu éviter dans la mesure des angles. Elles sont plus sensibles dans les observations faites au théodolite, surtout si l'on considère que les signaux de nuit ne sont sujets à aucune phase. Ces variations, auxquelles il serait difficile d'assigner une autre cause, dépendent très probablement des déviations continuelles du rayon lumineux.

Quand on compare le secteur de Ramsden à ceux de Graham, de Langlois et d'autres artistes moins connus, qui ont servi autrefois à des opérations du même genre, on s'attendrait à trouver dans

les distances au zénith un accord plus constant et plus parfait. On
est surpris de voir des variations aussi fortes que celles qui se rencontrent dans les Ouvrages de Le Monnier, La Caille, Boscovich.
Aurait-on atteint la limite qu'il ne nous sera pas donné de dépasser?
Il y a tout lieu de le craindre. On se persuadait que les opérations
de France et d'Angleterre allaient faire tomber les précédentes
dans un discrédit total; au contraire, elles paraissent laver les
observateurs plus anciens des reproches qu'on adressait soit à eux-
mêmes, soit à leurs instruments. L'opération d'Angleterre en particulier, malgré tous les avantages incontestables qu'elle a sur celle
de 1718, conduit à ce même résultat d'un allongement bien plus
inattendu et qui se soutient dans toutes les parties des dernières
opérations, comme dans celles des trois premiers degrés. Mais, que
sont, au fait, les incertitudes qui nous restent? Quelle est leur
importance réelle? Elles ont au moins cet avantage qu'elles entre-
tiennent l'émulation. On ne se lasse pas de soumettre à de nouvelles épreuves ce qui pourrait être censé connu autant qu'il peut
l'être; et si l'on fait des efforts infructueux, on apprend du moins
à connaître la limite de l'incertitude; et ces recherches, suivies
avec tant de constance, empêcheront la Science de descendre du
haut degré d'exactitude auquel l'ont enfin amené les travaux réunis
des géomètres et des astronomes. Il est vrai que ces limites, qu'on
croyait resserrer de jour en jour, semblent au contraire s'étendre
progressivement; on n'ose plus répondre à 2″ près d'aucune latitude absolue; on est même presque forcé d'admettre des erreurs
de 5″, et l'on annonce des erreurs encore plus fortes et qui sont
encore peu connues.

Degrés mesurés dans l'Inde, par le major William Lambton (¹).

Ces degrés ont été mesurés avec des instruments de Ramsden et
calculés par les méthodes anglaises. La base a été mesurée dans
une plaine de près de huit milles d'étendue; l'opération, com-

---

(¹) *Asiatic Researches*, Vol. VIII, 1808, p. 137-194. Dans la *Connaissance des
Temps* pour 1810 (*Additions*, p. 383-386), Delambre avait déjà donné l'analyse
des premières mesures de Lambton dans l'Inde (G. B.).

mencée le 10 avril 1802, n'a été terminée que le 22 mai suivant. L'alignement avait été tracé au moyen d'un instrument des passages.

On n'a été que quatre fois obligé de mesurer l'inclinaison : le reste était parfaitement de niveau. Deux fils à plomb montraient que la chaîne, dans une position quelconque, était bien exactement le prolongement de la position précédente, et les longueurs des fils déterminaient l'inclinaison : on avait ainsi le nivellement partiel et total de la base. Un piquet de bambou, enfoncé à fleur de terre, marquait chacune des deux extrémités. Pour les conserver, on a bâti tout autour des massifs de pierre, en observant de ne pas déranger les bambous. Il eût été plus court de commencer par la construction des massifs, mais on a gagné de n'avoir pour longueur totale qu'un nombre juste de chaînes, qu'il a pourtant fallu corriger ensuite de l'inclinaison et de la dilatation.

Une chaîne d'acier de Ramsden, comparée à l'étalon de Londres, à la température de 62° de Fahrenheit, n'a servi que de terme de comparaison : la mesure a été faite avec une seconde chaîne. Des expériences exactes ont montré que pendant tout le cours de l'opération cette seconde chaîne s'est allongée de $\frac{1}{104}$ de pouce.

La chaîne étalon avait une dilatation de 0,00742 pouce pour un degré de Fahrenheit; l'autre chaîne s'allongeait de 0,00737 pouce. A Londres, avant le transport, le major général Roy avait trouvé 0,00763 pouce; on attribue cette différence légère à celle des thermomètres, qui ne valaient pas ceux de Roy.

La longueur mesurée, à 90°,8 F., est 40001,4420 pieds, à corriger de + 0,16 pied. La réduction à l'horizon, à 62° F. et à l'horizon de la mer, sont respectivement — 0,2359 pied; + 5,1162 pieds et — 0,0405 pied, de sorte que la base réduite est 40006,4418 pieds.

Les observations de la Polaire ont prouvé que cette base fait avec le méridien un angle de

$$
\begin{array}{l}
°''' \\
0.12.17,0 \\
12,1 \\
16,8 \\
18,7 \\
\hline
\end{array}
$$

Moy.........., **0.12.16,15**

L'instrument qui a mesuré les angles était un théodolite comme celui de Roy, avec quelques améliorations décrites dans les *Transactions philosophiques* de 1795.

Les erreurs de la somme des trois angles, dans les 32 triangles, ont été deux fois au delà de 6″, — trois fois au delà de 4″, — deux fois de 2″ à 3″, — trois fois de 1″ à 2″; le reste est insensible; mais onze angles ont été conclus.

M. Lambton se plaint beaucoup des brumes; dans ces circonstances, les angles ont été répétés jusqu'à ce qu'on eût trois observations bien d'accord. Quand la différence entre deux mesures du même angle allait à 10″, avant de prendre un parti définitif on examinait la somme des trois angles du triangle : si l'erreur totale était peu de chose, on prenait simplement le milieu; si l'erreur était plus considérable, on regardait successivement chacune des deux observations comme bonne, on distribuait l'erreur sur les deux autres angles, on faisait la même chose pour chacun des trois angles, et l'on prenait le milieu entre toutes les valeurs qu'on trouvait ainsi pour les côtés. On faisait ensuite un choix entre les angles, en adoptant ceux qui paraissaient les plus sûrs. On calculait de nouveau les côtés, et l'on s'arrêtait enfin aux valeurs qui approchaient le plus de la première détermination.

Ce moyen était assez compliqué; jamais notre Commission ne nous a permis ni essais, ni conjectures, ni même l'usage de nos remarques : elle a pris invariablement le milieu.

On réduisait les angles sphériques à ceux des cordes et l'on vérifiait les réductions partielles en voyant si leur somme s'accordait avec l'excès sphérique, calculé par la règle ordinaire.

Ces triangles présentaient une suite de côtés peu inclinés au méridien, auquel on a pu les réduire en supposant la Terre sphérique; et les côtés ainsi réduits ont été considérés comme des cordes de ce méridien. Pour les convertir en arcs, on a supposé le degré de 60494 fathoms. Quatre de ces côtés formaient un arc de 95721,3266 fathoms.

Ces méthodes ne sont, sans doute, ni ce qu'on pouvait imaginer de plus rigoureux, et même de plus simple, mais l'erreur ne saurait être bien forte.

Le secteur est de Ramsden, qui l'avait commencé pour Roy : il a cinq pieds de rayon; l'arc est de 9″ de part et d'autre, divisé de 20′ en 20′ et sous-divisé de 5′ en 5′; le tour du micromètre est de $70''8'''$; on distingue facilement les fractions de seconde.

Les observations, commencées dans la mousson, ont été fréquemment interrompues. On avait d'abord observé trois étoiles, mais on ne put obtenir les correspondantes que pour Aldébaran. Il paraît, en général, que le climat est beaucoup moins favorable aux observations que [dans] notre vieille Europe.

Par un milieu entre 17 jours d'obs. : lat. de Paudree......	$13.19.49'',018$
Par un milieu entre 18 jours d'obs. : lat. de Trivandeporum.	$11.44.52,590$
Amplitude...........................	$1.34.56,428$
Déclinaison d'Aldébaran en 1803	$16. 6.20$
Déclinaison d'Aldébaran, milieu de février	$16. 6.18$

Les différences entre les distances zénithales vont une fois à $4'',11$ et une fois à $3'',97$.

Pour placer le secteur dans le méridien, on avait une mire à la distance d'un mille.

Enfin la longueur [du degré du méridien est de] de 60495 fathoms ou 56763 toises françaises, et le degré perpendiculaire de 61061 fathoms ou 57294 toises.

Or, soit e l'excentricité terrestre, [L la latitude]

Le degré du méridien sera

$$M = \frac{1 - e^2}{(1 - e^2 \sin^2 L)^{\frac{3}{2}}} ;$$

le degré perpendiculaire

$$P = \frac{1}{(1 - e^2 \sin^2 L)^{\frac{1}{2}}} ,$$

d'où

$$e^2 = \frac{P - M}{P - M \sin^2 L} .$$

Or

$$L = 12°32'30''.$$

On en déduit

$$\log e^2 = 0,0097242 \qquad \text{et} \qquad \alpha = 0,0048621 = \frac{1}{205,67} .$$

.Je trouve la même chose par la formule

$$\tan I = \sec H \left(\frac{P - M}{M} \right)^{\frac{1}{2}}.$$

Mais M. Rodriguez dit avoir trouvé 200 toises d'erreur dans cette mesure ou dans ce nombre. Effectivement avec cette correction (P = 57 094 toises, M = 56 763 toises) nous trouvons 1 : 328,31, qui se rapproche beaucoup plus des idées aujourd'hui répandues.

Ainsi nous voyons que ce degré doit s'accorder à fort peu près avec notre ellipse. Nous avons fait ces extraits d'après les *Mémoires de la Société asiatique* de Calcutta; la suite a paru dans le même recueil, tome XII ([1]).

L'objet du gouvernement de Madras avait été de joindre par des triangles les côtes de Coromandel et de Malabar, et de déterminer les longitudes et les latitudes des points les plus important de l'une et de l'autre côte, et même de l'intérieur.

Ce plan reçut des augmentations considérables : aux triangles qui couvraient la péninsule, entre les parallèles de 14° et de 12°, on en a joint une autre suite qui s'étend de Tranquebar et de Négapatam jusqu'à Puniany et Calicut, sur l'autre côte; et, pour compléter le réseau, une autre suite a été menée le long du méridien jusqu'au cap Comorin, et des triangles latéraux la joignent aux deux côtes. Ces triangles renferment un arc de méridien dont l'amplitude est de 6°.

Ce nouvel arc est la continuation de celui dont la position a été déterminée de Dodagoontah, dans le Misour, en 1805. Il commence à Putchapolliam, en Coimbetoor, où se terminait le premier, et il finit à Punnœ, près le cap Comorin. Punnœ n'est qu'à 98, 2 pieds à l'est du méridien de Dodagoontah. Il reste une station où l'on n'avait pu encore observer, à l'époque où le Mémoire fut imprimé : c'était celle de Permaul-Malli, montagne très élevée, où l'on n'avait pu encore monter; et l'on avait été provisoirement obligé de conclure le troisième angle dans quatre triangles qui aboutissaient à ce point; mais la base de vérification, près de Tinnivelly, prouva qu'il n'en résultait aucune erreur sensible.

([1]) Delambre avait déjà donné un extrait du Mémoire inséré dans ce Tome XII, dans *Additions* à la *Connaissance des Temps* pour 1819, p. 292-302 (G. B.).

La base de Coimbatoor, ainsi que les distances des étoiles au zénith, ont été mesurées en 1806. La base de Tinnivelly a été mesurée en 1809 et l'on a observé à la station sud les mêmes étoiles qu'à Putchapolliam, et avec le même succès.

Le degré moyen du nouvel arc est de 60473 fathoms, à peu près, à la latitude moyenne de 9"54'44".

Ici l'auteur fait remarquer que dans le premier arc, entre les latitudes de 13° et 14°, il se trouve une mine de fer qui peut avoir dérangé le fil à plomb; et, en effet, cette partie de l'arc présente une irrégularité fort sensible :

	Degré.	Latitude.
Arc Putchapolliam-Dodagoontah......	60529 fath.	11°59'54"
Arc Putchapolliam-Bomasumdrum	60449 fath.	11"59'54"

Cette différence de 80 fathoms ne peut provenir que de la nature du pays, car les deux stations sont trop éloignées des montagnes pour que leur attraction ait pu se faire sentir. Mais la mine de fer a dû tirer le fil à plomb vers le Nord quand on observait à Dodagoontah, et vers le Sud à Bomasumdrum, en sorte que l'arc de Putchapolliam est devenu trop petit et l'arc entre Dodagoontah et Bomasumdrum trop grand, ce qui est contre la loi du décroissement des degrés. Vu ces circonstances, et bien persuadé de l'exactitude des observations à l'une et à l'autre station, l'auteur croit qu'il convient de prendre un milieu entre ces deux arcs, et il en a conclu le degré de 60490 fathoms à 11"59'54" de latitude.

Si la mine de fer n'eût pas été exploitée, on n'en eût pas reconnu l'existence; l'effet n'en aurait peut-être été que plus considérable, et l'on n'aurait su comment expliquer l'allongement des degrés. Si, au lieu d'une mine, ce terrain eût été creux à l'intérieur, on l'eût encore moins reconnu, et l'effet aurait pu être contraire. Tout cela est certainement possible, mais le plus souvent on n'en peut rien savoir, et la réflexion n'est pas rassurante.

Quelle que puisse être la cause de l'irrégularité, les erreurs seront considérablement réduites si l'on considère l'arc total. L'auteur va donc comparer les arcs Punnœ-Dodagoontah, Punnœ-Bomasumdrum, Punnœ-Paughur, ce dernier point étant aussi une des stations de la première opération.

(Désignons par I, II, III et IV les arcs Punnœ-Putchapolliam,

Putchapolliam-Dodagoontah, Putchapolliam-Bomasumdrum et Putchapolliam-Paughur).

	Arcs partiels.		Arcs totaux.		Degré moy.	Lat. moy
	o ′ ″	pi	o ′ ″	pi	fath.	o ′ ″
II......	2. 0. 9,79	727334,6	4.50.20,33	1756435,1	60469	10.34.49
I......	2.50.10,54	1029100,5	5.50.12,02	2117376,3	60462	11. 4.44
III.....	3. 0. 1,88	1088275,8				
I......	2.50.10,54	1029100,5	5.56.48,32	2157572,5	»	»
IV.....	3. 6.37,78	1128472				

Les degrés 60469 et 60462 fathoms relatifs aux latitudes $11°8′3″$ et $11°4′44″$ donnent comme moyenne 60465,5 fathoms à $11°6′23″,5$.

Le degré de $10°35′49″$ comparé au degré d'Angleterre (60820 fathoms à $52°2′20″$) donne pour les deux demi-axes le rapport 1 : 1,0030359; il en résulte 60478 pour $11°6′24″$ et l'aplatissement 1 : 329, le même que nous avons trouvé ci-dessus après avoir corrigé l'erreur de 200 toises. Au lieu de 60465,5 toises, la moyenne arithmétique serait 60481,75. M. Lambton trouve 60486,75, et pour éviter les fractions il suppose 60487.

Il compare de nouveau ce degré à celui d'Angleterre et il trouve le rapport 1 : 1,0031429 ou un aplatissement 1 : 318,13 et se sert de son degré et de ce rapport pour calculer les degrés suivants.

En adoptant les mêmes données, j'ai trouvé le rapport

$$1 : 1,003139263$$

et les degrés placés ci-après à côté de ceux de M. Lambton :

o ′	T	T
8.30	60479	60479
9.30	81	82
10.30	84	85
11.30	88	88
12.30	93	93
13.30	60497	60497

L'auteur fait remarquer ensuite que dans le Xe Volume des *Recherches asiatiques* il faisait la latitude de Dodagoontah de $12°59′59″,91$, comme il l'avait trouvée par neuf étoiles en 1802, et qu'il en avait déduit la latitude de l'Observatoire de Madras $13°4′8″,7$; mais si l'on accorde que le fil à plomb a pu dévier vers le Nord à Dodagoontah, cette latitude doit être trop faible. Il la déduit des mêmes étoiles observées à Punnœ. Alors la latitude de Dodagoontah est de 13°0′1″,9, c'est-à-dire plus forte de 2″ à peu près, et celle de Madras devient 13°4′11″ à fort peu près.

Comparant ensuite le degré 60487 avec les arcs mesurés en Angleterre, en France et en Suède, il trouve, par un milieu, le rapport des axes 1 : 1,0032423 presque, et l'aplatissement 1 : 318,13.

Ceci était écrit en novembre 1809.

Après cette introduction, l'auteur entre dans le détail de ses diverses opérations. Il commence par la base de Coimbetoor. Les diverses réductions qu'il lui fait subir ne vont guère qu'à 15 pouces, parce qu'elles sont légères et de signes différents. La base réduite est de 32301,2769 pieds ou de 5353,54615 fathoms. Plus loin, on trouve une base de vérification de 30507,5 pieds ou 5084,9 fathoms environ.

Les angles ont été mesurés avec le même théodolite que ceux du premier arc. Les écarts de ces angles autour de la moyenne ont été 10 fois au-dessous de 1″, — 26 fois au-dessous de 2″, — 39 fois entre 2″ et 3″, — 21 fois entre 3″ et 4″, — 20 fois entre 4″ et 5″, — 10 fois entre 5″ et 6″, — 2 fois entre 6″ et 7″, — 2 fois entre 7″ et 8″, — 1 fois entre 8″ et 9″, — 3 fois entre 9″ et 10″, — 1 fois entre 10″ et 11″ et enfin 3 fois entre 13″ et 14″.

On peut être très étonné qu'avec des signaux de feu on trouve de pareilles discordances entre des angles mesurés au théodolite; mais on a vu, dans la première opération, que l'auteur se plaignait beaucoup des brumes. Or les temps chauds et humides sont ceux dans lesquels les réfractions sont les plus irrégulières, et nous ne voyons que cette cause qui puisse expliquer tant et de si grands écarts.

Quand l'observation était incertaine, on multipliait les mesures assez pour que le milieu pût approcher très près de la véritable valeur.

Les erreurs sur la somme des angles sont 11 fois au-dessous de 1″, — 10 fois entre 1″ et 2″, — 6 fois entre 2″ et 3″, — 1 fois entre 3″ et 4″, — 2 fois entre 4″ et 5″, — 1 fois entre 5″ et 6″.

Pour calculer l'arc du méridien, l'auteur résout des triangles obtus qui lui fournissent des côtés fort longs et presque couchés sur le méridien.

Les étoiles observées sont au nombre de 17. Voici les résultats pour l'amplitude :

$$2^\circ.50'.11'',28$$

$$9,66$$
$$10,27$$
$$10,23$$
$$11,07$$
$$9,18$$
$$12,19$$
$$10,75$$
$$11,21$$
$$10,36$$
$$9,77$$
$$11,17$$
$$11,81$$
$$10,51$$
$$8,82$$
$$7,28$$
$$12,60$$

Milieu **2.50.10,54**

On voit des écarts de 2″,27 et 3″,26 autour de la moyenne. Ainsi dans aucun climat, avec aucun instrument, près du zénith comme à de plus grandes distances, on ne peut éviter ces écarts, dont on avait espéré que nous serions affranchis par les instruments modernes.

Dans un *Appendix*, l'auteur donne ses formules et les calculs dont nous avons déjà rapporté quelques résultats. En comparant son degré à-celui que nous avons trouvé en France à 46° 11′57″ de latitude, c'est-à-dire au degré de 60783 fathoms, on trouve l'aplatissement 1 : 296,74 ; — en le comparant au nouveau degré de Suède : 1 : 308,4, et les deux demi-axes seront 3486906 et 3475638.

Le degré de l'équateur est 60858 et le degré du méridien, à 0° de latitude, 60465. Dans cette ellipse, le degré de longitude, sur le parallèle de 12°55′10″, est de 60869 fathoms, et plus fort de 121 fathoms que le degré mesuré.

Le milieu entre les deux degrés de longitude mesurés à 12°55′10″ et 12°32′12″ sera 60909 fathoms pour 12°48′41″ de latitude : ce sont 41 fathoms de plus que le degré mesuré.

Le quart du méridien sera de 5465790 fathoms; la dix-millio-

nième partie fera 39,3537 pouces anglais à la température de 62°
de Fahrenheit; et si l'on suppose le mètre français à 32° F., c'est-
à-dire à 0° C., la différence entre les deux mètres sera de
0,017 pouces anglais ou $\frac{1}{23}$ de ligne; le contour du méridien sera
moindre de 2403 fathoms.

Voilà ce que contient le Mémoire imprimé. Une Note manuscrite,
qui nous a été communiquée par l'auteur, contient les calculs suivants :

		fath.
Arc Punnœ-Putchapolliam	....	171516,75
La moitié est	....	85758,375
Ajoutez la moitié du degré de 60473	....	30236,5
Du parallèle de 9° 4′ 44″ à Putchapolliam	....	115994,875
Ajoutez au Nord	....	248187,15
Arc de 6° 1′ 16″,65	....	364182,025
Otez pour 1′ 16″,65	....	1287,87
L'arc de 6° sera	....	362894,155
Le premier de ces degrés est de	....	60473

il s'étend de 9° 4′ 44″ à 10° 4′ 44″; l'arc de 6° s'étend de 9° 4′ 44″ à
15° 4′ 44″.

L'auteur se sert de ces deux données pour déterminer l'ellipse,
l'aplatissement et la valeur de chacun des six degrés. Il résout ce
problème par ses formules, qui sont fort simples. A l'exemple des
géomètres, il néglige le carré et les puissances supérieures de
l'aplatissement, ce qui n'est encore que trop permis. Il trouve
la valeur des six degrés sans connaître encore l'aplatissement. J'ai
résolu le même problème au Tome III de la *Base du Système métrique*, sans m'astreindre à aucune hypothèse sur la figure du
méridien; mais alors la solution renferme nécessairement et les
irrégularités locales, et les erreurs de l'observation. Le problème
se simplifie beaucoup quand on s'arrête à la première puissance.
Soient :

A′ — A un premier arc du méridien;

H′ et H les latitudes extrêmes;

A″ — A un second arc;

H″ et H les latitudes extrêmes.

Pour vérifier les calculs de l'auteur, supposons, comme lui, que les deux arcs commencent au même point. Nous aurons :

$$A' - A = (H' - H)\sin 1''.x - \sin(H' - H)\cos(H' + H)y,$$
$$A'' - A = (H'' - H)\sin 1''.x - \sin(H'' - H)\cos(H'' + H)y.$$

$$A' - A = 60473, \qquad A'' - A = 362894,15,$$

$$H = 9°4'44'', \qquad H' = 10°4'44'', \qquad H'' = 15°4'44'',$$

d'où

$$x = 3479835, \qquad y = 15867,65,$$

et par conséquent un arc du méridien, entre ces limites :

$$A' - A = 3479835 \sin 1''(H' - H) - 15867,5 \sin(H' - H)\cos(H' + H).$$

En faisant $H' - H = 1°$ et $A' - A = D =$ un degré en mesures linéaires,

$$D = 60734^{fath},58 - 276,93 \cos(H' + H).$$

Supposons $H = 9°4'44''$ et croissant par degrés jusqu'à $15°4'44''$; $H' + H$ sera successivement $19°9'28''$, $21°9'28'' \ldots\ldots 29°9'28''$, et nous formerons le Tableau suivant :

Lat. moy.	Degrés suivant	
	Delambre.	M. Lambton.
° ′ ″	fath.	fath.
9.34.44	60472,99	60473,00
10.34.44	76,32	76,33
11.34.44	79,97	79,97
12.34.44	83,92	83,93
13.34.44	88,18	88,19
14.34.44	60492,75	60492,75
Somme..........	362894,13	362894,17
Arc mesuré.....	362894,15	362894,15
	— 0,02	+ 0,02

On voit que nos formules s'accordent bien : je trouve 0,02 fathom de moins que l'arc total supposé; M. Lambton trouve 0,02 fathom de plus. Pour répondre des centièmes, il aurait fallu calculer en millièmes.

Les formules représentent également bien les deux arcs supposés; il n'en faudrait pas conclure qu'elles s'accordassent avec les degrés mesurés entre ces parallèles, et encore moins qu'elles représentassent des degrés plus éloignés. Et comment s'accorderaient-elles avec ces degrés, puisque la mesure a donné 80 fathoms de différence entre deux degrés qui avaient une extrémité commune à 12° de latitude?

Supposez

$$H' = 12°30', \qquad H = 11°30', \qquad H' + H = 24° = 2 \text{ lat. moy.};$$

vous aurez comme degré 60481,5; nous avons trouvé ci-dessus 60489 pour la moyenne arithmétique entre les deux degrés mesurés : l'un s'écarte donc de 32,6 fathoms en moins et l'autre de 47,4 fathoms en plus.

De ses calculs précédents, M. Lambton conclut que l'aplatissement qui représente ses deux arcs est 1 : 328 à peu près. Voyons comment il peut se déduire de nos formules.

Soient :

m le demi-grand axe;

$n = m \cos I$ le demi-petit axe;

e l'excentricité, égale à $\sin I = \tang I'$.

$$x = m\alpha \cos^2 I, \qquad y = 2m\beta \cos^2 I, \qquad \frac{y}{x} = \frac{2\beta}{\alpha} = \frac{\frac{3}{4} e^2}{1 + \frac{3}{4} e^2} = z,$$

$$\frac{3}{4} e^2 = z + \frac{3}{4} e^2 z, \qquad \frac{3}{4} e^2 - \frac{3}{4} e^2 z = z,$$

$$e^2 = \frac{z}{\frac{3}{4} - \frac{1}{4} z} = \frac{\frac{4}{3} z}{1 - z} = \sin^2 I = \tang^2 I',$$

$$x = 3479835, \qquad y = 15867,5, \qquad z = 1 : 326,97.$$

M. Lambton termine sa Note en disant que par les mesures anglaises il a trouvé 1 : 328 à peu près; nous trouvons par nos méthodes 1 : 327,96 en parties du petit axe, comme M. Lambton, ou 1 : 326,97 en parties du grand axe.

Par nos mesures, j'ai trouvé 1 : 309 environ. La différence n'est pas importante et nous sommes loin d'en pouvoir répondre. Un arc si voisin de l'équateur est d'ailleurs peu propre à déterminer l'aplatissement. En effet, au lieu de prendre le premier des six degrés ci-dessus et la totalité de l'arc, prenons le premier et le dernier.

Alors $e = 1 : 326,81$. Nous arrivons par une autre route à des résultats presque identiques à ceux de M. Lambton. Mais il est visible qu'une différence de 19,76 fathoms entre le premier et le dernier degré ne saurait donner l'aplatissement avec aucune certitude, puisque la différence entière est de ces quantités dont on ne peut répondre, et qu'elle peut nous tromper du simple au double ou du tout au tout.

Nous avons dit ci-dessus que M. Lambton trouve un mètre plus court de $\frac{1}{25}$ de ligne que le mètre français. Une si légère différence peut passer pour une confirmation. Notre mètre d'ailleurs est moins dépendant de l'aplatissement; il est conclu d'un arc plus grand qui, de plus, est coupé en deux parties égales par le parallèle du degré moyen; enfin les irrégularités remarquées dans les arcs anglais et dans l'arc indien sont plus fortes que celles qui ont été observées en France, et feraient pencher la balance en faveur du mètre français.

Les mesures de M. Svanberg, celles de M. Mudge et de M. Lambton semblent prouver qu'il n'est guère permis d'arriver à une précision plus grande, et ce mètre est assez vérifié maintenant pour être adopté par tous les peuples, et surtout par tous les savants de tous les pays, qui n'ont plus que ce moyen d'arriver à une mesure universelle.

FIN.

TABLE ALPHABÉTIQUE.

TABLE ANALYTIQUE.

II.

PREMIÈRE MESURE DE L'ARC DE LAPONIE.

III.

DEUXIÈME MESURE DE LA MÉRIDIENNE DE FRANCE.

IV.

PREMIÈRE MESURE DE L'ARC DU PÉROU.

V.

MESURES DE DIVERS DEGRÉS DE 1750 A 1780.

VI.

TROISIÈME MESURE DE LA MÉRIDIENNE DE FRANCE.

VII.

MESURES DE DEGRÉS APRÈS 1800.

ERRATA.

Page 12, ligne 2, *au lieu de* 15°22'15", *lisez* 15°22'50".
Page 37, ligne 1, *au lieu de fig.* 1, *lisez fig.* 5.

31412   Paris. — Imprimerie GAUTHIER-VILLARS, quai des Grands-Augustins, 55.